六种复混肥料

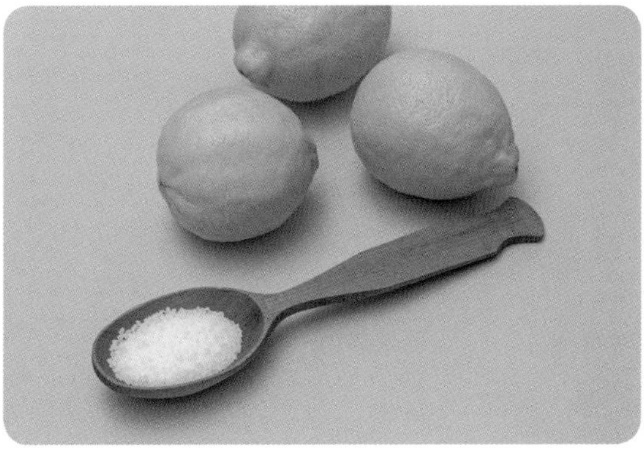

柠檬和柠檬酸

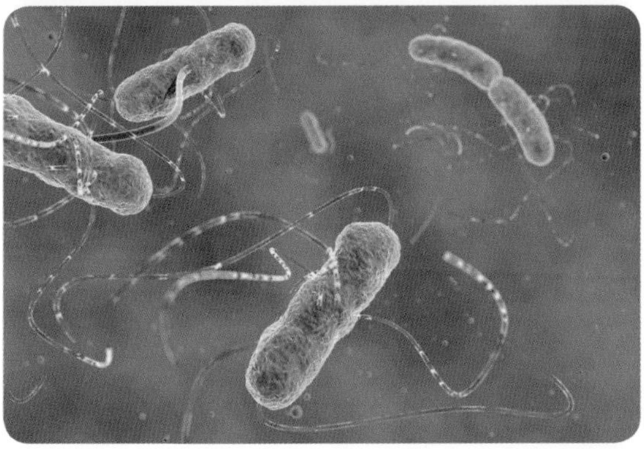

志贺氏菌

不同色泽的着色剂

毒蝇伞

白毒伞

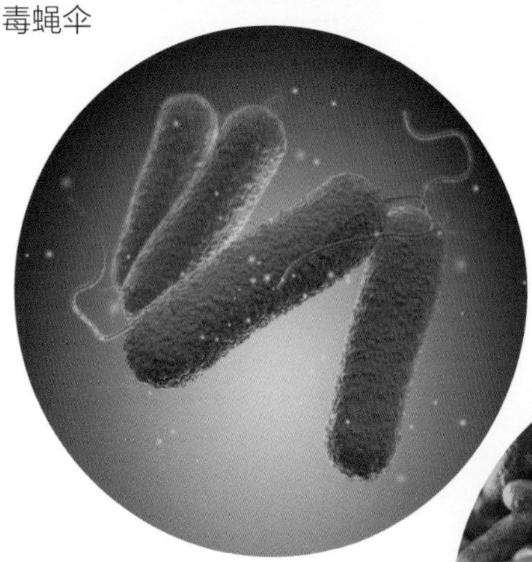
沙门氏菌

单核细胞增生
李斯特氏菌

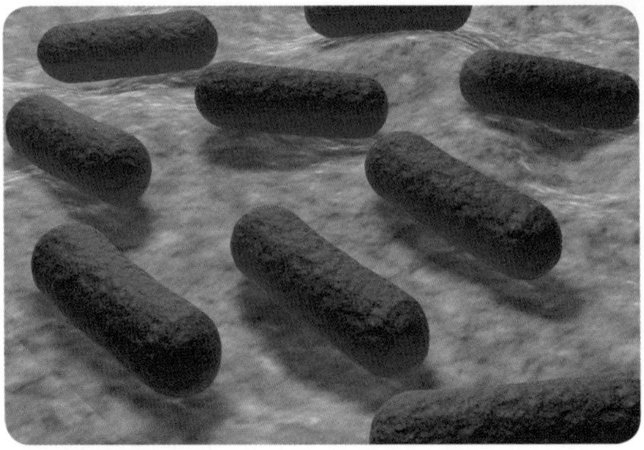
大肠埃希氏菌

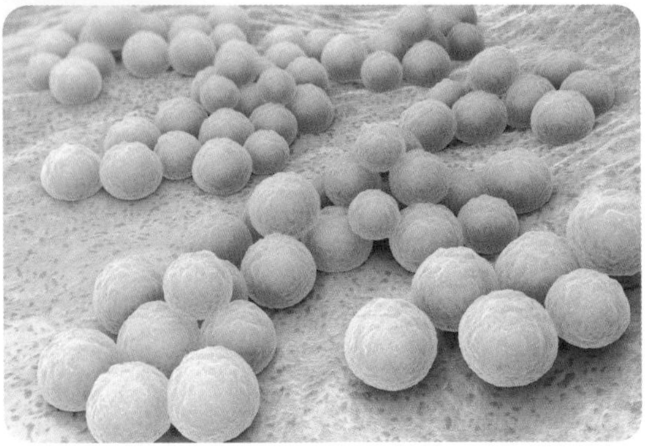
葡萄球菌

国家级精品在线开放课程
国家级线上线下混合式一流本科课程
配套教材

高等院校通识课教材
浙江大学通识核心课程配套教材

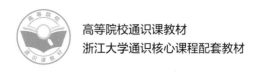

食品安全通识教程

FOOD SAFETY

主编 郑晓冬 陈 卫

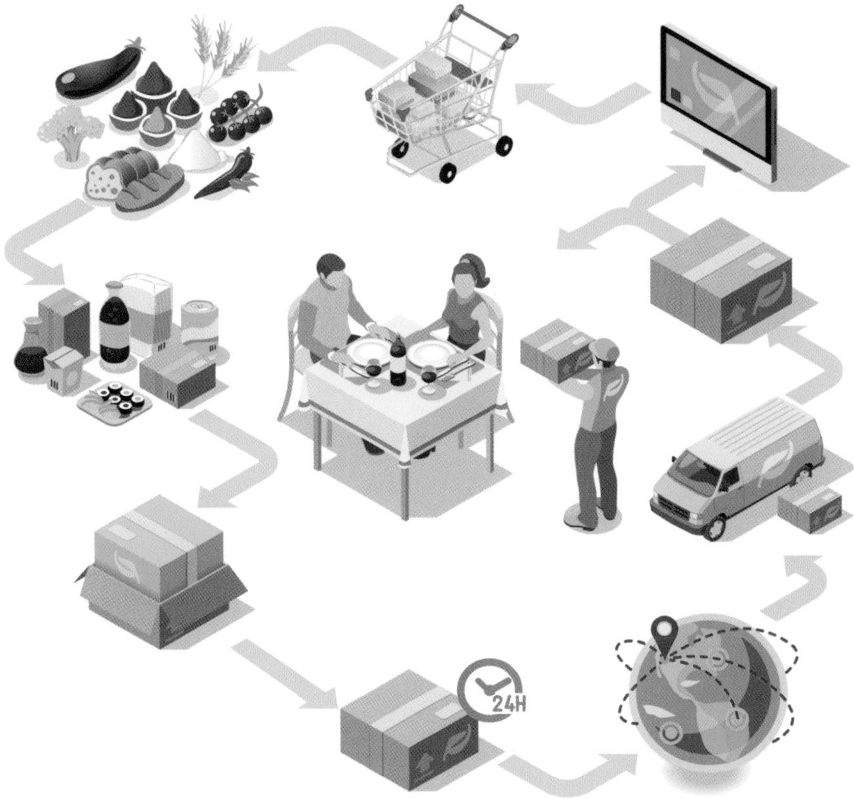

ZHEJIANG UNIVERSITY PRESS
浙江大学出版社

《食品安全通识教程》

编委会名单

主　编　郑晓冬（浙江大学）　　陈　卫（浙江大学）

副主编　林　洪（中国海洋大学）　孙秀兰（江南大学）

冯凤琴（浙江大学）　张建新（西北农林科技大学）

编　委　（按姓氏汉语拼音顺序排列）

白凤翎（渤海大学）　别小妹（南京农业大学）

陈　清（中国农业大学）　陈　卫（浙江大学）

冯凤琴（浙江大学）　姜中其（浙江大学）

李婷婷（大连民族大学）　林　洪（中国海洋大学）

楼程富（浙江大学）　孙秀兰（江南大学）

王岁楼（中国药科大学）　王　恬（南京农业大学）

韦真博（浙江大学）　谢定源（华中农业大学）

许雅君（北京大学）　应铁进（浙江大学）

张建新（西北农林科技大学）　郑晓冬（浙江大学）

前　言

“国以民为本，民以食为天，食以安为先”，食品安全关系到国家经济，更关乎每个人的身体健康和生命安全，责任重于泰山。新中国成立70多年来，随着科学与社会的不断进步，我国食品行业的生产及经营方式发生了巨大的转变，食品产业从小到大发展迅速。随着科技的进步和近代工业的发展，以及人类食物链环节的增多和食物结构的复杂化，食品安全问题早已不再局限于传统的食品卫生或食品污染，而是变得更加突出和复杂。随着全球经济一体化的推进，食品安全已变得没有国界，成为需要生产、消费、经营和管理各个领域共同努力的全球性课题。前些年我国发生的食品安全恶性事件，使食品安全问题受到了各方面的广泛关注。食品安全涉及的范围很广，从种植养殖到加工生产，从储运销售到餐桌消费，中间涉及的链条很长，影响因素复杂，需要跨专业、多学科的交叉协作来共同维护。我国有关食品安全的研究与管理虽起步较晚，但近年来食品安全状况已有了明显的改善，食品安全形势总体趋于稳定。

当前，我国食品安全领域的违法违规行为仍时有发生，制约食品安全的深层次问题尚未得到根本解决。希望学生、相关领域工作者以及广大消费者，能够通过学习食品加工流通与餐饮安全知识、食品安全法律法规知识等，提高食品安全风险防范和分析鉴别能力，在日后的学习、工作、生活中增强食品安全意识，促进我国食品安全不断向前发展。

本书结合国内外食品安全的发展现状和编者研究实践积累，并参考大量食品安全相关领域的文献、著作等编写而成，是一部兼顾理论科普与实践应用的教材和工具书。

与本书配套的“食品安全”课程获国家级精品在线开放课程(2018年)、国家级线上线下混合式一流本科课程(2020年)、浙江省高校首批“互联网＋教学”优秀案例(线上线下混合课程)(2019 年)和 2020 年春夏学期智慧树网“混合式精品课程 TOP100”等。

本教材入选浙江省普通高校“十三五”新形态教材建设项目和浙江大学本科新形态教材建设项目。

对于开展线上线下混合式教学的学校,学生可以通过以下网页进行学习(http://coursehome.zhihuishu.com/courseHome/1000006143#teachTeam)。

本书部分内容配有教学视频二维码,读者可以通过以下方式扫描学习:①打开手机应用商店,搜索“知到”,下载“知到”APP。②打开“知到”APP,选择同意并继续。③可选择专属定制内容或直接点击“跳过”。④进入登录界面,初次使用的用户点击下方“立即注册”。⑤同意用户使用协议,并点击“一键注册”。⑥设置登录密码,点击“完成注册”。⑦按步骤进行身份验证后即可使用APP,点击右上角“扫描二维码”图标,即可扫描书中二维码观看视频。

本书由从事与食品安全相关工作的十多名教师编著,其中郑晓冬教授、楼程富教授合编绪论,白凤翎教授、陈清教授、王恬教授与姜中其副教授合编农业生产环境与食品安全,白凤翎教授、李婷婷教授与林洪教授合编动植物原料与食品安全,冯凤琴教授与张建新教授合编食品加工与食品安全,应铁进教授编写食品流通与食品安全,谢定源副教授编写餐饮与食品安全,郑晓冬教授和陈卫教授合编食源性疾病与食品安全,许雅君教授与王岁楼教授合编食品营养与保健食品,韦真博副教授与陈卫教授合编食品安全检测技术及应用,张建新教授、孙秀兰教授与别小妹教授合编食品质量标准与监管,以及林洪教授编写怎样选购安全食品。

因本书涉及的学科专业领域广,书中难免会存在不妥和疏漏之处,敬请业界同行与广大读者批评指正,以便日后修订与完善。

郑晓冬

2021 年 4 月

目　　录

0 绪论

食品安全是国家安全的重要组成之一，它不仅关系到国家和社会的稳定发展，还关系到每个公民的生命和健康。我国的食品安全状况与发达国家相比，仍有一定差距，因此如何保障我国的食品安全已成为全民共同关注的重要问题。

0.1 食品安全的定义

食品安全无小事，一粒米一桌菜，都牵动着千家万户。解决食品安全问题，保护公众身体健康和生命安全，既是各国政府面临的重要战略任务，也是食品科学工作者的神圣责任，同时也是食品生产企业和消费者的义务。

食品安全有多种定义，目前普遍采用的食品安全概念是世界卫生组织在 1996 年提出来的，即"对食品按其原定用途进行制作和食用时不会使消费者受害的一种担保。它主要是指在食品的生产和消费过程中没有达到危害剂量的有毒、有害物质的介入，从而保证人体按正常剂量和以正确方式摄入这样的食品时不会受到急性或慢性的危害，这种危害包括对摄入者本身及其后代的不良影响"。

简而言之，食品安全是指食品无毒、无害，符合应当有的营养要求，对人体健康不造成任何急性、亚急性或者慢性危害。

目前对食品安全的认识基本上都涵盖以下几个方面：

第一，食品安全是个综合概念。食品安全包括食品卫生、食品质量、食品营养等相关方面的内容。食品安全涵盖种植/养殖、加工、包装、贮藏、运输、销售、消费等环节，是一个真正的跨学科综合领域。

第二，食品安全是个社会概念。在不同国家及不同时期，食品安全所面临的突出问题和治理要求都有所不同。发达国家往往更关注科技发展所引发的问题，如转基因食品对人类健康的影响；而发展中国家，则更侧重市场经济发育不成熟所引发的问题，如假冒伪劣、有毒有害食品的非法生产经营等。

第三，食品安全是个政治概念。食品安全与生存权紧密相连，具有唯一性和强制性，通常属于政府保障或者政府强制的范畴。而食品质量等往往与发展权有关，具有层次性和选择性，通常属于商业选择或者政府倡导的范畴。

第四，食品安全是个法律概念。进入 20 世纪 80 年代以后，一些国家及有关国际组织从社会系统工程建设的角度出发，逐步以食品安全的综合立法替代卫生、质量、营养等要素立法。

第五，食品安全是个经济概念。在经济学上，“食品安全”指的是有足够的收入购买安全的食品。有学者曾指出，广大农村已成问题食品的重灾区，假冒伪劣食品出现的频率高、流通快、范围广，不法商人制假售假的手段更高明，形式更隐蔽，而且随着我国城市化进程的加快，这一现象已扩大到一些城市的城乡接合部和城市下岗失业人群。

食品安全包括绝对安全和相对安全。绝对安全是指确保不会因食用某种食品而危及健康或造成伤害的一种承诺，也就是食品应绝对没有风险；相对安全是指一种食物成分在合理食用方式和正常食量的情况下，不会导致对健康的损害。

然而对于一种食品而言，绝对安全是难以达到的。任何食品食用过量均有毒害作用，如饮酒过量会引起中毒；食用动物肝脏过量也会引起中毒。食品绝对安全性与相对安全性的区分，反映了消费者与生产者和管理者在食品安全性认识角度上的差异。消费者追求食品的绝对安全性，而生产者和管理者则从食品组成及食品科技的现实出发，认为食品安全性并不是零风险，而是应在提供最丰富的营养和最佳品质的同时，力求把风险降低到最低限度。这两种不同的认识，既对立又统一，是人类从需要与可能、现实与长远的不同侧面对食品安全性认识逐渐发展与深化的表现。

对于食品安全的认识过程是一个不断发展的过程，不论是对概念的阐述还是对其内涵的丰富。在目前的技术条件下，绝对安全的食品是没有的，任何食品都有可能存在安全风险。食品安全管理就是一个风险管理过程。通过对风险的评估和预警，将食品安全风险控制在可接受的范围内，在一定条件下实现食品的绝对安全，既是对食品安全性的一个科学合理的认识，也是食品安全管理的一个基本原则。

0.2 食品安全与健康

0.2.1 食品安全的重要性

“国以民为本，民以食为天，食以安为先”，食品安全，关系到国计民生，责任重于泰山。保证食品安全要先保证食品数量安全，同时确保食品质量安全，食品可持续安全。不安全的食品会危害人体健康和生命安全。

0.2.1.1 食品数量安全的重要性

在中国历史上导致国家动荡的重大食品安全问题主要是食品数量安全。食品数量安全主要是由天灾和人祸所引起的。天灾指的是水灾、旱灾、蝗灾三大自然灾害；人祸是施政不当和连年战争使粮食歉收，饥民遍地，暴发大规模农民起义，导致国力衰退和改朝换代。

食品数量安全首先表现为粮食安全，包括：①宏观安全和微观安全，从总体、总量上看粮食供求是均衡的；从全局、个体上看粮食供求是平衡的，任何人能买得到又能买得起为维持生存和健康所需要的足够食品；②短期安全和长期安全，最终目标是实现长期的粮食安全，包括数量和品质的安全。

为了确保食品数量安全，中华人民共和国国土资源部提出了“坚守耕地红线，确保粮食安全”的口号。耕地是人类赖以生存的基本资源和条件。由于人口不断增多，为保持人民生活水平的不断提高、农业的可持续发展，首先要确保耕地的数量和质量。“十一五”期间，我国坚持最严格的耕地保护制度，坚守 18.2476 亿亩红线不动摇，为保障国家粮食安全、经济发展和社会稳定发挥了重要作用。

0.2.1.2 食品质量安全的重要性

食品质量安全，是现代食品安全学的主要研究内容。自然界一直存在的有毒有害物质时刻都有可能混入食品，危及人们的健康与生命安全，特别是近代工业发展对环境的破坏和污染使这种情况变得更加严峻。此外，人们生活节奏加快，消费方式社会化，使食品安全事件的影响范围扩大，食品安全事件足以造成全球性食品恐慌。

食品质量安全出现问题有可能造成食品安全事故，不仅对人体健康有危害，引起急性、亚急性和慢性食物中毒，引发食源性疾病，造成死亡、伤残，甚至影响到我们的下一代；同时食品安全事故的发生也会对经济、社会产生巨大的不利影响。食品安全事故，指食物中毒、食源性疾病、食品污染等源于食品，对人体健康有危害或者可能有危害的事故。

0.2.2 食品安全事件回顾

随着经济全球化的不断发展，人们的饮食文化日益多样化，食品安全问题日渐成为人们关注的焦点。从 2001 年的“瘦肉精事件”、2005 年的“苏丹红事件”、2009 年的“三鹿奶粉事件”、2009 年全球性的典型 H1N1 禽流感到 2010 年 300 多万吨的地沟油，食品安全问题发展为一个世界性问题。这些食品安全事件使人们忧心忡忡，以致有的人产生了“吃动物食品怕含激素，吃植物食品怕有毒素”的恐惧心理。当然，这种担惊受怕显然属于过虑，但也从侧面反映了当今食品安全方面存在着的诸多问题。现将我国发生的食品安全恶性事件罗列如下：

(1)上海甲肝暴发事件：1988 年上海市甲型肝炎流行，共有近 30 万人患病。医院爆满，不得不在各单位开办临时病床。而这次甲肝大暴发与居民习惯食用未煮熟的被甲肝病毒污染的毛蚶有关。为什么毛蚶能引起 1988 年上海甲型肝炎流行？每只毛蚶每日能过滤 40L 水，将甲肝病毒在体内浓缩并储存。上海居民喜吃毛蚶，习惯只将毛蚶在开水里浸一下，蘸上调料食用，味道鲜美，但病毒不能被灭活，会在食用者中引起甲型肝炎流行。毛蚶主要产地是江苏省启东市，那时当地水源受污染十分严重。从毛蚶提纯物中，分别用直接免疫电镜、甲肝病毒核酸杂交试验及甲型肝炎病理组织培养分离等方法，进行甲肝病毒检测，均获阳性结果。实验研究表明，毛蚶可将甲肝病毒浓缩 29 倍，并且病毒可在其体内存活 3 个月之久。通过对从毛蚶中分离的甲肝病毒 VP1N 端 cDNA 序列进行分析证明，上海这次甲型肝炎流行并非是由于甲肝病毒变异所致，而是上海市人群在对甲型肝炎免疫力下降的基础上，居民习惯生食已被甲肝病毒污染的毛蚶是造成流行的主要原因。

(2)瘦肉精事件：2001 年 11 月 7 日，广东省河源市发生了罕见的群体食物中毒事件，几百人食用猪肉后出现不同程度的四肢发凉、呕吐腹泻、心率加快等症状，到医院救治的中毒患者多达 484 人。导致这次食物中毒的罪魁祸首是国家禁止在饲料中添加的盐酸克伦特罗，俗称瘦肉精。将一定剂量的盐酸克伦特罗添加到饲料中，可以使猪等畜禽的生长速度、饲料转化率、酮体瘦肉率等提高 10%以上。长期食用含有这种饲料添加剂的猪肉和内脏会引起人体心血管系统和神经系统的疾病。

(3)苏丹红事件：苏丹红是一种人工色素，常作为工业染料使用，在体内代谢生成相应的胺类物质。苏丹红的致癌性与胺类物质有关。2005 年 3 月 4 日，北京市有关部门从亨氏辣椒酱中检出苏丹红Ⅰ，随后在肯德基的多项产品中检出苏丹红。2006 年 11 月，由河北某禽蛋工厂生产一些红心咸鸭蛋在北京被查出含有苏丹红，随后其他地区陆续查出含有苏丹红的红心咸鸭蛋和辣椒粉。

(4)三鹿奶粉事件：2008 年 9 月，三鹿牌婴幼儿配方奶粉中被查出含有化工原料三聚氰胺，导致各地多名食用该奶粉的婴儿患上肾结石。随后，质检总局在包括知名奶粉企业在内的 22 个厂家 69 批次产品中都检出三聚氰胺，事件迅速引起轰动。

(5)地沟油事件：根据原料来源，地沟油分 3 类：①泔水油；②以劣质、过期、腐败的动物内脏提炼出的油；③超规反复使用的油。2011 年 10 月，公安部统一指挥破获了一起特大利用地沟油制售食用油的系列案件，摧毁了涉及 14 个省份的地沟油生产、销售犯罪网络，抓获 32 名主要犯罪嫌疑人。

在炼制地沟油的过程中，动植物油经污染后发生酸败，发生氧化和分解等一系列化学变化，富集和产生对人体有严重毒性的物质，砷就是其中的一种，人一旦食用含砷量巨大的地沟油后，会引起消化不良、头痛、头晕、失眠、乏力、肝区不适等症状，重者则会引起恶心、呕吐等一系列肠胃疾病。此外，地沟油中含有黄曲霉毒素、苯并芘，这两种毒素都是致癌物质，其毒性是砒霜的 100 倍，可以导致胃癌、肠癌、肾癌及乳腺、卵巢、小肠等部位癌变。

(6)毒生姜事件：2013 年 5 月 4 日，中国中央电视台《焦点访谈》栏目曝光，山东潍坊一些地方的姜农使用剧毒农药“神农丹”种植生姜，此事在社会上引起了轩然大波。采用“神农丹”种植的生姜，不仅对人体危害巨大，而且种植过程中使用的农药还会污染地下水。当地种植户甚至称，凡是用了“神农丹”的生姜自己都不吃，自己要吃的生姜就不用药。此外，当地还存在一种现象，就是外销(出口国外)与内销(内地销售)的生姜的品质管理要求完全不一样，对外出口的生姜管理相当严格，而对国内销售的生姜却是基本不管。

毒生姜的新闻并不是第一次曝光。早在 2003 年，新华社就曾报道一位生姜贩子揭发整个长三角地区售卖的生姜里，60%都用有毒化工原料硫黄熏过，使视觉不够美观的生姜变得娇黄嫩脆，在市场上高价出售获取暴利。

(7)食堂组胺中毒事件：2014 年 8 月 30 日，浙江省宁海县某公司部分职工午餐后出现脸红、恶心头痛、头晕等症状。结合现场流行病学调查和患者的临床表现，证实这是一起因食用不洁鱼类而引起的组胺中毒事件。

(8)桂林食物中毒事件：2018 年 8 月 25 日，桂林某酒店参加学术会议的五百余人在酒店吃过晚宴后陆续出现腹泻、呕吐、发烧等症状，100 多人分别被送往桂林市多家医院治疗。初步判断这是一起由沙门氏菌感染引发的食源性疾病事件。食品安全监管、公安等部门已对此事件进行立案查处，3 名相关责任人被行政拘留。

0.3 食品安全现状及面临的挑战

0.3.1 国际食品安全概况

自20世纪90年代以来，国际上食品安全恶性事件时有发生，如英国的疯牛病、比利时的二噁英事件等。随着全球经济一体化的推进，食品安全已变得没有国界，世界上某一地区的食品安全问题很可能会波及全球，乃至引发双边或多边的国际食品贸易争端。

英国经济学人智库(Economist Intelligence Unit，EIU)发布的《全球食品安全指数报告(2017)》(Global Food Security Index，GFSI)显示，发达国家食品安全指数继续占据排名的前25%，爱尔兰、美国、英国分列前三位。该指数包括食品价格承受力、食品供应能力、质量安全保障能力、自然资源及复原力4个方面28个定性和定量指标。报告依据世界卫生组织(WHO)、联合国粮食及农业组织(简称联合国粮农组织，FAO)、世界银行等权威机构的官方数据，通过动态基准模型综合评估113个国家的食品安全现状，并给出总排名和分类排名，中国在113个国家中居第45位，其中食品价格承受力排名第47位，食品供应能力排名第48位，质量安全保障能力排名第38位，自然资源及复原力排名第66位。

从全球范围看，城市化提高新兴经济体的食品安全水平。快速发展的城市建设，城市化促使政府加强保障工作以满足城市扩张带来的需求变化，同时相对集中的人口也带来食品供给模式的改变。

食品安全是人类永远无法忽视的重大问题。近年来世界各国也都加强了食品安全工作，包括设置监督管理机构、强化或调整政策法规、增加科技投入等。各国政府纷纷采取措施，建立和完善食品管理体系和有关法律法规。美国、欧盟等发达国家和地区不仅对食品原料、加工品有完善的标准和检测体系，而且对食品的生产环境，以及食品生产对环境的影响都有相应的标准、检测体系及有关法律法规等。

0.3.2 我国食品安全概况

0.3.2.1 我国目前食品安全监管现状分析

目前我国食品安全管理权限分属农业、商务、卫生、质检、工商等部门，管理体制是多部门监管与分段监管模式相结合，对每一种产品的有效监管都需要协调众多部门。

农业部门负责初级农产品生产环节的监管；质检部门负责食品生产加工环节的监管；工商部门负责食品流通环节的监管；卫生部门负责餐饮业和食堂等消费环节的监管；食品安全监管部门负责对食品的综合监管、组织协调和依法查处重大事故，并直接向国务院报告食品安全监管工作。

法律、法规是食品安全的重要保证。我国目前基本形成了以《中华人民共和国食品安全法》为中心，其他具体法律法规相配套的多层次立体式的食品安全法律体系。国家卫生健康委根据《中华人民共和国食品安全法》的有关规定，制定了有关配套行政法规、规章和食品卫生标准，内容涉及食品及食品原料的管理、食品包装材料和容器的管理、餐饮业和学生集体用餐的管理、食品卫生监督处罚的管理等方面。国家在加大食品生产经营阶段立法力度的同时,也加强了农产品种植、养殖阶段,以及环境保护对农产品安全影响等方面的立法。

0.3.2.2 食品安全状况在不断改善

改革开放以来,我国在提高食物供给总量,增加食品多样性以及改进国民营养状况方面取得了巨大成就,食品总体合格率稳步提升,食品安全水平不断提高。

2006 年我国食品监督抽检合格率为 77.9%,到 2007 年上半年,食品抽检合格率上升至 85.1%,此后一直保持上升态势,至 2017 年我国食品平均抽检合格率已达 97.6%。抽检结果显示,我国食品安全状况总体稳中向好,大宗消费食品整体合格率保持高位。居民日常消费的粮、油、菜、肉、蛋、奶、水产品、水果等大宗食品合格率保持在 97.5%以上,其中,蛋制品抽检合格率为 99.3%,乳制品为 99.2%,粮食制品为 98.8%,水产制品为 98.1%,蔬菜制品为 98.0%,食用油及其制品为 97.7%,肉、蛋、菜、果等食用农产品抽检合格率为 97.9%。

婴幼儿配方食品一向是社会各界关注的焦点,2017 年婴幼儿配方乳粉抽检合格率为 99.5%,比 2016 年提高 0.7 个百分点,不合格项目主要集中在标签标识方面。

突出的食品安全问题逐步减少。非法添加非食用物质问题逐步得到遏制。婴幼儿配方乳粉中的三聚氰胺,相关部门连续 9 年零检出,蛋制品中的苏丹红也连续 4 年没有检出。

0.3.2.3 官方公布的食品合格率与民众的放心程度存在差距

应该承认,最近这些年来中国的食品安全状况不断改善,但是官方公布的食品合格率与民众的放心程度相去甚远,原因有以下几个方面:

(1)抽检食品的范围狭隘。若质检部门只检查生产企业送来的样本,合格率虚高是完全可能的。缺证少照的欠正规食品生产企业或食品小作坊、小摊贩等食品生产单位不仅存在,而且数量庞大,消费者每天食用的有相当大比例来自这些生产单位。因此,质检部门应当抽检在市场上随机获得的样本。

(2)食品抽检基数太小。我国食品生产企业众多,质检部门抽检企业覆盖率不够高。此外,多数企业每年生产众多食品品种与批次,质检部门的抽检率也远不能涵盖被检企业所有的食品品种和批次。

(3)有关食品标准陈旧。《中华人民共和国食品安全法》出台后,有关部门还没有完成对食品安全标准的整合规范,一些食品安全标准实际上已经滞后了。一些实际存在的有害物质,并不在当前的食品检测范围之内。

近年来,食品安全事故频发,加上一些媒体的炒作,让民众对食品安全有了一种整体的、被放大的不信任感。民众这种先入为主的不信任情绪,拉开了食品合格率与民众放心率之间的差距。有关企业和政府监管部门需要正视差距,找准原因,积极应对,进一步扩大食品抽检范围,建立健全科学的、与时俱进的食品检测标准,加大食品安全监管力度,最大限度地减少甚至避免食品安全事故,让民众对食品安全充满信心。

0.3.3 我国食品安全面临的挑战

20 世纪末,社会发展从多个方面促使人类对自身与自然的关系问题认识深化,激发了人们的生态环境意识。这就使食品安全性再次成为人类面临的重大生活或生存问题。

当前我国食品安全面临的挑战主要可以概括为以下 6 个方面:

(1)新的致病微生物不断出现且控制不易给食品安全带来新挑战。食源性疾病呈现新旧交替和复发两种趋势,新的食源危害物不断出现。在我国易造成食物中毒的病原微生物主要有致病性大肠杆菌、金黄色葡萄球菌、沙门氏菌等。最为常见的沙门氏菌病是经由灭菌不充分的鸡蛋、牛奶及其制品如冰激凌、奶酪等传播的。现代低温、冷冻条件则有利于一些嗜冷性致病菌发育繁殖，如李斯特氏菌、耶尔森氏菌等，这些致病菌对妇幼群体危害更严重。此外，若在卫生管理不善的条件下大规模生产、加工、制作和销售，则增加了许多交叉感染的机会。肠道出血性大肠杆菌 0157：H7(EHEC)感染的食源性疾病在欧、美、日、中国香港等地先后导致多起群体染病的暴发性病案，引起广泛震动。

(2)食品中新的化学污染物和放射性污染给食品安全带来新挑战。目前，食品中出现的化学性污染物种类多、来源广，让人们避无可避。随着科学技术的进步和生态环境的进一步恶化，新的化学污染物包括环境污染物、农药兽药残留、非法添加剂等不断出现以及放射性污染对食品安全的影响越来越严重，进一步加重了对民众的健康威胁。

工业生产过程中产生的污染物直接污染大气、水源、农田，给农作物的生长、发育带来影响，从而影响食品原料的安全。在我国的 78 条主要河流中，有 54 条已受到污染，其中 14 条受到严重污染；在大约 5 万条支流中，75%受到污染。130 多个湖泊和近海区域都不同程度地存在富营养化问题。我国重金属污染耕地已经达到 3 亿亩，农药污染耕地 1.36 亿亩，污水灌溉污染耕地达 3250 万亩，大气污染耕地 8000 万亩，固体废弃物堆存占地和毁田 200 万亩。

此外，滥用非食品用物质和违规使用食品添加剂对民众的健康产生了极大的威胁。在食品加工制造过程中，非法使用和添加超出食品法规允许使用范围的化学物质(其中绝大部分对人体有害)，如使用三聚氰胺和瘦肉精，在面粉中过量使用增白剂，在腌菜中超标使用苯甲酸和在饮料中超标使用化学合成甜味剂等。

(3)食品生产新技术和产销新形式给食品安全带来新挑战。现代生物技术和新型食品加工技术等的应用，使食品加工、制造和流通过程迅速发生变化，新型食品不断涌现，如方便食品、冷冻食品、保健食品和转基因食品等。这些食品虽然丰富了食品种类，给国民经济带来了新的增长点，但同时也存在着不安全、不确定的因素。例如，方便食品为了便于储存和携带而大量使用食品添加剂，长期食用这些方便食品会给人体健康带来严重威胁。

(4)食品安全监管工作仍需进一步加强。首先，我国食品生产消费量大，农业生产和多数食品加工组织规模小而分散且数目众多，这导致我国食品安全监管任务异常繁重。其次，随着我国城市化进程的加快，人民生活方式变化巨大，也增加了食品安全监管的工作量。再者，一些从事食品生产经营的不法分子阴险狡诈、犯罪手段花样百出，使得食品安全监管任务异常艰巨，打击食品违法犯罪活动的任务任重而道远。此外，原有的食品安全法律漏洞较多且惩罚力度不够，违法成本低，这也是食品安全犯罪屡禁不止的原因之一。目前，新的《中华人民共和国食品安全法》正在征求意见，其中如何“重典治乱”将是政府和社会各界共同关注的焦点。

(5)科学技术进步难以应对日益严峻的食品安全问题的挑战。目前我国食品安全控制技术，特别是食源性危害关键检测技术仍然相当落后，与欧盟、美国、日本等国家和地区之间仍然有相当大的差距。工业清洁生产技术和食用农作物产地环境净化技术水平较低，并且还没有得到广泛应用，环境污染越来越严重。食品工业技术门槛低，食品安全分析和检测技术相对落后，无法满足社会快速发展的需要，导致食品安全问题越来越严重。

(6)食品安全问题的国际化带来的新挑战。由于食品贸易的国际化，一个国家出现的食品污染往往容易引起其他国家的相关食品问题，这也对各国食品生产与流通中的安全性保证提出了新的挑战。疯牛病、口蹄疫、禽流感、二噁英污染等重大食品安全事件频发和流行已经对世界各国经济和社会发展产生了重要影响。一旦危机发生，薄弱的全球治理机制无法提供足够的途径发现问题根源。

相信随着科技的发展和人们对食品安全重视程度的提高，我们应对这些食品安全新挑战的能力会越来越强。

（郑晓冬、楼程富）

思考题

1. 食品安全的定义是什么？
2. 食品安全存在绝对安全吗？
3. 我国食品安全面临哪些挑战？

拓展阅读

[1] 白新鹏. 热点食品安全问题的案例解析[M]. 北京：科学出版社，2017.
[2] 陈卫平，王伯华，江勇. 食品安全学[M]. 武汉：华中科技大学出版社，2017.
[3] 侯红漫. 食品安全学[M]. 北京：中国轻工业出版社，2014.
[4] 黄昆仑，车会莲. 现代食品安全学[M]. 北京：科学出版社，2018.
[5] 林晓平. 食品安全的定义及保障措施[J]. 中国食品药品监管，2010(9)：65-67.
[6] 王硕，王俊平. 食品安全学[M]. 北京：科学出版社，2016.
[7] 徐秀丽. 浅谈食品安全[J]. 活力，2012(23)：55-55.
[8] 辛志宏，孙秀兰. 食品安全控制[M]. 北京：化学工业出版社，2017.

1

农业生产环境与食品安全

1.1 环境污染与食品安全

1-1

环境污染与食品安全均已成为当今影响广泛而深远的全球性和社会性热点问题。前些年工业污染严重，环境受到破坏，有毒有害物质进入食品原料，影响了食品及相关产品的质量安全，对人体造成一定的危害。环境中能够对食品安全造成影响的污染物多种多样，它们主要来源于采矿、能源、交通、城市排污及农业生产等，并通过大气、水体、土壤及食物链危及人类饮食安全。环境污染问题是造成食品安全问题的首要因素。

1.1.1 环境污染

环境污染是指人类直接或间接地向环境排放超过其自净能力的物质和能量，从而使环境的质量降低，对人类的生存与发展、生态系统和财产造成不利影响的现象。

环境污染包括大气污染、水体污染、土壤污染等。

1.1.2 大气污染

大气污染是指自然过程和人类活动向大气排放的污染物和由它转化成的二次污染物在大气中的浓度达到有害程度的现象。

1.1.2.1 大气主要污染物及来源

大气污染物是威胁食品安全的主要污染物，它主要分为有害气体和颗粒物。有害气体如二氧化硫、氮氧化物、一氧化碳、碳氢化物、光化学烟雾和卤族元素等。颗粒物主要指粉尘、酸雾、气溶胶等。大气污染物主要来源于人类的生活及生产活动。

(1)工业污染源：工业生产过程中排放到大气中的污染物种类多、数量大，是城市或工业区大气的重要污染源。

(2)农业污染源：农药及化肥的使用，对提高农业产量起着重大的作用，但也给环境带来了不利影响，致使施用农药和化肥的农业活动成为大气的重要污染源。

(3)交通污染源:汽车排气已构成大气污染的主要污染源,主要污染物是一氧化碳(CO)、氮氧化物(NO_x)、PM(颗粒物)、二氧化硫(SO_2)和铅。

(4)生活污染源:城乡居民及服务行业的烧饭、取暖、沐浴等燃烧各种燃料时,除产生大量烟尘外,还会形成 CO、二氧化碳(CO_2)、SO_2、氮氧化物、有机化合物等有害物质。

1.1.2.2 大气污染物对食品安全性的影响

(1)氟化物:氟化物指含氟的有机或无机化合物,是重要的大气污染物之一。大气中的气态氟化物主要是氟化氢(HF),也可能有少量的氟化硅(SiF_4)和氟化碳(CF_4),含氟的粉尘主要是冰晶石(Na_3AlF_6)、萤石(CaF_2)、氟化铝(AlF_3)、氟化钠(NaF)及磷灰石等。氟化物属高毒类物质,由呼吸道进入人体,会引起黏膜刺激、中毒等症状,并能影响各组织和器官的正常生理功能,对植物的生长、发育也会产生危害。氟化物主要来自生活燃煤污染及化工厂、铝厂、钢铁厂和磷肥厂的排放物。氟能够通过作物叶片上的气孔进入植物体内,使叶尖和叶缘坏死,特别是嫩叶、幼叶受害严重。农作物可以直接吸收空气中的氟,而且氟可以在生物体内富集。另外,氟化物会通过畜禽食用牧草后进入食物链,对食品造成污染,危害人体健康。氟被人体吸收后,95%以上沉积在骨骼里。由氟在人体内积累引起的典型疾病为氟斑牙和氟骨症,表现为齿斑、骨增大、骨质疏松、骨的生长速率加快等。

(2)二氧化硫和氮氧化物:大气中二氧化硫(SO_2)和氮氧化物(NO_x)是酸雨的主要来源。SO_2 在干燥的空气中较稳定,但在湿度较大的空气中经催化或光化学反应可转化为 SO_3,进而生成硫酸雾或硫酸盐。由 SO_2 污染形成的酸雨致使植物细胞受到酸化,植物新陈代谢和酶作用失常,甚至使原生质凝固,导致植物发育不良、生长迟缓,进而迅速枯萎,甚至死亡(图 1-1)。酸雨也会使叶片呼吸、光合作用受到阻碍,根系的生长和吸收作用受到影响,豆类作物根瘤固氮作用被抑制。处于花粉期的作物受酸雨侵袭后,花粉寿命缩短,结实率下降,果实种子的繁殖能力减弱。NO_x 可以形成硝酸盐颗粒物和硝酸(HNO_3),硝酸盐颗粒与粉尘共存时,可形成毒性更大的硝酸或硝酸盐气溶胶,形成酸雨,一旦发生远距离传输,可以加速区域性酸雨的恶化。

图 1-1 酸雨酸化植物①

(3)煤烟粉尘和金属飘尘:煤烟粉尘是由炭黑颗粒、煤粒和飞尘组成的,产生于冶炼厂、钢铁厂、焦化厂和供热锅炉以及家庭取暖烧饭的烟囱。PM2.5 是典型代表之一,是指大气

① 拍信网 https://v.paixin.com/photocopyright/228631178

中空气动力学当量直径小于或等于 2.5 微米的颗粒物，也称为细颗粒物。虽然粒径小，但富含大量的有毒、有害物质且在大气中的停留时间长、输送距离远，因而对人体健康和大气环境质量的影响很大。研究表明，颗粒越小对人体健康的危害越大。细颗粒物能飘到较远的地方，因此影响范围较大。某些工厂排出的气体中，含有许多有毒有害的金属微粒，如镉、铍、锑、铅、镍、铬、锰、汞、砷等，这些有毒污染物可以降落在农作物上、水体和土壤内，后被农作物吸收并富集，进入食物链后可在人体内蓄积，造成慢性中毒。经过长期蓄积，会引起远期效应，影响神经系统、内脏功能和生殖、遗传等。

(4)二噁英：二噁英(dioxin)是结构和性质都很相似的包含众多同类物或异构体的两大类有机化合物，全称分别叫多氯二苯并-对-二噁英(PCDDs)和多氯二苯并呋喃(PCDFs)，我国环境标准中把它们统称为二噁英类。二噁英是一种无色无味、毒性严重的脂溶性物质，它包括 210 种化合物，其毒性比砒霜高 900 倍，俗称“毒中之王”。大气环境中的二噁英 90％来源于城市和工业垃圾焚烧。含铅汽油、煤、防腐处理过的木材以及石油产品、各种废弃物特别是医疗废弃物在燃烧温度低于 300～400℃时容易产生二噁英。二噁英具有高度的亲脂性，容易存在动物的脂肪和乳汁中，因此常易受到二噁英污染的是鱼、肉、禽、蛋、乳及其制品。二噁英具有强烈的致癌、致畸作用，同时还具有生殖毒性、免疫毒性和内分泌毒性。如果人体短时间暴露于较高浓度的二噁英中，就有可能导致皮肤的损伤，如出现氯痤疮及皮肤黑斑，还出现肝功能的改变。如果长期暴露于二噁英中，则会对免疫系统、发育中的神经系统、内分泌系统和生殖功能造成损害。

1.1.2.3 大气污染对食品危害的防治措施

所谓大气污染的综合防治，就是从区域环境的整体出发，充分考虑该地区的环境特征，对所有能够影响大气质量的各项因素作全面、系统的分析，充分利用环境的自净能力，综合运用各种防治大气污染的技术措施，并在这些措施的基础上制定最佳的废气处理措施，以达到控制区域性大气环境质量、消除或减轻大气污染的目的。

(1)工业污染防治：①改革工艺和设备，采用可以减少二氧化硫、氮氧化物和烟尘排放量的新型烟尘治理技术、排烟脱硫工艺和排烟脱氮技术，进而减少酸雨、煤烟粉尘和金属飘尘的形成，控制大气污染；②开发废气净化回收新工艺，化害为利、综合利用：化害为利、综合利用是我国治理环境污染的方针，生产设备的密闭操作或采用新的废气净化回收工艺流程，可为综合利用创造有利条件；③采用高烟囱排放：建造高烟囱或增大烟气的出口排放速度，把有毒气体送至高空进行扩散稀释，当前，对于某些低浓度废气，从技术和经济角度分析，采用高烟囱排放以减轻大气污染可能是实用和经济的；④城市绿化：植物在保持大气中 O_2 与 CO_2 的平衡以及吸收有毒气体等方面有着举足轻重的作用。绿色植物是主要的 O_2 制造者和 CO_2 的消耗者。植物还有吸收有毒气体的作用，不同的植物可以吸收不同的毒气。植物对大气飘尘和空气中放射性物质也有明显的过滤、吸附和吸收作用。搞好绿化工作，提高林木、植被的覆盖率，既可以美化环境，又能提高大气的自净能力，减少大气污染物对食品安全的影响。

(2)农业污染防治：①合理使用农药化肥，禁用和限制使用剧毒农药和稳定性强的农药，发展高效、低毒、低残留农药，以及利用天敌、培养抗性品种、采取综合措施防治病虫害等；②不要长期过量使用同一种化肥，肥料与有机肥结合使用，提高化肥农药的利用率；③政府要通过宣传和培训，引导农民科学用药，合理施肥。

(3)交通污染防治:①减少交通废气的污染,改进发动机的燃烧设计和提高汽油的燃烧效率,使汽油充分燃烧;②扬尘指沉降地面并因各种原因而重新被扬起进入空气中的灰尘。通过土地裸露的减少、环卫工作的加强、施工防护、防风防尘措施的实施及监督管理等工作的落实,均可对扬尘污染进行有效治理。

(4)生活污染防治:①在城区采取集中供暖方式,可充分提高锅炉设备的利用率,大大降低燃料的消耗;②充分利用热能,提高热能利用率,可极大降低粉尘的排放量。

1.1.3 水体污染

水体包括水中悬浮物、溶解物质、底泥和水生生物等完整生态系统或自然综合体。水体污染是指一定量的污水、废水、各种废弃物等污染物质进入水域,超出了水体的自净和纳污能力,从而导致水体及其底泥的物理、化学性质和生物群落组成发生不良变化,破坏水中固有的生态系统,影响水体的功能,降低水体的使用价值。

1.1.3.1 水体主要污染物及来源

(1)无机污染物:包括各种氢氯酸、氰化钾、硫酸、硝酸等,主要来自炼焦、电镀、塑料、化肥、硫酸和硝酸等工厂排出的废水,水体中如果有过量的无机污染物,会改变水的 pH 值,使微生物不能生长,还会消耗水中的溶解氧,危害淡水生物。

(2)病原生物:包括各种病菌、病毒和寄生虫等,主要来自生物制品、制革业、饲养场和生活污水,常能引起各种传染病。

(3)植物营养物:主要指氮、磷等能刺激藻类及水草生长、干扰水质净化、使生化需氧量(BOD_5)升高的物质,包括硝酸盐、亚硝酸盐、铵盐和磷酸盐等,主要来自农业(化肥、农家肥)、工业废水和生活污水等。这些营养素如果在水中大量积累,会造成水的富营养化(图 1-2),使藻类大量繁殖,导致水质恶化。

(4)耗氧污染物:包括碳水化合物、蛋白质、油脂、木质素、纤维素等,主要来自食品工业、造纸工业、化纤工业排放的废水及生活污水,这些物质排入江河或者自然水体中通过微生物的生化作用而被分解。分解过程会消耗水中的溶解氧,导致水中缺氧,对水中生物的生存造成一定的威胁,并产生硫化氢、氨等气体,使水质恶化。

图 1-2 水富营养化①

① 拍信网 https://v.paixin.com/photocopyright/209041288

(5)重金属离子：包括汞、镉、铅、砷等，主要来自农药、医药、仪表及各类有色金属矿山的废水，在水中比较稳定，是污染水体的剧毒物质。

(6)放射性污染物：水中主要的天然放射性元素有^{40}K、^{238}U、^{286}Ra、^{210}Po、^{14}C、氚等，主要来源于核动力工厂排放的冷却水、向海洋投弃的放射性废物、核爆炸降落到水体的散落物、核动力船舶事故泄漏的核燃料；在开采、提炼和使用放射性物质时，如果处理不当，也会造成放射性污染。

(7)热污染：热污染是一种能量来源，是工矿企业向水体排放高温废水造成的。水温升高，水中化学反应、生化反应的速度加快，使某些有毒物质的毒性增加，溶解氧减少，影响鱼类的生存和繁殖，加速某些细菌的繁殖。

(8)石油类污染物：是水体污染的重要类型之一，主要来自工业排放、石油运输船只的船舱和机件的清洗、意外事故的发生、海上采油等。

1.1.3.2 水体污染物对食品安全性的影响

(1)酚类污染物：凡是芳香烃与羟基直接连接的化合物都称酚。酚类化合物的毒性以苯酚为最大，通常含酚废水中又以苯酚和甲酚的含量最高。目前，环境监测常以苯酚和甲酚等挥发性酚作为污染指标。酚类污染物可以通过“土壤(水)—植物(微生物)—动物—人类”的食物链，使有害物质逐渐在动植物体内富集，从而降低食物链中农副产品的生物学质量。酚类污染物对人体的危害包括：①影响人类的生殖功能，导致不孕不育；②影响免疫系统，导致人类免疫系统失调，癌症发病率上升；③通过母体或母乳把酚类污染物及其代谢物传给下一代，使婴幼儿神经发育或觉醒反应不正常；④影响内分泌系统，干扰垂体激素、甲状腺素等的产生和释放，从而影响人体生长发育。酚类污染物还可以影响神经系统，使神经受损，出现记忆力和注意力下降。

(2)氰化物：氰化物指带有氰基(—CN)的化合物，其中碳原子和氮原子通过叁键相连接，是一种能抑制多种金属酶活性、抑制生物呼吸作用的剧毒物质。氰化物主要来自电镀、焦化、煤气、冶金、化肥和石油化工等行业排放的工业废水。日常生活中，桃、李、杏、枇杷等含氢氰酸，其中以苦杏仁含量最高，木薯亦含有氢氰酸。氰化物具有强挥发性、易溶于水的特点，有苦杏仁味，剧毒，0.1 g即可致人死亡。污水中的氰化物可被作物吸收，一部分由自身解毒作用形成氰苷，一部分在体内分解成无毒物质。氰化物可影响鱼、贝、藻类的呼吸作用。当水中氰基(—CN)含量达到0.3～0.5 mg/L时，可使鱼死亡。氰化物最大允许浓度对敏感的浮游生物和甲壳类为0.01 mg/L，对抗性较强的水生动物也只有0.1 mg/L。

我国规定一般地面水和渔业水体中，游离的浓度不得超过0.05 mg/L。世界卫生组织规定鱼的中毒限量为游离氰0.03 mg/L。

(3)苯及其同系物：苯及其同系物在化学上称芳香烃。含苯废水浇灌作物，能使粮食、蔬菜的品质下降，而且在粮食蔬菜中残留。急性苯中毒主要表现为中枢神经系统麻醉，甚至导致呼吸心跳停止。长期反复接触低浓度的苯可导致慢性中毒，主要是对神经系统、造血系统的损害，表现为头痛、头晕、失眠，白细胞、血小板减少而出现出血倾向，甚至诱发白血病。

我国规定，灌溉水中苯的含量不得超过2.5 mg/L。

(4)重金属：灌溉水中重金属污染是引起食品安全问题的原因之一。矿山、冶炼、电镀、化工等工业废水中常含有大量重金属物质，如汞、镉、铜、铅、砷等。水体中重金属对水生生物的毒性，不仅表现为重金属本身，而且重金属可在微生物作用下转化为毒性更大的金属化合物，如汞的甲基化作用。曾经轰动世界的“水俣病”，是发生在日本九州岛水俣地区因长期食用受甲基汞污染的鱼贝类而引起的慢性甲基汞中毒。另外，生物还可以从环境中摄取重金属，通过食物链在生物体内富集，人体摄入这些生物造成慢性中毒。

(5)病原微生物：许多病原微生物是通过水体或水生生物传播的，如肝炎病毒、霍乱弧菌、致病性大肠杆菌等，引起病毒性和细菌性传染性疾病。这些病原微生物往往由于医疗废弃物未做处理或经患者排泄物直接进入水体。由于洪涝灾害造成动植物和人死亡，尸体腐烂后，病原微生物大规模扩散。如20世纪80年代末，上海、江浙一带暴发的甲型肝炎大流行即是由甲肝病毒污染了水体及其水生毛蚶引起的。

(6)石油：石油是烷烃、烯烃和芳香烃的混合物，进入水体后在水上形成油膜，能阻碍水体复氧作用；黏附在藻类、浮游生物上，可使它们死亡；会抑制水鸟产卵和孵化，严重时使鸟类大量死亡；对水生生物产生较严重的危害，高浓度时，会引起鱼虾死亡，特别是小鱼小虾。浓度较低时，石油中的油臭成分能从鱼、贝的腮黏膜侵入，通过血液和体液迅速扩散到全身。当海水中石油浓度达0.01 mg/L时，能使鱼虾有石油臭味，降低海产品的食用价值。

石油废水中还含有致癌物3,4-苯并芘，这种物质能在灌溉的农田土壤中积累，并能通过植物的根系吸收，进入植物引起积累。从石油污灌地区的调查结果看，废水中含石油10.0 mg/L以下，基本不影响作物的生长发育，粮食、蔬菜中3,4-苯并芘含量与清水灌溉时含量接近，食品中无残留。

1.1.3.3 水体污染对食品危害的防治措施

(1)加强水污染的治理：强化行政、法制手段，对工业企业的废水实行达标排放。革新工艺流程或者利用毒性更小，甚至无毒的原材料进行工业生产。同时，要做好工业废水和废渣的预处理工作，必须将无害化处理落到实处，避免工业生产带来的环境污染。加快城镇生活污水处理厂的建设。

(2)开展水污染、土壤污染与农作物污染之间的关系及各种污染物在农作物中吸收分布规律的研究。不同品种的农作物对有害物质的吸收和蓄积能力有很大差别，利用这种富集能力强弱的差异，在被污染的地方指导农民合理规划使用土地，有选择地种植作物，以达到充分利用耕地、减少对人体健康危害的目的。

(3)在各地选择无工业污染的地区作为粮食和蔬菜种植基地。目前一些地区发展“绿色食品”往往片面理解为无农药污染，忽视了工业污染的影响。建立“菜篮子”工程，意义不仅是选择清洁区作为生产基地，而且灌溉用水卫生质量也能得到保障。农业和水利部门目前所提倡和推广的集中喷灌式浇水法既可避免水资源的浪费，又可防止受污染水体中的有害物进入农田。

1.1.4 土壤污染

土壤污染是指人类活动所产生的污染物进入土壤，其含量超过土壤的自净能力，并使土壤的成分、性质发生变化，降低农作物的产量和质量，并危害人体健康的现象。

1.1.4.1 土壤主要污染物及来源

从外界进入土壤的物质，除肥料外，还有大量的农药。此外，工业“三废”也带来各种大量的有害物质。

(1)污水灌溉:用未经处理或未达到排放标准的工业污水灌溉农田是污染物进入土壤的主要途径,其后果是在灌溉渠系两侧形成污染带。这属封闭式局限性污染。

(2)酸雨和降尘:工业排放的二氧化硫(SO_2)、一氧化氮(NO)等有害气体在大气中发生反应而形成酸雨,以自然降水形式进入土壤,引起土壤酸化,使有益于作物的钙、镁、钾离子流失,而使某些微量重金属(如锰、铅、铝离子)活化,对农业生态环境造成了严重的危害。

(3)汽车排气:汽油中添加防爆剂四乙基铅,随废气排出而污染土壤,行车频率高的公路两侧常形成明显的铅污染带。

(4)向土壤倾倒固体废弃物:废弃物堆积场所土壤直接受到污染,自然条件下的二次扩散会形成更大范围的污染。

(5)过量施用农药、化肥:重金属离子(主要是能使土壤无机和有机胶体发生稳定吸附的离子)以及土壤溶液化学平衡中产生的难溶性金属氢氧化物、碳酸盐和硫化物等,将大部分被固定在土壤中而难以排除。土壤中的重金属和农药都可随地面径流或土壤侵蚀而部分流失,引起污染物的扩散。作物收获物中的重金属和农药残留会通过食物链进入家畜和人体等。

1.1.4.2 土壤污染物对食品安全性的影响

(1)酚类、氰化物:含酚污水和含酚固体废弃物是引起土壤中酚残留的原因。土壤中残留酚使植物中的酚积累在较高水平,植物中的酚残留一般随土壤中酚浓度的升高而增加。调查表明,蔬菜中酚与土壤中酚之比多大于1。含氰土壤与作物氰积累的关系,一般在土壤氰含量相当高时,作物的氰含量也明显升高。另外,植物氰与土壤氰之比大多小于1。尽管土壤中的酚、氰含量影响植物中酚、氰的积累,但由于酚、氰具有挥发性,在土壤中的净化率高,在土壤中残留很少。

(2)重金属:重金属污染物具有在土壤中移动性较差、滞留时间较长、微生物无法降解等方面的特性,且重金属可被生物富集,使人工治理极其困难,其进行自然净化的过程也极为漫长。重金属大多以氢氧化物、硫酸盐、硫化物、碳酸盐或磷酸盐等形式固定在土壤中,并随污染源不断积累,到一定程度后才显示出危害。重金属在土壤中残留率在90%以上。

①镉(Cd)。当镉摄入量达到一定程度后会对人体造成危害。对人体健康的早期危害主要表现在可使部分人肾功能不全,还可导致人慢性镉中毒,产生以骨损害为特点的病症。镉在人体骨中蓄积,妨碍正常骨化过程而导致骨质软化。镉在人体中具有高蓄积性。食品中镉的允许量较严格,我国规定食品中的镉允许量限制为0.03~0.20 mg/kg。

一般无污染的土壤镉含量小于1.00 mg/kg。土壤被镉污染后,作物能明显积累镉。土培试验研究表明,随着土壤中镉含量的增加,作物含镉量增加。在对照组土壤中(镉含量小于1.00 mg/kg)生长的水稻和小麦籽粒中镉含量分别为0.007 mg/kg和0.044 mg/kg;当土壤中镉含量为10.00 mg/kg时,生长的水稻和小麦籽粒中镉含量分别达0.16 mg/kg和2.10 mg/kg,表现出较高的积累性。对人体健康而言,当土壤表层镉含量为0.13 mg/kg时,具有潜在的危害。

②铅(Pb)。如果土壤发生铅污染,在植物生长过程中,铅将在植物的叶片和果实中累积。人在食用蔬菜和果实时,铅将随食品进入人体,其中有5.0%~10.0%将被人体吸收。长期摄入铅会引起体内铅的蓄积,可导致红细胞中血红蛋白量降低,出现贫血症。在重症铅中毒的情况下,可发生中枢神经系统和周围神经系统的损伤。我国对食品铅的允许量为

1.0～2.0 mg/kg。

土壤铅污染大多发生在铅冶炼厂和天然铅矿沉积物附近，一般无污染土壤中可溶性铅含量在1.00 mg/kg左右。植物对铅的耐受能力较强，主要积累在根系，只有一部分向茎、叶和籽粒迁移。

③砷(As)。环境中砷化物(亚砷酸盐和砷酸盐)都是三氧化二砷的水化物，进入人体后都以亚砷酸盐的形式发挥毒副作用。长期持续摄入低剂量砷化物，会引起慢性砷中毒。当砷在人体内蓄积到一定程度后就会发病，其主要表现为末梢神经炎症状。另外，国际肿瘤研究所已确认无机砷为致癌物。大量流行病学研究资料表明，砷可引起皮肤癌和肺癌。我国对食品中砷的允许量限制为0.10～0.70 mg/kg。

土壤中砷含量一般在5.00～6.00 mg/kg。土壤中的砷主要来自自然本底，含砷肥料、农药，含砷废水灌溉也是土壤砷的来源之一。

④汞(Hg)。在汞和汞化物中，甲基汞对人体的危害最大。甲基汞主要侵害神经系统，特别是中枢神经系统。损害最严重的部位是小脑两半球，特别是枕叶，脊髓后以及末梢感觉神经在晚期亦受损，且这些损害是不可逆转的。另外，动物试验表明，甲基汞对人有致畸变效应。我国对食品中汞的允许量限制为0.01～0.05 mg/kg。

在一般土壤中，汞的含量不高，但含汞废水灌溉土壤或施用含汞农药的土壤，会使汞含量超过本底值，污染较严重时，可达10.0～100.0 mg/kg。农作物吸收汞量与土壤汞浓度密切相关。研究表明，土壤含汞0.5 mg/kg时，植物中汞吸收量就增加，当达到4.0 mg/kg时，就能增加食物链中汞含量，表现出植物对土壤汞较高的积累性；另外，毒性更大的有机汞更易于被植物所吸收。

⑤铬(Cr)。铬是人体必需的微量元素，而过量地摄入铬会对人体产生毒害。工业污染，特别是制革废水及处理后的污泥是土壤铬的重要污染来源。微量铬对植物生长有刺激作用。植物从土壤中吸收铬大部分积累在根部，其次是茎叶，在籽粒中累积量最少。研究表明，铬在茎叶，特别是根中转移系数很高。有关食品的调查结果表明，一般水果、蔬菜含铬量在0.10 mg/kg以下。由于畜禽的生物富集作用，其含铬量往往比植物高，所以，动物食品中铬含量一般比较高，食用动物食品多的人，铬的摄入量也相对较多。我国对食品中铬允许量尚无规定，研究表明，成年人每日允许摄入铬的量约为3.00 mg。

(3)化肥的危害：随着农业生产的快速发展，化肥的使用量在不断增加。据估算，目前世界工业固氮量已达100万吨以上。增施化肥作为现代农业增加作物产量的途径之一，在带来作物丰产的同时，也会产生污染，给作物的食用安全带来一系列问题，特别是硝酸盐的积累问题。作物可以通过根系吸收土壤中的硝酸盐，硝酸根离子进入作物体内后，经作物体内硝酸酶的作用还原成亚硝态氮，再转化为氨基酸类化合物，以维持作物的正常生理作用。但受环境条件的限制，作物对硝酸盐的吸收往往不充分，致使大量的硝酸盐蓄积于作物的叶、茎和根中，这种积累对作物本身无害，但会对人畜产生危害。化肥使用中产生的另一个环境问题是化肥中含有的其他污染物随化肥的施用进入土壤，造成土壤和农作物污染。生产化肥的原料中含有一些微量元素，并随生产过程进入化肥。以磷肥为例，磷灰石中除含铜、锰、硼、钼、锌等植物营养成分外，还含有镉、铬、氟、汞、铅和钒等对植物有害的成分。

(4)农药的危害：长期大量使用农药带来了令人担忧的环境问题，也引起了食品安全问题。土壤中农药污染来自防治作物病虫害及除杂草用的杀虫剂、杀菌剂和除草剂，这些污染物可能通过直接施用进入土壤，也可能是因喷洒而淋溶到土壤中。农药的大量使用，致使有害物质在土壤中积累，对植物生长产生危害或者残留在作物中，进入食物链危害人的健康。土壤中的农药一般通过植物的根系运转至植物组织内部，农药吸收量多少往往与根系发达程度有关，花生、胡萝卜、马铃薯的吸收率较高。

1.1.4.3 土壤污染对食品危害的防治措施

(1)防治重金属对土壤的污染：①施用改良剂，指向土壤中施加化学物质，以降低重金属的活性，减少重金属向植物体内的迁移，该方法在轻度污染的土壤上应用是有效的。常用的改良剂有石灰、碳酸钙、磷酸盐和促进还原作用的有机物质，如有机肥。②增施土壤有机质。增施有机肥料可增加土壤有机质和养分含量，既能改善土壤理化性质，特别是土壤胶体性质，又能增大土壤容量，提高土壤净化能力。受到重金属污染的土壤，增施有机肥料可增加土壤胶体对其的吸附能力，同时土壤腐殖质可络合污染物质，显著提高土壤钝化污染物的能力，从而减弱其对植物的毒害。③客土和换土。对于轻度污染的土壤，可采取深翻土或换无污染客土的方法。对于污染严重的土壤，可采取铲除表土或换客土的方法。这些方法的优点是改良比较彻底，适用于小面积土壤的改良。但对于大面积污染土壤的改良，非常费事，难以实现。

(2)防治化肥对土壤的污染：①调整肥料结构，降低化肥使用量。我国施用化肥的结构是氮肥过多，缺磷少钾。试验证明，合理的供给结构，可以改善偏施氮肥的土壤。②合理的有机肥结构。施用有机肥，不仅能改善土壤结构，提高作物的抗逆能力，同时还能补充土壤的钾、磷和优质氮源。③实施合理的灌溉技术，减少化肥流失。④适当调整种植业结构，充分利用豆科作物的固氮肥源，减少化肥使用量。

(3)防治农药对土壤的污染：①利用害虫综合防治系统以减少农药的施入量。综合防治是以生态学为基础的害虫治理法中一种较新的方法，是一种把所有可利用的方法综合到一项统一的规划中的害虫治理方法。一些生物如真菌、细菌、病毒、线虫等可使昆虫致病死亡，有些昆虫则以其他昆虫为食，利用这种生物防治措施。加上合理使用农药可使综合防治收到良好的效果。②合理使用农药。农药的品种和剂量要根据需要进行选择，并且应适时、适量用药，应在害虫抵抗力最弱的时期施用农药。③制定食品中的允许残留量标准。④制定施药安全间隔期。⑤采用合理耕作制度，消除农药污染。⑥开发新农药：高效、低毒、低残留农药是开发农药新品种的主要发展方向。

(白凤翎)

1.2 肥料使用与食品安全

1.2.1 肥料的作用与问题

肥料是农作物的“粮食”，主要通过根系吸收，是为作物生长提供必要营养成分，也是改善作物品质和提高土壤肥力的必要物质。施肥是增加作物产量、改善食物和饲料品质最有效的方法。化肥技术和工业的发展是解决全球人口增长和粮食需求矛盾的重要途径。

在合成氨等化肥工业发展以前，全球农业主要是自然循环的，以有机肥或种植绿肥作为主要的肥料类型。尽管当时作物产品比较安全，但作物产量通常较低，食物供给不足，常常引发饥饿和战乱。化肥工业的快速发展为绿色革命带来了希望。施用化肥大幅度提高了农作物产量，并保障了食物供应。在过去近 65 年时间里，我国化肥工业发展经历了从无到有、从弱到强的发展过程，化肥工业的发展和及时供应保证了我国的粮食安全。粮食产量的增长和人均耕地面积的增加，很大程度上依赖于化肥施用量的增长。著名育种学家、被称作绿色革命之父的诺贝尔奖获得者诺曼·布劳格先生，在全面分析了 20 世纪影响农业生产发展的相关因素之后宣称，“20 世纪全世界作物产量增加的一半是来自化肥施用”。根据计算，按照目前世界粮食的生产水平，每增加 1000 万人口，就需要增加 32 万吨氮肥、17 万吨磷肥和 16 万吨钾肥的施用量。可见，化肥在保证食物数量供应、解决人们温饱方面发挥了不可替代的作用。

在今后相当长的时期内，肥料的使用仍将是农业持续发展的重要措施。与其他国家类似，通过施用有机肥来维持内部物质循环的封闭式农业难以满足人口增长的需要。目前，我国粮食的发展主要是通过提高单位土地的生产力来实现的，化肥和有机肥配合施用较好满足了这种要求。在过去 30 多年时间里，由于农村劳动力转移和机械化程度低，大田作物生产中存在有机肥施用不足、盲目依赖化肥问题越来越严重。有机肥料的缺乏和偏重化肥的施肥习惯，降低了农作物的抗逆能力，包括抗病虫、抗倒伏、抗寒、抗旱等。与此同时，农药施用量的增加，导致出现可能的产品品质降低和农产品安全问题，同时恶化了土壤物理、化学及生物学性质，破坏了土壤中营养元素的正常比例，导致土壤肥力下降。此外，受经济利益驱动，很多经济作物盲目施用有机肥导致的生产和环境问题也十分普遍(图 1-3)。这不仅带来资源和能源的浪费，而且导致大气、水体和土壤污染问题严重。

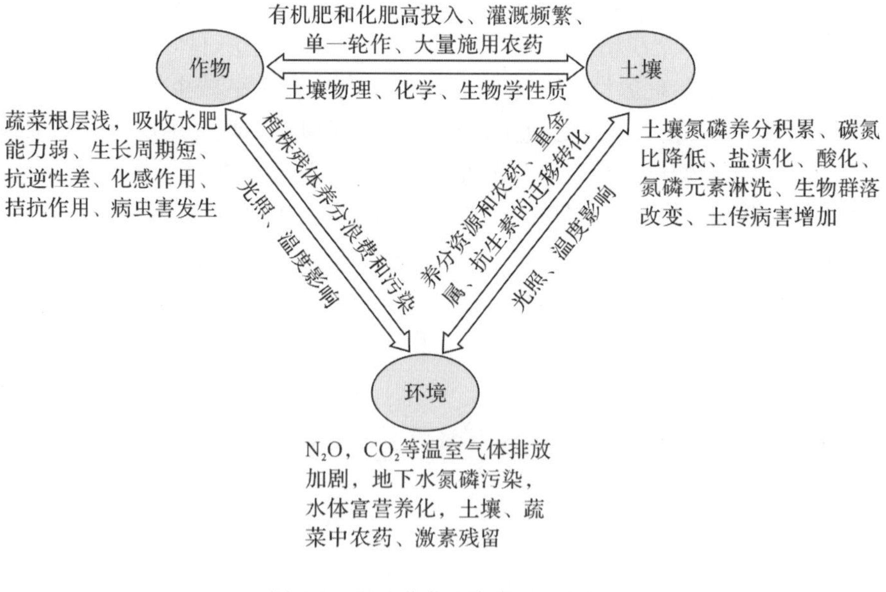

图 1-3 设施蔬菜生产存在的问题

目前，我国每年的化肥生产量约占全球的 1/3，消费量占全球的 35%，养活了我国 13 亿的人口，但产能过剩问题十分严重。2014 年农业部提出“化肥零增长”的目标，势必推动施肥技术的合理化及有机肥资源的再利用。我国每年粪肥产生量巨大，按照纯养分折算相当于每年生产的总氮量为125万吨、总磷量为25万吨、总钾量为125万吨。这些资源若未得到有效利用，如粪肥随意排放和不合理施用，不仅会引发污染环境等问题，而且无法替代化肥，实现节能减排的目标。

因此，肥料的施用是一把双刃剑，必须兼顾高产和环境友好。

1.2.2 肥料的来源

通常施入农田的肥料包括有机肥和化肥。有机肥通常指农家肥以及一些其他物质，如动物粪肥、绿肥和采用堆肥工艺生产的商品有机肥。目前由于农村劳动力的缺乏，采用垫圈、堆沤等传统方法生产的农家肥占比很小，大多数有机肥是来自养殖场的粪肥、秸秆等资源，或者采用工厂化好氧堆肥工艺生产的商品有机肥。

化肥主要通过工业固氮、酸解天然矿物或者提取天然材料等方法生产，如尿素、磷酸二氢铵、硫酸钾等。这些化肥的组成相对简单，施入土壤中后可经溶解、微生物参与转化成土壤中存在的养分物质或者盐类等。有些肥料如氯化钾可以从海洋中分离，青海察尔汗盐湖中出产的氯化钾就是非常好的钾肥。随着我国化肥工业的规范化发展，生产化肥的原料几乎不存在影响食物安全的有害物质。

有一部分生活在都市里的人对化肥存在偏见，他们认为化肥是危险的化学品，对施用化肥生产出来的农产品避而远之，产生这种偏见的原因可能是对化肥了解不充分。有意思的是，随着1840年德国著名化学家李比希(Justus von Liebig, 1803—1873)正式提出了植物矿质营养学说以后，人们才明白作物需要的绝大部分养分来自于无机矿物质，而有机肥料所提供的养分必须经过微生物的矿化分解才能为作物根系吸收。

有机肥和化肥到底谁更优越？两者各有优缺点。有机肥料来源复杂、养分种类多，但营养成分含量低，提供的有机质具有明显改土培肥作用，具有供肥缓慢但肥效长等特点，一般做基肥；化肥中作物所需的无机养分浓度高，肥效快，一般做追肥。目前市场上出现了很多新型肥料品种，如复混肥料等(图1-4)，可为特殊的土壤和农作物配制，实现多种元素的复合，甚至有些产品可以与功能性有机物质复合一起施用。

图1-4 六种复混肥料①

① 拍信网 https://v.paixin.com/photocopyright/249591186

现代农业集约化、机械化、规模化经营极大促进了循环农业的发展，使农作物残茬和牲畜粪便等在农场回收利用，化肥的施用只是为了补充农作物收获带走的养分。这种生态农业模式，随着土地流转和规模化农业生产，将会越来越多。

1.2.3 作物所需的矿物质营养元素

作物生长需要 17 种营养元素，在这些必需营养元素之中，碳、氢、氧三种元素是构成一切植物体的最主要元素，通常占植物体干物质总量的 90%以上，可以从空气和水中获得，一般不必通过施肥来补充就可满足植物的需要。氮元素只占植物体干物质总量的 1.5%左右，除了豆科植物借助根瘤菌可以从空气中固定一定数量的氮元素外，一般植物主要是从土壤中吸取氮元素。

一般来说，由于土壤类型不同，供应各种营养元素的能力也有差异。各种作物的营养特性和产量不同，对土壤中各种营养元素的需要量也并不一致。通常，作物对土壤的氮、磷、钾需要量较高，而土壤中为作物吸收利用提供的氮、磷、钾含量相对较少，解决这种养分需求矛盾的唯一有效办法是人为地施用肥料。长期的农业生产实践证明，因土制宜地施用氮、磷、钾肥，往往可以收到显著的增产效果。为此，人们称氮、磷、钾为“肥料三要素”，这也是作物需要量较大的元素，除此之外，还包括钙、镁、硫中量元素和铁、锰、铜、锌、硼、钼微量元素。所有这些元素对作物生长都是同等重要的，元素之间必须保持平衡。

氮元素对维持作物生长活力非常重要，是蛋白质的主要成分；大豆蛋白质含量高，大豆与一般作物不同，其自身可以通过根瘤固定空气中的氮气为自己所用；在谷类作物中，小米的蛋白质含量就很高。磷元素对作物根系发育、开花等过程非常重要。一些作物(如花生等)的生长对磷元素的需求非常大，花生中含有很多卵磷脂，一些坚果含磷丰富，这些都是通过施磷肥后作物从土壤中获得的。钾元素在改善作物品质、提高作物抗逆性方面非常重要。蔬菜水果等农产品是我们膳食结构中补充钾元素非常重要的来源，如高血压患者必须通过植物性食物供应数量可观的钾，香蕉、大豆、土豆等都是非常重要的补钾食物。

1.2.4 生产肥料的原料选择与食品安全

生产肥料的原料选择不当或者生产厂家故意采用劣质原料可能会对食物的安全构成风险。

1.2.4.1 肥料生产与食品中的三聚氰胺

在氮肥的生产过程中，一些添加剂的不当使用，也会间接引发食品安全问题，特别是在目前集约化种植模式体系下，为减少化肥的损失，提高肥料利用率，越来越多的硝化抑制剂被应用到化学氮肥的生产中。那什么是硝化抑制剂呢？硝化抑制剂又称氮肥增效剂，是一类对硝化细菌有毒的有机化合物，加入铵态氮肥中抑制硝化作用的进行，从而减缓铵态氮向硝态氮转化的一种添加剂。双氰胺(DCD)是其中的一种，因为其价格相对便宜，在化学氮肥生产中频繁使用。在长期频繁通过肥料将此类硝化抑制剂施入土壤的情况下，由植物从土壤中吸收养分，动物通过吃植物来摄取营养这一连续的食物链，在奶制品等行业出现了污染事件(图 1-5)。

1.2.4.2 磷肥中的镉和其他重金属残留问题

磷肥工业面临的一个难题是磷矿中的重金属含量，特别是镉的问题。磷肥是用自然界

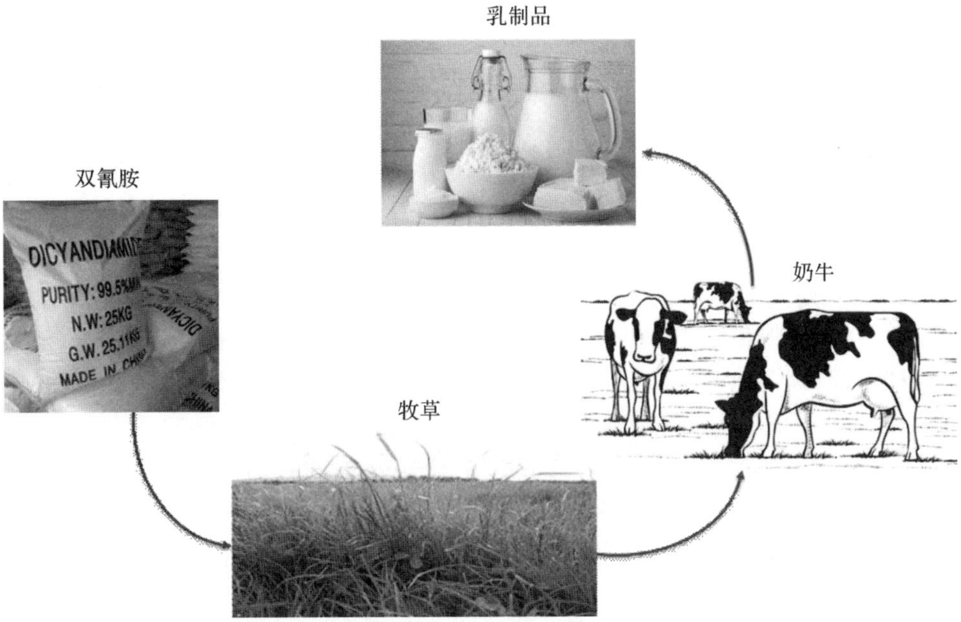

图 1-5　硝化抑制剂双氰胺(DCD)通过食物链循环至奶制品中

中的磷矿石加工成的，磷矿石除含钙的磷酸盐矿物外，还含有相当数量的杂质，特别是中低品位的磷矿，杂质更多，这些杂质直接影响磷矿和磷肥中镉、镍、铜等的含量。综合文献数据显示，我国含磷肥料中镉、砷含量相对较低，超标率仅分别为 0.6%和 1.9%，对土壤镉、砷的环境污染风险较小。

中微量元素肥料主要来源也是矿石，但有些矿石除含有所需微量元素外，还含有许多与之共生的重金属元素，如铅锌矿生产硫酸锌，会带入一定量的铅。此外，一些土壤调理剂的过度施用及在生产过程中的掺假、造假等行为也会带入重金属污染风险。重金属本身由于不易被土壤微生物降解，极易在土壤中累积，甚至在土壤中可能转化为毒性更大的形态组分，其可通过食物链逐步在动物、人体内累积，严重影响人体健康。重金属在人体和环境中的累积是一个不可逆的过程，也是土壤污染中最重要的污染物之一，对食品安全造成潜在威胁。如日本曾经因为食用受重金属汞(Hg)污染的鱼而出现了震惊世界的水俣病，导致婴儿患先天性麻痹痴呆症。

1.2.4.3　有机肥一定是安全的么？

我国有长期施用有机肥的传统和习惯，但有机肥原料的选择也十分关键。目前，商品有机肥中的一些原料来源不规范，饲料添加剂和预混剂在规模化养殖场中的广泛使用，造成有机肥中的铜锌含量较高。如部分仔猪和牲猪饲料中添加硫酸铜达 100～250 mg/kg，添加锌含量达 2000～3000 mg/kg。目前，约有 50%的有机肥流向菜田种植体系。菜田中大量施用畜禽粪便无疑会加速重金属元素和抗生素的污染。截至 2011 年，我国鸡粪和猪粪中的 Cd、As、Zn 和 Cu 含量严重超标，参照德国腐熟堆肥中部分重金属限量标准，我国畜禽粪便(以干鸡粪为例)中 Cd、As、Zn 和 Cu 的超标率分别为27.1%、15.3%、66.1%和27.1%。此外，研究发现商品有机肥、人畜粪便和饼肥中，均检出四环素、土霉素、金霉素、多西环素 4 种抗生素。施用畜禽粪肥的农田表层土壤中四环素、金霉素和土霉素的检出率分别为88%、93%和93%,残留最大检出量553 μg/kg、588 μg/kg 和5172 μg/kg。农田土壤中兽药残留、盐分和有害菌等有害污染物增加,降低了农田土壤本身的健康功能,增加了生态环境风险,并对食品安全构成潜在威胁。长期施用畜禽有机肥可导致抗生素在菜田表层土壤中累积,并可能向下迁移造成地下水污染,以及使土壤中的微生物抗生素抗性水平增加,其所带来的抗生素污染有可能会对土壤微生态系统产生干扰和破坏,并存在通过食物链危害人体健康的风险。

农田土壤长期大量施用畜禽有机肥也可引发重金属和抗生素的复合污染,存在潜在生态风险。其中,有机粪肥猪粪、羊粪和鸡粪中最易造成土壤污染的是猪粪,其Cu、Zn和Cd含量分别为197 mg/kg、947 mg/kg和1.35 mg/kg;设施菜地表层土壤抗生素含量为39.5 μg/kg,积累和残留明显高于林地和果园,特别是四环素类和氟喹诺酮类,含量分别为34.3 μg/kg和4.75 μg/kg。重金属沿着食物链累积,在粮食、蔬菜作物中残留,最终导致人体中毒的严重事故时有发生,如日本的骨痛病和水俣病。

1.2.5 肥料施用方法与食品安全问题

1.2.5.1 施用硝态氮肥会导致蔬菜作物硝酸盐超标?

过量施用氮肥可能使农产品内硝酸盐含量超标,特别是蔬菜类作物,更是一种容易富集并易于残留硝酸盐的作物。有人认为,施用硝态氮肥导致蔬菜硝酸盐累积,施用铵态氮肥和有机肥不会超标,这是一种误解。在适宜的条件下,施入的铵态氮可以很快转化成硝态氮,如果施用腐熟的、含氮量较高的有机肥,用量过大也会引起蔬菜中硝酸盐超标。蔬菜在储藏一段时间后,其在酶和细菌作用下将含有的硝酸盐还原为亚硝酸盐。亚硝酸盐可引起人体高铁血红蛋白症,造成组织缺氧,同时亚硝酸盐在胃肠道内转化为亚硝胺,其是致癌物质之一。此外,硝酸盐在土壤剖面中的淋洗造成的地下水污染也会对人体健康构成潜在的威胁。

1.2.5.2 蔬菜作物硝酸盐超标会致癌吗?

目前没有直接证据证明这句话的科学性。只是在特定条件下,硝酸盐能在人体内经微生物的作用还原成亚硝酸盐。亚硝酸盐是一种有毒物质,能使人中毒缺氧,严重者可致死亡;还可与次级胺结合形成强致癌物质亚硝酸胺。

1.2.5.3 施用叶面肥怎么就出现激素问题了?

叶面施肥是一种将肥料施在植物叶面,通过叶面补充营养成分的方式,以弥补根系吸收养分的不足,一定程度上具有明显的促进植物生长的作用。正因如此,目前农产品生产者为了利益最大化,片面追求农产品效益,出现了在叶面肥生产中过量添加激素的现象。加上盲目的药肥混用,激素在果蔬中残留,人体摄入量过大必然危害健康。肥料生产中主要的添加激素如下:

①乙烯利:可促进果实成熟,疏花疏果,促进植株矮化,打破种子休眠。

②大果灵:促进细胞分裂,显著促进果实膨大。

③2,4-二氯苯氧乙酸(2,4-D):防止落花落果。

④矮壮素:促进植株生殖生长,提高植株座果率。

1.2.6 绿色农业生产中的肥料施用

长期以来，我们一直强调化肥对农业生产的应用价值，忽视了农业生产与改善环境的协调发展，缺乏在生态环境建设上的投入。由于不合理施用化肥带来的副作用，在人们的意识中留下了对化肥的负面印象。部分富营养化的水体、盐渍化的表层土壤、重金属污染后的土地给人们留下了如此深刻的印象。然而，这些不良影响并不是施用化肥的必然结果，通过改进施肥技术，合理施肥完全可以将这些副作用降低到最低限度，从而实现农业的可持续发展。

合理用肥不仅不会给食品带来安全问题，而且会改善、保障食品的数量及质量安全，关键是要推行科学施肥，建立起可持续发展的集约化农业生产条件下的科学施肥技术体系，改变不合理施肥习惯，提高肥料的利用效率。

(1)遵守施肥 4R 原则：即合适肥料品种、合适用量、合适位置、合适时期。在通常情况下，有机肥和磷肥一般做基肥在播种或移栽之前、整地时施下去，水溶性好的肥料用于追肥，在作物生长期间分次追施。

(2)测土配方施肥：根据当地土壤养分状况，结合肥料效益试验结果，制定不同土壤、不同耕作制度下的施肥建议，由地方政府定期向农民发布、推荐最佳施肥方法(图 1-6)。

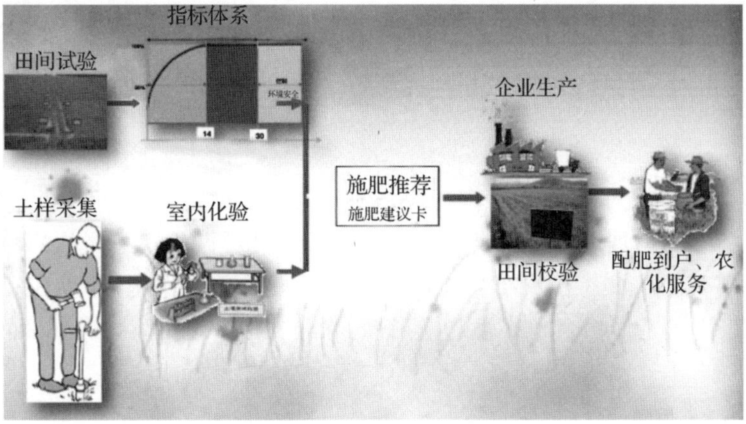

图 1-6 测土配方施肥技术

(3)水肥一体化技术：目前，水肥一体化技术是提高肥料中养分利用效率的有效手段，该方法目前在全国较多地方推广利用起来(图 1-7)。利用滴灌、微灌、喷灌等管道设施，将作物生长需要的水、肥直接供应到作物的根部，满足作物生长要求，真正做到水肥供应“适量不浪费”。

(4)高效新型肥料：通过各种物理、化学手段，改良肥料原有特性，使之成为高效、环保的新型肥料，如适量添加硝化抑制剂、脲酶抑制剂的新型氮肥的施用，可以有效减少过量施用氮肥引起的 NO_3^- 污染。

(5)有机-无机配合施用：有机-无机配合施用是保障粮食生产和食品安全的重要手段之一。推进畜禽规模养殖场粪污无害化处理和资源化利用，加强畜禽粪便的质量监控，研究制定严格的控制标准，限制饲料中重金属、抗生素等的添加量，从源头上治理畜禽粪便中重金属的污染问题，减少畜禽粪便中重金属、抗生素和其他有毒有害物质的含量。

图 1-7 水肥一体化滴灌系统和设备

（陈 清）

1-2

1.3 农药残留与食品安全

我国是农业大国，农业经济在我国国民经济中占据重要的地位，同时也是大量农村居民的重要经济来源。为增加农产品产量，确保食物供给稳定，做好农产品的病虫害防治，农药的使用是不可替代的。农药在农产品增产增收中发挥了重要作用，却存在一定的副作用。因此，在农药使用中，应了解其危害性，并且针对农药残留做好相应的检测，确保农产品质量安全。

1.3.1 农药的定义

农药是指用于防治、消灭或者控制危害农业、林业的病、虫、草和其他有害物质以及有目的地调节植物、昆虫生长的化学合成或者来源于生物、其他天然物质的一种物质或几种物质的混合物及其制剂。

1.3.2 农药的分类

1.3.2.1 按农药用途分类

杀虫剂、杀菌剂、除草剂、杀螨剂、植物生长调节剂和杀鼠药等。

1.3.2.2 按农药的作用方式分类

触杀剂、胃毒剂、熏蒸剂、内吸剂、引诱剂、驱避剂、拒食剂以及不育剂等。

1.3.2.3 按农药毒性和杀虫效率分类

高毒、中毒、低毒农药以及高效、中效、低效农药等。

1.3.2.4 按农药的来源分类

(1)矿物源农药。如硫制剂的硫黄、石灰硫黄合剂,铜制剂的硫酸铜、波尔多液,磷化物的磷化铝等,目前使用较多的有硫悬浮剂、波尔多液等。

(2)生物源农药。一类是用天然植物加工制成的植物性农药,所含有效成分为天然有机化合物,如除虫菊、烟草等;另一类是用微生物及其代谢产物制成的微生物农药,如 Bt 乳剂、井冈霉素和白僵菌等。生物源农药具有对人畜安全、不污染环境、对天敌杀伤力小和有害生物不会产生抗药性等优点。

(3)有机合成农药。主要有有机磷类、有机氯类、氨基甲酸酯类、拟除虫菊酯类等。这些农药具有药效高、见效快、用量少、用途广等特点,但会污染环境,易使有害生物产生抗药性,对人畜安全性相对较低。

1.3.3 常见的农药类型

1.3.3.1 有机磷农药

我国生产的有机磷农药绝大多数为杀虫剂,如常用的对硫磷、内吸磷、马拉硫磷、乐果、敌百虫及敌敌畏等。近几年来已先后合成杀菌剂、杀鼠剂等有机磷农药。有机磷农药多为磷酸酯类或硫代磷酸酯类化合物。有机磷农药对人的危害作用从剧毒到低毒不等,能抑制乙酰胆碱酯酶,使乙酰胆碱积聚,引起毒蕈碱样症状、烟碱样症状以及中枢神经系统症状,严重时可因肺水肿、脑水肿、呼吸麻痹而死亡。重度急性中毒者还会发生迟发性猝死。某些种类的有机磷中毒可在中毒后 8～14 天发生迟发性神经病。有机磷中毒者血胆碱酯酶活性降低。

(1)有机磷农药的种类:根据其毒性强弱分为高毒、中毒、低毒三类。我国常用有机磷农药的大鼠口服半数致死量(mg/kg)如下:对硫磷(1605)为 3.5～15 mg,内吸磷(1059)为 4.0～10.0 mg,甲拌磷(3911)为 2.1～3.7 mg,乙拌磷为 4.0 mg,硫特普为 5.0 mg,磷胺为 7.5 mg(以上属高毒类);敌敌畏为 50.0～110.0 mg,甲基对硫磷(甲基 1065)为 14.0～42.0 mg,甲基内吸磷(甲基 1059,4044)为 80.0～130.0 mg(以上属中毒类),敌百虫为 450.0～500.0 mg,乐果为 230.0～450.0 mg,马拉硫磷(4049,马拉松)为 1800.0 mg,二溴磷为 430.0 mg,杀螟松(杀螟硫磷)为 250.0 mg(以上属低毒类)。高毒类有机磷农药少量接触即可中毒,低毒类有机磷农药大量进入体内亦可发生危害。人体对有机磷农药的中毒量、致死量差异很大,由消化道进入较一般浓度的呼吸道吸入或皮肤吸收中毒症状重、发病急;如吸入大量或浓度过高的有机磷农药,可在 5 分钟内发病,迅速致人死亡。

(2)有机磷农药的理化性质:大多数有机磷农药呈油状或结晶状,工业品呈淡黄色至棕色,除敌百虫和敌敌畏之外,大多有蒜臭味。一般不溶于水,易溶于有机溶剂,如苯、丙酮、乙醚、三氯甲烷及油类,对光、热、氧均较稳定,遇碱易分解破坏。只有敌百虫例外,为白色晶体,能溶于水,遇碱可转变为毒性较大的敌敌畏。市场上销售的有机磷农药主要有乳化剂、可湿性粉剂、颗粒剂和粉剂四大剂型。近几年来混合剂和复配剂已逐渐增多。

(3)有机磷农药的中毒机理:有机磷农药可经消化道、呼吸道及完整的皮肤和黏膜进入人体。职业性农药中毒主要由皮肤污染引起。吸收的有机磷农药在体内分布于各器官,其中以肝脏含量最大,脑内含量则取决于农药穿透血-脑屏障的能力。体内有机磷首先经过氧化和水解两种方式生物转化。氧化使毒性增强,如对硫磷在肝脏滑面内质网的混合功能氧化酶作用下，氧化为毒性较大的对氧磷；水解可使毒性降低，如对硫磷在氧化的同时，被磷酸酯酶水解而失去作用。其次，经氧化和水解后的代谢产物，部分经葡萄糖醛酸与硫酸结合而随尿排出；部分水解产物如对硝基酚或对硝基甲酚等直接经尿排出，而不需经结合反应。

（4）预防有机磷农药中毒的措施：改革农药生产工艺，特别是出料、包装实行自动化或半自动化；严格实施农药安全使用规程；农药实行专业管理和严格保管，防止滥用；加强个人防护与提高人群自我保健意识。

1.3.3.2 有机氯农药

我国20世纪50到70年代大规模使用有机氯农药，用于防治植物病和虫害。

（1）有机氯农药的种类：主要分为以苯为原料的有机氯农药和以环戊二烯为原料的有机氯农药。以苯为原料的有机氯农药包括滴滴涕（DDT）和六六六，以及六六六的高丙体制品林丹和滴滴涕的类似物甲氧滴滴涕、乙滴涕，也包括从滴滴涕结构衍生而来、生产量较小、品种繁多的杀螨剂，如三氯杀螨砜、三氯杀螨醇、杀螨酯等。以环戊二烯为原料的有机氯农药包括作为杀虫剂的氯丹、七氯、艾氏剂、狄氏剂、异狄氏剂、硫丹、碳氯特灵等。

（2）有机氯农药的理化性质：氯苯结构较稳定，生物体内的酶难以将其降解，所以积存在动、植物体内的有机氯农药分子消失缓慢。由于这一特性，通过生物富集和食物链的作用，环境中的残留农药会得到进一步浓集和扩散。通过食物链进入人体的有机氯农药能在肝、肾、心等组织器官中蓄积，特别是其脂溶性大，在体内脂肪中的蓄积更突出。蓄积的残留农药也能通过母乳排出，或转入卵蛋等，影响后代。我国于20世纪60年代已开始禁止DDT、六六六用于蔬菜、茶叶、烟草等作物。

常用有机氯农药具有挥发性小、脂溶性强、不易为体内酶降解、在生物体内消失缓慢等特性。

（3）有机氯农药中毒症状：有机氯农药中毒的原因有两种：一种是使用人在农药生产、运输、储存和使用过程中造成误服而中毒；另一种是自杀行为，故意口服而中毒。有机氯农药对人体的毒性，主要表现在侵犯神经和实质性器官。中毒者有强烈的刺激症状，主要表现为头痛、头晕、眼红充血、流泪怕光、咳嗽、咽痛、乏力、出汗、流涎、恶心、食欲不振、失眠以及头面部感觉异常等，中度中毒者除有上述症状外，还有呕吐、腹痛、四肢酸痛、抽搐、发绀、呼吸困难、心动过速等；重度中毒者除上述症状明显加重外，尚有高热、多汗、肌肉收缩、癫痫样发作、昏迷，甚至死亡。

（4）有机氯农药中毒的治疗：发现有人误食DDT和六六六时，要立即进行催吐、洗胃。如果是因衣服和皮肤污染而中毒，那么应立即将所污染的衣服脱掉，先用清水冲洗，再用小苏打或碱性肥皂水冲洗，以阻断毒源。为了尽快排出体内毒物，还应采取导泻的方法，服用泻药，但切记不能用油类泻药，因为油剂能促使身体对有机氯的吸收，加重中毒；重度中毒者若出现心跳停止，应立即进行胸外心脏按压和人工呼吸，并送往医院进行抢救。

1.3.3.3 氨基甲酸酯类农药

氨基甲酸酯类农药为一种*N*-取代基氨基甲酸酯类化合物，由于其具有高效、低毒、低残留的特点而广泛使用。

（1）氨基甲酸酯类农药的种类：氨基甲酸酯类农药可分为五大类：萘基氨基甲酸酯类，如西维因；苯基氨基甲酸酯类，如叶蝉散；氨基甲酸肟酯类，如涕灭威；杂环甲基氨基甲酸酯类，如呋喃丹；杂环二甲基氨基甲酸酯类，如异索威。除少数品种（如呋喃丹等）毒性较高外，大多数氨基甲酸酯类农药具中、低毒性。

(2)氨基甲酸酯类农药的毒性:氨基甲酸酯类农药的中毒机理和有机磷类农药相似,都是哺乳动物乙酰胆碱酯酶(AchE)的阻断剂,主要是抑制胆碱酯酶活性,使酶活性中心丝氨酸的羟基被氨基甲酰化,因而失去酶对乙酰胆碱的水解能力,造成组织内乙酰胆碱的蓄积而中毒。氨基甲酸酯类农药不需经代谢活化,可直接与胆碱酯酶形成疏松的复合体。由于氨基甲酸酯类农药与胆碱酯酶结合是可逆的,且在机体内很快被水解,胆碱酯酶活性较易恢复,故其毒性较有机磷农药轻。由于氨基甲酸酯类农药是 AchE 的直接阻断剂,与有机磷类农药不同的是它们不能使神经中毒的酯酶钝化,因此与迟发的神经疾病的症状无关。氨基甲酸酯类农药的中毒症状特征包括胆碱性流泪、流涎、瞳孔缩小、惊厥和死亡。氨基甲酸酯类农药对人等哺乳动物的毒性不强。国外研究发现成年男性志愿者每天口服西维因 0 mg、0.06 mg、0.12 mg 连续 6 周,经生理学、生物化学和组织学检查未见异常。氨基甲酸酯类农药具有致突变、致畸和致癌作用。将西维因以各种方式处理小鼠和大鼠,均可引起癌变,并对豚鼠、狗、小鼠、猪、鸡和鸭有致畸作用。西维因等氨基甲酸酯类农药进入人体后,在胃的酸性条件下可与食物中的硝酸盐和亚硝酸盐生成 *N*-亚硝基化合物,在污染物致突变性检测艾姆斯试验(Ames test)中显示出较强的致突变活性;但目前还没有氨基甲酸酯类农药引起癌症的流行病学报告。

1.3.3.4 拟除虫菊酯类农药

拟除虫菊酯类农药是模拟天然除虫菊素由人工合成的一类杀虫剂,主要包括醚菊酯、苄氯菊酯、溴氰菊酯、氯氰菊酯、高效氯氰菊酯、顺式氯氰菊酯、杀灭菊酯、氰菊酯、戊酸氰醚酯、氟氰菊酯、氟菊酯、氟氰戊菊酯、百树菊酯、氟氯氰菊酯、戊菊酯、甲氰菊酯、氯氟氰菊酯、呋喃菊酯、苄呋菊酯、右旋丙烯菊酯。这类农药多不溶于水或难溶于水,可溶于多种有机溶剂,对光、热、酸稳定,遇碱(pH>8.0)易分解。

1.3.3.5 多菌灵杀菌剂

多菌灵杀菌剂在蔬菜和水果中广泛使用。在蔬菜中一般用量少,使用次数少,半衰期短,故一般不存在残留问题。在水果中使用多菌灵,除了生产加工中杀菌外,还作防腐剂在水果贮存中使用,特别是用在出口食品中(如柑橘)。经检验柑橘皮中多菌灵残留量一般为 0.1~0.5 mg/kg,全果中残留量为 0.02~0.1 mg/kg,远低于标准值 10 mg/kg。

1.3.3.6 有机汞、有机砷杀菌剂

有机汞、有机砷农药对高等动物具有毒性,在土壤中残留期也长(半衰期可达 10~30 年),是造成污染环境和食品污染的主要农药。常用有机汞农药有西力生(氯化乙基汞)、赛力散(醋酸苯汞)、富民隆(磺胺汞)和谷仁乐生(磷酸乙基汞)。有机汞农药进入土壤后逐渐分解为无机汞,残留土壤,也能被土壤微生物作用转化为甲基汞再被植物吸收,重新污染农作物而进入动物体内,引起急性中毒。有机汞还可在人体内蓄积,形成慢性中毒。我国已于 1971 年对有机汞农药采取“三不”(不生产、不进口、不使用)政策。

有机砷农药主要是稻脚青(甲基砷酸锌)。如果使用剂量过高、次数过多,不仅污染土壤,也在稻谷中残留。砷在体内排泄很慢,也有蓄积作用(蓄积量较汞为低),引起慢性中毒,也引起癌症。目前在无公害食品、绿色食品的生产中已禁用。

随着农业现代化的快速发展,除农药外,除草剂的品种也愈来愈多,其产量约占全世界农药产量的 1/3,在我国约占 20%。虽然多数除草剂对人畜毒性低,在植物上用量少,目前

也尚未发现除草剂在动物组织和生物体内有明显蓄积现象，但也的确发现一些品种存在毒性，如美国发现杀草强喂饲大鼠2年，多半产生甲状腺肿瘤和其他肿瘤，已禁用；再如2,4,5-T存在杂质四氯二苯二噁英，可致畸致癌，环境中稳定，美国和俄罗斯已禁止使用；又如除草醚对试验动物有“三致”作用，多数国家已禁止生产使用，我国在2001年底也停止产销。

1.3.4 我国目前禁止使用的农药

我国目前禁止使用六六六(BHC,HCH)、滴滴涕(DDT)、毒杀芬、二溴氯丙烷、杀虫脒、二溴乙烷(EDB)、除草醚、艾氏剂、狄氏剂、汞制剂、砷类、铅类、敌枯双、氟乙酰胺、甘氟、毒鼠强、氟乙酸钠、毒鼠硅等共18种农药。

1.3.5 农药残留的概念

农药残留是农药使用后残存于生物体、食品(农副产品)和环境中的微量农药原体、有毒代谢物、降解物和杂质的总称。农药可残留在食品的表面和内部，表面残留比较容易清除，而内部残留清除相对较难。

1.3.6 农药残留规范化管理的发展历程

我国农药残留标准的发展历程大致可以归为三个阶段。1963年至1996年为探索发展阶段。1963年，我国农业部农药鉴定所的成立标志着农药残留标准进入探索发展阶段，该部门主要负责农药登记管理与相关标准的制定工作，工作重点为高毒有机磷等农药的残留检测。1997年至2008年为快速发展阶段。1997年，我国《农药管理条例》(于2001年、2017年两次修订)发布，对农药对农产品与食品的安全性展开研究。这一发展阶段积极推动无公害农产品的行动计划，大力推广标准化生产，制定了500项农药残留检测方法国家和行业标准，初步建立农药残留标准体系。2009年至今为健全完善阶段。自实施《中华人民共和国食品安全法》后，我国的农药残留标准全面进入健全完善阶段。各项检测技术手段的出现为我国农药残留标准体系的日益完善奠定了坚实基础，也为食品安全体系提供了保障。

1.3.7 食品中农药残留的来源

农药可通过直接污染、间接污染、食物链生物富集、交叉污染以及意外事故和人为投毒等方式残留于食品中。

1.3.7.1 直接污染

施用农药后对食用农产品的直接污染是食品原料及食品中农药残留的主要来源，其中果蔬类农产品中残留农药的污染最严重。造成直接污染的原因可能有：

(1)农药喷施后，一部分黏附于农作物表面后分解，另一部分被作物吸收累积于作物中。

(2)大剂量滥用农药，造成食用农产品中农药残留。

(3)农产品在最后一次施用农药到收获上市之间的最短时间称为农药安全间隔期。在此期间，多数农药会逐渐分解而使农药残留量达到安全标准，不再对人体健康造成威胁。间隔期越短，残留量越高。

(4)为了保证粮食的周年供应，用农药对粮食进行熏蒸后保存，也会造成农药残留甚至超标；马铃薯、洋葱、大蒜等使用农药抑制发芽也会造成农药残留，甚至超标。

1.3.7.2 间接污染

农药通过对水、土壤和空气的污染而间接污染食品。

(1)土壤污染:农药进入土壤的途径主要有三种,一是农药直接进入土壤,包括施用于土壤中的除草剂、防治地下害虫的杀虫剂、与种子一起施入以防治苗期病害的杀菌剂等,这些农药基本全部进入土壤。二是为了防治田间病虫草害而施于农田的各类农药,其中相当一部分农药进入土壤。研究证实,农药喷洒后,一般只有10%~20%吸附或黏着在农作物茎、叶表面上而起杀虫或杀菌作用,其余大部分农药落在土壤上,主要集中在土壤耕作层20~30 m的土壤中。三是随大气沉降、灌溉水等进入土壤。土壤具有极强的吸附能力,使飘落在土壤表面的农药沉积于土壤中。土壤不仅是农药的重要贮留场所,也是农药代谢和分解的地方。土壤中的农药经光照、空气、微生物作用及雨水冲刷等,大部分会慢慢分解失效,但贮留在土壤中的农药会通过作物的根系运转至作物组织内部,根系越发达的作物对农药的吸收率越高,如花生、胡萝卜、豌豆等。

(2)水体污染:水体中农药来源有以下几条途径:

①大气来源。在喷雾和喷粉使用农药时,部分农药弥散于大气中,并随气流和风向迁移至未施药区,部分随尘埃和降水进入水体,污染水生动植物进而污染食品。

②水体直接施药。这是水中农药的重要来源。为防治蚊子、杀灭血吸虫寄主、清洁鱼塘等在水面直接喷施杀虫剂。为消灭水渠、稻田、水库中的杂草而使用的除草剂,绝大部分直接进入水环境中,其中一部分在水中降解,另外一部分则残留在水中,对鱼虾等水生生物造成污染,进而污染食品。

③农药厂点源污染。农药厂排放的废水会造成局部地区水质的严重污染。

④农田农药流失是水体农药污染的最主要来源。目前农业生产中,农田普遍使用农药,其用量大、种类多、范围广,成为农药污染的主要来源。农药可通过多种途径进入水体,如降雨、地表径流、农田渗漏、水田排水等。一般来说,旱田农药的流失量不多,在0.46%~2.21%范围内,但在施药后如遇暴雨,农药的流失量很大,有的高达10.0%以上。农田使用农药的流失量与农药的性质、农田土壤性质、农业措施、气候条件有关。通常,对于水溶性农药,质地轻的沙土、水田栽培条件、使用农药时期降水量大的地区,都容易发生农药流失而污染环境,反之则轻。

(3)大气污染:根据离农业污染点远近的不同,空气中农药的分布可分为三个带。第一带是导致农药进入空气的药源带,可进一步分为农田林地喷药药源带和农药加工药源带。这一带中的农药浓度最高。由于蒸发和挥发作用,施药目标和土壤中的农药向空气中扩散,在农药施用区相邻的地区形成第二个空气污染带。第三带是大气中农药迁移最远和浓度最低的地带,此带可扩散到离药源数百公里甚至上千公里。据研究,滴滴涕等有机氯杀虫剂可以通过气流污染到南北极地区,那里的海豹等动物脂肪中有较高浓度的滴滴涕蓄积。

1.3.7.3 经过食物链的生物富集作用污染食品

污染环境的农药经食物链传递时,可发生生物富集而造成农药残留浓度增高,如水中农药到浮游生物再到水产动物,使水产动物可能成为高浓度农药残留的食品。藻类对农药的富集系数可达500倍,鱼贝类可达2000~3000倍,而食鱼的水鸟对农药的富集系数在10万倍以上。

1.3.7.4 交叉污染

食品与农药混放或与受农药污染的运输设备、贮藏设备发生交叉污染，可能造成农药对食品的污染。

1.3.7.5 意外事故和人为投毒

农药厂泄漏、运输农药的车辆发生交通事故等属于意外事故，而2002年9月14日发生在南京汤山的特大中毒事件，系人为投毒所致（毒物为毒鼠强，化学名为四亚甲基二砜四胺），造成395名市民中毒，42人死亡。

1.3.8 农药残留的危害

当农药施用过量或长期施用，导致食物中农药残留量超过最大残留限量时，将对人和动物产生不良影响，或通过食物链对生态系统中其他生物造成毒害作用。大量流行病学调查和动物试验研究结果表明，农药对机体有不同程度的危害，可概括为以下几个方面：

1.3.8.1 急性毒性

急性中毒主要由于职业性（生产和使用）中毒，自杀或他杀以及误食、误服农药或者食用刚喷洒高毒农药的蔬菜和瓜果，或者食用因农药中毒而死亡的畜禽肉和水产品而引起。中毒后常出现神经系统功能紊乱和胃肠道急性炎症，严重时会危及生命。

1.3.8.2 慢性毒性

目前使用的绝大多数有机合成农药都是脂溶性的，易残留于食品原料中。若长期食用农药残留量较高的食品，农药会在人体内逐渐蓄积，可损害人体的神经系统、内分泌系统、生殖系统、肝脏和肾脏，引起结膜炎、皮肤病、不育、贫血等疾病。这种中毒过程较缓慢，症状短时间内不是很明显，容易被人们所忽视，因而其潜在的危害性很大。

1.3.8.3 特殊毒性

动物试验表明，有些农药具有致癌、致畸和致突变作用，或具有潜在"三致"作用。

1.3.9 食品中农药残留的控制措施

(1)根据农药的性质严格控制使用范围，严格掌握用药浓度、用药量、用药次数等，严格控制作物收获前最后一次施药的安全间隔期，使农药进入农副产品的残留尽可能减少。

(2)农药在环境中的转移过程十分复杂，但主要途径是水流传带、空气传带、生物传带。严禁农药对水域、空气的污染，风力较大时尽可能不用或少用农药。通过这些措施减少农药在环境中的转移污染而导致农产品中的残留。

(3)不使用农药残留量大的饲料喂养畜禽，防止和减少农药在生物体内的蓄积，可使肉乳产品中农药残留量大大减少。

(4)加强农药残留的检测，特别是快速检测技术的研究和推广，使人们能准确、及时地了解农药残留的状况，以便于将农药残留置于公众监督之下。

(5)推行绿色技术或清洁生产和清洁工艺，防止农产品受到农药残留的污染，发展绿色食品，开发有机食品。

(6)发展和推广使用高效低毒的无公害农药、生物农药。

(7)研究微生物对农药的有效降解方法。微生物代谢农药的途径包括氧化、还原、水解、合成等。

(8)在使用农产品前和烹调时,使用水洗、浸泡、碱洗、去皮、贮藏、蒸煮、生物酶等手段处理,可不同程度地降低农产品中农药的残留量。

1.3.10 农药残留与人们生活的联系

农业中农药的使用相当广泛,农药对危害农业的虫草等病虫害的防治具有重要作用。农药残留是指在对农作物进行农药喷洒后,在农作物上残留的微量农药和有毒的代谢物。一般地,农药都不是由单一物质构成的,而是由几种混合物及其制剂组成的,因此农药残留的危害性极大。

一个国家的基本物质保障包括食品的供应充足和食品的整体安全,食品安全越来越受到人们的关注。食品是否安全卫生、是否对人体有害,成为当前食品行业和农业十分重视的话题。农药残留引发的食品安全问题也已成为当今社会亟待解决的民生问题之一。随着生活水平的不断提高,人们对于食品安全的意识逐渐增强,对食品的营养、安全和保健等方面的要求也在不断提升,这就需要相关部门利用先进的技术手段,合理处理农药的残留问题,保证食品的安全性。

食品安全问题不仅关系人民的身体健康和生命安全,还可能影响到下一代,并关系到国家和地区的长治久安。食品的安全性正面临着严峻的挑战,保证食品安全需要全社会的共同努力。因此,相关人士在应用农药时必须高度重视使用方法,一旦涉及应用存在"歧义"的物质时,不仅要小心应用,避免给人带来危害,更要明确标注,尊重消费者的知情权。相信通过大家的共同努力,必然会营造良好的"科技氛围",使得先进的科技生产力发挥出最大的作用。

(白凤翎)

1.4 兽药残留与食品安全

1.4.1 概述

随着人们生活水平的日益提高,肉、蛋、奶等动物性食品因营养丰富、味道鲜美,消费量不断增加。我国是世界上最大的畜禽生产和产品消费大国。从过去动物性食品凭票供应,到如今百姓餐桌上食品的丰富多彩,我国畜牧业经历了从家庭副业成长为农业经济支柱产业的发展历程。如同植物性食品的生产要使用农药和植物保护剂一样,肉、蛋、奶等动物源食品的生产中常使用一些化学物质以保障和增加产量。几十年的实践证明,兽药的研发及其合理应用对解决动物源性食品供应做出了巨大贡献。如果没有兽药为畜牧业发展保驾护航,就不可能有今天的畜牧业健康发展。

然而,事物都是一分为二的,俗话说"是药三分毒",兽药一方面能防治疾病,促进动物康复,另一方面也可能产生这样或那样的不良反应。因此,在使用兽药时如果不注意合理使用,就可能在肉、蛋、奶等动物性食品中残留,当残留达到或超过一定水平时就会对人体健康和生命安全造成危害,同时还可能对环境造成污染。早在 20 世纪 70 年代前后,兽药残留问题就引起了发达国家的高度关注。近十几年来,国际上对兽药残留问题日益重视,禁用或限用的兽药越来越多，残留标准不断提高，发达国家甚至将其作为食品与农产品进出口贸易中新的技术壁垒进行控制，因此，兽药残留已经成为关系我国食品出口贸易和国内动物性食品安全的重大关键性问题。

总之，养殖业的发展离不开兽药的使用，但严重依赖甚至过度使用，将导致兽药残留安全问题。检测和研究并有效控制动物源食品中的兽药残留，是保障动物源食品安全、畜牧养殖业及人类健康的重要措施。

1.4.2 基本概念

1.4.2.1 兽药残留

兽药残留是指对猪、牛、鸡等食品动物使用兽药后，由于种种原因，药物来不及消除，兽药本身或它的代谢物在肉、蛋、奶等动物可食性产品中的蓄积、沉积或贮存的情况；在广义上，偶尔接触环境中的化合物的污染，也称为残留。因此，残留在食品中是无用的，也是人们不希望出现的物质，也就是说残留是不希望出现的现象，是需要我们想方设法、千方百计地去控制的指标，目的在于保障大家安全地食用肉、蛋、奶等动物性食品。

1.4.2.2 休药期

休药期又称停药期，是指食品动物最后一次用药到许可屠宰或它们的产品(乳、蛋)许可上市的间隔时间。因为每种兽药在体内代谢的时间长短不同，所以休药期也不同。休药期的长短与药物在动物体内的消除率和残留量有关，并随动物种属、药物种类、用药剂量和给药途径的不同而异，一般为数天至数周。经过休药期，暂时残留在动物体内的药物就会被分解至完全消失或对人体无害的浓度。为了人们的健康，国家制定了食品动物用药休药期，规定处于休药期内的动物不能屠宰上市，所产的奶和蛋也不能销售。应该指出的是，兽药的休药期不是为了维护畜禽等动物的健康，而是为了减少或避免动物源食品中兽药残留超标。由于确定一个药品的休药期的工作很复杂，所以到目前为止还有一些药品没有规定休药期。有些兽药不需要指定休药期。遵守休药期是避免兽药残留超标，确保动物性食品安全的关键之一。

1.4.2.3 安全系数

兽药和化学物质对人体的毒性是通过对实验动物的毒性实验结果进行推断确定的，由于人和动物对兽药的敏感性存在较大差异(对同一药物，动物种间毒性可相差 10 倍，同种动物的个体间毒性也可相差 10 倍)，为了保证人的安全，确定无作用剂量(从实验动物推算到人)，一般要缩小至 1/100，这种缩小值即 100 就是安全系数。对于具有三致毒性或发育毒性的兽药或其他化学物，安全系数为 1000。

1.4.2.4 每日允许摄入量(ADI)

每日允许摄入量是指人的一生中每天从食物或饮水中摄取某种物质而对其健康没有明显危害的量，以人体重为基础计算，单位为 μg/(kg 体重・天)。当前的 ADI 足以保护消费者健康。每日允许摄入量相当于一个“安全水平”，是通过大量科学研究得到的一个剂量，消费者平均每天吃该食品不超过这个量，就不会对健康产生危害。

1.4.2.5 最大残留限量(MRL)

在食品中发现的残留量必须对消费者是安全的，并且必须将其尽可能控制到最低水平。作为兽药残留研究中的重要指标，最大残留限量是指食品动物用药后产生的允许存在于食物表面或内部的残留兽药或其他化合物的最高含量或最高浓度(以鲜重计,表示为 mg/kg,μg/kg)。遵守最大残留限量规定也是避免兽药残留超标,确保动物性食品安全的关键。

1.4.3 残留问题的提出

人们对食品中有害物质残留的关注,有经济或公共卫生两方面的原因。例如,牛奶中如残留有青霉素等抗生素,那么奶产品如奶酪、黄油、酸奶等的发酵培养将可能受到影响,会给厂家造成经济损失。而且,青霉素对敏感人体还引发过敏反应。氯霉素可引发再生障碍性贫血,后者至今仍为不治之症,因此,美国食品药品管理局(FDA)及我国均已禁止其在食品动物上使用。另外,FDA 和我国也禁止硝基呋喃类在食品动物上使用,因近年来发现其有致癌作用。

动物性食品的质量监督问题,西方国家早在 100 多年前就已提出。当时美国是世界农产品(包括肉类)的最大出口国。鉴于各国对其农产品安全性的关注,美国联邦议会于 1890 年通过了"肉类监督法"。不久,有人揭露肉类储藏和包装车间条件恶劣,并首次对向肉中添加化学保鲜剂的做法提出警告,这可能是残留问题的开始。

残留问题的正式提出并受到重视,是在第二次世界大战之后。第一,由于抗生素残渣、抗生素浓缩发酵液乃至商品抗生素在饲料中大量添加应用,不仅造成病原微生物的耐药性,影响治疗效果,而且药物残留可引起过敏、甚至癌症和畸胎等严重后果。第二,20 世纪 50 年代,德国等欧洲国家使用一种称为"反应停"的药物,以缓解妊娠妇女的早孕反应,但导致数万"海豹肢"畸形儿的出生,这就是震惊世界的"反应停事件"。这次事件促使人们对药物的毒副作用有了深刻认识。第三,第二次世界大战后,工农业发展突飞猛进。农药大量使用和工业废物大量排放,人类赖以生存的生态环境受到严重破坏,农产品中有害物质残留推动了兽药和饲料添加剂残留的研究。第四,农产品进出口贸易,多年来一直影响着美国和欧洲的关系。此种贸易战日益全球化。各主要国家都把残留作为控制农产品进出口贸易的主要武器,以达到控制进口、保护国内农牧业之目的。第五,随着科技的发展和社会的进步,人民生活水平不断提高,人们对食品的质量越来越重视,不仅要吃饱,而且要吃好,还要吃得安全。因此,食品残留问题就自然而然越来越受到消费者的关注。另外,残留的检测分析,依赖于分析技术的进步。近 20 多年来,仪器分析和计算机技术有了飞速发展,出现了高效液相色谱仪、质谱仪等一批中高端精密分析设备,也形成了酶联免疫和单克隆抗体等一批生物分析技术,使人们能够对食品中十亿分之一乃至含量更低的痕量物质进行定性和定量检测分析。这为残留的分析工作奠定了基础。

1.4.4 残留的危害

兽药种类繁多,各种兽药的作用和毒性不尽相同,有的兽药安全有效,有的兽药有效但不太安全。引起动物性产品中残留并危害人体健康的兽药或其他化合物主要有:①违禁药物和未被批准使用的药物,如甾体激素、β-兴奋剂、甲状腺抑制剂、玉米赤霉醇和镇静药物等;②怀疑有"三致"作用的药物和人畜共用的抗菌药物,尤其是将此类药物作添加剂使用,如磺胺类、硝基呋喃类、硝基咪唑类、喹噁啉类、四环素类、氨基糖苷类和 β-内酰胺类等;③其他,主要包括允许使用的兽药品种,但未遵守休药期规定。

1.4.4.1 过敏反应

许多抗生素如青霉素、四环素类、磺胺类和氨基糖苷类等能使部分人群发生过敏反应，甚至休克，并在短时间内出现血压下降、皮疹、喉头水肿、呼吸困难等严重症状。青霉素类药物具有很强的致敏作用，轻者表现为接触性皮炎和皮肤反应，重者表现为可致死的过敏性休克。

青霉素类药物具有很强的变应原性，且被广泛地应用于人和动物，因此这类药物引发过敏反应的潜在危险最大。人对磺胺药产生过敏反应的形式不同，皮肤和黏膜上可出现磺胺药的过敏性损伤，一般真皮损伤的发生率为 1.5%～2.0%。在用磺胺药治疗后可观察到类似血清病样的症状，有磺胺药过敏史者可出现各种过敏样反应。四环素引起的变态反应比青霉素少得多，四环素最常见的不良反应是皮肤损伤和光敏性皮炎。

1.4.4.2 耐药性

细菌耐药性，是指有些细菌菌株对通常能抑制其生长繁殖的一定浓度的抗菌药物产生的不敏感性或耐受性，一旦耐药性发生，原先非常有效的“神奇的子弹”变得“神奇不再”，从而细菌难以被抑制和杀死，导致感染难以控制，治疗失败。兽药添加于饲料和饮水饲喂动物，是一种开放的用药方式，提供了细菌产生耐药性的条件。研究表明，随着抗菌药物的广泛应用，环境中耐药菌株的数量在不断增加。动物反复接触某种抗菌药物，体内的敏感菌株受到抑制，而不敏感的菌株得以大量繁殖。而且，动物体内的耐药菌株可通过动物性食品传播给人类，从而给人类的感染性疾病的治疗带来困难。如青霉素、氯霉素、庆大霉素、磺胺类等药物在畜禽中已大量产生抗药性菌株，临床效果越来越差。

另外，如果长期摄入含抗菌药物残留的食品，还使人体肠道内的常在微生物群落失调，即非致病性微生物受到抑制，条件性致病微生物过度增殖并释放大量毒素，从而引起二重感染或内源性继发感染。

1.4.4.3 激素样作用

在 30 多年前，具有激素样活性的化合物作为同化剂用于畜牧业生产，以促进动物生长，提高饲料转化率。由于用药动物的肿瘤发生率有上升的趋势，引发人们对食用组织中同化剂残留的关注。不合理的非法用药常常导致动物性食品中残留激素类药物。激素样作用主要表现为潜在致癌性（如己烯雌酚残留可使孕妇所产女婴的黏膜产生癌变倾向）、发育毒性（儿童早熟）及女性男性化或男性女性化。现已查明，某些消费者出现的肌肉震颤、心跳加快、摆头、心慌等神经、内分泌紊乱症状，就与 β-受体兴奋剂克伦特罗残留超标有关。另外，几乎所有的磺胺药都能干扰甲状腺合成甲状腺素，所有实验动物都能观察到这种不良反应。

1.4.4.4 “三致”毒性

研究发现许多药物具有致癌、致畸、致突变作用。如雌激素、砷制剂、喹噁啉类、硝基呋喃类等已被证明具有致癌作用。这些药物的残留量超标无疑会对人类产生潜在的危害。

1.4.4.5 抗菌药物残留可对人类胃肠的正常菌群产生不良的影响

抗菌药物残留可抑制或杀死一些非致病菌，造成体内菌群平衡失调，从而导致长期的腹泻或维生素缺乏。菌群失调还容易造成病原菌的交替感染，使得具有选择性作用的抗菌药物失去疗效。

1.4.4.6 其他毒性

经常摄食含氯霉素及其代谢物的食品，可抑制骨髓蛋白质的合成，干扰造血功能，导致再生障碍性贫血。四环素能部分以钙盐形式长期保留在骨组织中，使骨和牙齿黄染，影响儿童生长发育，还引起肝功能障碍。氨基糖苷类能引起肾损害和听神经功能障碍。

1.4.5 残留发生的原因

食品动物及其产品中的残留，主要是由于使用违禁物质和允许使用的药物或饲料药物添加剂使用不合理引起的，总结起来，有以下几个方面。

1.4.5.1 违规使用药物或其他化合物

部分养殖业者受利益驱使，不顾国家相关规定，违规使用农业部门明令禁止的化合物。

1.4.5.2 药物使用错误

用药剂量过大、时间过长、用药方式和途径不当，靶动物不对或标签外用药，即药物用于未经批准使用的动物或将未经批准的兽药或人药用于食品动物。

1.4.5.3 不遵守休药期

如畜主在休药结束前屠宰动物，用药不征求专业人员意见，不坚持做用药记录，对用药不作必要的监督和控制，在动物屠宰前使用药物掩饰临床症状、逃避宰前检查。美国在 20 世纪 70 年代对兽药残留的原因进行调查，发现 76%是不遵守休药期所致。

1.4.5.4 饲养管理不当

如饲养员缺乏残留和休药期知识、随意改变饲养规程，重复使用污染药物的废水、废弃物和动物内脏，不更换垫料和食盆，动物接触厩舍粪尿池中含有药物的废水和排泄物（如猪经常摄入这些污水）、奶牛在干奶期用药、小肉牛饮用含药牛奶。

1.4.5.5 其他原因

厂家药品标签上的指示用法不当，或不注明休药期。在某些情况下，按照休药期给药也发生残留。牛奶中抗菌药物残留，受多种复杂的、尚不明了的因素综合作用。另外，如生产加药饲料后机器设备没有经过彻底冲洗就用于生产非加药饲料，加药饲料未混匀，仓库发错或饲养员用错药物，输送饲料的机械或车辆有药物交叉污染等。低浓度药物污染就能引起残留发生，过去大多数人都对此认识不足。

1.4.6 药动学与残留的关系

外源物质在动物体内呈不均匀分布。有些化合物在某些组织中分布量多，在另一些组织中分布量少，甚至不出现残留液。这是不同组织的特定性质所决定的。血液在外源化合物分布中占有中心地位。物质在血液中的浓度取决于吸收的过程。物质在血中的浓度与在血液充沛器官中的浓度相同。血-脑屏障保护神经系统不与外来物接触。肺、脾、肌肉和结缔组织中外来物的量一般与循环血液中的量相一致。肝脏受两方面的污染而在较长时间保持较高浓度。

无论急性或单次用药，还是连续反复用药，外源物质都会以较高浓度在肝内蓄积。与肝相似，肾小管上皮细胞对原尿中的外源物质有重吸收作用，使一些脂溶性物质在肾脏内暂时停留或蓄积。脂肪组织也是一个重要的蓄积部位。所有脂溶性的、代谢缓慢的物质，都会在脂肪组织中储存。这些物质在储存期间无活性，但可因正常的脂肪代谢而释放出来，在机体的其他部位产生活性。脂溶性物质虽不能从肾脏排泄，但可随胆汁进入小肠前部，随后在小肠的中部和后部被重吸收。这样，它们就不能离开机体而浓缩在脂肪组织中。脂肪含量较高的器官都含有一定量的外源物质。因此,肝、肾和脂肪组织通常含有较高量的残留物。

药动学是定量研究体内药物随时间变化的科学,是建立休药期的基础。因此,药物在体内的行为不仅对治疗很重要,而且对生产者和兽医师为避免动物可食性组织中发生残留也极为关键。在实际工作中,药物在特定组织中的半衰期对确定休药期最为重要。动物可食组织中的药物残留量受多种因素的影响:动物吸收药物的量;化合物在体内的停留时间。

1.4.7 残留防范措施

为了保证动物性产品的安全,减少药物在动物性食品中的残留,应遵守以下规定:

1.4.7.1 规范兽药的安全使用

兽药使用环节是导致动物性食品中出现药物残留的直接原因。因此,要防范药物残留,必须立法严格规范兽药的安全使用。我国兽药管理部门明确规定了禁用药品清单。兽医师和食品动物饲养人员均应严格执行这些规定,严禁非法使用违禁药物。药物添加剂是造成动物性食品中药物残留的主要根源。为此,在使用时应注意以下几点:①按照农业部门发布的药物添加剂使用规定用药。②药物添加剂应预先制成预混剂再添加到饲料中,不得将成药或原料药直接拌料使用。③同一种饲料中尽量避免多种药物合用,否则,因药物相互作用可引起药物在动物体内残留时间延长。确要复合使用的,应遵循药物配伍原则。④在生产加工饲料过程中,应将不加药饲料和加药饲料分开生产,以免污染不加药饲料。⑤养殖场(户)应正确使用饲料,切勿将含药的前、中期饲料错用于动物饲养后期。⑥养殖场(户)切勿在饲料中自行再添加药物或含药饲料添加物,确有疾病发生,应在专业人员指导下合理用药。⑦在休药期结束前不得将动物屠宰后供人食用。⑧生产厂家或销售商在销售添加剂产品时,在标签上必须明确告诉用户添加剂的有效成分和使用方法。

1.4.7.2 严格执行休药期

不遵守休药期是组织残留超标的主要原因。人们一旦明白控制食品中的残留和遵守法定休药期的重要性,组织中残留超标的发生率将显著下降。养殖场应如实做好用药情况记录,并切实执行休药期规定。不得在休药期之前出售动物或其产品,动物或其产品上市时也必须进行残留检测。

1.4.7.3 普及快速筛选技术

快速筛选技术能简便、快速检测供屠宰动物体内极低浓度的残留,对残留的检测和监控具有明显的优势。各种分析方法为检测和控制食品动物或动物性食品中的残留提供了强有力的手段。

1.4.7.4 建立并完善兽药残留监控体系和残留风险评估体系

通过国家实施兽药残留监控计划和各省(区、市)定期进行兽药残留抽样检测,提供有关国内畜禽发生兽药残留危害的适时资料信息,并进行有针对性的跟踪调查,以对兽药残留进行风险评估。

1.4.7.5 严格执行兽药处方和非处方制度

兽药及养殖人员必须对使用兽药的品种、剂型、剂量、给药途径、疗程或添加时间等进行登记,以备检查。

1.4.7.6 还应避免标签外用药

也就是说使用兽药时不要超出说明书上规定的范围。

1.4.7.7 加强宣传和管理，依法严厉处罚违反相关规定者

控制和预防残留的责任不只是政府的事，而应由政府、食品动物生产者、兽医、教师、科技人员、市场营销人员和消费者等相互协作、共同分担。大家都要为动物的健康、高效生长和食品中无残留发生这两个目标而努力。为达此目标，首先必须开展残留和用药的安全性教育，通过教育，使每个人和机构都明白问题之所在。教育可通过多种方式进行，如兽医学和非兽医学文献、计算机数据库、兽医咨询和全国性专业组织的活动。生产实践中合理地使用饲料药物，特别是抗菌药物，对控制动物性食品中药物残留、保障人体健康十分重要。要限制常用的医用抗菌药物或容易引发耐药菌株的抗菌药物在养殖业上的应用范围。

1.4.7.8 加强兽药控制的国际合作与交流

开展兽药残留检测的国际合作与交流，积极开展兽药残留的立法、方法标准化等工作，以及加强与国际组织或国家的合作，使我国的兽药监控体系、检测方法与国际接轨，保障我国出口贸易的顺利进行。

另外，还要研发和推广使用高效低毒、低残留的兽药。

1.4.8 若干国家残留控制概况

1983 年，FAO/WHO 的国际食品法典委员会（Codex Alimentarius Commission，CAC）第 15 次会议认为，控制兽药残留是一项紧迫的任务，并对食品动物的群体用药表示出特别关注。在 CAC 的倡导下，1986 年，FAO 和 WHO 联合发起成立了食品中兽药残留立法委员会（Codex Committee on Residues of Veterinary Drugs in Foods，CCRVDF）。CCRVDF 旨在控制食品中兽药残留、筛选并建立适于全球的兽药残留的分析和取样方法、对兽药残留做毒理学评价、制定兽药的最高残留限量和休药期等法规标准等。1982 年，美国农业部支持建立起食品动物避免残留数据库（Food Animal Residue Avoidance Databank，FARAD）。该数据库包含美国兽药的注册、标签，药物和农药在肉、蛋、奶中的残留限量、休药期、生理化学性质、药动学、毒理学、残留检测、文献引用以及其他对预防食品动物残留有用的科技和法规资料。FARAD 旨在帮助兽医、生产者和其他个人在预防药品和农药在食品动物的残留方面做出合理选择。欧盟是世界上最早提出动物源性食品残留监控计划的地区，已建立起一整套完善的法规和指令，涵盖了残留监控的所有要点。日本是世界上食品安全保障体系最完善、监管措施最严厉的国家之一，其充分运用风险分析的原理，并按风险级别对进口动物源性食品进行监控检查。

1989 年，我国颁布了《允许作饲料药物添加剂的兽药品种及使用规定》，1994 年颁布了《动物性食品中兽药最高残留限量（试行）》标准，1998 年颁布了常用兽药和饲料药物添加剂检测分析方法。2000 年，成立全国兽药残留专家委员会，对全国的相关工作进行咨询和指导。2002 年农业部 193 号公告明确规定，不得使用《食品动物禁用的兽药及其他化合物清单》所列产品及未经农业部批准的兽药，不得使用进口国明令禁用的兽药，肉禽产品中不得检出禁用药物。欧盟明令禁用或重点监控的兽药及其他化合物有 30（类）种，美国有 11（类）种，日本有 11（类）种。

我国动物源性食品残留监控计划经过 10 年来的不断改进和完善，残留监控物质种类和抽样地区逐年增加，残留监控体系已逐渐完善和成熟，残留监控计划的科学性、时效性、合理性不断提高，已制定《食品安全国家标准　食品中兽药最大残留限量》（GB 31650—2019），

为促进我国动物源性食品的出口发挥了不可替代的作用。

1.4.9 展望

兽药在防治动物疾病、提高生产效率、改善畜产品质量等方面发挥了重要作用，但如果残留在动物源食品中，往往会对人体健康和生态环境造成直接危害。近年来，随着人们对动物源食品质量要求的不断提高，动物源食品中兽药残留情况已逐渐成为食品安全关注的焦点之一。加强兽药管理，合理规范使用兽药，是控制药物残留保障肉食品安全卫生的关键。世界各国为解决动物源食品中的兽药残留问题，制定了严格的法规和限量标准。但要解决肉、蛋、奶等动物源食品中兽药残留的安全问题是一项长期的、复杂的、艰巨的工作。近年来，农业农村部对兽药管理出台了一系列的政策和措施，包括实施严格的兽药注册审批制度，对包括兽用抗菌药物在内的兽药实行分类管理，实施兽用处方药管理制度，开展风险评估，实施兽药"二维码"追溯制度，及时停用、限用存在安全风险隐患的品种；开展兽用抗菌药专项整治，实施飞行检查、监督抽检等措施，严厉打击在兽药产品中非法添加违禁兽药行为；积极开展兽药安全使用宣传培训，指导养殖场（户）安全用药，推进标准化规模养殖，在养殖过程中减少使用抗菌药物及其他兽药。

下一步，农业部门将狠抓兽药残留监控和抗菌药专项整治，严厉打击超剂量、超范围用药，不执行休药期等滥用兽药的违法行为。加大兽用抗菌药物风险评估工作力度，实施新型执业兽医管理制度，建设兽药产品追溯信息系统，强化监督执法和检打联动，严厉打击制售假劣兽药违法行为，并引导养殖者"少用药""用好药"，保障我国动物源产品的安全。

（姜中其）

1.5 饲料添加剂与食品安全

现代养殖业为人类提供大量的肉、蛋、奶、水产品等优质食品，饲养动物使用的饲料与饲料添加剂直接关系这些动物源食品的质量与安全，不断提升饲料生产安全技术与应用科学水平，加强对饲料质量安全监管十分重要。

1-3

1.5.1 饲料与饲料添加剂

1.5.1.1 饲料安全与食品安全息息相关

随着人民生活水平的不断提高，动物源性食品在人们食品消费结构中的比重越来越高。动物源性食品主要包括人们饲养的家畜、家禽等所提供的肉、蛋、奶等，以及经人工饲养、合法捕获的其他动物所提供的产品（如水生动物产品），这些动物产品既有未经加工的初级产品，也有经简单加工和深加工的产品。动物源性食品生产链长、环节多，从动物的饲养，到屠宰、加工、贮存、运输等生产、加工环节，再到批发、零售等销售环节，最终走上市民的餐桌，在这个"从农田到餐桌"的多环节长链中，影响动物源性食品安全的因素有很多，其中在动物饲养过程中，为动物生长提供必需养分的饲料与饲料添加剂，就是影响动物源性食品安全的因素之一。

1.5.1.2　饲料和饲料产品

(1)饲料分类:饲料就是动物赖以生存的食物。根据饲料的营养特性,按照国际饲料分类法,我们可以将单一饲料分为粗饲料、青绿饲料、青贮饲料、能量饲料、蛋白质补充料、矿物质饲料、维生素饲料、饲料添加剂八大类。在这八大类单一饲料中,粗饲料、青绿饲料与青贮饲料是草食动物(牛、羊、兔等)的主要食物。能量饲料、蛋白质补充料、矿物质饲料、维生素饲料和饲料添加剂是加工制作配方饲料的重要原料。

(2)饲料产品:单一饲料原料普遍存在营养不平衡,不能满足动物生长发育的营养需要,饲养效果达不到集约化养殖生产的要求。为了合理利用各种饲料原料、提高饲料营养价值与利用效率,生产上常常将各种饲料原料进行科学搭配,从而可以充分发挥各单一饲料组合后营养平衡的优势。由于养殖动物的品种改良与生产效率的提高,饲料的科学配合与加工利用已经成为全球集约化养殖生产的必然趋势。

随着养殖业的发展,饲料生产已逐步发展成为重要的产业部门,这在发达国家已有百余年的发展历史,2017 年全球工业饲料总产量达到 10.697 亿吨。由于饲料产业上联种植业,下联养殖业,与食品加工业密切相连,与食品安全息息相关。改革开放以来,中国的饲料工业发展迅速,目前已经形成了以饲料原料生产、饲料添加剂生产、饲料配制加工、饲料机械生产、饲料储运营销、饲料质量控制为主线,贯穿种植业、加工业、流通业、养殖业的产业链。2017 年中国工业饲料总产量达到 1.869 亿吨,是世界最大的饲料生产国。全世界饲料加工产品的种类主要有配合饲料、浓缩饲料、精料补充料和添加剂预混合饲料(图 1-8)。

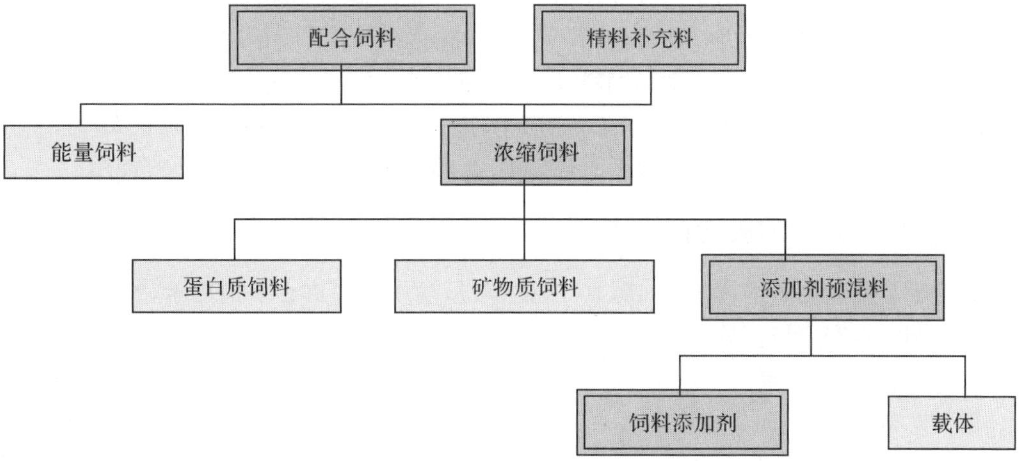

图 1-8　工业饲料产品类型及其相互关系

集约化养殖生产中使用最多的是配合饲料。配合饲料是指根据饲养动物的营养需要,将多种饲料原料和饲料添加剂按饲料配方经工业化加工而成的饲料。浓缩饲料指主要由蛋白质饲料、矿物质饲料和饲料添加剂按一定比例配制而成的均匀混合物,又称平衡用配合料。精料补充料是为草食动物配制生产的,它不单独构成饲粮,主要用以补充采食饲草不足的那一部分营养。预混合饲料指由矿物质饲料、氨基酸、微量元素、维生素、非营养性饲料添加剂等之中的一种(类)或多种(类)与载体或稀释剂按一定比例配制而成的均匀混合物,简称预混料。预混料不能直接饲喂动物(表 1-1)。

表 1-1 各类饲料加工产品的组成与动物饲用量

产品类型	所含饲料原料和饲料添加剂	动物饲用量占全部饲粮干物质的比重/%
配合饲料	能量饲料＋蛋白质饲料＋矿物质饲料＋维生素＋饲料添加剂＋载体或稀释剂	100
精料补充料	能量饲料＋蛋白质饲料＋矿物质饲料＋维生素＋饲料添加剂＋载体或稀释剂	15～40
浓缩饲料	蛋白质饲料＋矿物质饲料＋维生素＋添加剂＋载体或稀释剂	20～40
超级浓缩料	少量蛋白质饲料＋矿物质饲料＋维生素＋添加剂＋氨基酸＋载体或稀释剂	10～20
复合预混合饲料	矿物质饲料＋维生素＋饲料添加剂＋氨基酸＋载体或稀释剂	⩽6
添加剂预混合饲料	微量矿物元素＋维生素＋饲料添加剂＋载体或稀释剂	⩽1

(3)按养殖对象选用饲料产品：养殖的动物品种以提供肉食品为主的有猪、肉鸡、肉牛、肉羊、肉鸭、肉鹅、鱼、虾等，提供蛋产品的有蛋鸡、蛋鸭、蛋鹅等，提供奶制品的有奶牛和奶羊。由于不同品种动物的消化系统与代谢机制不同，对饲料种类和养分的需求也不同，因此饲料产品必须按饲喂对象进行选择使用。一般在养殖生产中常见的有猪用饲料、家禽用饲料、反刍和草食动物饲料、水产动物饲料、伴侣和观赏动物饲料等。特别要注意的是，反刍动物、非反刍动物(如猪和家禽)以及水产动物机体的生理结构与代谢机制差别很大，专门为各种动物配制的饲料产品在配方组成上有很大不同(图 1-9)，在养殖生产中不宜混用。

1.5.2 影响饲料安全的因素

养殖生产中使用的饲料，在生产、加工、贮存、运输中存在许多负面因素，这些因素直接或间接影响饲料安全与食品安全。

1.5.2.1 饲料因素

饲料原料本身存在抗营养因子，以及饲料原料在生产、加工、贮存、运输等过程中发生的理化变化都有可能产生有毒有害物质。饲用植物中已知的有毒化学成分或抗营养因子主要有生物碱、苷类、毒肽与毒蛋白、酚类及其衍生物、有机酸、非淀粉多糖、硝酸盐及亚硝酸盐、胃肠胀气因子、抗维生素因子等。动物性饲料中主要有过氧化物、肌胃糜烂素、组胺、硫胺素酶、抗生物素蛋白、蛋白酶抑制剂等；劣质矿物质饲料中含有某些有毒有害杂质，如铅、砷、氟等。

1.5.2.2 环境因素

在饲料生产链条中，环境中有毒有害物质及工业“三废”与农药等化学污染物，会对饲料产生污染，如农药杀虫剂、杀菌剂和除草剂等都可导致在饲料作物中的残留、水体与土壤的污染，从而影响生态链中其他产品的安全。在污染环境中，汞、镉、铅、铬、钼等有毒金属元素、其他化合物，如多环芳烃、多氯联苯、二噁英、氟化物、三聚氰胺等均可污染饲料。

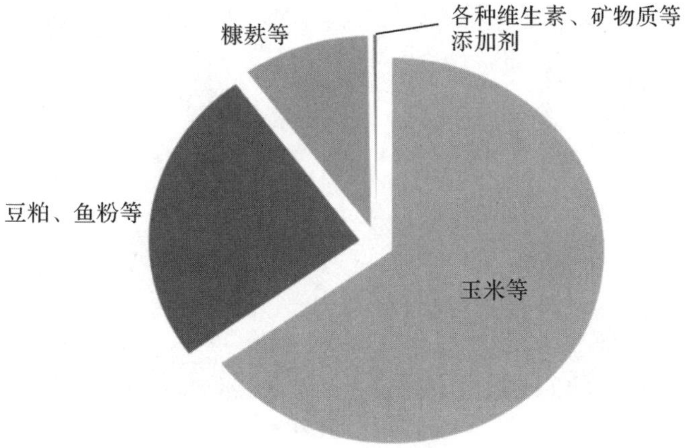

(A) 生长肥育猪用配合饲料组成

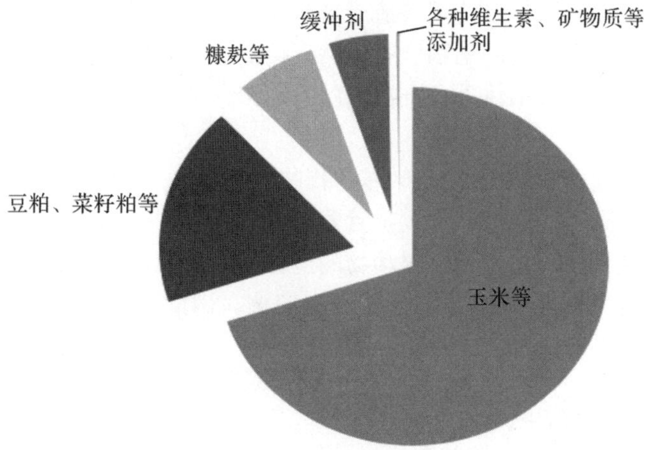

(B) 泌乳期奶牛用精料补充料组成

图 1-9 生长肥育猪与泌乳期奶牛用配方饲料产品构成示意

环境中的微生物及其毒素等也会污染饲料，如沙门氏菌、大肠杆菌、朊病毒等致病微生物的污染，霉菌及霉菌毒素的污染。饲料霉变不仅会降低饲料的营养价值，霉菌的代谢产物，如黄曲霉毒素 B 和赤霉毒素等对人和动物都有很强的致病性。

1.5.2.3 人为因素

(1)非法使用违禁药物：一些企业和个人非法使用许可规定以外的制剂用于养殖生产，给饲料安全造成隐患。甚至，有些企业和个人受利益驱动，非法使用违禁药物，如镇静剂、盐酸克伦特罗(瘦肉精，图 1-10)等，导致畜禽机体的残留，严重影响食品安全。

(2)不按规定使用饲料添加剂：虽然国家规定了饲料添加剂的适用动物、最低用量、最高用量及休药期、注意事项和配伍禁忌等，但一些企业和个人不按许可规定使用饲料添加剂，超量添加饲料添加剂，不遵守休药期和某些药物在产蛋期禁用的要求，导致药物残留超标，进而影响食品安全。

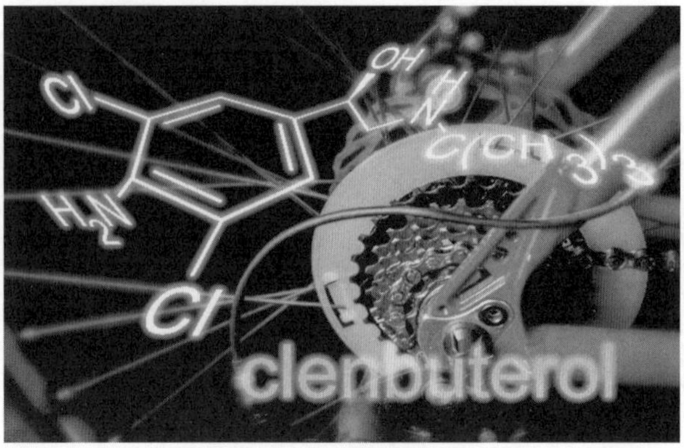

图 1-10　瘦肉精①

(3)添加过量微量元素:适量高铜、高锌或有机砷类饲料添加剂对畜禽生长有一定的促进作用,但如果在畜禽生长后期过量使用将造成这些元素在动物机体中蓄积,影响动物食品安全。铜易在肝脏中蓄积,含高铜的动物肝脏食品直接危害人体健康。铜、锌和砷在动物消化道中吸收率很低,大部分被排出体外,造成环境污染,最终影响在该环境中生长的植物及人类的健康。

(4)含转基因原料的饲料应慎用:由于转基因作物具有提高产量,减少除草剂、杀虫剂的使用,增加植物抗逆性,延长食品货架期,改善营养组成等特点,其种类和种植面积在不断增加。关于转基因饲料的报道较多,是否会对动物的遗传基因产生影响,在某些条件下是否会产生过敏,对生态环境是否有影响等,目前还都没有定论。因此,在使用这类饲料原料时应该慎重,若应用则需在饲料产品标签中标明。

1.5.3　保障饲料安全的对策与措施

中国政府十分重视饲料安全问题,不断加强法律法规体系建设与对饲料质量安全的监管。保障饲料安全的对策与措施主要有:

1.5.3.1　加强饲料安全法律法规体系建设

改革开放 40 多年来,我国的饲料行业法规体系建设取得了长足的进步,在《中华人民共和国畜牧法》《中华人民共和国草原法》《中华人民共和国安全生产法》等法律统领下,建立了以《饲料和饲料添加剂管理条例》为基本法规,以《饲料质量安全管理规范》《饲料和饲料添加剂生产许可管理办法》等 5 个农业部颁布规章、《饲料原料目录》《饲料添加剂品种目录》《饲料添加剂安全使用规范》等 6 个农业部发布公告,以及《饲料卫生标准》《饲料标签》《配合饲料企业卫生规范》《饲料企业 HACCP 管理通则》等 560 多项国家与行业标准为配套的饲料安全管理法规体系。

我国的饲料安全管理法规体系覆盖饲料产前、产中与产后,通过对饲料生产前的准入许可、饲料生产中的规范管理,以及饲料生产后的质量监测等的配套政策法规,紧密衔接,互为补充,对饲料的安全生产、经营与使用全程实施监管,为我国饲料产业的健康、高效发展保驾护航。

---

① 拍信网 https://v.paixin.com/photocopyright/107920096

1.5.3.2 不断规范企业饲料安全管理

在饲料生产企业的安全管理中引入危害分析关键控制点(HACCP)管理。加强饲料企业及其从业人员的业务知识和安全知识考核,饲料检验化验员、中心控制室操作工、饲料加工设备维修工等关键安全岗位人员必须经培训、取得职业资格证后方可上岗。通过对饲料加工的每一步骤进行危害因素分析,确定关键控制点,确立符合每个关键控制点的临界值,严格把关饲料原料的安全质量,严格控制化学药物、毒素和微生物对饲料的污染,构建针对生产全过程的预防性控制体系,避免可能出现的危害。

1.5.3.3 加强饲料安全监管

国家制订与颁布的一系列饲料安全法律法规,引导与规范饲料生产企业与养殖企业对饲料产品的安全生产与科学使用,也为饲料安全监管提供了有力的法律武器。

在日常的饲料安全监管中,对于配合饲料、浓缩饲料、精料补充料和添加剂预混合料、饲料添加剂等商品饲料(包括进口商品饲料)的质量可以通过"饲料标签"来鉴定。通过各商品饲料标签标明的内容,相关部门可以追溯到某批次饲料产品的生产企业、生产时间、班次、产品留样、出厂检验报告、原料种类和来源及药物添加剂的使用情况等信息,并依此做出综合鉴定报告。饲料生产企业也可通过溯源,提供相关产品质量证明材料,保护企业自身权益,不断改善质量管理。

需要特别注意的是,我国对于饲料原料和饲料添加剂、饲料药物添加剂的管理实行严格的许可制度,《饲料和饲料添加剂生产许可管理办法》规定,企业获得"生产许可证"才可以生产饲料和饲料添加剂。《饲料和饲料添加剂管理条例》规定,"禁止使用国务院农业行政主管部门公布的饲料原料目录、饲料添加剂品种目录和药物饲料添加剂品种目录以外的任何物质生产饲料",即只有在目录中允许使用的品种才能够在养殖生产中使用,凡不在目录中的都不允许使用。也就是说,并不是只有禁止性文件中的物质才不能用,禁止性文件并不表示不在禁止目录中的物质就允许使用,而是把那些危害大的物质单独列出,如违法使用,则比一般性违规处罚更严厉。

目前,在水产动物饲料中还没有一种药物饲料添加剂被允许用作促生长制剂。《饲料药物添加剂使用规范》对饲料药物添加剂的使用做了严格的规定,禁止超范围、超限量使用,也不允许直接使用原料药。

1.5.3.4 加强饲料安全科技研究与科普宣传

利用政府、团体与企业等资源,进一步加大投入,既要重视饲料科学的基础研究,又要注重新产品研发和科普服务,促进安全、高效、低残留新型饲料产品的升级换代,促进饲料安全与食品安全知识的普及,促进饲料产品的科学安全使用。

(王 恬)

1.6 易混淆问题解读

1.6.1 环境污染物与有机污染物分别是什么?

环境污染物是指达到一定浓度的对环境造成污染、危害的物质。半挥发性、挥发性有机物、类激素、多环芳烃等为代表的微量、难降解的有毒化学品等污染物被排放到环境中，引起空气、水体和土壤污染，在受污染环境中生长出来的农副产品或动物产品通过食物链的富集作用，最终进入人体，导致疾病的暴发和蔓延，如日本的水俣病、二噁英污染事件等。按照污染物在环境中存在的位置和进入环境途径的不同，可将环境污染物分为大气污染物、水体污染物和土壤污染物。

有机污染物是指以碳水化合物、蛋白质、氨基酸以及脂肪等形式存在的天然有机物质及某些其他可生物降解的人工合成有机物质组成的污染物。可分为天然有机污染物和人工合成有机污染物两大类。

相对于有机污染物，环境污染物的范围更加广泛。有机污染物作为一种典型的环境污染物，具有高毒性(可致畸、致癌、致突变)、长期残留性、半挥发性和高脂溶性的特征。有机污染物可以在食物链中富集传递，并且能够通过多种传输途径在全球迁移分配，对人体健康和生态环境具有严重的危害。

1.6.2 农药残留与食品安全的关系是什么?

农产品质量安全是全球性长期存在的问题，并且随着人们对生活质量要求的提高，愈发受到关注。由于个别生产者违法违规滥用农药造成的农产品安全性问题，加上部分媒体对偶发性食品安全问题进行不客观报道，使消费者对食品质量安全普遍存在不信任感。

中国的食品等级分为无公害食品、绿色食品、有机食品。无公害食品指产地环境、生产过程和最终产品符合无公害食品标准和规范，经专门机构认定，许可使用无公害农产品标志的食品。无公害食品最基本的要求是农药残留和重金属含量应在规定的限度内。绿色食品是指遵循可持续发展原则，在生产加工过程中按照绿色食品的标准，限制使用化学合成的农药、肥料、添加剂等。有机食品又称天然食品或生态食品，遵照有机农业生产标准，不得使用化学合成的农药、化肥、生长调节剂等物质，遵循自然规律和生态学原理。

事实上，农药仍是目前乃至今后不可缺少的主要农业投入品。近年来，农药向着绿色、高效、低毒、低残留方向发展已取得显著成效，目前使用的多数农药毒性都很低。只要农产品中农药残留不超标，消费者就可以放心食用。农药残留超标或不合格的农产品是不得销售的，但也不一定是有毒食品，只有超标到一定程度才会危害人体健康。因此，我们对农产品中的农药残留问题应理性对待，大可不必产生恐慌心理。

1.6.3 兽用抗菌药物是福还是祸?

抗菌药物作为“神奇的子弹”，它们的出现和使用为人类健康做出了划时代的贡献，对动物疫病的预防与控制作用同样功不可没，目前抗菌药物在养殖业中的作用无可替代。许多致病性细菌，如大肠杆菌 O157、副伤寒沙门氏菌等，不仅会感染动物，而且会通过食物链感染人类。养殖业合理使用抗菌药物，可有效减少人类感染人畜共患病的概率，保证食品安全和人类健康。

尽管抗菌药物的使用可能导致耐药性和残留的发生，但这种情况主要是由不合理应用或滥用抗菌药物引起的。只要在养殖过程中规范使用兽用抗菌药物，动物产品不会出现抗菌药物残留超标情况。规范使用，是指使用的兽用抗菌药物必须是经国家兽医行政管理部门批准的，并严格按产品标签和说明书使用，包括使用动物对象、适应证、用法和用量、休药期等。

总之,养殖业发展仍离不开抗菌药物,合理、谨慎使用是关键。

1.6.4 动物源性食品中含有兽药残留是否意味着对人体产生危害?

兽药残留超标屡被曝光引发了消费者的恐慌,消费者对兽药残留的认识仍存在众多误区,甚至有不少人直接把国产畜禽产品同瘦肉精等化学物质画上了等号,但检出率不等同于超标率,兽药只有超过限量标准才不安全,要正确认识兽药残留。很多兽药有限量标准,只有超过限量标准才不安全,不要夸大兽药残留的危害。

1.6.5 什么是配合饲料?

能够被动物摄取、消化、吸收和利用,可促进动物生长或修补组织、调节动物生理过程的物质称为饲料(feed)。饲料是动物赖以生存的物质基础。配合饲料(formula feed)是指根据饲养动物的营养需要,将多种饲料原料和饲料添加剂按饲料配方经工业化加工而成的饲料。这类饲料产品亦称为全价配合饲料、完全配合饲料(complete formula feed,compound feed)。通常可根据动物种类、年龄、生产用途等划分为各种类型,如仔猪、生长肥育猪、肉用仔鸡、蛋鸡、肉鸭、蛋鸭、奶牛等配合饲料。此种饲料可以全面满足饲喂对象的营养需要,用户不必另外添加任何营养性饲用物质而直接饲喂动物。

人类在长期的畜牧业生产实践中,通过大量的动物营养和饲料科学的理论与应用研究,对动物生长需要的饲料及其营养价值逐渐有了更科学、更全面、更深化的认识,新型饲料资源不断产生,饲料的种类不断增加,饲料的利用方式从传统的、经简单加工的单一使用发展到科学的、适宜加工的配合利用,饲料利用效率显著提高,并采取各种新的技术措施,生产出安全质量与品质更高、营养更全价的配合饲料。

1.6.6 使用配合饲料饲养的动物不如在田野自然放养的动物安全吗?

随着动物育种与养殖技术的发展,使用配合饲料饲养动物是全球养殖业的科学的、必然的选择。随着技术的进步,配合饲料的原料选择、配方配制、加工工艺等都有严格的规范,有专业人员提供技术管理和科学服务。国家构建的饲料安全管理法规体系覆盖饲料产前、产中与产后,对饲料的安全生产、经营与使用全程实施安全监管,可确保配合饲料产品与养殖动物的安全。配合饲料产品都有严格的安全与质量标准。而在田野自然放养的动物,由于缺乏专业人员的技术管理与科学服务,饲料营养的全面性与安全性难有保证,无法为防止动物采食饲料的营养不均衡而引起的非传染性疾病和患其他饲料源性疾病,提供全面的保障。饲料源性疾病是指饲料中致病因素进入动物体引起的感染性、中毒性等疾病,包括常见的饲料中毒、经饲料和水引起的肠道传染性寄生虫病以及由化学性有毒有害物质所造成的疾病,是以急性病理过程为主要临床特征的感染性疾病。

1.6.7 食品全面安全性评价的要点有哪些?

(1)亲本(宿主)作物的安全食用历史、成分、营养、毒性物质和抗营养素等。

(2)供体基因的安全使用历史、基因组合的分子特性、插入宿主基因组性质和标记基因,考虑到基因的水平转移和 DNA 安全性。

(3)基因产物危害性评估数据,包括毒理学和过敏性。

思考题

1. 大气污染物的种类及主要来源有哪些?
2. 水体污染对水产品的危害有哪些?
3. 土壤污染为何能威胁和危害人类的健康?
4. 有机肥肥料与化学肥料有何区别?
5. 肥料施用会产生哪些潜在食品安全问题?
6. 你认为应该从哪些方面进行绿色农业生产?
7. 简述农药污染食品的主要途径。
8. 简述食品中农药残留的主要控制措施。
9. 兽药及其他化合物对人类可能引起哪些危害?
10. 引起兽药残留的原因有哪些?
11. 你认为应该从哪几方面来减少摄入动物食品中的兽药残留?

拓展阅读

[1] 张乃明. 环境污染与食品安全[M]. 北京:化学工业出版社,2007.
[2] 王姝. 水体污染与防治分析[J]. 企业科技与发展,2018,443(9):159-160.
[3] 白由路. 我国肥料产业面临的挑战与发展机遇[J]. 植物营养与肥料学报,2017,23(1):1-8.
[4] 刘义满. 无公害食品、绿色食品及有机食品的概念及区别[J]. 中国园艺文摘,2010,26(2):173-175.
[5] 曾庆孝. 食品安全基础知识[M]. 北京:中国商业出版社,2008.
[6] 丁晓雯,柳春红. 食品安全学[M]. 北京:中国农业大学出版社,2016.
[7] 李研东,霍惠玲,李肖莉,等. 动物源性食品中兽药残留检测现状及思考[J]. 中国畜牧兽医文摘,2017,33(4):4-5.
[8] 潘灿平. 农兽药残留研究动态[J]. 食品安全质量检测学报,2018,9(6):1217-1218.
[9] 沈建忠. 动物毒理学[M]. 2 版. 北京:中国农业出版社,2011.
[10] 王恬,王成章. 饲料学[M]. 3 版. 北京:中国农业出版社,2018.
[11] 陈代文,王恬. 动物营养与饲养学[M]. 北京:中国农业出版社,2011.
[12] 曲径. 食品安全控制学[M]. 北京:化学工业出版社,2011.
[13] 白晨,黄玥. 食品安全与卫生学[M]. 北京:中国轻工业出版社,2014.
[14] 张娜,车会莲. 食品卫生与安全[M]. 北京:科学出版社,2017.
[15] 黄昆仑,车会莲. 现代食品安全学[M]. 北京:科学出版社,2018.

2 动植物原料与食品安全

食品的安全性是食品必须具备的基本条件，食品原材料以及生产过程的安全控制是食品安全的基础。针对食品原料安全现状，提高对食品原料的安全控制，建立相关的法律制度，对于保障食品的安全有重要意义。本章重点介绍动植物性食品原料中可能存在的食品安全问题及其管理。

2.1 植物性原料与食品安全

植物性食品原材料主要包括谷类、豆类、薯类、蔬菜、水果、坚果、种子等，多富含碳水化合物、维生素和矿物质，是中国人千百年来获取能量和其他营养素的主要来源。植物性食品原料在储运和加工过程中易受化学物质、微生物及其毒素以及寄生虫等污染而引起食品安全问题，因而针对植物性食品原料潜在的安全问题，做好食品原料的安全控制，有重要意义。本节重点介绍植物性食品原料的概念、植物性食品原料中天然有毒物质、植物性食品原料中可能存在的安全问题及其管理。

2.1.1 植物性食品原料

2.1.1.1 植物性食品原料相关概念

食品原料也称食品资源，是食品学的研究基础及主要研究对象。食品原料种类繁多，分类多样，按来源可分为植物性食品原料、动物性食品原料及添加剂类原料。通常农产品、林产品、园艺产品及植物性油脂都算作植物性食品原料。

2.1.1.2 植物性食品原料种类简介

(1)农产品：农产品是指在土地上对农作物进行栽培、收获得到的食品原料，包括谷类、豆类、薯类等。谷类主要是指水稻、小麦、玉米、大麦、燕麦、黑麦、黍、粟、高粱、薏苡等禾本科植物的种子。谷类食物具有营养丰富、供应充足(种植面积占世界总耕地面积的70%以上)、成本低、便于流通等特征。豆类在植物学上属于双子叶植物豆科蝶形花亚科，一般包括大豆、蚕豆、豌豆、绿豆、小豆、豇豆、菜豆、扁豆、黑吉豆、饭豆等，其果实为荚果且根部的根瘤菌可以从空气中固定氮素以供其生长，具有蛋白质及脂肪含量丰富的特征。薯类主要有马铃薯、甘薯等。

(2)林产品:林产品是指取自林木且可以用来使用的产品,一般把林区生产的坚果类、食用菌及山野菜都算作林产品。坚果类食品果皮坚硬,是植物的精华部分,包括核桃、杏仁、腰果、榛子、松子、板栗、开心果、花生、葵花籽等,具有营养丰富、增强体质及预防疾病等特征;食用菌是指子实体硕大、可供食用的大型真菌,已知的食用菌有350多种,其中多属担子菌亚门,常见的食用菌有香菇、草菇、木耳、银耳、竹荪、松茸、灵芝、虫草及白灵菇等。

(3)园产品:园产品是指蔬菜、水果及花卉类食品原料。蔬菜是指可以做菜食用的草本植物,主要有十字花科和葫芦科等科的植物,如白菜、油菜、萝卜、甘蓝、黄瓜、番茄及南瓜等,是人们生活中不可缺少的一部分,不仅能够为人体生长和代谢提供营养,还可以提高人体对其他食物的吸收能力。水果水分含量极高,富含糖分、有机酸、维生素和矿物质,以其独特的色、香、味深受人们的喜爱,包括苹果、香蕉、荔枝、菠萝、梨、桃、杏、葡萄、枣、石榴等。

(4)植物性油脂:植物油的原料主要有大豆、花生、棉籽、油菜籽、向日葵、红花子、芝麻、亚麻子、油橄榄、米糠、玉米胚芽和棕榈核等。植物油依照不同的标准有不同的分类。例如,根据油在空气中表面形成干膜的难易分为干性油、半干性油和不干性油,干性油一般含亚油酸、亚麻酸较多,主要包括红花油和葵花油等;半干性油主要含油酸、亚油酸和其他饱和脂肪酸,包括棉籽油、菜籽油、大豆油、芝麻油、玉米油等;不干性油有花生油、橄榄油等,其主要成分为油酸,一般作为食用油。另外还可以按照脂肪酸组成、天然与加工等分类。油脂也是三大营养素之一,不仅能提供高热能,所含的脂肪酸还是维持生命活动必需的营养素,是人们饮食生活中不可缺少的一部分。

2.1.2 植物性食品原料可能存在的安全问题及安全管理措施

2.1.2.1 蔬果的主要卫生问题及安全管理

(1)蔬果的主要卫生问题:

1)生物性污染:①细菌污染。新鲜蔬菜会被来自土壤等环境中的细菌污染,其菌种主要包含芽孢杆菌、棒状杆菌和其他土壤微生物等,但其数量大小不表示卫生状态好坏,只有在蔬菜、水果组织破损时才会大量繁殖加速果蔬腐败。②真菌及其毒素污染。酸度较大的水果容易被真菌及其毒素污染,在苹果、梨、山楂及葡萄等水果中都检测出展青霉毒素,产生此毒素的霉菌包括青霉属和曲霉属微生物,并且此毒素在果皮受到损伤后会侵入果肉形成褐色霉斑,产生毒素。③寄生虫污染。在土壤中使用未经无害化处理的人类粪便及生活污水会导致蔬菜、水果被寄生虫污染,常见的寄生虫包括蛔虫、绦虫、姜片虫、旋毛虫、肝血吸虫及肺血吸虫等,生食蔬菜和水果是消费者感染食源性寄生虫病的主要途径。④昆虫污染。昆虫污染是指甲虫类(大谷盗、米象、谷蠹和黑粉虫等)、蛾类和螨类及其虫卵对果蔬的污染,会导致果蔬的发霉变质。

2)化学性污染:①工业污染。工业生产产生的废水、废气及废渣的直接排放导致蔬菜和水果所需的水源、土壤及大气受到污染,此外,其中的许多有害物质如汞、铅、铬等也会通过果蔬进入人体中,造成慢性中毒、畸形,甚至致癌。②农药污染。蔬菜和水果施用农药较多,导致农药残留严重,甚至农药通过水体和土壤等进入植物体内,直接影响到食品安全。③其他有害化学物质污染。如亚硝酸盐、硝酸盐和包括防腐剂、漂白剂、甜味剂、着色剂在内的食品添加剂等。④食品包装材料污染。金属、玻璃、陶瓷、塑料、橡胶及纸张等包装材料释放的化学成分可能会迁移到食品中，使食品存在安全隐患。

(2)蔬果的卫生管理：

防止肠道致病菌及寄生虫卵污染采取的措施有：①禁止使用未经处理的生活污水及人类粪便对蔬菜和水果进行灌溉施肥；②剔除破损和腐败变质的果蔬；③果蔬在生食前应清洗干净，经消毒的水果削皮食用。

工业废水、生活污水灌溉果蔬的卫生要求是：①必须经过无害化处理；②水质符合《农田灌溉水质标准》。

施用农药的卫生要求是：①严格遵守有关农药安全使用规定《农药安全使用标准》；②控制农药的使用剂量，严格遵守《食品中农药最大残留限量》；③慎重使用激素类农药。

蔬菜、水果在运输过程中的卫生要求是：①选用良好的果蔬保鲜方法，严格遵守《新鲜蔬菜贮藏与运输准则》；②控制食品添加剂等化学制剂的用量，严格遵守《食品添加剂使用标准》；③防止食品包装对果蔬的二次污染。

2.1.2.2 粮豆的主要卫生问题及安全管理

(1)粮豆的主要卫生问题：

1)生物性污染：①霉菌及霉菌毒素的污染。粮豆在生长、收获及储存过程中均会受到霉菌及霉菌毒素的污染。常见的霉菌有曲霉、青霉、毛霉、根霉和镰刀菌等，霉菌毒素则是由霉菌产生的有毒、有害物质。霉菌污染会改变粮豆的感官性状，降低营养价值，产生的霉菌毒素会危害人类的健康。②仓储害虫污染。甲虫类、蛾类和螨类等常见的仓储害虫及其虫卵对粮豆的污染，会使食物变质。③转基因粮豆潜在的危害。例如粮豆的营养性、致敏性及免疫性等问题。

2)化学性污染：①工业污染。工业生产产生的废水、废气及废渣对粮豆所需的水源、土壤及大气的污染，以及人体摄入受重金属(如汞、铅、铬等)污染的粮豆，存在的潜在危害。②农药污染。施用农药较多，导致农药残留严重，甚至农药通过水体和土壤等进入植物体内，直接影响到食品安全。③掺假。在粮豆中添加违禁物质或者添加剂超标等引发的安全问题。

3)物理性污染：①无机夹杂物污染。泥土、沙石、木棍及金属等来自田间、晒场、农具和加工机械的无机夹杂物对人体的损伤。②以次充好。为提高利益，用品质不好的甚至腐败的物质代替合格的物质。

(2)粮豆的卫生管理：

粮豆种植过程的卫生要求是：①严格遵守《农药安全使用规定》；②水质符合《农田灌溉水质标准》。

粮豆的安全水分要求是：粮豆安全水分含量高低与其贮藏时间的长短密切相关。粮豆类的安全水分分别是：谷类 12%～14%，豆类 10%～13%，玉米 12.5%，面粉 13%～15%，花生 8%。

仓库的卫生要求是：①仓库建筑坚固、不潮不漏、防鼠防雀；②仓库清洁卫生，定期清扫消毒；③仓库内温度和湿度等条件可按不同的气象条件进行调节；④仓库内防虫害等药剂要注意使用范围及用量。

粮豆加工、运输、销售的卫生要求是：①生产加工过程中必须严格执行良好生产规范(GMP)和危害分析与关键控制点(HACCP)的规定，保证粮食类食品的安全；②严格执行安全运输的各项规章制度，运粮专用车应保持清洁卫生；③粮豆在销售过程中应注意防虫、防鼠、防潮及防霉变，并且销售的粮豆必须符合国家卫生标准。

2.1.2.3 食用油脂的主要卫生问题及安全管理

(1)食用油脂的主要卫生问题:

油脂酸败是指油脂产品由于储存不当或储存时间过长,在空气中的氧气及水分的作用下,稳定性较差的油脂分子会逐渐发生氧化及水解反应,产生低分子油脂降解物的现象。引起油脂酸败的原因包括:①生物学因素。甘油三酯在酯解酶等催化剂的作用下水解成甘油和脂肪酸后,高级脂肪酸碳链进一步氧化断裂生成低级酮酸、甲醛和酮等。②化学因素。不饱和脂肪酸在紫外线和氧气的作用下双键打开形成过氧化物,再继续分解为低分子脂肪酸、醛、酮及醇等物质。防止油脂酸败的措施主要有以下三个方面:①毛油精炼。通过制油方法生产的毛油必须经过水化、碱炼或精炼等除去植物残渣。②防止油脂自动氧化。油脂的储存应注意密封、隔氧和避光,同时避免金属离子的污染。③油脂抗氧化剂的应用。例如,天然存在于植物油中的抗氧化剂维生素 E 具有很好的保护作用。

食用油脂污染问题:①霉菌毒素。最常见的霉菌毒素为黄曲霉毒素,小剂量长期摄入或大剂量一次摄入都可诱发肝病,甚至癌症。我国规定花生油中黄曲霉毒素 $B_1 \leqslant 20\ \mu g/kg$,其他植物油黄曲霉毒素 $B_1 \leqslant 10\ \mu g/kg$。②多环芳烃类化合物。油脂中苯并芘多环芳烃对人体具有强的致癌作用。苯并芘的污染主要来自长期的工业降尘、油料种子的直接烟熏烘干、润滑剂的混入、溶剂油的残留及反复使用的油脂在高温下热聚等。

食用油脂掺假问题:①油脂勾兑。不法商贩为了减低成本将品质差的植物油脂勾兑到优质油中,甚至将非食用油添加到食用油中,对人体造成危害。②地沟油。地沟油是指从下水道或泔水桶中回收处理使用过的油。长期摄入地沟油会出现发育障碍、易患肠炎、肝肾肿大及脂肪肝等疾病。

(2)食用油脂的卫生管理:

食用油脂生产原料的要求是:①原辅材料必须符合国家食品卫生标准或规定;②生产食用植物油所用的溶剂必须采用国家允许使用的、定点生产的食用级食品添加剂。

食用油脂的生产用水要求是:生产用水必须符合《生活饮用水卫生标准》。

食用植物油厂区的要求是:①厂区应建在交通方便、水源充足、无有害气体、烟雾、灰尘及其他扩散性污染源的地区;②厂区建筑坚固、不潮不漏且防鼠防雀,锅炉房远离生产车间及成品库;③仓库卫生符合我国颁布的《食用植物油厂卫生规范》和《食品企业通用卫生规范》。

食用植物油的加工、运输、销售的要求是:①加工食用植物油的投料初期进行抽样检验,符合食用植物油质量、卫生标准的才可视为植物油;②严格执行安全运输的各项规章制度,食用油脂应有专用的容器、工具及车辆,并定期清洗,保持清洁;③食用植物油成品必须经严格检验,各项指标达到国家规定的质量、卫生要求时才可出厂销售。

(李婷婷)

2.2 动物性原料与食品安全

2-1

动物性食品是人类食品的重要组成部分,因其富含优质的蛋白质和其他营养素,适口性好,备受消费者青睐。但动物性食品易腐败变质,来自不健康动物的产品常带有病原微生物和寄生虫。人们食用含有病原微生物或卫生处理不当的动物性食品，常会给人们带来安全隐患，导致食源性疾病的发生。改革开放以来，随着工农业生产的快速发展，环境污染不断加剧，动物性食品的安全问题备受大众关注。前些年，我国动物养殖的产业转型和产业升级发展态势迅猛，动物养殖环节抗微生物药物、抗寄生虫药物的滥用，一些违禁的外源性激素和其他药物用于动物养殖，致使动物性食品中的药物残留问题日益突出。动物性食品原料的安全隐患不仅引起人类疾病和急性中毒，还可能引起人类的慢性中毒以及“三致”作用。动物性食品原料安全是实现从“农场到餐桌”全产业链食品安全的首要环节，对保障人类身体健康和生命安全具有十分重要的地位。

2.2.1 动物性食品原料

2.2.1.1 动物性食品原料相关概念

动物性食品(animal derived food)又称动物源性食品(foods of animal origin)，是指由动物生产的肉、蛋、乳等可食性组织及其加工的产品。

2.2.1.2 动物性食品的分类

(1)肉类：分为畜肉和禽肉两种，前者包括猪肉、牛肉、羊肉等，后者包括鸡肉、鸭肉、鹅肉等；除家禽家畜外，还包括野生动物如野猪、鹳子、野鸡等的肉类食品。目前的野生动物源性食品来源于人工饲养的某些动物。

(2)水生动物：如鱼、虾、蟹及各种贝类等。

(3)其他：如蛋、乳、动物脏器等。

2.2.1.3 动物性食品的性质

(1)蛋白质量多质好：肉类蛋白质主要存在于肌肉中，骨骼肌中除水分(约含75%)外，基本上为蛋白质，其含量为20.0%左右，脂肪、碳水化合物、无机盐等其他成分约占5.0%；鸡肉蛋白质含量为20.0%～25%，鸭肉为13.0%～17%，鹅肉为11.0%左右；鱼及其他水产动物种类极多，蛋白质含量相差较大，但大多数为15.0%～22.0%；全蛋(可食部分)蛋白质含量与蛋的种类、品种、产地等因素有关，鸡蛋为11.0%～15.0%，鸭蛋为9.0%～14.0%，鹅蛋为12.0%～13.0%；牛乳蛋白质含量为3.0%～4.0%，羊乳约为4.0%，马乳约为2.0%。肉禽鱼蛋乳蛋白质的氨基酸组成基本相同，含有人体8种必需氨基酸，且含量比较充足，比例也接近人体的需要。

(2)脂类物质含量较高：肉禽鱼蛋乳所含的脂类物质不完全一样，但饱和脂肪酸和胆固醇的含量都比较高。畜肉的脂肪含量依其肥瘦程度有很大的差异，其组成以饱和脂肪酸为主，多数为硬脂酸、软脂酸、油酸及少量其他脂肪酸。禽肉脂肪熔点较低，为33～44℃，所含亚油酸占脂肪酸总量的20.0%。鸡肉脂肪含量约为2.0%，水禽类脂肪含量为7.0%～11.0%。乳中脂肪含量一般为4.0%。

(3)碳水化合物含量低：肉禽鱼蛋乳中碳水化合物的含量都很低，在各种肉类中主要以糖原的形式存在于肌肉和肝脏中，其含量与动物的营养及健壮情况有关。瘦猪肉的碳水化合物含量为1.0%～2.0%，瘦牛肉为2.0%～6.0%，羊肉为0.5%～0.8%，兔肉为0.2%左右。各种禽肉碳水化合物的含量都不足1.0%。乳中碳水化合物为乳糖，不同动物的含量有所差别。乳糖的甜度仅为蔗糖的1/6，具有调节胃酸，促进胃肠蠕动和消化腺分泌的作用。乳糖在乳糖酶的作用下可分解为葡萄糖和半乳糖，以供人体吸收。

(4)无机盐含量比较齐全:肉类中无机盐的含量与动物种类及成熟度有关,肥猪肉和瘦猪肉分别为0.70%和1.10%,肥牛肉和中等肥度的牛肉分别为0.97%和1.2%,马肉约为1.0%,羊肉和兔肉也约为1.0%。肉类是铁和磷的良好来源,钙在肉中的含量比较低,为7.0~11.0 mg/100 g。各种禽类无机盐的含量均在1.0%左右;蛋类无机盐主要为铁和磷,大部分集中在蛋黄里,蛋白质中的含量为0.6%~0.8%;乳类含有丰富的无机盐,牛乳为0.7%,羊乳为0.9%,马乳为0.4%。

(5)维生素含量丰富:肉禽蛋乳均含有丰富的维生素,畜、禽肉及其内脏所含的B族维生素比较多,尤其肝脏是多种维生素的丰富来源,如每100 g羊肝中约含维生素A 29900 IU,硫胺素0.42 mg,核黄素3.57 mg,烟酸18.9 mg,维生素C 17.0 mg。蛋中含有丰富的维生素,主要集中在蛋黄,其种类包括维生素A、维生素D、硫胺素、核黄素,蛋清中也含有较多的核黄素。牛乳含有人体所需的各种维生素,其含量随着乳牛的饲养条件、加工方式和季节的变化而有所不同。

随着经济社会的不断发展,肉禽蛋乳及其制品极大地丰富人们餐桌的同时,也不同程度遭受一些动物性食品中化学药物残留超标带来的危害。为防病治病而普遍使用甚至长期给动物使用抗病毒类化学药物,很有可能会出现与人类滥用抗生素一样的恶果,造成某些细菌、病毒的耐药、变异、毒力增强等严重问题,对人类健康和生命安全构成潜在的巨大威胁。

2.2.2 动物性食品原料可能存在的安全问题

2.2.2.1 动物源性食品污染物

(1)生物性污染:生物性污染(biological contamination)是指微生物、寄生虫和食品害虫对动物性食品的污染。

微生物污染:细菌及其毒素、真菌及其毒素和病毒是引起动物性食品生物性污染的最重要因素。引起动物性食品污染的微生物包括人畜共患传染病的病原体,以食品为传播媒介的致病菌、病毒以及引起人类食物中毒的细菌毒素和真菌毒素等。致病菌主要包括沙门氏菌、志贺氏菌(图2-1)、肠道致病性大肠埃希氏菌、金黄色葡萄球菌、布鲁氏杆菌、结核分枝

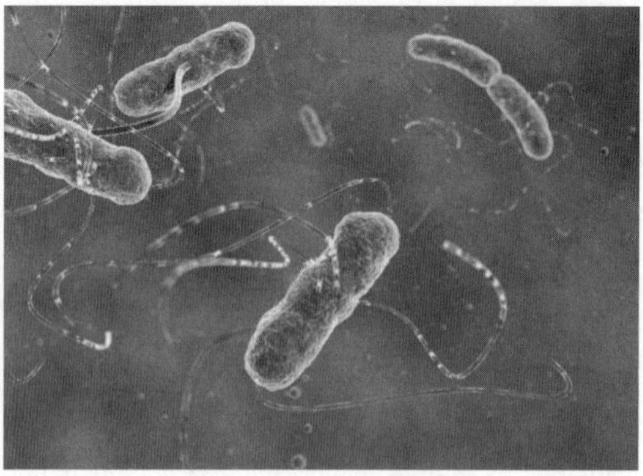

图2-1 志贺氏菌①

① 拍信网 https://v.paixin.com/photocopyright/250917114

杆菌等。真菌主要来自饲料中的黄曲霉毒素污染。病毒包括轮状病毒、高致病性禽流感病毒、猪瘟病毒、非洲猪瘟病毒等。此外,还包括引起食品腐败变质的非致病性腐败菌。

寄生虫污染:动物性食品寄生虫是引起人畜共患寄生虫病的病原体,主要有猪囊尾蚴、旋毛虫、弓形虫、棘球蚴、卫氏并殖吸虫、华支睾吸虫、肉孢子虫、链状带绦虫(图 2-2)等。这些人畜共患寄生虫病的病原体,一直是动物性食品卫生检验的主要对象。

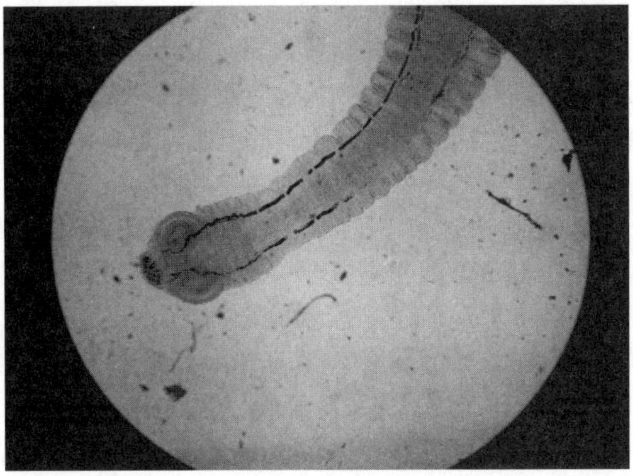

图 2-2 链状带绦虫①

食品害虫污染:食品害虫主要是指在肉、禽、蛋等动物性食品中的蝇蛆、酪蝇、皮蠹、螨等。动物性食品被这些昆虫污染后,导致感官性状不良,营养价值降低,甚至完全失去食用价值。食品害虫对食品的污染问题已受到食品企业的广泛重视。

(2)化学性污染:化学性污染(chemical contamination)主要是指各种有毒有害化学物质对动物性食品的污染,这些化学物质包括有毒金属、非金属、有机化合物和无机化合物等。

兽药残留(veterinary drug residue)是"兽药在动物性食品中的残留"的简称,指给动物用药后蓄积或贮存在细胞、组织或器官内的药物原型、代谢产物和药物杂质。由于兽药的广泛应用,肉禽蛋乳及养殖水产品中含有兽药残留几乎是不可避免的,对消费者的健康构成了危害或严重的威胁,引起了人们的广泛关注。动物性食品可能的兽药残留主要有以下几种:

①抗微生物药物。抗微生物药物有两种类型:一种由微生物发酵生产的;一种是化学合成的。微生物的代谢产物抗生素具有选择性杀灭或抑制特异病原体的作用。由于抗生素的耐药性、过敏和稳定性等原因,合成抗菌药迅速发展。抗生素类药物主要分为以下几类:β-内酰胺类、氨基糖苷类、四环素类、大环内酯类、氯霉素类、肽类等。

②抗寄生虫药物。兽医临床上常用的抗寄生虫药主要包括苯并咪唑类(如丙硫咪唑、噻苯咪唑、甲苯咪唑等)、阿维菌素类(如伊维菌素)、咪唑并噻唑类(如左旋咪唑)、*N*-水杨酰苯胺(如硝氯酚)、离子载体类抗生素(如莫能菌素、马杜拉霉素)等。常用杀虫剂包括有机磷类、有机氯类、除虫菊酯类等,这类药物用量过大或长期使用往往造成动物中毒及在动物性食品中残留。

③促生长剂和β-受体激动剂。兽用具有促生长作用的物质主要是亚治疗剂量的抗微生

① 拍信网 https://v.paixin.com/photocopyright/179180168

物药和一些专用的促生长剂(如甾类和非甾类同化激素、β-受体激动剂等)。促生长剂主要通过增强同化代谢、抑制异化或氧化代谢、改善饲料利用率或增加瘦肉率等机制发挥促生长作用。性激素对人、动物和环境的潜在危害极大,如性激素类残留的主要毒性包括潜在致癌性、发育毒性(激素样效应)、生态毒性等,这类药物多数国家包括我国都禁止用于动物性食品。

除兽药残留之外,农药残留(pesticide residue)和工业"三废"污染对动物食品原料造成的间接污染也不容忽视。农药残留物的种类和数量与农药的化学性质有关。有机氟杀虫剂在环境中难以降解,降解产物也比较稳定,故被称为高残留性农药。农药对人体具有急性毒性、慢性毒性以及致癌、致畸、致突变等作用。农药的残留性愈大,动物性食品原料中残留量愈高,对消费者的危害愈大。

工业"三废"是指废气、废水和废渣。随着工业的快速发展,多种有毒化学物质随着工业"三废"排放进入了人类生活和劳动的环境中,使水、土、空气等受到污染。工业"三废"中排出的有害物质主要有汞、铅、镉、铬、砷等金属化合物和氟化物、多氯联苯等非金属化合物。肉用畜禽以及水生动物生活在这样的环境中,长期受到有毒物质的影响,会在其体内蓄积有毒物质,造成动物性食品污染。

(3)放射性污染:随着科学技术的发展,在原子能开发、核爆炸试验、工农业生产、医学和其他科学试验的核素使用过程中,若废物排放不当或意外事故的发生等会造成环境的放射性污染。这些放射性物质直接或间接地污染食品,使食品的放射性高于天然放射性本底时,对食品造成放射性污染。近几十年来,原子能利用在逐年增加,放射性核素在医学和科学试验中广泛应用,使人类生活环境中放射性物质的污染急剧增加,进而通过食物链进入人体,威胁着人类的健康。因此,调查研究和防止放射性物质对食品的污染,已成为食品卫生学的重要课题。

2.2.3 动物源性食品污染物的来源及途径

饲料添加剂、兽药等畜牧业投入品存在影响动物源性食品安全的可能。

来自畜禽、水生动物及其他经济动物的动物性食品,受各种污染的机会很多,其污染的来源及途径也是多方面的,可分为内源性污染和外源性污染两个方面。

2.2.3.1 内源性污染

动物性食品在养殖过程中受到的污染(图 2-3),称为内源性污染,又称为第一次污染。根据污染物不同,内源性污染又可分为三类。

(1)内源性生物污染:内源性生物污染是指在动物养殖过程中,由动物本身带有的微生物或寄生虫造成的食品污染。

目前全球已知 300 多种动物传染病和寄生虫病中有 100 多种为人畜共患病,如禽流感、疯牛病、猪囊虫病等。此外,外表健康的动物有的也会受病原微生物和寄生虫的污染成为带菌(毒)者,最终对动物性食品安全构成威胁。

①禽流感:禽流感(avian influenza)是禽流行性感冒的简称,它是由甲型流感病毒的一种亚型(也称禽流感病毒)引起的急性传染病,也能感染人类,被国际兽疫局定为甲类传染病,又称真性鸡瘟或欧洲鸡瘟(图2-4)。人感染后的症状主要表现为高热、咳嗽、流涕、肌痛

图 2-3 鱼的养殖①

图 2-4 禽流感病死鸡②

等，多数伴有严重的肺炎，严重者心、肾等多种脏器衰竭而死。通常人感染禽流感死亡率约为 33.0%。此病可通过消化道、呼吸道、皮肤损伤和眼结膜等多种途径传播，区域间的人员和车辆往来也是传播本病的重要途径。

②猪囊虫病：猪囊虫病又称囊尾蚴病（cysticercosis cellulosae）、猪囊尾蚴病，是由猪带绦虫的幼虫（囊尾蚴）寄生人体所致的疾病，为人畜共患的寄生虫病。人因吞食猪带绦虫卵而感染。囊尾蚴可侵入人体各种组织和器官，如皮下组织、肌肉以及中枢神经系统引起病变，其中以脑囊尾蚴病为最严重，甚至危及生命，危害性极大。

(2)内源性化学污染：化学物质在工业、农业、医疗卫生以及日常生活等各个方面广泛应用。一些有毒化学物质常以液体（液滴）、气体（气雾）或固体（颗粒）的形式存在于周围环境中，再通过食物链最终进入动物体内。例如，农药的使用可使畜禽饲料、饲草有一定量的农药残留，畜禽采食被污染的饲料、饲草后，其农药可残留于肉、乳、蛋等畜产品中；水生动物若生长在被化学物质污染的水体中，就会造成水生动物性食品的内源性污染；有些饲养者为了

① 拍信网 https://v.paixin.com/photocopyright/7912175
② 拍信网 https://v.paixin.com/photocopyright/12430963

降低养猪成本，把猪赶到垃圾场进行放养，这种猪体内含有种类较多和含量较高的有害物质，尤其是重金属的含量严重超标。

(3)内源性放射性污染：环境中放射性核素通过饲料、饲草和饮水等途径进入动物体内，蓄积在组织或器官中。半衰期较长的^{90}Sr和^{137}Cs以及半衰期较短的^{89}Sr、^{131}I、^{140}Ba不仅在动物组织或器官中蓄积，还可以随乳汁排出。

2.2.3.2 外源性污染

动物性食品在其加工(图 2-5)、运输、储藏、销售、烹饪过程中受到的污染，称为外源性污染，又称为第二次污染。

图 2-5 鱼干的晾制①

外源性污染的来源和原因如下：

(1)通过水污染：食品在生产加工过程中需要大量的水，如果使用含有微生物和有害化学物质的水，尤其是含有致病性微生物的水，造成动物性食品的污染。因此，食品生产用水必须符合《生活饮用水卫生标准》(GB 5749)的要求。

(2)通过空气污染：空气中微生物、在人类生产、生活活动中燃料燃烧所排出的废气、工厂生产中的有毒有害化学物质随工业废气排入空气，随着风沙、尘土飞扬或沉降而附着于动物性食品表面。

(3)通过土壤污染：在自然界中，土壤是含微生物最多的场所，常为动物性食品污染的主要来源。土壤中除有正常的自养型微生物外，还可由于患者和患病动物的排泄物、动物尸体以及屠宰加工废弃物、污水等而带有各种致病性微生物，特别是一些芽孢菌，如肉毒梭菌、炭疽杆菌等。除微生物之外土壤中可能还存在主要来源于工业“三废”、农药、化肥、垃圾、污水中的有毒化学物质等。动物性食品在加工、运输、贮藏过程中接触了被污染的土壤就可造成动物性食品的污染

(4)加工过程污染(图 2-6)：加工过程对动物性食品的污染是多方面的，几乎每个加工环节都能造成动物性食品的微生物污染。例如，动物皮毛上含有大量的微生物，在屠宰加工过程中，剥皮时若皮毛或剥皮的用具接触到肉，就可使肉受到微生物污染；若在开膛时割破肠管，则肠内容物中的微生物就会污染到肉上；刀具、设备等都可成为肉品污染微生物的媒

① 拍信网 https://v.paixin.com/photocopyright/65513335

介;在挤乳过程中,如果没有将乳牛后躯和乳房周围清洗干净,或挤乳者的手在挤乳前未经严格清洗和消毒,就可能将微生物带入乳汁中。另外,在加工过程中食品添加剂的不合理使用,也会造成有毒化学物质对动物性食品的污染。所以,我国制定了食品添加剂使用卫生标准,规定了允许使用的食品添加剂名称、使用范围和最大使用量,防止对人体造成危害。另外,在食品加工过程中,也会产生苯并(a)芘、*N*-亚硝基化合物等有害物质。食品包装材料选择不当,也会造成动物性食品的污染。

(5)运输过程污染:我国农村食品专用车辆不足,很多运输工具都是兼用的,在运输过程中的装、运、卸、贮等环节,如果制度不严、管理不善,会造成动物性食品污染。例如,运输车辆不清洁甚至装运过腐败物品或不洁之物,在使用前未经彻底清洗和消毒而连续使用,就会严重地污染新鲜食品;在运输途中,包装破损使动物性食品暴露,会使这些食品受到扬尘中微生物的污染。

(6)贮藏过程污染(图 2-7):动物性食品在保藏过程中,往往由于环境被微生物或化学物质污染而造成食品污染。例如,将肉类贮存于阴冷潮湿、真菌滋生的仓库内,致使肉品受到真菌的污染;将肉品露天存放,会使肉品受到扬尘中微生物的污染。

(7)病媒害虫污染:苍蝇、老鼠、蟑螂等均带有大量的微生物,尤其是病原微生物。动物性食品在加工、运输、贮藏、销售、烹饪过程中,如被苍蝇、老鼠、蟑螂等病媒害虫咬食,会使这些动物性食品受到微生物污染。

图 2-6 新鲜肉的切分与包装①

图 2-7 肉制品的储存②

2.2.4 动物源性食品污染的危害

生物性污染的危害不仅引起人类的感染性疾病或微生物性食物中毒,而且导致动物性食品的腐败变质。动物性食品来源于各种畜禽及水生动物,在其生活期间及产品的加工、贮藏、运输等过程中,都有可能受到内源性和外源性生物性污染,使动物性食品带有某些危害人们身体健康的微生物、寄生虫、昆虫等。当食用了这种动物性食品后,就会发生疾病,对人体健康造成危害。

化学性有毒物质的危害,随化学有毒物质的种类及污染量的不同,对人体产生的毒性作用有急性中毒、慢性中毒和致癌、致畸、致突变作用等。

---

① 拍信网 https://v.paixin.com/photocopyright/78184544

② 拍信网 https://v.paixin.com/photocopyright/112638308

放射性污染的危害，动物实验及现场人群的调查研究证明，人和动物在大剂量照射情况下，可以发生放射病，并可致死。一次较大剂量或长期小剂量照射，均能引起慢性放射病和长期效应，如血液学变化、性欲减退、生育能力障碍以及发生肿瘤和缩短寿命等。人体通过食物摄入放射性物质的剂量一般较低，主要是慢性损害及远期效应。但在核爆炸和意外事故的情况下，对急性损害也应引起注意。

2.2.5 动物源性食品污染的预防和控制

2.2.5.1 提倡科学健康养殖

要抓好养殖环节，加强对养殖场的监管。以预防为主，做好重大疫病的防疫工作，减少畜禽发病的概率，减少用药次数。只有采取科学合理的养殖措施，合理选用兽药，不使用任何违禁品，使动物产品药物残留控制在安全范围，饲养出安全的食用型动物，才能保障动物性食品的安全。

2.2.5.2 加大产地检疫力度

产地检疫工作是动物和动物产品从产地走向市场的重要环节，检疫员到场、到户或定点检疫，可以及时发现疫病，及时采取控制措施，并有效地对动物免疫情况进行监督，凡是检疫不合格的，不能进入流通领域，确保出栏畜禽的健康品质，是畜产品卫生安全的前提，把好动物性食品安全第一关，确保人民群众吃上“放心肉”。

2.2.5.3 加大执法力度，提高执法效率

严厉打击销售违禁品和违规使用兽药行为，对检测出动物产品含有违禁药物、添加剂或药物残留超标的案件及时查处，涉及刑事案件移交公安机关追究其刑事责任。将查处的违法案件情况进行通报，并向社会公开处理结果，使生产、经营、运输企业和个人得到警示，受到全社会的监督。

2.2.5.4 加强社会主义道德、公德、诚信的宣传教育工作

加强社会信用、企业信用和个人信用的建设，提高人民群众的食品安全素质。对食品从业人员加强食品安全知识的宣传教育和职业道德教育，使食品从业人员掌握食品安全科普知识，通过培训提高企业生产经营者的管理水平和责任意识，自觉遵守法规。引导全社会鼓励和支持合法生产经营，鄙视和打击不法生产经营。

2.2.5.5 落实企业和政府责任

根据食品安全法，食品生产经营者负有保证食品安全的责任，各级地方人民政府负有本行政区域内食品安全监管、领导、组织、协调的责任，完善和强化责任制度与问责制度，使畜牧兽医、食品安全监管、工商、公安坚持统一协调与分工负责相结合，认真履行职责，监管工作到位，做好食品安全监督指导工作，真正做到有法必依、违法必究、执法必严。坚持源头严防、过程严管、风险严控，落实企业食品安全主体责任，将企业责任、行业自律、媒体监督、消费者参与提升到与政府监管相并列的高度。

（白凤翎）

2.3 转基因食品的安全性

随着社会的进步和科技的发展，转基因技术日益深入到与人们生活息息相关的食品工

业中。转基因食品作为一种新型的可食用产品被大规模地商业化生产，不仅有利于农业的可持续发展，也为人类社会带来了巨大的经济效益。但转基因食品在实际生活中有利有弊，从食品安全角度而言，转基因食品也存在一定的安全隐患及潜在威胁。因此，加大监测力度，做好对转基因食品的安全把关有着重要意义。

2-2

2.3.1　转基因食品

2.3.1.1　转基因食品相关概念

基因是控制生物性状遗传信息的功能和结构单位，其主要指具有遗传信息的 DNA 片段。根据联合国粮农组织及世界卫生组织(FAO/WHO)、国际食品法典委员会(CAC)和卡塔尔生物安全议定书(Cartagena Protocol on Biosafety)的定义，转基因技术是指利用基因工程或分子生物学技术，将外源遗传物质导入活细胞或生物体中产生基因重组现象，并使之遗传和表达。转基因食品(genetically modified foods，GMFs)是指用转基因生物所制造或生产的食品、食品原料及食品添加剂等。

2.3.1.2　转基因食品的分类

按不同标准可对转基因食品进行不同的分类，例如，根据食品中转基因功能的不同，大致可以分为六种：增产型转基因食品、控熟型转基因食品、保健型转基因食品、加工型基因食品、高营养型转基因食品和新品种型转基因食品。根据转基因食品中是否含转基因源为标准可分为三种不同类型：①食品来源于转基因生物，但其产品本身并不含有转移来的基因的转基因食品；②食品中确实含有活性转基因成分，但在加工过程中其特性已发生了改变，转移来的活性基因不复存在的转基因食品；③食品中确实含有活性转基因成分，食用后会被人体消化吸收的转基因食品。然而，最普遍的转基因食品分类方法则是根据转基因食品来源不同，将其分为植物性转基因食品、动物性转基因食品及微生物性转基因食品。

(1)植物性转基因食品：植物性转基因食品，是以含有转基因植物为原料的转基因食品，主要是转基因作物。转基因作物又称转基因改制作物，是指运用基因技术，克服传统嫁接及杂交技术的不确定性，通过定向进化方式培养而成的农作物。根据植物性转基因作物的研究进展，可将其分为第一代转基因作物和第二代转基因作物。第一代转基因作物是指通过插入某一特定基因而使其具有特殊的性质，这些特殊性质包括抗虫、抗除草剂、抗病毒、抗旱、抗盐碱等。据统计从 1983 年世界上第 1 例转基因烟草作物问世以来，植物性转基因食品的研发迅猛发展，产品品种及产量也成倍增长。1994 年，美国孟山都公司研制的延熟保鲜转基因西红柿在美国批准上市。1996 年，转基因玉米和转基因棉花在美国成功上市。到 2007 年全球转基因作物种植面积达到 1.143 亿 hm^2，首次突破 1 亿 hm^2 大关。1996—2009 年，转基因作物以 79 倍(1996 年为植物性转基因食品的发展现状与安全年)的空前速率增长，年均增加 900 万 hm^2，成为近现代史上全球普及最为迅速的生物技术。到 2016 年，转基因作物的全球种植面积高达 1.851 亿 hm^2，比 2015 年的 1.797 亿 hm^2 加了 540 万 hm^2，即增加了 3%，除 2015 年以外，这是第 20 个增长年。目前，全球 26 个国家(包括 19 个发展中国家和 7 个发达国家)种植了转基因作物，其中发展中国家的种植面积占全球转基因作物种植面积的 54%，而发达国家的种植面积占 46%。除了四大作物(玉米、大豆、棉花和油菜)外，转基因作物还扩展到了甜菜、苹果、木瓜、茄子和马铃薯等农作物，为消费者提供了更多样的选择。

第一代植物性转基因食品的优点主要有以下几点：①使作物具有耐寒、耐热、耐干旱、耐涝等不同特性，从而适应不同的生长环境。②使作物抗病虫害能力增强，极大地减少了农药、化肥的使用量。例如，将抗病毒、抗虫基因导入棉花、小麦、番茄、辣椒等植物，大大减少了由于农药使用所造成的环境污染、人畜伤亡等事故，同时也解决了发展与代价的矛盾，有利于现代农业的可持续发展。③改变作物特性，培育出高产、优质的新品种，缩短了生长期，增加了作物产量，可以从根本上缓和需求与供给、人口与资源的矛盾，解决粮食短缺问题，进而带动相关产业的发展。

第二代转基因作物是通过品质改良而有益于消费者的健康。例如，改变传统食品的营养成分组成与比例的转基因食品的研发，使食物中不良成分种类减少，含量降低，改善了食品的营养；功能性保健转基因食品的发展，满足了人体健康所需。有报道称，日本科学家利用转基因技术成功培育出可以减少血清胆固醇含量、防止动脉硬化的水稻新品种；欧洲科学家培育出了米粒中富含维生素 A 和铁的转基因水稻，有利于减少缺铁性贫血的发病率。总之，与第一代转基因作物相比，第二代转基因作物的研制与开发，为农业生产带来了更深的变革。

(2)动物性转基因食品：转基因动物是指通过基因工程技术将供体物种体内带有特定优良遗传性状的目的基因直接或通过载体导入受体物种的胚胎内而培育出来的动物，并且目的基因能够稳定地遗传给后代。动物性转基因食品是指由转基因动物生产的食物或利用转基因动物为原料生产的转基因食品。目前，作为食品来源的转基因动物的研究领域主要包括利用转基因技术改良动物的重要经济性状及利用转基因技术生产食品源蛋白质和其他生命活性物质。例如，我国科学家通过把鲤鱼的细胞核移植到鲫鱼的细胞质里，培育出新品种——鲫鲤鱼，这种转基因鱼的肉质像鲫鱼一样鲜美，生长速度却同鲤鱼一样快，具有养殖周期短、营养丰富及产量高等优点。由美国、加拿大、新加坡的科学家组成的研究小组，将一种极度活跃的生长激素基因注射到鲑鱼卵中，培育出“巨型鲑鱼”，它的生长速度是迄今转基因动物中最快的一种。中国农业大学的研究人员先后培育出了转有人乳清白蛋白、人乳铁蛋白、人岩藻糖转移酶的转基因奶牛，为中国的“人源化牛奶”产业化奠定了重要的基础。

动物性转基因食品的优点主要有以下几点：①利用转基因技术增加蛋白质含量，减少脂肪含量，提高食用肉品质。②将外源生长激素基因导入目标动物，加快生长速度。类似试验已在鱼、牛、猪等动物获得成功。③提高动物的产乳量及乳汁营养。例如，研究具有高乳糖含量的转基因牛、羊，不仅能使其乳汁更近似人乳，还有助于改进人体免疫系统，增强抵抗疾病的能力。

但转基因动物技术也存在许多问题，转换效率低是主要的制约因素。此外，外源基因引入受体细胞后引起内源有利基因结构被破坏而失活，或激活有害基因导致转基因阳性个体，出现胚胎死亡、畸形和不孕等不良现象。因此，需要进一步深入研究和开发稳定的转基因动物产品。

(3)微生物转基因食品：转基因微生物是用基因工程技术将外源基因导入微生物，改变其遗传物质组成后的微生物。微生物转基因食品是指由转基因微生物生产的食物，或利用转基因微生物为原料生产加工的食品或食品添加剂，或以转基因微生物为农药、肥料、饲料生产的植物或动物制作的食品。改善干酪生产方法的凝乳酶、可产生更多 CO_2 的面包酵母及转基因啤酒酵母等，均已投入商业化运作。微生物不仅可作为发酵食品的菌元，也可用于生产酵素、氨基酸、有机酸、维生素、色素、香料等食品添加物，给转基因生物技术的发展带来了很大的便利。

2.3.1.3 转基因食品的发展趋势

自 20 世纪初以来，社会经济蓬勃发展，世界人口不断增多的同时粮食供给负担不断增大，已无法满足人类的需求。转基因食品以其强大的优势解决了粮食短缺问题，并带来了巨大的社会经济价值。进入 21 世纪，转基因技术、克隆技术等基因工程技术把人类的视野带向了新的高度和领域，更使人类生活变得五彩斑斓。转基因食品具有的优势特征，使得转基因食品的发展势头越来越强劲，投放到市场上的转基因食品品种也越来越多。但与此同时，转基因食品也暴露出越来越多的安全性问题，使人们不得不重新审视转基因食品迅速发展的利与弊。因此，需要我们加强对转基因食品的安全监管，从而促进转基因食品的绿色发展，推动经济的可持续发展。

2.3.2 转基因食品的安全评价

在全球范围内，转基因技术作为生命科学的核心技术，在食品、农业、环保、医药等领域有着广泛的应用。转基因技术在农业领域的研发和应用，使转基因农作物种植面积逐渐扩大，因而由转基因农产品和含转基因成分的食品所引起的食品安全问题尤为突出。下面重点介绍转基因食品的安全性问题、安全评价内容。

2.3.2.1 转基因食品的安全性问题

转基因食品的安全性问题主要包括以下几个方面：①转基因食品的营养成分问题。外源基因可能会改变食品的营养价值和不同营养素含量，人体能否有效地吸收、利用转基因食品中的营养成分从而达到营养均衡，这种改变可能会造成人体营养素紊乱，甚至产生更严重的影响。②转基因食品的潜在毒性问题。外源基因本身或外源基因所表达的蛋白质可能具有潜在的毒性，引起人体中毒或者慢性中毒，或者外源基因可能会引起原有基因发生突变，从而促成有害基因的表达或者癌变等。③转基因食品的致敏性问题。转基因食品中有一些过敏原，激发易感人群出现过敏反应。④转基因食品的抗药性问题。抗生素抗性外源基因引入作物中，可能会导致食用了该作物的人或者动物体内的微生物产生抗药性，对疾病治疗产生不同程度的影响。

2.3.2.2 转基因食品的安全性评价内容

(1)营养学评价：营养学评价是转基因农产品食用安全性评价的重要组成部分，其主要依据实质等同性原则。将转基因作物与对照物在表型、农艺性状及组成成分等方面进行比较，从而得出两者是否有实质等同性的结论。

(2)毒理学评价：转基因食品的毒理学评价主要包括两个方面：一是评价新引入的外源蛋白本身的安全性，通常采用遗传毒理学实验、序列同源性分析及蛋白质模拟消化实验等；二是评价转基因生物整体，评估转基因技术产生的非预期的不良影响。目前，经外源基因表达产物和转基因全食品毒理学评价证明，国际及国内批准生产和颁发安全证书的转基因农产品(包括大豆、玉米、大米等)与非转基因对照同样不具有毒理学意义上的安全风险。

(3)致敏性评价：2001 年，由 FAO/WHO 进行修改和补充的判定树法是目前国际上转基因农产品致敏性安全评价最常用的方法，主要是从外源基因来源判断、氨基酸序列相似性比较、特异血清筛选试验、靶向血清筛选试验、模拟胃肠液消化试验、动物模型建立这 5 方面进行评价。

(4)免疫性评价:免疫安全性评价是转基因食品安全性评价中极为敏感、有效的评价手段之一,主要包括组织病理学观察、免疫器官指数分析、常规非特异性免疫功能分析、特异性体液免疫分析、细胞免疫分析、肠道黏膜免疫分析6个方面。

(5)非预期效应评价:非预期效应的研究是国际食品安全性研究的热点课题,包括对一些重要营养素和关键毒素进行单成分分析的定向方法,运用转录组学、蛋白质组学和代谢学的非定向方法检测非预期效应。

2.3.3 转基因食品的安全管理

转基因技术在农业、食品方面的迅速发展一直饱受争议。在转基因食品安全的管理问题上,各国所持立法态度截然不同。近几年,我国对转基因食品安全监管非常重视,迈出完善转基因食品安全法律制度的一大步。

2.3.3.1 国外转基因食品安全管理

美国作为转基因产品产量最多、转基因作物种植面积最大的国家,对转基因食品采取开放、积极的态度。美国将转基因食品与传统食品等同视之,制定了宽松的安全评价制度、自愿标识制度及上市审批制度等。美国的转基因食品安全监管由美国食品药品管理局(FDA)、美国环保局(EPA)、美国农业部(USDA)三个部门负责检测、评价和监控。各部门各司其职,分工合作,有效协作,共同构成了美国的转基因监管部门体系。

欧盟对转基因食品安全管理以“预防原则”为指导。在1997年通过的《生物安全议定书》体现了“预防原则”。欧盟根据“预防原则”制定了严格的转基因食品相关法律制度,包括全程追踪制度、安全审批制度、强制标识制度等,对转基因食品安全管理实行了较为严格的监管方式。

日本对于转基因食品采取了不同于美国、欧盟的态度,即采取“不鼓励、不抵制、适当发展”的中立态度,但非常重视转基因食品的安全管理,目前实施的1995年第三次修订的《农、林、鱼及食品工业应用重组AF1准则》要求,凡是准备生产和销售重组DNA生物用于农业以及用于重组DNA生物生产的材料,都必须根据其受体、重组DNA分子和所用载体的特性进行全面的生物安全性评价。

2.3.3.2 我国转基因食品安全管理

我国对于转基因食品持谨慎态度,对转基因食品采取的是强制标识、定性标识,根据条例进行标识管理。目前我国规范转基因食品标识的法律、行政法规、规章主要有2007年《农业转基因生物标签的标识》、2015年修订的《中华人民共和国食品安全法》、2017年修订的《农业转基因生物安全管理条例》《农业转基因生物标识管理办法》、2017年修订的《食品标签管理规定》等。我国通过对转基因食品的明确标识,维护了消费者的知情选择权,基本上做到了通过标识制度全程监控,但仍然存在规范零散、基本定义缺乏和操作性不强等问题。相信只要紧跟中央“加强农业转基因生物技术研究、安全管理、科学普及”的步伐,我国的食品安全管理会迎来新的阶段。

(李婷婷)

2.4 水产品的安全性

2-3

2.4.1 概述

2.4.1.1 水产品简介

水产品是海洋和淡水渔业生产的水产动植物及其加工产品的总称。水产品是我国农业的重要组成部分，在国民经济中占有重要的地位，其主要包括：①捕捞和养殖生产的鱼、虾、蟹、贝、藻类等鲜活品；②经过冷冻、腌制、干制、熏制、熟制、罐装和综合利用的加工产品。

2.4.1.2 我国水产品行业现状

目前，我国不仅是世界上最大的水产品生产国，也是世界上最大的消费国，水产品品种繁多。《中国渔业统计年鉴》显示，我国人均水产品占有量呈逐年上升趋势，水产品总产量自1989年起连续30年位居世界第一，2018年我国水产总量达6458万吨，占世界总产量的40%以上，全国水产品人均占有量从1995年起达到并超过世界平均水平，2018年全国水产品人均占有量达46.28 kg。水产品在满足国内消费的同时，也积极出口创汇，渔业发展质量逐步提升，水产品国际竞争力不断增强。

2.4.1.3 水产品安全总体状况

水产品以其营养丰富、味道鲜美等优点深受消费者青睐，是人类重要的食物来源。近几年来，我国水产品质量安全水平总体稳定，趋势向好，连续六年产地监督抽查合格率都在99%以上，市场例行监测合格率也由2013年的94.4%提高到2018年的97.1%，多年未发生区域性重大水产品质量安全事件。但相对于陆源食品，由于水产品质量安全存在的危害因子众多、风险来源途径广泛等使其在养殖、运输等环节仍存在不少安全风险。

2.4.1.4 水产品危害因子简介

水产品安全危害因子按来源可分为生物性危害、化学性危害和物理性危害。

生物性危害，主要源于致病菌、病毒和寄生虫危害，是影响水产品安全的主要因素，且具有不确定因素多、难于控制的特点，其中致病菌是生物性危害最主要的来源。淡水、海水水产品均可感染沙门氏菌、霍乱弧菌、副溶血性弧菌、大肠埃希氏菌等细菌或其他病原微生物。在病毒危害因子中，与水产品存在清晰的流行病学关联的主要是诺如病毒、甲型肝炎病毒。目前，与水产品相关、对人类健康危害较大的人畜共患的寄生虫主要是吸虫（肝吸虫和肠吸虫）、绦虫和线虫，一般是由于人们食用了生的或未经烹调的水产品而造成的，可以通过烹调、冷冻的方式加以避免。

化学性危害，主要包括化学物质的使用不合理和环境污染物的危害。水产品生产中常会使用一些非法添加物，用以防腐、发色、保水等，以提高水产品的感官性能和质量，常见的危害因子主要有孔雀石绿、甲醛等。

物理性危害，包括在食品中发现的不正常的潜在的有害外来物，消费者误食后可能造成伤害或其他不利于健康的问题，其中包括金属物质、玻璃碎片、塑料、鱼刺、贝壳和蟹壳碎片等。

2.4.1.5 国家食品安全标准和限量

随着《中华人民共和国食品安全法》《中华人民共和国农产品质量安全法》《中华人民共和国渔业法》《中华人民共和国海洋环境保护法》《中华人民共和国环境保护法》等法律，以及《水产养殖质量安全管理规定》和《食品动物禁用的兽药及其他化合物清单》等法规和标准的相继出台，从业人员法制意识和标准化意识的逐渐增强，我国的水产品质量安全管理取得了长足的进步。目前，我国对不同类的水产品危害因子都有严格的规定。《食品中致病菌限量》(GB 29921—2013)主要规定食品中致病菌指标、限量要求和检验方法，其中水产制品，包括熟制水产品，即食生制水产品和即食藻类制品，沙门氏菌不得检出，副溶血性弧菌和金黄色葡萄球菌可接受水平的限量值和致病菌指标的最高安全限量值分别为 100 MPN/g、1000 MPN/g。《鲜、冻动物性水产品》(GB 2733—2015)规定海水鱼虾、海蟹、淡水鱼虾和冷冻贝类中的挥发性盐基氮，分别小于 30 mg/100 g、25 mg/100 g、20 mg/100 g 和 15 mg/100 g；青皮红肉海水鱼(鲐鱼、鲹鱼、竹荚鱼、鲭鱼、鲣鱼、金枪鱼、秋刀鱼、马鲛鱼、青占鱼、沙丁鱼等)的组胺含量不得高于 40 mg/100 g，其他海水鱼类组胺含量不超过 20 mg/100 g；贝类中麻痹性贝毒和腹泻性贝毒应分别低于 0.04 MU/g 和 0.05 MU/g；有害重金属元素汞、镉、铅、砷等符合《食品中污染物限量》(GB2762—2017)的限量标准；农药残留量需符合《食品中农药最大残留限量》(GB 2763—2019)的限量标准。《动物性水产制品》(GB 10136—2015)规定菌落总数和大肠杆菌群数可接受水平的限量值分别为 5×10^4 CFU/g 和 10 CFU/g，最高安全限量值分别为 10^5 CFU/g 和 10^2 CFU/g；寄生虫，如吸虫囊蚴、线虫幼虫和绦虫裂头蚴均不得检出。

水产品的安全性，关乎渔业的可持续发展，关系到国民健康。水产品质量安全涉及水产品的生产、加工、存储、运输全过程，任何一个环节的疏忽都可能诱发水产品的质量安全危机。逐渐完善水产品安全质量监督法规体系，全面提高我国水产品的质量，对于确保人民群众“舌尖上的安全”等具有重要的现实意义。

2.4.2 水产品内源性危害物

水产品内源性危害物主要包括其本身所含有的部分化学组分，其在贮运、加工、消费过程中对于产品质量安全会形成一定的危害。其特征有：①来自天然组分，具有一定的不可避免性；②包括化学组分本身及其衍生物；③危害程度与其反应变化情况密切相关；④受加工、贮藏、消费方式影响显著。

2.4.2.1 毒素

水产品中的天然毒素主要包括组胺、西加鱼毒、河豚毒素、麻痹性贝毒、神经性贝毒、腹泻性贝毒等，健忘性贝毒也时有发生。海洋生物毒物含量大于淡水生物。

天然毒素，除组胺外，都与地域、生物种类有关，毒素在水生生物捕获之时就已积蓄在体内了。水产品中鱼毒占了毒情报告的约一半，且引发病情较重，目前尚无有效的预防措施。

国家标准控制海产品污染的方法是规定污染物的最高含量，超标则被查封。欧盟、加拿大、世界卫生组织等对贝类毒素的限量和风险评估有着严格的要求。对于腹泻性贝毒，鲜活全贝的限量标准均为 160 μg/kg。麻痹性贝毒和健忘性贝素在欧盟的限量标准分别是 80 μg/100 g、20 mg/kg，美国、日本、韩国、澳大利亚、中国也是采用这一标准。《农产品安全质量　无公害水产品的安全要求》规定腹泻性贝毒含量不得超过 80 μg/100 g。

毒素的检测方法不一，其中小鼠实验是一种确定毒素的使用最广泛的方法，以小鼠的死亡作为毒性标准，被用于西加毒素、河豚毒素等毒素的检测中。液相色谱串联质谱法是一种常用的检测毒素的技术，如西加毒素、麻痹性贝毒、腹泻性贝毒等。另外，酶联免疫吸附试验也常被用在检测河豚毒素、麻痹性贝毒、腹泻性贝毒、微囊藻毒素等。

毒素一般性质稳定，常规的加工贮藏条件下往往难以消减。以贝类为例，其一旦受到毒素污染，它的组织将毒素排除需要很长时间，甚至3年以上。目前已进行了各种贝类被麻痹性贝毒污染的排毒尝试，其中净化消减，即将贝类放入无毒水中使其自净是一种控制其毒素的普遍方法。另外，煮、蒸、炸等加工技术虽不能使毒素失活，但可在短时间内使麻痹性贝毒因失水渗出而降低产品中的浓度。

2.4.2.2 过敏原

过敏原，又称为变应原、过敏物、致敏原等，是指能够使个体发生Ⅰ型超敏反应的非寄生抗原，会引发人体过敏反应。某些普遍被人接受的食物进入人体后，被少数人体识别为有害物质，使机体的免疫系统立即做出应答，且这种应答超出了正常范围，引起了人体皮肤红肿瘙痒、胃肠功能紊乱等不良反应，这种症状便称为过敏。近年来，随着城镇化、工业化、全球化进程的加快，以及人们生活节奏逐渐加快、方式不断改变，越来越多的人逐渐演变成过敏性体质、潜在过敏性体质。同时，随着医疗水平的提高，许多原来未知的过敏现象逐渐被人们所认识。据统计，全世界有5%～8%的儿童和2%～3%的成人患有食物过敏性疾病，故目前食物过敏成为世界上第四大卫生学问题，被世界卫生组织纳入21世纪应重点防治的三大类疾病之一。引起人类过敏反应的过敏原种类繁多，如能从中查到引起机体过敏的物质，就能很好地预防和治疗过敏反应。

目前，已确定的过敏性食物有180种以上，但90%以上的即时型食物过敏病例是由八大类食品引起的：①牛乳及其乳制品；②花生及其制品；③蛋及蛋制品；④大豆和其他豆类以及各种豆制品；⑤小麦、大麦、燕麦等谷物制品；⑥鱼类及其制品；⑦甲壳类及其制品；⑧果实类(核桃、芝麻等)，其中水产品占了两大类。

水产品过敏是一种较长期的过敏，一旦出现其过敏症状，则一生中很难消失。许多水产品过敏患者的过敏反应发生在成年以后，且妇女的可能性大于男性。水产品过敏原可主要分为三大类：鱼类过敏原、虾蟹类过敏原、贝类过敏原。其中，鱼类的过敏原主要包括小清蛋白、鱼卵蛋白(如鲑鱼的硫酸鱼精蛋白)和胶原蛋白；虾蟹类水产品的过敏原主要包括原肌球蛋白、精氨酸激酶、肌球蛋白轻链、肌钙结合蛋白和血蓝蛋白亚基；贝类过敏原和虾蟹类过敏原相似，属于原肌球蛋白。近年来，随着含有水产品过敏成分的食物品种增多，水产品过敏发病率呈上升趋势，且症状趋于严重化、复杂化。

食品过敏原常用的检测方法为免疫化学分析法，包括荧光免疫、酶联免疫(ELISA)、胶体金免疫等技术方法。

一旦确定了过敏食物，减少食用该类食物是防范食物过敏最有效、最简便的方法。目前可通过过敏治疗、活性消减、免疫调节等手段达到消减与控制食品过敏原的目的。其中，食物过敏原的消减方法主要包括美拉德反应、酶法处理、超高压技术、超声波技术、热处理、辐照等。相信这种低致敏性的食物能更好地适应市场的需求。

2.4.3 环境污染物

影响水产品安全的环境污染物，主要包括两类：人类活动导致海洋生态系统遭到破坏而产生的污染，如重金属污染、有机物残留和农药残留等；自然环境中本身存在的污染，如致病菌、寄生虫等。环境污染物会破坏水产生物资源，甚至危害人类健康。

2.4.3.1 重金属污染

重金属污染，主要来源包括工业废水废气、矿业废水的排放及重金属农药随土壤和灌溉水的流失。水产品中的重金属污染主要包括铅、镉、汞、砷等，其中砷属于非金属元素，但通常列入重金属类污染物以便分析。重金属非常难以被生物降解，并会在食物链的富集作用下，最终进入人体。水产品重金属污染是全球范围内较为普遍的食品安全问题。

(1)铅：铅作为一种蓄积性重金属元素，主要来源于蓄电池、弹药、焊料、颜料、黄铜制品制造业和矿业废水的排放。长期过量摄入铅会对人类骨骼、造血、神经和免疫系统造成损害，特别是婴儿长期摄入铅后，将影响婴幼儿生长和智力发育。《食品中铅的测定》(GB 5009.12—2017)规定了四种检测食品中铅含量的方法，其中最常用的为石墨炉原子吸收光谱法。《食品中污染物限量》(GB 2762—2017)规定，鱼类、甲壳类的铅含量不得超过 0.5 mg/kg，双壳类不超过 1.5 mg/kg。

(2)镉：镉不是人体必需的金属元素。镉污染来源于固体垃圾的倾倒掩埋和污水污泥的排放、磷酸盐化肥的滥用以及采矿(以锌矿为主)、电镀、电池制造废水。长期大量摄入镉同样会导致人体慢性中毒，对人体的肝脏和肾脏造成巨大的压力，严重时甚至会导致肝肾功能的衰竭。《食品中镉的测定》(GB 5009.15—2014)规定，采用石墨炉原子吸收光谱法测定食品中镉的含量。《食品中污染物限量》(GB 2762—2017)规定，鱼类镉的含量不得超过 0.1 mg/kg，甲壳类不得超过 0.5 mg/kg，双壳类、腹足类、头足类、海参等棘皮类(去内脏)不得超过2.0 mg/kg。

(3)汞：水产品中的汞污染来自污染灌溉、燃煤、汞冶炼厂和汞制剂厂的废水排放及含汞农药的使用。汞的毒性主要依赖于其化学形式，水体中含汞的化合物能被微生物转化成甲基汞或二甲基汞，其中甲基汞的毒性最强。鱼体中大部分的汞以甲基汞的形式存在。甲基汞中毒主要损害人体神经系统，以精神异常、口腔炎、震颤为主要症状。《食品中污染物限量》(GB 2762—2017)规定，水产动物及其制品(肉食性鱼类及其制品除外)中甲基汞含量不得超过 0.5 mg/kg，肉食性鱼类及其制品甲基汞不得超过 1.0 mg/kg。《食品中总汞及有机汞的测定》(GB 5009.17—2014)规定，采用原子荧光光谱法测定食品中总汞的含量，采用液相色谱-原子荧光光谱联用的方法测定甲基汞的含量。

(4)砷：砷被广泛运用于杀虫剂、除草剂与农药中，极易伴随灌溉用水污染其他水源，因此砷及其化合物于 2019 年被列入有毒有害水污染物名录，水产食品同时也是含砷量较高的食品。有机砷毒性较小，而其氧化物及砷酸盐毒性较大。不同价态的砷，在人体内的转化与代谢机制不同，毒性也不尽相同，三价砷毒性较五价砷要强。无机砷具有心血管毒性、神经系统毒性、血液系统毒性等一系列危害，世界卫生组织将砷和无机砷化合物列入一类致癌物清单。《食品中总砷及无机砷的测定》(GB 5009.11—2014)规定了食品中总砷含量测定的三种方法，其中经常采用电感耦合等离子体质谱法，而水产动物中需要测定无机砷的含量，规定使用液相色谱-原子荧光光谱联用法或液相色谱-电感耦合等离子质谱法。《食品中污染物限量》(GB 2762—2017)中规定水产动物及其制品(鱼类及其制品除外)无机砷的含量不得超过 0.5 mg/kg,鱼类及其制品无机砷的含量不得超过 0.1 mg/kg。

2.4.3.2 农药残留、有机物残留

农药残留是由农业生产和不规范使用所引起的污染。农药大量不规范使用导致农作物和水源的污染,被污染的农作物饲料和水源将残留的农药富集到水产品中,从而造成了水产品中农药残留。农药残留会对人体神经系统、免疫系统造成伤害,甚至具有致癌性。2020 年开始实行的《食品中农药最大残留限量》(GB 2763—2019)规定了水产品中可能存在的部分农药的最大残留限量。水产品中最常见的残留农药为有机氯农药和有机磷农药。《水产品中多种有机氯农药残留量的检测方法》(GB 23200.88—2016)规定使用气相色谱法检测水产品中有机氯农药的残留量。《食品中有机磷农药残留量的测定 气相色谱-质谱法》(GB 23200.93—2016)规定,使用气相色谱-质谱法测定食品中有机磷农药的残留量。

此外,水产品同样容易受到化学污染,如多氯联苯(PCBs)、二噁英(PCDDs、PCDFs)、多环芳烃类化合物(PAHs)等有机物的污染。多氯联苯曾被用于电力工业、塑料加工业、化工和印刷领域,于 20 世纪 70 年代已停止使用,但由于降解速度极慢,环境中仍然存在,其中脂肪较多的水产品中多氯联苯的含量较多,长期摄入具有致癌性。《食品中指示性多氯联苯含量的测定》(GB 5009.190—2014)规定了水产品中多氯联苯含量的测定方法。二噁英主要是在燃烧垃圾或生产杀虫剂及其他氯化物时产生,长期大量摄入同样具有致癌性。《食品中二噁英及其类似物毒性当量的测定》(GB 5009.205—2013)规定了水产品中二噁英及其类似物的测定方法。多环芳烃类化合物污染来源于垃圾、煤炭的不充分燃烧等,常见的有芘和苯并芘等,污染水体中均较为常见,易蓄积在消化道中,诱发胃癌、食道癌等。《食品中多环芳烃的测定》(GB 5009.265—2016)规定了多环芳烃常用的检测方法。《食品中污染物限量》(GB 2762—2017)同时规定了多氯联苯与常见多环芳烃的限量标准。

2.4.3.3 微生物、寄生虫污染

自然界中存在的微生物、寄生虫同样容易伴随食物链进入人体。常见的水产品致病菌有沙门氏菌、副溶血弧菌、志贺氏菌等。其中,沙门氏菌近来在虹鳟、罗非鱼、大西洋鲑等鱼类和贝类甚至水体表面均有检出,食用被沙门氏菌污染的水产品容易引起腹泻。副溶血弧菌存活能力强,在抹布和砧板上能生存 1 个月以上,临床表现为急性起病、腹痛、呕吐、腹泻及水样便等。志贺氏菌感染的水产品被人摄入后容易导致痢疾,能产生外毒素的志贺氏菌引发的痢疾更为严重。《食品中致病菌限量》(GB 29921—2013)规定了水产品中常见的致病菌限量和相关的检测方法。

大部分鱼类寄生虫不能感染人类,仅有少数既可以感染水产动物又可以感染人类的寄生虫。常见的水产品寄生虫包含广州管圆线虫、华支睾吸虫、异尖线虫等。广州管圆线虫多存在于陆地螺、淡水虾等水产动物体内,目前主要分布在南方城市。广州管圆线虫的幼虫会侵犯人体中枢神经系统,表现为脑炎、脊髓炎等。华支睾吸虫又称肝吸虫,第一中间宿主为淡水螺类,第二中间宿主为淡水鱼、虾,而终宿主为人类等哺乳动物。华支睾吸虫成虫主要寄生在人体肝胆管内,会使摄入者的肝脏受损。异尖线虫广泛存在于海洋生物体内,感染率较高的鱼类包括鳕鱼、鲱鱼、鲑鱼等,人体感染后易导致腹部不适或者引起过敏反应,甚至过敏性休克。目前尚未制定与寄生虫污染相关的国家标准。

2.4.3.4 控制措施

目前，尚无有效的方法消除水产品中的环境污染物，只能通过控制污染源、加强检测、完善食品安全体系、提高国民安全意识等方面进行控制和预防。

实际上，几乎所有食物中都含有环境污染物，只要不超过标准限量、学会风险分摊，食用含有环境污染物的水产食品并不会对人体产生毒害作用。我国居民膳食宝塔推荐每天吃鱼虾类 50～100 g，而目前我国大多数居民摄入量尚未达到居民膳食宝塔的推荐量，远不及水果、蔬菜、禽肉以及米面等主食，以水产品目前的摄入量来说，尚且不会对人体造成健康风险。

合理规范使用农药、兽药，控制废水、废气的任意排放，加强城市垃圾处理系统建设；加强宣传，提高国民环保意识并提高对环境污染物的正确认识。

此外，消费者购买水产品应尽量选择正规厂家或水产市场；少吃或不吃内脏等环境污染物蓄积的部位；日常烹饪中注意生熟分开，避免污染；淡水鱼、贝类不可生食，食用前充分加热煮透。海水鱼生食应选择经过检验检疫的正规厂家产品。

2.4.4 渔药的定义及分类

根据行业标准 SC/T 1132—2016，渔药是指用于预防、治疗和诊断水产养殖动物疾病或有目的地调节其生理功能的物质。根据作用对象可以分为水产植物药和水产动物药；根据其用途可分为环境改良药、消毒杀菌药、抗微生物药、抗寄生虫药、营养保健药、激素及生物制品和其他辅助性药物；而根据国家标准可分为限用药和禁用药等。

2.4.4.1 渔药残留的原因及危害

根据《无公害食品　水产品中渔药残留限量标准》(NY 5070—2002)，渔药残留是指用以预防、控制和治疗水产动、植物的病、虫、害，促进养殖品种健康生长，增强机体抗病能力以及改善养殖水体质量的一切物质。渔药在防治水产病害，促进水产动物生长发育，改善水体环境等方面有重大作用；但是由于部分厂家和养殖户追求较高的利润回报，不按药品说明书大量用药或缺乏对药物使用方法的学习和对鱼体病情的了解而乱用药造成水质污染，水产动物体内药物残留超标，通过消费者食用的蓄积作用对人类健康造成不良影响。渔药乱用滥用不仅会影响效果，给养殖户造成直接经济损失，同时对环境也会造成污染，而且长期大量违规使用渔药还易引起致病菌耐药难题，导致出现超级细菌。

2.4.4.2 渔药限量

2002 年，农业部修订了《动物性食品中兽药最高残留限量》，对农业部批准使用的兽药残留限量进行了说明。目前，农业部门批准使用的水产专用兽药包括抗微生物药、中草药、抗寄生虫药、消毒剂、环境改良剂、疫苗、生殖及代谢调节药共 7 大类；同时农业部第 193 号公告根据《兽药管理条例》制定了《食品动物禁用的兽药及其他化合物清单》，其中禁止使用包括硝基呋喃类，如呋喃唑酮、呋喃它酮、呋喃苯烯酸钠及制剂，氯霉素及其盐、酯及制剂等渔药。

目前，我国常见的渔药残留主要有四大类：消毒剂类、驱杀虫类、抗微生物类、激素类。以抗微生物类中的氟喹诺酮类为例，它是一类人工合成的广谱抗菌药，常见的种类有恩诺沙星、达氟沙星、沙拉沙星等。我国农业部第 2292 号公告规定自 2016 年 12 月 31 日起停止洛美沙星、氧氟沙星、诺氟沙星、培氟沙星四类喹诺酮类药物的使用和经营，并设置恩诺沙星、沙拉沙星、达氟沙星等多种限用氟喹诺酮类药物在动物源性食品中的最大残留量，其中在鱼肉中恩诺沙星限量为 100 μg/kg，达氟沙星限量为 100 μg/kg，二氟沙星限量为 300 μg/kg，沙拉沙星限量为 30 μg/kg。2019 年颁布实施的《食品安全国家标准　食品中兽药最大残留限量》(GB 31650—2019)对水产品中渔药残留最大限量值做了规定。

2.4.4.3　渔药残留检测方法

目前，常应用于水产品中渔药残留的检测方法主要有大型仪器检测和快速检测两大类。

大型仪器检测主要包括色谱法和质谱法，主要包括气相色谱(GC)和高效液相色谱(HPLC)。而快速检测方法主要包括免疫分析法和电化学法等。

2.4.4.4　渔药残留控制方法

应加强渔药监督管理。按照《中华人民共和国兽药管理条例》及有关法规要求，建立并完善渔药生产、分销、零售的有效监控体系，加强渔药生产、经营、使用的管理，对违法添加禁用药物的渔药生产厂家要坚决予以取缔。同时加强对渔药在水产食品中残留的监测和可溯源管理工作。

规范使用渔药。渔药使用单位或个人应当遵守《水产养殖质量安全管理规定》，建立水产养殖用药记录，记载用药名称、时间和用量等内容，不得超标添加药物添加剂，以便出现药残问题时追溯。

2.4.5　内源性甲醛的产生与控制

2.4.5.1　概述

甲醛是一种对人体健康极为有害的化学物质，可以导致包括癌症和白血病在内的多种疾病。《中华人民共和国食品安全法》明确规定禁止将甲醛及甲醛化合物应用到食品中，但是由于甲醛具有防腐杀菌性能，因此有些不法分子将一定量的甲醛添加进水产品以保持水产品的鲜度。我国目前使用的水产品中甲醛的定性方法是间苯三酚法和亚硝基亚铁氰化钠法，定量方法是分光光度法和高效液相色谱法。除了外源性甲醛，很多水产品在其加工和贮藏过程中由于自身代谢也会产生一定量的甲醛，这类甲醛被称为内源性甲醛，是水产品中本底甲醛的主要来源。

2.4.5.2　各种水产品中的本底甲醛含量

水产品中甲醛的本底含量是指在水产品中检测出并证明非人为添加的甲醛含量。不同水产品中甲醛的本底含量也有所差异。海水鱼类样品中甲醛含量最高(均值 13.43 mg/kg)，其次为头足类(均值 10.62 mg/kg)、甲壳类(均值 3.61 mg/kg)和贝类样品(均值 2.22 mg/kg)，淡水鱼类样品中甲醛含量最低(均值 0.47 mg/kg)，总体上海水动物的甲醛本底含量要显著高于淡水动物。

2.4.5.3　水产品中内源性甲醛的产生途径

内源性甲醛在水产品中的产生途径主要有两种：一是在储藏过程中水产品在酶及微生物特别是在氧化三甲胺酶的作用下自身产生。二是高温非酶途径，高温条件下，氧化三甲胺自身能分解产生甲醛。如鱿鱼在热加工过程(200℃，1 小时)中氧化三甲胺转变成三甲胺，三甲胺热解脱甲基生成二甲胺和甲醛。

(林　洪)

2.5 易混淆问题解读

2.5.1 什么是油脂酸败、油脂的氢化(硬化)和油脂的酯交换?

油脂的酸败:油脂或含油脂食品,在贮藏期间因氧气、日光、微生物、酶等作用,发生酸臭不愉快气味,味变苦涩,甚至具有毒性。原因是油脂氧化水解生成有臭味的低级醛、酮、羧酸等。

油脂的氢化(硬化):通过催化加氢使油脂不饱和脂肪酸变为饱和脂肪酸,从而提高油脂熔点的方法。油脂氢化的表现为液态变成固态。硬化油具有性质稳定、不易变质和便于运输等特点。

油脂的酯交换:在一定的条件(通常加甲醇钠,加热)下,使油脂分子-甘油三酯中的脂肪酸重新分布,从而改变油脂的加工特性或物理属性的过程。按照过程控制条件的差异,酯交换可有随机酯交换和定向酯交换等。交换种类有酸解、醇解和互换三种。

2.5.2 什么是内源性污染和外源性污染?

内源性污染是指食品动物在养殖过程中受到的污染,又称为第一次污染。主要包括食品动物在养殖过程中由自身带染的微生物或寄生虫而造成的生物性污染,或一些有毒化学物质通过食物链最终进入食品动物体内引起的化学性污染,以及环境中的放射性核素通过饲料、饲草和饮水等途径进入动物体内并蓄积在组织或器官中而导致的放射性污染。

外源性污染是指动物食品在其加工、运输、贮藏、销售、烹饪等过程受到的污染,又称第二次污染。主要包括动物食品在加工、运输、贮藏、销售、烹饪等环节,由于不遵守操作规程或者不按卫生要求通过水、空气、土壤等造成的直接或间接性污染。

思考题

1. 什么是植物性原料?简述其分类并举例。
2. 简述植物性食品中天然有毒物质,并说明中毒原因及症状。
3. 简述植物性食品原料的主要卫生问题及其安全管理。
4. 简述动物性食品的概念及性质。
5. 简述动物性食品污染物的来源及途径。
6. 如何预防和控制动物性食品的污染?
7. 根据转基因食品的来源,转基因食品是如何分类的?并举例。
8. 简述转基因食品的安全评价内容。
9. 简述国内外转基因食品安全法律制度的利与弊。

拓展阅读

[1] 车振明,李明元.食品安全学[M].北京:中国轻工业出版社,2013.
[2] 艾启俊,陈辉.食品原料安全控制[M].北京:中国轻工业出版社,2017.

[3] 王际辉.食品安全学[M].北京:中国轻工业出版社,2013.
[4] 纵伟.食品安全学[M].北京:化学工业出版社,2016.
[5] 孟祥萍.食品原料学[M].北京:北京师范大学出版社,2010.
[6] 马俊岭.简述动物性食品污染的危害[J].中国畜禽种业,2016,12(6):47-47.
[7] 杨友林,陈明生.兽药残留对人类的危害[J].中国畜牧兽医文摘,2016,32(1):238-238.
[8] 中华人民共和国农业部,中华人民共和国农业部 235 号公告动物性食品中兽药最高残留限量[Z].2002-12-24.
[9] 那梅.动物源性食品安全问题及解决对策[J].当代畜禽养殖业,2018(5):62-62.
[10] 高静荐.兽药残留对动物性食品安全影响分析[J].中国畜禽种业,2018,14(10):50-50.
[11] 刁云宏.动物防疫检疫在动物性食品安全中的作用[J].当代畜牧,2017(21):70-71.
[12] 缪苗,黄一心,沈建,等.水产品安全风险危害因素来源的分析研究[J].食品安全质量检测学报,2018,9(19):5195-5201.
[13] 陈倩,陈靖.食品中重金属污染物检测与风险分析[J].现代食品,2019(5):143-146,155.
[14] 林洪.水产品安全性[M].北京:中国轻工业出版社,2010.
[15] Gou J, Lee H Y, Ahn J. Effect of high pressure processing on the quality of squid (Todarodes pacificus) during refrigerated storage[J]. Food Chemistry, 2010, 119(2): 471-476.

3 食品加工与食品安全

3.1 食品生产加工安全概述

3-1

食品工业是我国第一大支柱产业，具有产值大、解决就业人口多、发展速度快的特点。食品产业对保障国家食物安全、国民营养与健康具有重要的支撑作用。同时，对拉动内需、增加就业、保障民生和促进经济增长具有举足轻重的战略地位。

进入21世纪以来，我国食品加工业得到迅速发展。食品加工企业的规模不断增大，食品设备不断更新，食品加工新技术、新方法和新产品日新月异，食品加工质量安全管理水平不断提高，为食品工业的快速发展奠定了基础。然而，农业转型、产业升级和设施农业的快速崛起所导致的环境污染、药物残留等一系列问题，为食品加工带来了潜在的安全隐患，也引发了一系列严重的食品污染事故。部分以利益为主的食品生产者和销售者不恰当的操作，以及食品安全监管体系不健全，使得近年来我国涉及食品安全的事件不断出现，甚至有逐年增多的态势。日益严重的食品安全问题已经成为我国建设社会主义现代化国家和保持社会和谐稳定的一个亟须解决的问题。

食品生产加工是食品生产阶段的中心环节，这个环节既可以增强食品的功能，提高食品的附加值，同时又可能增加食品不安全的概率。因此，为保障食品安全，食品加工过程中的安全控制显得尤为重要。食品生产加工安全控制要求在食品加工的各个环节，包括原料收集、生产工艺、包装、贮藏、运输、销售等方面采用一系列的方法、手段或程序来降低或消除危害人类健康的不安全因素，以达到提高食品安全性的目的，保障消费者的健康。

3.1.1 食品加工定义

食品加工可从诸多方面进行解析，其定义与加工的产品常常密切相关。食品加工是指把原材料或成分转变成可消费的食品，即直接以农、林、牧、渔业产品为原料进行的谷物磨制、植物油加工和制糖、屠宰及肉类加工、水产品加工，以及蔬菜、水果和坚果等食品加工，是广义农产品加工业的一种类型。

3.1.2 食品加工过程中的安全问题

食品生产行业中食品加工环节是整个食品链中最重要的环节，食品加工涉及的工艺复杂多样、技术设备更新快、产品日新月异。食品加工过程采用烘烤、熏蒸、煎炸等技术，在生产出色、香、味、形俱佳的食品的同时，也可能带来了一些新的食品安全问题。如在加工过程中有害副产物的生成、营养素的破坏；不恰当地使用添加剂，导致食品添加剂过量；食品加工新技术中带来一些潜在的尚不确定的危害等。从长期来看，这些有害因素可能由于积累效应，对消费者健康产生威胁。

分离技术。在食品生产加工过程中应用过滤、萃取、絮凝等分离技术时，所采用的助滤剂具有一定的毒性，絮凝剂（如铝化物）和有机高分子在食品中过量残留，对人体造成一定的危害。

干燥技术。一些传统干燥方法利用自然条件进行干燥（如晒干和风干），此法干燥时间长，且很容易受到外界条件的影响，造成食品的污染。采用机械设备干燥时会大大降低污染，但仍可能出现安全问题包括静态干燥时切片搭叠形成死角等。动态干燥时干燥速率加快，对于一些内阻较大的物料干燥时间过长引起变质，在油脂含量较高的食品中显得尤为突出。

蒸馏技术。在蒸馏过程中，因高温及化学酸碱试剂的作用，产品容易受到金属蒸馏设备溶出重金属离子的污染。同时，由于设备的设计不当或技术陈旧，蒸馏出的产品也有可能存在受到副产品污染的问题。比较典型例子是酒精生产过程中的馏出物有甲醇、杂醇油、铅的混入。

杀菌和除菌技术。杀菌一般分为加热杀菌和冷杀菌。在热杀菌中，巴氏消毒法是采用低于100℃以下温度杀死绝大多数病原微生物的一种杀菌方式。若食品被一些耐热菌污染，在条件成熟时易生长繁殖而引起食物的腐败。高压蒸汽杀菌是将食品预先装入容器，密封后采用100℃以上的高压蒸汽进行杀菌，一般认为121℃、15～20分钟的杀菌强度就可杀死所有的微生物（包括细菌芽孢）。肉毒梭菌耐热性很强，在杀菌不彻底有个别芽孢存活时，能在罐头中生长繁殖，并产生肉毒毒素引起食物中毒。在冷杀菌中，辐照食品经过高剂量辐照后，可能有新的有害物质产生，摄入后对人体可能产生危害。如果食品辐照不充分，不足以达到充分杀菌的要求。紫外杀菌时只能作用于直接照射的物体表面，对物体背面和内部均无杀菌效果且对芽孢和孢子杀菌作用不大。此外，如果直接照射含脂肪丰富的食品，会使脂肪发生氧化产生醛或酮，导致食品腐败。

3.1.3 食品加工过程中的安全影响因素

（1）生物性污染。由微生物及其有毒代谢产物（毒素）、病毒、寄生虫及其虫卵、媒介昆虫等生物对食品的污染，其中以微生物及其毒素的污染最为常见，是危害食品安全的首要因素。由于生物性污染具有不确定性和控制难度大的特点而备受关注。

（2）化学性污染。指化学物质对食品的污染，如超量和超范围使用食品添加剂、食品中农药及兽药残留、重金属超标等。

（3）物理性污染。食品生产加工过程中的杂质如玻璃片、木屑、金属片或放射性核素超过规定的限量对食品造成的污染。

（冯凤琴）

3.2 食品加工过程中的主要安全性问题

随着人们生活水平的提高，食品安全问题日益受到社会关注。当前，加工食品的主要种类包括肉制品、乳制品、水产品、发酵食品及其他加工食品。本节主要针对加工食品在生产过程中可能产生的有害成分进行分析并提出防控措施。

3.2.1 肉制品的安全性分析

肉制品具有人体所需的各种营养成分，食用价值很高。因含有大量的水分和微生物生长的营养物质，肉制品很容易受到污染。污染物种类繁多，污染贯穿整个产业链，既要考虑加工、包装和销售过程中微生物的污染，还要考虑到动物饲养过程中兽药、激素等残留问题。

3.2.1.1 肉制品加工中的安全性问题

(1)原料肉的预处理：原料肉的预处理包括清洗、切分、斩拌、腌制等，在预处理过程中可能引起产品质量问题的原因包括：清洗不干净，留下污秽和病原生物入侵；屠宰分割后未及时进行冷却处理，被微生物污染，导致肉的新鲜程度降低；加工时间过长，温度过高，从而引起肉品的变质。

(2)辅料：肉制品生产的辅料包括各种调味料、香辛料和食品添加剂。若不规范食品辅料的使用可能对人体健康产生不良的影响，如硝酸盐、亚硝酸盐等超范围和过量使用。

(3)加工工艺：在肉制品加工过程中若采用油炸工艺加工，即油炸肉制品。油炸用油，一般用棕榈油或部分氢化的植物油，后者含有的反式脂肪酸进入人体后，在体内代谢转化，可干扰必需脂肪酸(EFA)和其他脂质的正常代谢，对人体健康产生不利影响；若采用烟熏烘烤工艺，在加工过程中存在的安全隐患是燃料不完全燃烧会生成多环芳烃化合物、*N*-亚硝基化合物、杂环胺类化合物等污染食品，危害人体健康。

(4)生产加工卫生：生产车间的环境不卫生及布局不合理会造成原料、产品的污染；加工人员不注意清洁操作、器械消毒，会将自身或外界的病原物带入肉制品中，造成病原微生物大量繁殖，影响食品安全；容器或包装材料中有害物质如塑料包装中的残留单体苯乙烯等，可通过与食品接触而迁移到食品中；贮存温度、湿度控制不好，易导致微生物在产品中大量繁殖发生腐败变质；运输过程中包装的破损也会导致微生物的污染。

3.2.1.2 肉制品加工过程中的污染物

肉制品加工过程中的污染物分为生物性污染、化学性污染和物理性污染。

(1)生物性污染：生物性污染包括食品受到微生物(细菌、酵母菌、霉菌、病毒)和原生动物(寄生虫)的作用而失去其营养品质和食用品质，同时影响消费者健康。当某些致病菌污染肉及肉制品后，若活菌被人体摄入引起感染或先期在食物中产生细菌毒素引起食物中毒。与肉品相关的致病菌包括致病性大肠埃希氏菌、沙门氏菌、志贺氏菌、金黄色葡萄球菌、单核细胞增生李斯特氏菌等。对于肉品而言，寄生虫的危害主要体现在原料肉上。冷鲜肉中常见的两种寄生虫污染是旋毛虫和囊虫。

(2)化学性污染：化学性污染可发生在动物的养殖、产品加工、贮藏、运输、销售、烹饪等任何环节，主要为化学污染物对动物性食品的污染和残留，包括兽药、农药、重金属、有机污染物和食品添加剂。兽药、激素和β-受体激动剂等残留是肉制品污染关注的重要对象。兽药包括抗微生物类药物、抗寄生虫类药物，激素包括性激素和生长激素，β-受体激动剂类包括盐酸克罗特罗、莱克多巴胺等；有机污染物包括苯并芘、杂环胺、生物胺等；食品添加剂包括亚硝酸盐、磷酸盐等。随着农业和畜牧业的发展，农药、兽药的广泛使用导致了我国肉与肉制品中药物残留问题。世界各个国家对药物残留都有严格的规定，其标准各不相同，如瘦肉精，在美国允许使用，但有严格的使用量规定、宰前休药期规定和残留量规定，而在我国则禁止使用。

(3)物理性污染：物理性危害的主要材料类型与来源：①由于疏忽，来自田地的石头、金属丝，果蔬中的刺、木屑、泥或者螨虫等。②来自加工或贮存不当，如骨头、玻璃、木屑、螺钉帽、螺钉、煤渣、布料、油漆碎屑、铁锈等。③在运输中进入的物质，如昆虫、金属、泥块、石头或其他物质。④食品加工人员的污染，如头发、指甲等。

3.2.1.3 预防肉制品加工污染的措施

(1)屠宰加工场所：动物屠宰加工场所选址应在地势较高、干燥、水源充足、交通方便、无污染源、便于排放污水的地区。不得建在居民稠密的地区。生产作业区应与生活区分开。运送活畜与成品出厂不得共用一个大门，厂内不得共用一个通道。为防止交叉污染，原料、辅料、生肉、熟肉和成品的存放场所必须分开设置。

(2)宰前检验和管理：待宰动物必须来自非疫区，健康良好，并有产地兽医卫生检验合格证书。动物到达屠宰场后，须经充分休息，在临宰前停食不停水静养12～14小时，再用温水冲洗动物体表以除去污物，防止屠宰中污染肉品。宰前检疫是指屠宰动物通过宰前临床检查，初步确定其健康状况，尤其是能够发现许多在宰后难以发现的人畜共患传染病，做到及早发现、及时处置，减少损失。通过宰前检疫，符合屠宰标准的动物被送进待宰圈等候宰杀。

(3)规范操作：动物在屠宰过程中，可食用组织易被来自体表、呼吸道、鬃毛、消化道、加工用具、烫池水的微生物污染。因此，屠宰工艺流程和技术标准决定产品被污染的程度，如宰杀口要小；严禁在地面剥皮，尽量采用蒸汽烫毛；宰杀后尽早开膛，防止拉破肠管；屠宰加工后胴体必须经冲洗后修整干净，做到胴体和内脏无毛、无粪便污染物、无伤痕病，必须去除甲状腺、肾上腺和病变淋巴结。肉的剔骨和分割应在较低温度下进行，热分割车间的温度不得超过20℃，冷分割车间的温度不得超过15℃。经过检验合格、充分冷却后方能出厂。

3.2.2 乳制品的安全性分析

乳是哺乳动物分娩后由乳腺分泌的一种白色或稍带黄色的不透明液体，是最适合哺乳动物出生后消化吸收的全价食物。乳及乳制品营养丰富，但易受到微生物的污染。乳的变质过程常始于乳糖被分解、产酸产气，形成乳凝块，随后蛋白质被分解，乳凝块发生溶解，最后蛋白质和脂肪被分解产生硫化氢、吲哚等物质，可使乳具有臭味，不仅影响乳的感官性状，而且失去食用价值。

3.2.2.1 原料乳的安全性问题

原料乳是指从符合国家有关要求的健康奶畜乳房中挤出的无任何成分改变的常乳。原料乳是乳业产业链的最上游，其质量控制直接关系到乳制品的质量与安全。若奶牛患有乳腺炎、结核等疾病，所产的乳不能食用；产后7天的初乳、应用抗生素治疗期间和休药期间的乳不可作原料乳；挤奶操作不规范，对挤奶、贮运乳设备冲洗不彻底及冷藏设施落后等会造成原料乳质量的下降;若乳牛(羊)的饲料中有农药残留及其他有害物质,可能是影响乳品安全的重要隐患。

3.2.2.2 乳制品加工中的安全性问题

在乳制品加工过程中,要注意管道、加工器具、容器设备的清洗、消毒,否则很容易影响产品质量。同时,生产设备和工艺水平是否先进,新产品配方设计是否符合国家相关标准,包装材料是否合格也将影响产品的质量。由于乳品的易腐性和不耐储藏性,在储藏、运输、销售过程中可能发生变化。此外,掺杂使假等是影响乳品质量的重要因素,如"三聚氰胺事件""阜阳奶粉事件"等。

3.2.2.3 乳制品加工过程中的污染物

乳制品加工过程中的污染物可分为生物性污染、化学性污染、物理性污染。

(1)生物性污染:影响乳安全性的生物性因素主要是鲜乳中可能存在的病原菌。①来自乳畜的病原菌。乳畜本身患传染病或乳腺炎时,在乳汁中常有病原菌存在,常见致病菌包括结核分枝杆菌、副结核分枝杆菌、布氏杆菌、致病性大肠埃希氏菌、金黄色葡萄球菌、无乳链球菌等。②来自人为因素的病原菌。主要来自患病工人或带菌者,或者是生产过程中的污染,使鲜乳中带有某些病原菌,如伤寒沙门氏菌、志贺氏菌、霍乱弧菌、白喉杆菌、猩红热链球菌、结核分枝杆菌等。③来自生产加工环境和器具的病原菌。生产所使用的容器及用具,如乳桶、挤乳机、滤布和毛巾等不清洁,是造成污染的重要途径。畜舍内飘浮的灰尘中常常含有许多微生物,多数为芽孢杆菌及球菌,此外也含有大量的霉菌孢子,空气中的尘埃落入乳中即可造成污染。

(2)化学性污染:①兽药残留。在动物养殖过程中,违规在饲料中添加预防用兽药、激素和β-受体激动剂类,或不遵守休药期及生育阶段对药物的限制,这样的乳存在一定的安全隐患。②非法人工添加物,如在原料乳中添加三聚氰胺。三聚氰胺被认为毒性轻微,大鼠口服的半数致死量大于3 g/kg体重。据实验研究表明:动物长期摄入三聚氰胺会造成生殖、泌尿系统的损害,膀胱、肾部结石,并可进一步诱发膀胱癌。

(3)物理性污染。常见的有金属、玻璃、碎骨等。

3.2.2.4 预防乳制品污染的措施

(1)原料乳的安全管理:饲养乳牛必须经过检疫,领取有效证件。乳牛应定期预防接种疫苗并进行检疫。病畜乳必须经过严格的检验。挤乳操作一定要规范。挤乳前1小时要停喂干料并消毒清洗乳房,防止微生物污染。挤乳人员、容器、用具应严格执行卫生要求。开始挤出的乳汁、产犊前15天的胎乳、产犊后7天的初乳、兽药使用期间和停药5天内的乳汁、乳腺炎乳及变质乳等都应废弃。挤出的乳应立即进行净化处理,除去乳中的草屑、毛、乳块等杂质,净化后的乳应及时冷却。乳品加工过程中各生产工序必须连续进行,防止原料和半成品积压变质。加强对生鲜乳收购环节的控制,避免掺杂使假的发生。

(2)乳品加工环节的安全控制:乳品加工企业应遵守良好操作规范,对条件符合的企业,重点做好HACCP和GAP的认证。在原料采购、加工、包装及贮运等过程中,人员、建筑、设施、设备的设置以及卫生、生产及品质等管理必须达到《乳制品良好生产规范》(GB 12693—2010)的条件和要求,全程实施HACCP和GMP。鲜乳的生产、加工、贮存、运输和检验方法必须符合《生乳》(GB 19301—2010)的要求。乳制品要严格执行相关的卫生标准。酸乳生产的菌种应纯正无害。

3.2.3 水产品的安全性分析

水产品包括海水、淡水产品及其加工水产品。鲜活水产品主要分为鱼、虾、蟹、贝四大类。根据加工工艺可分为冷冻、盐腌、干制、烟熏、罐头。近年来，随着人们生活水平的提高，人们的饮食结构正在发生着变化，水产品以低脂肪、高蛋白、营养平衡、味道鲜美等特点，越来越受到消费者的喜爱。随着水产制品国际贸易量以及国内市场消费量的日益增加，越来越多的水产品问题逐渐暴露出来，如河豚中毒事件。

3.2.3.1 水产品加工中的安全性问题

(1)前处理：一些被轻度污染的贝类产品如果没有经过严格、有效的净化处理，会使贝类存在致病菌。鱼在前处理过程中，必须清除鱼体内脏、黑膜等杂物，否则体内的微生物开始繁殖。

(2)低温贮藏：一般分冷却与冷冻两种方法。冷却就是使水产品降温至1℃左右，多用于短期或临时贮藏；冷冻水产品在−18℃以下低温环境下结成坚硬状态，多用于较长时间贮藏。常用低温处理水产品的质量安全问题包括干耗、变色、冰晶变大、解冻液汁流失等，多数是由于冷藏库温度不稳定或温度不够低造成的。一般可以利用水产品镀冰衣、涂食品胶、维持冷库相对湿度、采用速冻技术等加以解决。

(3)腌制水产品：有些对盐具有较强耐受力的霉菌和嗜盐菌，在浓度、温度适合的条件下仍可生长繁殖。如果加工时用盐量不恰当，细菌容易生长繁殖，导致腌制水产品的腐败变质。腌制时间不恰当会使水产中含有亚硝酸盐，亚硝酸盐会与腌制过程中蛋白质的降解物如伸胺或仲酰胺形成亚硝胺或亚硝酰胺，严重影响人的身体健康和生命安全。

(4)干制水产品：水产品干制包括自然干燥和人工干燥两种方法。自然干燥方法简便、操作简单、成本低，可及时加工处理大量水产品，但质量低，易受污染，发生霉变。人工干燥法操作设备技术要求高，成本较高，质量较好，但也存在着一些安全问题，例如静态干燥时，可能存在切片搭叠形成死角的情况；动态干燥时，干燥速率加快，但其内部水分扩散较慢，干燥效率会降低，干燥时间延长。食品中酶或污染微生物不能有效受到抑制，可能引起食品风味和品质发生变化。

(5)烟熏水产品：烟熏火烤起到杀菌作用，使水产品不易腐败变质，并可形成独特的烟熏风味。但传统烟熏工艺设备和卫生条件欠佳，难以避免霉菌生长。此外，木材在不完全燃烧时生成的多环芳香烃化合物，对人体具有致癌或协同致癌作用。

(6)水产罐头：如果罐头加热或杀菌不足，在某种细菌活动下，含硫蛋白质分解并产生硫化氢(H_2S)气体，与罐内壁铁反应生成黑色硫化物，并且在罐内壁或食品上发黑并呈臭味。另外，厌氧芽孢杆菌耐热性很强，在杀菌不彻底有个别芽孢存活时，能在 pH 4.5 以上的罐头中生长繁殖，引起罐头食品的安全隐患。

3.2.3.2 水产品加工过程中的污染物

水产品加工过程中的污染包括生物性污染、化学性污染和物理性污染。

(1)生物性污染：水产品生物性危害分为致病菌、病毒和寄生虫，其中致病菌是生物性污染的最主要来源。淡水、海水水产品均可感染沙门氏菌、副溶血弧菌、致病性大肠埃希氏菌、金黄色葡萄球菌、单核细胞增生李斯特氏菌等致病菌，也可受到假单胞菌、腐败希瓦氏菌等腐败菌的污染。少数种类病毒可通过水产品引起人类的疾病，如甲型肝炎病毒等。水产品中常见的寄生虫包括线虫、吸虫等，虫体一旦进入人体，可使皮肤和肌肉组织、脑、眼、肝脏、肾脏、神经、泌尿系统等受到损害。

(2)化学性污染：水产品的化学性污染物主要包括水产品中天然存在的化学物质、外来性污染的化学物质和人为添加的化学物质三类。①水产品中天然存在的化学性有毒物质包括天然产生的有毒物质、产品组分产生的毒素和一些特定水产品中特定微生物形成的毒素，其中天然毒素主要包括贝类毒素、河豚毒素、雪卡毒素、鱼肉毒素、鲭鱼毒素或组胺和蛇鲻毒素。②外来污染的化学性污染物主要包括渔药、农药、工业污染化学物质、食品加工企业用化学物质、偶然引入导致污染的化学药物。③人为添加的化学性物质是指在水产品养殖、加工、运输、销售过程中人为加入的化学物质，如果是允许加入的按照国家标准规定的安全标准使用是安全的，如果超出安全水平使用，或使用标准规定禁止使用的化学物质就成为化学性污染物。

(3)物理性污染：物理性危害包括任何在水产品中发现的不正常的潜在的有害外来物，消费者误食后可能造成伤害或产生其他不利于健康的问题。物理伤害比较直接，一旦发生马上能发现。物理性危害常见的有金属、玻璃、碎骨、鱼刺等在水产品中的残留。

3.2.3.3 预防水产品污染的措施

(1)养殖环境的卫生要求：加强水域环境的管理，控制工业废水、生活污水的污染，防治水产养殖动物病害，保持合理的养殖密度，开展综合防治，健康养殖。

(2)保鲜措施：水生动物死亡后，受各种因素影响发生与畜肉相似的变化，包括僵直、成熟、自溶和腐败。鱼的保鲜就是要抑制鱼体组织酶的活力，防止微生物污染繁殖，延缓自溶和腐败的发生。低温、盐腌是有效的保鲜措施。

(3)运输销售过程的卫生要求：生产运输渔船应经常冲洗，保持清洁卫生；外运供销的水产品应达到规定鲜度，尽量冷冻运输。鱼类在运输销售时应避免污水和化学毒物的污染，提倡用桶或箱装运，尽量减少鱼体损伤，不得出售和加工已死亡的黄鳝、甲鱼、乌龟、河蟹以及各种贝类；含有天然毒素的鱼类不得流入市场。有生食鱼类习惯的地区应限制食用品种。

3.2.4 发酵食品的安全性分析

3.2.4.1 酱油

酱油是我国传统的调味品，是我国古代劳动人民的智慧结晶。酿造酱油多以植物或动物蛋白以及碳水化合物为主要原料，经过微生物酶或其他催化剂的催化水解生成多种氨基酸和各种糖类，并继续以这些物质为基础，经过复杂的微生物的发酵作用，合成具有特殊色泽、香气、滋味和体态的调味液。

酱油生产加工中存在以下安全性问题：

(1)原料的采购和处理：原料可能存在的危害有：①农药残留，会导致食物中毒；②原料霉变带来的生物危害，即黄曲霉毒素 B_1，从而引发癌变，对人体造成危害，如大豆、小麦必须符合《粮食卫生标准的分析方法》(GB/T 5009.36—2003)的规定，进货验收时供货商必须提供每批货的原料检验证明，厂家同时进行抽样检验，以保证原料的安全性。酱油生产用水必须符合《生活饮用水卫生标准》(GB 5749—2006)的规定。

(2)通风制曲：制取环境中杂菌含量高，同样会影响成曲的质量，造成不良后果。

(3)发酵：酱油发酵工艺是蛋白质水解成氨基酸以及碳水化合物水解成糖类及醇、酯类的过程。如果温度控制不当或盐水浓度不足，会污染杂菌，使整个产品的品质受到影响。

(4)淋油：若因发酵不良造成的淋油不爽，致使淋油时间过长，杂菌严重污染，对成品的质量危害极其严重。

预防措施：加强各生产环节的管理，防止细菌的污染。严格控制种曲质量，一旦发现杂菌污染、孢子过少、发芽率偏低等问题，需停止使用该批种曲。

3.2.4.2 食醋

食醋是以粮食为原料，利用霉菌、酵母、醋酸杆菌等多种微生物发酵生成的含醋酸的液体食品，是我国与人们生活密切相关的传统调味品。

食醋在生产加工中的安全性问题：耐酸微生物易在食醋中生长繁殖，形成霉膜或出现醋虱、醋鳗和醋蝇，影响产品质量。为了抑制耐酸菌在食醋中的生长，允许在食醋中添加一定量的防腐剂。如果在正发酵或已发酵的半成品中发现醋鳗或醋虱，可将醋加热至72℃并维持数分钟将其杀灭，再应用过滤技术将其除去。

预防措施：为防止生产食醋的种曲霉变，应将其贮存于通风、干燥、低温、清洁的专用房间中，对发酵菌种进行定期筛选、纯化及鉴定，防止它们在生产食醋的过程中产生黄曲霉毒素。食醋具有一定的腐蚀性，故不应贮存于金属容器或其他不耐酸的容器中，以免将其中的铅、砷等有害元素溶入醋中，影响食品安全。食醋生产的卫生管理按《食醋生产卫生规范》(GB 8954—2016)执行，成品须符合《酿造食醋》(GB/T 18187—2000)的要求。

3.2.4.3 酒

酒发酵是将原料中糖类在微生物酶的催化作用下分解为寡糖和单糖，再经酵母将寡糖和单糖转化为乙醇。酒类在生产过程中从原料到加工各环节若达不到卫生要求，可能产生或混入多种有毒有害物质，对饮用者身体产生危害。

(1)原料酒的安全性问题：酿酒原料包括粮食类、水果类、薯类以及其他代用原料等。所有原辅料均应具有正常的色泽和良好的感官性状，无霉变、无异味、无腐烂。原料在投产前必须经过检验、筛选和清蒸处理。发酵使用的纯菌种应防止退化、变异和污染。用于配制酒生产的酒精必须符合国家相关规定要求，生产用水必须符合国家《生活饮用水卫生标准》。

(2)生产工艺：酒类按其生产工艺一般分为蒸馏酒、发酵酒和配制酒。①蒸馏酒要定期对菌种进行筛选、纯化，以防止菌种退化和变异。清蒸是降低酒中甲醇含量的重要工艺，在以木薯、果核为原料时，清蒸还能使氰苷类物质提前释放。白酒蒸馏过程中，酒尾中甲醇含量较高，酒头中杂醇油含量较高。因此，在蒸馏工艺中多采用“截头去尾”以选择所需要的中段酒，可以大量减少成品酒中甲醇和杂醇油含量。对使用高锰酸钾处理的白酒，需要经过复蒸后除去锰离子。发酵设备、容器及管道还应经常清洗，保持卫生。②啤酒的生产过程主要包括制备麦芽汁、前发酵、后发酵、过滤等工艺。原料经糊化和糖化后过滤制成麦芽汁，须添加啤酒花煮沸后再冷却至添加酵母的适宜温度，这一过程易受到污染。因此，整个冷却过程中使用的各种容器、设备、管道等均应保持无菌状态。为防止发酵中杂菌污染，酵母培养室、发酵室及相关器械均需保持清洁并定期杀菌消毒。酿制成熟的啤酒在过滤处理时使用的滤材、滤器应彻底清洗消毒。在果酒生产中不能使用铁制容器或有异味的容器。③配制酒以蒸馏酒或食用酒精为酒基，浸泡其他材料如药食两用食物等制成，不得滥用中药作为配制酒的生产原料。

(冯凤琴)

3-2

3.3 食品添加剂的定义、作用与分类

食品添加剂是近年来人们关注的焦点和热点之一，随着食品工业的发展，食品添加剂的品种越来越多，使用越来越广泛。食品添加剂和食品安全的关系不仅是消费者普遍关心的问题，也是食品专业和食品产业相关人员需要清楚认识的重要问题。

3.3.1 食品添加剂的定义

世界各国对食品添加剂的定义不尽相同，联合国粮农组织（FAO）和世界卫生组织（WHO）联合食品法典委员会对食品添加剂的定义为：食品添加剂是指其本身通常不作为食品消费，不用作典型的食品配料，有或没有营养价值，为了食品生产、加工、制备、处理、包装、装箱、运输或储藏等食品工艺（包括感官）的需要，而有意添加到食品并最终其本身或其副产品直接或间接地成为食品的一种成分，或影响食品特性的任何物质。该术语不包括污染物或为了保持或提高营养品质而添加的物质。根据我国《食品安全国家标准　食品添加剂使用标准》（GB 2760—2014），我国对食品添加剂的定义为：为改善食品品质和色、香、味，以及为防腐、保鲜和加工工艺的需要而加入食品中的人工合成或者天然物质。食品用香料、胶基糖果中基础剂物质、食品工业用加工助剂也包括在内。

我国对食品添加剂的生产和使用实行许可制度，只有确有必要使用、并证明安全可靠且经过我国政府批准的才是合法的食品添加剂。食品添加剂的生产和使用必须符合 GB 2760。GB 2760 对食品添加剂的许可品种、各种食品添加剂的许可使用范围和使用限量做了具体规定。

3.3.2 食品添加剂的特征和使用要求

食品添加剂具有以下三个特征：一是加入食品中的量一般较少，一般不单独作为食品来食用；二是既包括人工合成的物质，也包括天然物质；三是加入食品中的目的是改善食品品质和色、香、味，以及为了防腐、保鲜和加工工艺的需要。

根据 GB 2760，食品添加剂使用时应符合以下基本要求：①不应对人体产生任何健康危害；②不应掩盖食品腐败变质；③不应掩盖食品本身或加工过程中的质量缺陷或以掺杂、掺假、伪造为目的而使用食品添加剂；④不应降低食品本身的营养价值；⑤在达到预期效果的前提下尽可能降低在食品中的使用量。

按照 GB 2760 使用的食品添加剂应当符合相应的质量规格要求，这些要求也都通过具体的国家标准做出规定，如食品乳化剂单、双甘油脂肪酸酯的现行国标是 GB 1886.65—2015，GB 1886.65 对单、双甘油脂肪酸酯的范围（包括生产原料、生产工艺）、结构式、技术要求（包括感官要求、理化指标、检验方法）等做出了相应规定。

3.3.3 食品添加剂的主要作用

食品添加剂极大地促进了食品工业的发展，被誉为现代食品工业的灵魂，这主要体现在食品添加剂有多方面的作用，给食品工业带来许多好处。食品添加剂的作用概括如下：

(1)防止变质:例如,食品防腐剂可以防止由微生物引起的腐败变质,延长食品的保存期,同时食品防腐剂具有防止由微生物污染引起的食物中毒作用。又如,抗氧化剂可阻止或推迟食品的氧化变质,以改善食品的稳定性和耐藏性,同时也可以防止可能有害的油脂氧化产物的形成。此外,还可用来防止食品,特别是水果、蔬菜的酶促褐变与非酶褐变。这些对食品的保藏都具有一定的意义。

(2)改善食品感官性状:适当使用着色剂、护色剂、漂白剂、食用香精以及乳化剂、增稠剂等食品添加剂,可以明显提高或改善食品的感官质量,满足人们对食品色、香、味及质构的不同需求。

(3)保持或提高营养:食品原料中含有的一些营养素容易被破坏或损失,在食品加工时适当地添加某些属于天然营养范围的食品营养强化剂,如维生素 C、维生素 B、铁、锌等,可以保持或提高食品的营养价值,这对防止营养不良和营养缺乏、促进营养平衡、提高人们健康水平具有重要意义。

(4)方便供应:市场上已有 20000 种以上的食品可供消费者选择,这些食品大多通过不同加工处理方法生产及经过适当的包装。一些色、香、味及质地、营养俱全的产品,在生产过程中,大都不同程度地需要添加着色、增香、调味及其他食品添加剂。正是食品添加剂的科学使用,使得食品企业能够生产出市场上琳琅满目的众多食品,丰富了我们的生活,且给我们的生活和工作带来了极大的方便。

(5)方便加工:在食品加工过程中使用消泡剂、助滤剂、乳化剂、稳定和凝固剂等,有利于食品的加工操作。例如,当使用葡萄糖酸-δ-内酯作为豆腐凝固剂后才实现了豆腐生产的机械化和自动化。

(6)满足人们的特殊需求:食品应尽可能满足人们的不同需求。例如,糖尿病患者不能吃糖,则可用无营养甜味剂或低热能甜味剂,如三氯蔗糖或天门冬酰苯丙氨酸甲酯制成无糖食品供应;口香糖中添加木糖醇和薄荷,可满足人们对保护牙齿和清新口气的需要。

3.3.4 食品添加剂的分类

据不完全统计,全世界食品添加剂种类达 25000 多种,常用的有 600 多种,其中 80%是香料。根据《食品安全国家标准 食品添加剂使用卫生标准》(GB 2760—2014),我国允许使用的食品添加剂共 2300 多种,这是一个动态变化的数据,每年会有一些新的品种经过审批后加入许可名单,也会有一些品种由于各种原因,如没有工艺使用必要性或有了新的替代品种不再有厂家生产使用而被取消掉。2300 多种添加剂中,香料有 1800 多种,其中又包括食品用天然香料近 400 种,是从传统上用作调味料的食材如姜、蒜、茴香、八角、肉桂等香辛植物中提取的;还有食品用合成香料 1400 多种。这些合成香料,大多数也是食品中天然存在的物质,比如,包括在合成香料中的 35 种吡嗪类化合物,它们是蔬菜的特征风味物质,这些化合物在植物中通过生物途径合成,当然它们也可用化学方法来生产。

有了这 1800 多种香料物质,调香师就可以调制出各种天然食品的风味。有些食品的风味由一种特征成分形成,比如香蕉、柠檬、梨等水果和黄瓜、青椒等蔬菜,这些食品的香味容易被很逼真地调制出来。而有些天然风味,如草莓和巧克力,组成成分非常复杂,人工很难仿制得纯正。食品香精的最高标准是天然食品风味,越是好的接近天然风味的香精,使用的香料成分越多越复杂。

除了香料之外，还有限制使用的食品添加剂230多种，平时我们听到、用到比较多，较熟悉的大多属于这一类。为便于使用和管理，GB 2760—2014按照各种食品添加剂常用的功能，即它们在食品中发挥的主要作用，对食品添加剂进行了分类，共包括22类（见表3-1），所有的食品添加剂功能类别名称没有再冠以“食品”二字。对这类食品添加剂的使用范围（许可使用的食品类别）和最大使用量（在每一类许可使用的食品中最大使用量）都有详细和严格的规定。除此之外，食品营养强化剂作为一类特殊的食品添加剂，由食品安全国家标准《食品营养强化剂使用标准》(GB14880—2012)规定了食品营养强化的主要目的、使用营养强化剂的要求、可强化食品类别的选择要求以及营养强化剂的使用规定。

表3-1 食品添加剂的种类(GB2760)

序号	种类	序号	种类
1	酸味调节剂	12	增味剂
2	抗结剂	13	面粉处理剂
3	消泡剂	14	被膜剂
4	抗氧化剂	15	水分保持剂
5	漂白剂	16	防腐剂
6	膨松剂	17	稳定剂和凝固剂
7	胶基糖果中基础剂物质	18	甜味剂
8	着色剂	19	增稠剂
9	护色剂	20	食品用香料
10	乳化剂	21	食品工业用加工助剂
11	酶制剂	22	其他

另外，还有70多种可在各类食品中根据需要适量使用的食品添加剂，主要包括：①天然提取物，如果胶、磷脂、高粱红、柑橘黄等；②天然改性物质，如改性纤维素、改性大豆磷脂；③生物发酵法生产的视同天然物质，如黄原胶、柠檬酸、谷氨酸（味精）等。这类食品添加剂通常有公认安全的特性，在食品中没有最大使用量限定。

3.3.5 食品添加剂类别

3.3.5.1 酸度调节剂

酸度调节剂是指用以维持或改变食品酸碱度的物质，主要包括酸化剂、碱剂以及具有缓冲作用的盐类。我国允许使用的酸化剂有：①富马酸、偏酒石酸、柠檬酸（柑橘类水果的特征酸，图3-1）、乳酸（酸奶和泡菜的特征酸）、苹果酸（苹果的特征酸）、*L*(+)-酒石酸和酒石酸（葡萄酒的特征酸）、冰醋酸（低压羰基化法）和乙酸（也称醋酸，是酿造醋的特征酸）、己二酸等有机酸；②磷酸（可乐饮料的特征酸）及盐酸是许可使用的两种无机酸；③盐类，包括富马酸一钠、枸橼酸钠、枸橼酸钾、枸橼酸一钠、磷酸盐、硫酸钙、乳酸钠、乳酸钙、碳酸钠、碳酸钾、乙酸钠等；④碱剂，包括氢氧化钙、氢氧化钾、氢氧化钠。

酸化剂还具有增进食品质量的许多功能特性，例如改变和维持食品的酸度并改善其风味；增进抗氧化作用，防止食品酸败；与重金属离子络合，具有阻止氧化或褐变反应、稳定颜色、降低浊度、增强胶凝特性等作用。

图 3-1 柠檬酸①

3.3.5.2 抗结剂

抗结剂是指用于防止颗粒或粉状食品聚集结块，保持其松散或自由流动的物质。我国允许使用的有亚铁氰化钾(钠)、硬脂酸镁(钙、钾)、碳酸镁、二氧化硅、磷酸三钙、枸橼酸铁铵、微晶纤维素、滑石粉、硅酸钙等。

3.3.5.3 消泡剂

消泡剂是指在食品加工过程中降低表面张力，消除泡沫的物质。消泡剂均为需要规定功能和使用范围的食品加工助剂，我国许可使用的消泡剂有聚二甲基硅氧烷及其乳液(乳化硅油)、高碳醇脂肪酸复合物、蔗糖脂肪酸酯、聚甘油脂肪酸酯、聚氧丙烯甘油醚、聚氧丙烯氧化乙烯甘油醚、聚氧乙烯山梨醇酐脂肪酸酯(吐温系列)等。主要用于豆制品加工、啤酒和果汁等液体食品加工、制糖工艺和发酵工艺中。

3.3.5.4 抗氧化剂

抗氧化剂是指能防止或延缓油脂或食品成分氧化分解、变质，提高食品稳定性的物质。膨松剂抗氧化剂的正确使用不仅可以延长食品的贮存期、货架期，给生产者带来良好的经济效益，而且给消费者带来更安全的食品。

抗氧化剂按来源可分为人工合成抗氧化剂(如 BHA、BHT、TBHQ 等)和天然抗氧化剂(如茶多酚、植酸等)；按溶解性可分为油溶性(如 BHA、BHT 等)、水溶性(如抗坏血酸、茶多酚等)和兼容性(如抗坏血酸棕榈酸酯等)三类。食品上常用的抗氧化剂有茶多酚、生育酚、黄酮类、丁基羟基茴香醚(BHA)、二丁基羟基甲苯(BHT)、叔丁基对苯二酚(TBHQ)等。

3.3.5.5 漂白剂

漂白剂是指能够破坏、抑制食品的发色因素，使其褪色或使食品免于褐变的物质。我国允许使用的漂白剂有二氧化硫、焦亚硫酸钾、焦亚硫酸钠、亚硫酸钠、亚硫酸氢钠、低亚硫酸钠、硫黄等 7 种。

3.3.5.6 膨松剂

膨松剂是指在食品加工过程中加入的，能使产品发起形成致密多孔组织，从而使制品具有蓬松、柔软或酥脆的物质。膨松剂通常用于糕点、饼干、面包、馒头等以小麦粉为主的焙烤食品制作过程中，使其体积膨胀与结构疏松。

膨松剂可分为无机膨松剂、有机膨松剂(如葡萄糖-δ-内酯)和生物膨松剂(如酵母等)三

① 拍信网 https://v.paixin.com/photocopyright/106223266

大类。无机膨松剂，又称化学膨松剂，包括碱性膨松剂（如碳酸氢钠、碳酸氢铵、轻质碳酸钙等）、酸性膨松剂[如硫酸铝（又名钾明矾）、硫酸铝铵、磷酸氢钙和酒石酸氢钾等]，以及复合膨松剂。

3.3.5.7 胶基糖果中基础剂物质

胶基糖果中基础剂物质是指赋予胶基糖果起泡、增塑、耐咀嚼等作用的物质。一般以高分子胶状物质如天然橡胶、合成橡胶等为主，加上软化剂、填充剂、抗氧化剂和增塑剂等制成。

3.3.5.8 着色剂

着色剂是能赋予食品色泽（图 3-2）和改善食品色泽的物质，又称色素。目前，世界上常用的食品着色剂有 60 余种，我国允许使用的有 46 种，按其性质和来源，可分为食用天然色素和食用合成色素两大类。

食用合成色素通过化学方法人工合成，具有色彩鲜艳、性质稳定、着色力强、着色稳定、可取得任意色彩等特点，且成本低廉，使用方便。我国允许使用的化学合成色素有苋菜红、胭脂红、赤藓红、新红、柠檬黄、日落黄、靛蓝、亮蓝、二氧化钛等。

食用天然色素主要是由动植物组织中提取或微生物发酵法生产的色素，成分较为复杂。我国允许使用的天然色素有焦糖色、叶绿素铜、姜黄素、β-胡萝卜素、甜菜红、紫胶红（又名虫胶红）、越橘红、辣椒红、红米红、植物炭黑等 30 多种。

图 3-2 不同色泽的着色剂①

3.3.5.9 护色剂

护色剂又称发色剂，能与肉及肉制品中呈色物质作用，使之在食品加工、保藏等过程中不致分解、破坏，呈现良好色泽的物质。在食品加工过程中，为了改善或保护食品的色泽，除了使用色素直接对食品进行着色外，有时还需要添加适量的护色剂，使食品呈现良好的色泽。

3.3.5.10 乳化剂

乳化剂是指能改善乳化体中各种构成相之间的表面张力，形成均匀分散体或乳化体的

---

① 拍信网 https://v.paixin.com/photocopyright/13271617

物质。如冰激凌是一种典型的乳化体系，其制作过程离不了乳化剂，优质高档的冰激凌对乳化剂的使用要求很高。

乳化剂种类较多，其性质的差异，主要与亲水基的大小、性状有关。乳化剂分成两类。

（1）离子型乳化剂：当乳化剂溶于水时，凡是能解离成离子的，称为离子型乳化剂。如果乳化剂溶于水后解离成一个较小的阳离子和一个较大的阴离子基团，且起作用的是阴离子基团，称为阴离子型乳化剂；如果乳化剂溶于水后解离成一个较小的阴离子和一个较大的阳离子基团，且发挥作用的是阳离子基团，这类乳化剂称为阳离子型乳化剂。

（2）非离子型乳化剂：非离子型乳化剂在水中不解离，溶于水时，疏水基和亲水基在同一分子上分别起到亲油和亲水的作用。

乳化剂亦可按照亲水、亲油相对强弱进行分类，可分为亲水性乳化剂（O/W 型）和亲油性（W/O 型）乳化剂。

食品加工中常用的为非离子型乳化剂，如单、双甘油脂肪酸酯（油酸、亚油酸、棕榈酸、山嵛酸、硬脂酸、月桂酸、亚麻酸）、蔗糖脂肪酸酯、山梨醇酐脂肪酸酯（司盘系列）、聚氧乙烯山梨醇酐脂肪酸酯（吐温系列）、聚甘油脂肪酸酯、丙二醇脂肪酸酯、乳酸脂肪酸甘油酯、辛酸癸酸甘油酯等。还有一些乳化剂是多糖类的食品胶体，如果胶、卡拉胶等，是通过增加体系的黏稠度而减缓乳化体系的分层，增加食品的稳定性。

3.3.5.11 酶制剂

酶制剂是由动物或植物的可食或非可食部分直接提取，或由传统方法或通过基因修饰的微生物（包括但不限于细菌、放线菌、真菌菌种）发酵、提取制得，用于食品加工，具有特殊催化功能的生物制品。

我国许可使用的食品酶制剂有 50 多种，主要包括淀粉酶、蛋白酶、脂肪酶、纤维素酶、氧化还原酶、异构酶等类别。酶制剂在食品或食品原料的生物加工中起着重要的作用。

3.3.5.12 增味剂

增味剂是指补充或增强食品原有风味的物质，主要分为有机酸类、核苷酸类和天然产物提取物三类。有机酸类主要有谷氨酸钠（味精）、氨基乙酸（又名甘氨酸）、*L*-丙氨酸、琥珀酸二钠，增加和赋予食品鲜味；核苷酸类有 5′-鸟苷酸二钠、5′-肌酐酸二钠等，增加和赋予食品鲜味，而且与氨基酸类鲜味物质同时使用，呈现倍增效果；天然产物提取物主要包括酵母提取物及由蛋白水解物和还原性糖经过美拉德反应制备的咸味香精基料。

3.3.5.13 面粉处理剂

面粉处理剂是指促进面粉的熟化和提高制品质量的物质。我国许可使用的面粉处理剂包括面粉增筋剂、面粉还原剂和面粉填充剂。

（1）面粉增筋剂：新磨制的面粉，特别是用新小麦磨制的面粉，筋力小、弹性弱、无光泽，其面团吸水率低，黏性大，发酵耐力、醒发耐力差，极易塌陷，面团体积小，易收缩变形，组织不均匀，因此，新面粉必须经过后熟或促熟过程。国内外均采用加入促熟剂的办法来增强面粉的筋力，这类促熟剂亦称增筋剂。偶氮甲酰胺是我国目前许可使用的面粉增筋剂。

（2）面粉还原剂：*L*-半胱氨酸盐是一种面粉还原剂，用于发酵面制品，与面粉增筋剂配合使用时，主要在面筋的网状结构形成后发挥作用，能够提高面团的持气性和延伸性，防止面团筋力过高引起的老化，从而缩短面制品的发酵时间。*L*-抗坏血酸也被用作面粉还原剂，具有促进面包发酵的作用。

(3)面粉填充剂：又称分散剂，是一种面粉处理剂的载体，包括碳酸镁、碳酸钙等，除具有使微量的面粉处理剂分散均匀外，尚具有抗结剂、膨松剂等作用。

3.3.5.14 被膜剂

被膜剂是指涂抹于食品外表，起保质、保鲜、上光、防止水分蒸发等作用的物质。被膜剂根据其来源分为天然被膜剂和人工被膜剂；按其溶解性可分为水不溶性和水溶性被膜剂两类。我国允许使用的被膜剂有蜂蜡、聚乙二醇、聚乙烯醇、紫胶(又名虫胶)、白油(液体石蜡)、吗啉脂肪酸盐(果蜡)、松香季戊四醇酯、聚二甲基聚硅氧烷及其乳液、巴西棕榈蜡、硬脂酸、普鲁兰多糖、壳聚糖等 10 余种，主要应用于水果、蔬菜、软糖、鸡蛋等食品的涂膜保鲜，在粮油食品加工中应用也具有很好的效果。

3.3.5.15 水分保持剂

水分保持剂是指有助于保持食品中水分而加入的物质。我国许可使用的水分保持剂主要有磷酸、磷酸盐、焦磷酸盐、聚磷酸盐类及丙二醇、丙三醇(甘油)、麦芽糖醇、山梨糖醇、乳酸钠、乳酸钾等。磷酸盐在肉类制品中可保持肉的持水性，增强结着力，保持肉的营养成分及柔嫩性。

3.3.5.16 防腐剂

防腐剂是指防止食品腐败变质、延长食品储存期的物质。防腐剂一般都具备性质稳定、在低浓度下具有较强的抑菌作用、本身不应具有刺激气味、不应阻碍消化酶的作用及影响肠道内有益菌的作用、价格合理、使用方便等特点。

防腐剂一般通过 4 种途径起到防腐作用：①使微生物的蛋白质凝固或变性，从而干扰其生长和繁殖；②对微生物细胞壁、细胞膜产生作用，通过破坏或损伤细胞壁，或干扰细胞壁合成，致使胞内物质外泄，或影响与膜有关的呼吸链，从而具有抗菌作用；③作用于遗传物质或遗传微粒结构，进而影响到遗传物质的复制、转录、蛋白质的翻译等；④作用于微生物体内的酶系，抑制酶的活性，干扰其正常代谢。

食品防腐剂按作用可分为杀菌剂和抑菌剂；按性质可分为有机化学防腐剂、无机化学防腐剂和肽类防腐剂；按来源分类分为化学防腐剂和天然防腐剂。我国允许使用的防腐剂主要有苯甲酸(钠)、山梨酸(钾)、脱氢乙酸钠、对羟基苯甲酸甲酯、乙酯及其盐类、丙酸及其钠盐和钙盐、双乙酸钠、乳酸链球菌素、纳他霉素、ε-聚赖氨酸及其盐酸盐、稳定态二氧化氯等 20 多种。

3.3.5.17 稳定剂和凝固剂

稳定剂和凝固剂是指使食品结构稳定或使食品组织结构不变，增强黏性固形物的物质。列入 GB 2760 中的稳定剂和凝固剂共有 9 种，分别是氯化镁、硫酸钙、氯化钙、葡萄糖酸-δ-内酯、可得然胶、谷氨酰胺转氨酶、柠檬酸亚锡二钠、丙二醇、乳酸钙。

3.3.5.18 甜味剂

甜味剂是能赋予食品甜味的物质。目前甜味剂的种类很多，按其来源可分为天然甜味剂和人工合成甜味剂；按其营养价值可分为营养性甜味剂和非营养性甜味剂；按其化学结构可分为糖类和非糖类甜味剂。

糖类甜味剂主要包括蔗糖、果糖、淀粉糖、糖醇及寡果糖、异麦芽酮糖等。蔗糖、果糖和淀粉糖通常视为食品原料，在我国不作为食品添加剂。糖醇类的甜度与蔗糖差不多，因其热值较低，或因其和葡萄糖有不同的代谢过程而有某些特殊的用途，一般被列为食品添加剂，主要品种有山梨糖醇、甘露糖醇、麦芽糖醇、木糖醇等。

非糖类甜味剂包括天然甜味剂和人工合成甜味剂，一般甜度很高，用量极少，热值很低，有些又不参与代谢过程，常称为非营养性或低热值甜味剂，是甜味剂的重要品种。天然甜味剂主要有甜菊糖苷、罗汉果甜苷、甘草酸铵、甘草酸一钾及三钾等，人工合成甜味剂主要有糖精钠、环己基氨基磺酸钠（甜蜜素）、天冬门氨酰苯丙氨酸甲酯（甜味素或阿斯巴甜）、乙酰磺胺酸钾（安赛蜜）、三氯蔗糖等。

3.3.5.19 增稠剂

增稠剂是指可以提高食品的黏稠度或形成凝胶，从而改变食品的物理性状，赋予食品黏润、适宜的口感，并兼有乳化、稳定或使食品呈悬浮状态作用的物质。增稠剂也称水溶胶或食品胶，是食品工业中广泛使用的一类重要的食品添加剂，在我们熟悉的如浑浊果汁、酸奶、乳饮料、植物蛋白饮料、米面制品等日常食品中，增稠剂能够起到增稠、增黏、胶凝、稳定、悬浮、持水、控制冰晶等作用，为我们提供所需的口感和特定的外观。

增稠剂按期来源可分为天然和改性（半合成）两类。天然的增稠剂如瓜尔胶、果胶、槐豆胶（又名刺槐豆胶）、阿拉伯胶、琼脂、罗望子多糖胶等，通过微生物发酵法生产的食品胶如黄原胶（又名汉生胶）、结冷胶、可得然胶等也视同为天然胶体。改性或半合成增稠剂大多以淀粉、纤维素及海藻多糖等天然多糖化合物为原料，通过化学改性而制得，常用的如羧甲基纤维素钠（CMC-Na）、醋酸酯淀粉、淀粉磷酸酯钠、羧甲基淀粉钠、羟丙基二淀粉磷酸酯和海藻酸丙二醇酯（PGA）等。

按照其化学结构，增稠剂可分为多糖类及多肽类两种，绝大多数增稠剂属于多糖类，多肽类只有明胶和酪蛋白酸钠；（又称酪朊酸钠）。明胶制取自动物胶原；酪蛋白酸钠是牛乳酪蛋白的钠盐，后者被广泛应用在椰子奶、杏仁奶等植物蛋白饮料中，不仅可保证饮料的均匀稳定性，还对饮料的奶香味有一定贡献。

3.3.5.20 食品用香料

食品用香料（图 3-3）是能够用于调配食品香精，并使食品增香的物质。食用香料种类众多，大约有 1800 多种，可供调香师用于食用香精的调配。食用香精是参照天然食品的风味，采用天然和天然等同香料、合成香料及适宜的溶剂，经精心调配而得到的具有天然食品

图 3-3 食品用香料[①]

① 拍信网 https://v.paixin.com/photocopyright/36013297

风味的各种香型的混合物。食用香精包括水果类水质和油质、奶类、家禽类、肉类、蔬菜类、坚果类、蜜饯类、乳化类以及酒类等各种类型，有液体、粉末、微胶囊、浆状等各种剂型，适用于饮料、饼干、糕点、冷冻食品、糖果、调味料、乳制品、罐头、酒等各类食品中。

食用香精质量好坏一尝便知，在使用时具有“自我限制”特性，当超过一定用量时，其香味就会令人难以接受。

3.3.5.21 食品工业用加工助剂

食品工业用加工助剂是有助于食品加工能顺利进行的各种物质，与食品本身无关，如助滤、澄清、吸附、脱模、脱色、脱皮、提取溶剂等。食品工业用加工助剂一般应在食品中除去而不应成为最终食品的成分，或仅有残留；食品加工中助剂的残留不应对健康产生危害，不应在最终产品中发挥功能作用；食品加工助剂应符合相应的质量规格要求，不需在产品成分表中标明。

按照我国对食品加工助剂的管理，GB 2760 将加工助剂分为三类：可在各类食品加工过程中使用，残留量不需限定的加工助剂（不含酶制剂）；需要规定功能和使用范围的加工助剂；食品加工中允许使用的酶，对各种酶的来源和供体也做了相关规定。

3.3.5.22 其他

上述类别中不能涵盖的其他功能类物质，如乳糖酶、氯化钾、硫酸镁（锌）、硫酸亚铁、酪蛋白酸钠、咖啡因、高锰酸钾、冰结构蛋白等。

3.3.6 食品添加剂的应用

任何一类添加剂都有它特定的功能，在食品或食品加工中可发挥一定的作用。至于一种食品中会用到多少种添加剂，则取决于食品的类别以及我们期望的食品口感、质量及保质期。对于同一类食品，我们的期望和要求越高，往往就需要加入更多种食品添加剂来帮助实现这样的目标。

举例来说，棒冰和冰激凌都是冷饮类食品，棒冰由糖水冷冻而成，加工棒冰只需要加入甜味剂，当然也可以不加，全部用白糖；而冰激凌原料中除了糖以外，还有牛奶、奶粉、奶油或植物油脂等，要加工出一款口感好且质量稳定的冰激凌，至少需要稳定剂、乳化剂、甜味剂、香精香料等几大类食品添加剂，再从效果及性价比考虑，每类添加剂都可能选几种复配使用，这样冰激凌中出现 10 多种甚至更多食品添加剂就不足为奇了。

又比如面包，30 年以前我们在商场买到的面包不光很硬还会掉渣，保质期也很短，而现在的面包不光品种多，而且既好吃又好看，还有更长的保质期，如果没有食品添加剂的使用高质量的面包是做不出来的。

面包中使用的添加剂主要有抗氧化剂、酶制剂、乳化剂、稳定剂、防腐剂等，酶制剂、乳化剂及稳定剂是为了面包有更好的口感，并且不易变硬，即起到品质改良作用；防腐剂是为了抑制面包中微生物的生长繁殖，使得面包在保质期内的微生物指标合格；面包中抗氧化剂的使用是最普遍的，因为面包制作中必须使用油脂，而油脂在高温加热和储存中很容易氧化，氧化产物不仅引起面包变质变味，食用后对人体健康也是有害的，因此在面包中添加抗氧化剂既是食品加工的需要，也是食品安全的保证。

（冯凤琴）

3.4　食品添加剂的使用规范与安全性

几乎所有的食品都使用了食品添加剂，其中有相当一部分食品中使用了多种不同的添加剂，不少食品中使用的食品添加剂可多达十几种，甚至更多。

作为食品消费者，自然会想到，这么多添加剂加到食品中，这样的食品还安全吗？回答这个问题，除了前述食品添加剂的定义、作用、种类、来源等知识外，还有必要对食品添加剂的管理有一定了解。

3.4.1　食品添加剂的管理及相关标准

国内外都一样，一种物质是否能用作食品添加剂要经过严格的评审，只有在技术上确有必要使用，且经过风险评估证明是安全可靠的，才会被允许作为食品添加剂使用；在允许一种物质用作食品添加剂的同时，也对可以使用这种添加剂的食品种类和这种添加剂在每类食品中的最大使用量进行了规定，这些规定通常是以国际标准或国家标准的形式做出的。

我国《食品安全法》规定，食品安全标准是强制执行标准，食品添加剂的品种、使用范围、用量通过食品安全国家标准予以规定。《食品安全国家标准　食品添加剂使用标准》（GB 2760）规定了食品添加剂的许可品种、范围（可以使用的食品种类）及最大使用量，此外，每种食品添加剂还有自己的标准，其内容包括食品添加剂的生产原料、工艺、技术要求（包括感官要求、理化指标及微生物指标）及检验方法等。

我国《食品安全法》还规定，食品添加剂只有国家标准，没有行业标准和地方标准，换言之，食品添加剂的管理权限在国家一级。负责制定国家标准的机构是中国食品安全风险评估中心，隶属于国家卫生健康委员会，标准制定的主要依据是相关国际参考标准和安全毒理学评价数据。

国际上，唯一的、最重要的参考标准是食品添加剂法典委员会（CCFA）制定的食品添加剂通用标准（GSFA）。食品添加剂法典委员会（CCFA）是国际食品法典委员会（CAC）的分支机构。CAC 由联合国粮农组织（FAO）和世界卫生组织（WHO）共同建立，以保障消费者的健康和确保食品贸易公平为宗旨，现有 171 个成员。我们国家对食品添加剂的管理主要也是参照了国际上大多数国家的相关规定，特别是发达国家的规定。

3.4.2　食品添加剂的安全性评价指标

食品安全的国际和国家标准都是建立在一整套科学严密的安全性毒理学评价基础上的，通过食品安全性毒理学评价得到两个最重要的食品（添加剂）安全性评价指标半致死剂量（LD_{50}）和每日允许摄入量（ADI）。

3.4.2.1　半致死剂量（LD_{50}）

LD_{50}是评价食品安全性的常用指标之一，单位是每千克体重毫克数（mg/kg），与毒性强度之间的关系如表 3-2 所示，LD_{50}越大，毒性越小，成反比关系。

例如：食盐、味精、苯甲酸钠、山梨酸钾的 LD_{50}分别是 5250 mg/kg、19900 mg/kg、2530 mg/kg、4920 mg/kg，它们都属于毒性小或极小的种类，比较而言，味精毒性最小，其次是食盐和山梨酸钾，苯甲酸钠毒性是食盐的一半，考虑苯甲酸钠的用量一般是千分之一以下，且在食品中的使用远没有食盐那么普遍，所以苯甲酸钠的安全性是有保障的。

表 3-2 LD_{50}与毒性强度之间的关系

毒性强度	LD_{50}（大鼠，经口，mg/kg）	对人的推断致死量
极大	<1	约 50 mg
大	1～50	5～10 g
中	50～500	20～30 g
小	500～5000	200～300 g
极小	5000～15000	500 g
基本无害	>15000	>500 g

3.4.2.2 每日允许摄入量(ADI)

ADI是国内外评价食品添加剂安全性的首要和最终依据，是由FAO/WHO所属的食品添加剂专家联合委员会(JECFA)自1956年起陆续制订的，并被各国普遍接受。JECFA对ADI的定义是：依据人体体重，终身摄入一种食品添加剂而不产生显著健康危害的每日允许摄入估计值(单位：mg/kg)。根据对小动物(大鼠、小鼠等)近乎一生的长期毒性试验所求得的最大无作用量，取其1/100～1/500作为ADI值。

ADI值是制定食品添加剂允许最大使用量的依据，换言之，按照国家标准规定的最大使用量执行时，食品添加剂的摄入量应低于ADI值。举例来说，日落黄是一种国内外广泛使用的人工合成食用色素，它的ADI是2.5 mg/kg，根据GB 2760的规定，日落黄在饮料中最大使用量为0.1 g/kg，在果酱中的最大用量为0.5 g/kg，按照这样的用量，喝1 kg饮料，对50 kg体重和75 kg体重的人分别相当于达到了2 mg/kg和1.33 mg/kg的摄入量；而食入50 g果酱，对50 kg体重和75 kg体重的人，则是相当于达到了0.5 mg/kg和0.33 mg/kg的摄入量。因此，当食品加工企业按规定的最大使用量把日落黄添加于饮料和果酱中时，按照一般正常食用习惯，无论是饮料还是果酱，消费者对日落黄的日摄入量均未达到2.5 mg/kg的每日允许摄入量，因此按国标规定使用日落黄是很安全的，其他添加剂也都如此。

3.4.3 食品添加剂与食品安全

无论国际还是国内，对食品添加剂的生产和使用都有严格的规定；从安全性评价角度看，食品添加剂只要按国家标准的规定执行，不违法违规乱用，应该是安全的，再结合前述食品添加剂在食品中起到的作用，可以说，食品添加剂不仅不是食品安全的罪魁祸首，某种程度上讲，食品添加剂还是食品安全的卫士。

因此，对食品添加剂，重要的不是能不能用，而是到底应该如何用好的问题。在这一点上，食品科技工作者、食品和食品添加剂生产企业以及政府监管部门都需要发挥各自的作用，科技工作者要研究更多安全高效的食品添加剂新品种(包括复配产品)，研究如何科学合理地使用食品添加剂，以使其在达到最好功效的同时，降低使用量；食品和食品添加剂生产企业需要增强守法意识，自觉按照有关规定合理合法生产和使用食品添加剂，生产安全高质量的食品；而政府管理和监督部门则需要完善食品添加剂的管理标准和法规，并加强监管的专业化，促使食品添加剂在现代食品制造中发挥功能特性的同时，对食品安全起到保驾护航作用。

此外，有关管理部门及专业人员，还应加强食品添加剂的科普宣传，使公众对食品添加剂有比较客观正确的认识，从而面对食品中无处不在的食品添加剂时，不至于“谈添色变”，无所适从。

（冯凤琴）

3.5　食品掺伪与食品安全

3-3

3.5.1　食品掺伪概述

食品掺伪是食品安全的大敌。食品掺伪不仅是不法分子获取非法利益的重要手段，而且是食品安全事件的高发区，同时也是我国食品安全监管的重点对象。在这一节主要介绍食品掺伪的概念、历史和现状、主要形式和方法、产生的主要原因及危害。

3.5.1.1　什么是食品掺伪？什么是掺伪食品？

食品掺伪是指有目的地向食品中加入一些非固有的物质，以增加食品重量或体积，或降低成本，或以假乱真、以次充好，或掩盖食品腐败变质，或掩盖食品本身的质量缺陷和色、香、味来蒙骗消费者的行为。

掺伪食品是指该食品中存在非固有的物质或者异物，以及以假乱真、以次充好的劣质食品。

食品掺伪与掺伪食品的概念是不同的，前者是行为，后者是结果，即食品掺伪的行为所得到的结果就是掺伪食品。

3.5.1.2　食品掺伪的历史和现状

食品掺伪是从食品成为商品进入流通领域就开始了，我国古代《礼记》一书曾记载有“沽酒市脯不食”，意思就是告诫人们不要不加选择地去食用大街上摊贩卖的酒和熟肉，因为酒里掺水，肉也不知什么肉。

随着商品经济大发展，食品掺伪手段也不断翻新，花样繁多，使消费者的身心健康受到极大伤害，已经成为社会各界普遍关注的问题。2004 年 5 月，四川省彭州市一家泡菜小作坊在生产加工泡菜的过程中用工业盐和 99%以上的敌敌畏生产“毒泡菜”。2007 年 2 月，广东中山市发现用碱性橙Ⅱ浸染豆腐皮。2008 年，三聚氰胺奶粉事件涉及国内包括三鹿集团股份有限公司等 22 家奶制品生产厂商。这次重大食品安全事故共致全国 29 万婴幼儿因为食用含有化工原料三聚氰胺的奶粉而出现泌尿系统异常，其中 6 人死亡。2012 年 4 月，青岛城阳区查获了无证食品窝点，发现了 1.6 吨使用福尔马林浸泡的小银鱼和福尔马林 100 kg。2013 年 5 月，江苏无锡公安机关在无锡、上海两地统一行动，打掉一特大制售假羊肉犯罪团伙，抓获犯罪嫌疑人 63 名，捣毁黑窝点 50 余处，现场查扣制假原料、成品半成品 10 余吨。从山东购入狐狸、水貂、老鼠等未经检验检疫的动物肉制品，添加明胶、胭脂红、硝酸盐等冒充羊肉销售至苏、沪等地农贸市场。2014 年 4 月，沈阳公安机关查获用非食品添加剂浸泡的豆芽 6 吨。在生产豆芽过程中非法添加亚硝酸钠、尿素、恩诺沙星等有毒、有害非食用物质。

食品掺伪并非中国的“专利”。1901 年，英国政府开展食品安全调查，结果发现 4251 个样品中有 15%的样品发现有害物质焦油，50%～82%的番茄酱、人造黄油、干酪、布丁、果汁糖浆中发现有害色素，1/3 的香肠、黄油中发现有害色素。2012 年，英国发生“马肉冒充牛肉事件”。日本的大米品种“越光”年产 10 万吨，被视为是等级最高的米种，但市场上销售量可达 30 万吨，以次充好问题非常突出。在其他发展中国家食品安全问题也比较突出。

因此，遏制食品掺伪问题的发生，确保食品安全，任重道远，还需要全社会的共同努力。

3.5.1.3 食品掺伪的主要形式

食品掺伪主要包括掺假、掺杂和伪造 3 种形式。

(1)掺假是指向食品中非法掺入物理性状或形态与该食品相似的物质的行为。如：小麦中掺入滑石粉，味精中掺入食盐，食醋中掺入游离矿酸等。

(2)掺杂是指向食品中非法掺入非同一类或同种类的劣质物质的行为。如：大米中掺入沙石，糯米中掺入大米，菜籽油中掺入棉籽油等。

(3)伪造是指人为地用一种或几种物质进行加工仿造，冒充某种食品的行为。如：用工业酒精兑制白酒，用工业乙酸兑制食用醋，用工业明胶替代食用明胶，冒用知名品牌或质量安全认证标志销售劣质食品等。

3.5.1.4 常见食品掺伪方法

常见食品掺伪主要包括掺兑、混入、抽取、假冒和粉饰 5 种方式。

(1)掺兑是指向液体食品中掺入一定数量的外观与该类食品类似的物质以替代食品固有的成分。如给酒类、鲜奶、酱油、醋、蜂蜜等掺水；给畜禽肉中注水；给鲜奶中掺兑尿素和三聚氰胺等。

(2)混入是指向固体食品中掺入一定数量的外观与该类食品类似的非同类物质，或虽是同类物质但其质量低劣的。如以陈粮混入新粮；陈茶叶混入新茶叶；腐败的牛奶混入鲜奶；辣椒面中混入红砖粉或苏丹红；味精中混入与其类似的结晶，如食盐或硫酸镁、蔗糖；奶粉中混入面粉、豆粉等。

(3)抽取是指从食品中提取出部分营养成分后仍冒充成分完整，在市场上进行销售的行为。如从小麦粉中抽取面筋后，其余物质还充当小麦粉销售或掺入正常小麦粉中出售；从牛乳中提取出脂肪后，剩余部分制成乳粉，仍以“全脂乳粉”在出售。

(4)假冒是冒用知名生产厂家的商品名称、厂名、厂址、注册商标和包装装潢以及质量安全标志等出售劣质食品的行为。如以低档次普通白酒假冒茅台酒、五粮液等高档酒；以普通葡萄酒假冒拉菲葡萄酒等。

(5)掩盖是用非食品添加剂或劣质原料来伪装食品本身或加工销售过程的质量缺陷的行为。如在糕点加非食用色素、糖精增加色度和甜度；在炸油条的面中加入洗衣粉增大油条的体积；在双孢蘑菇、金针菇、白灵菇、面粉和粉条中加入荧光增白剂来增白；给陈化的大米抛光；给劣质橙子打蜡等。

3.5.1.5 食品掺伪的主要原因

随着人们生活水平从温饱型向小康的转变，对食品消费的需求也发生了根本性的变化，既要吃饱，还要吃好，且追求天然健康食品。这就无形中给掺伪食品提供了市场空间。

(1)畸形的消费心理。在现实生活中，许多消费者喜欢以较低的价格购买到较好的食品，食品掺伪正好抓住了这一心理需要，随意改变产品配方，以廉价物取代相对比较贵的物品，为了不改变外观对其伪装，以相对较低价格占领市场，满足消费者心理。

(2)扭曲的经营理念。食品种类繁多，琳琅满目，消费者对不同食品的性能缺乏深入了解，也不具备鉴别产品优劣的技能，掺伪食品生产者常常利用虚假宣传、促销、广告等多种手段来夸大产品的功能和作用，采用“买一送一”等五花八门的手段欺骗消费者，使消费者防不胜防。

(3)无条件追求天然。追求无公害、绿色和有机食品，甚至纯天然的食品已经成为当今食品消费的主流，为了迎合消费者的这种心理诉求，“鸡蛋变红”“蔬菜变绿、莲藕变白”“木耳变黑”等各种花样翻新的“技术”层出不穷，并应用到食品生产中，满足了消费者心理需求，损害了身心健康。

3.5.2　食品掺伪的危害

食品掺伪的危害因添加物的不同而异，其危害程度取决于添加物种类以及自身毒性的大小。现就常见食品中掺伪物质对人体健康的危害做简要的介绍。

3.5.2.1　苏丹红

苏丹红是一种化工染料，常用于机油、蜡和鞋油等产品的染色，包括苏丹红Ⅰ、苏丹红Ⅱ、苏丹红Ⅲ、苏丹红Ⅳ。

苏丹红是非食用色素，食品中禁止加入。常常被违法添加到辣椒粉、含辣椒类(辣椒酱、辣味调味品)的食品中，实现着色的目的。

国际癌症研究机构将苏丹红列为Ⅲ类致癌物，其初级代谢产物邻氨基偶氮甲苯和邻甲基苯胺均列为Ⅱ类致癌物，长期或大量食品含有苏丹红的食品对人可能致癌。

3.5.2.2　酸性橙Ⅱ

酸性橙Ⅱ属化工染料，通常是金黄色粉末，故俗称金黄粉。主要用在羊毛、皮革、蚕丝、锦纶、纸张的染色。

酸性橙Ⅱ是非食用色素，食品中禁止加入。常常被违法添加到黄鱼、腌卤肉制品、熟肉制品、红壳瓜子、辣椒面和豆瓣酱等食品中，实现着色的目的。

人食用含有酸性橙Ⅱ的食品后，可能会引起食物中毒，也可能对妇女的生育造成影响，比如不孕或者畸形儿，长期食用甚至会致癌。

3.5.2.3　美术绿

美术绿也叫铅铬绿。美术绿并不是一种单独的颜料，而是由铬黄和铁蓝或酞菁蓝所组成的混合拼色颜料，主要用于油漆、涂料、油墨及塑料工业的染色。

美术绿是非食用色素，食品中禁止加入。常常被违法添加到茶叶，特别是绿茶中，实现着色的目的。

茶叶中如果掺入美术绿，铅、铬等重金属严重超标，长期饮用这样的茶水，会对人造成肝脏或肾脏的损害，或者胃肠道、造血器官的损害，并会引发多种病变。

3.5.2.4　三聚氰胺

三聚氰胺俗称密胺、蛋白精，是一种三嗪类含氮杂环有机化合物，含氮量高达 66%，主要用于塑料、涂料、黏合剂、食品包装材料。

三聚氰胺不是食品原料，也不是食品添加剂，禁止人为添加到食品中。常常被违法添加到乳及乳制品中，实现虚高蛋白含量的目的。

三聚氰胺是一种低毒物质，可能从环境、食品包装材料等途径进入食品中，其含量很低。2011 年我国规定，婴儿配方食品中三聚氰胺的限量值为 1 mg/kg，其他食品中三聚氰胺的限量值为 2.5 mg/kg，高于上述限量的食品一律不得销售。

三聚氰胺对人体健康的影响取决于摄入的量和摄入的时间，如果摄入的量大和时间较长，就会在泌尿系统如膀胱和肾脏形成结石，严重的可导致婴儿死亡。

3.5.2.5 工业硫黄

工业硫黄是一种重要的化工产品，属低毒危化品，广泛用于化工、轻工、农药、橡胶、染料、造纸等工业部门。

工业硫黄不是食品原料，也不是食品添加剂，常常被违法使用到白砂糖、辣椒、蜜饯、银耳、龙眼、胡萝卜、姜、馒头等食品中，实现漂白防腐的目的。

食用被工业硫黄处理过的食品，会对人的神经系统造成损害，轻者会出现头昏、眼花、全身乏力等症状。而硫黄中的重金属物质，还会影响人的肝、肾功能。

3.5.2.6 工业酒精

工业酒精即工业上使用的酒精，也称变性酒精、工业火酒。工业酒精的纯度一般为95%和 99%，含有少量甲醇、醛类、有机酸等杂质。可用于印刷、电子、五金、香料、化工合成、清洗剂等。

工业酒精不是食品原料，也不是食品添加剂，但常常被违法用于勾兑白酒，实现降低成本的目的。

甲醇有较强的毒性，急性中毒症状有头疼、恶心、胃痛、疲倦、视物模糊以至失明，继而呼吸困难而死亡。慢性中毒反应为眩晕、昏睡、头痛、耳鸣、视力减退和消化障碍。摄入甲醇5～10 mL可引起中毒，甚至引起失明，30 mL 可致死。

3.5.2.7 甲醛

甲醛，又称蚁醛、福尔马林，主要用于木材工业、纺织工业和防腐杀菌。

甲醛不是食品原料，也不是食品添加剂，但被违法使用于水发水产品(鸭掌、牛百叶、虾仁、海参、鱼肚、鲳鱼、章鱼、墨鱼、带鱼、鱿鱼、蹄筋、海蜇、田螺肉、墨鱼仔)、血豆腐、鲜湿面条等食品的生产中，以增加韧性脆感和防腐，保持鱼类和鲜湿面条的色泽，实现改善外观和质地的目的。

食用或长期食用含有甲醛的食品，可引起过敏性皮炎、色斑、坏死，高浓度时出现呼吸道严重刺激和水肿、眼刺激、头痛；孕妇长期吸入可能导致胎儿畸形，甚至死亡，男子长期吸入可导致男子精子畸形、死亡等，特别严重的可引起鼻咽肿瘤。

3.5.2.8 吊白块

吊白块，又称雕白粉，化学名称为次硫酸氢钠甲醛或甲醛合次硫酸氢钠，由以甲醛结合亚硫酸氢钠再还原制得。吊白块用作棉布、人造丝、短纤维织物等的拔染剂、还原染料。

吊白块不是食品原料，也不是食品添加剂，国家明文规定严禁在食品加工中使用，但常常被违法用于腐竹、粉丝、米粉、面粉、竹笋、鱼翅、糍粑等食品的生产中，实现增白、保鲜、增加口感、防腐的目的。

吊白块是一种强致癌物质，其毒性与分解时产生的甲醛有关，中毒的主要表现为打喷嚏、咳嗽、胸痛、声音嘶哑、食欲不振、头晕、头痛、恶心、呕吐、疲力和肝区疼痛，对人体的肺、肝和肾损害极大，摄入纯吊白块 10g 就会中毒致死。

3.5.2.9 荧光增白剂

荧光增白剂又叫作荧光剂或荧光漂白剂，是一种荧光染料(白色染料)，也是一种复杂的有机化合物，能提高物质的白度和光泽。荧光增白剂主要用于纸张、塑料、皮革、洗涤剂等多个领域。

荧光增白剂不是食品原料，也不是食品添加剂，但被违法用于双孢蘑菇、金针菇、白灵菇、面粉等食品生产中，实现增白的目的，牟取不法利益。

荧光增白剂被人体吸收后，在人体内蓄积，大大削弱人体免疫力，加重肝脏负担，导致细胞畸变。

3.5.2.10 毛发水

毛发水，俗称毛发酱油，是指利用人或动物的毛发为原料经水解而制成的酱油。

毛发是非食品原料。国家明令禁止用毛发等非食品原料生产氨基酸液配制酱油。但被不法商人违法用于生产酱油，实现降低成本的目的，牟取不法利益。

因毛发中含有砷、铅等有害物质，对人体的肝、肾、血液系统、生殖系统等有毒副作用，可导致癌症。

3.5.2.11 过氧化苯甲酰

过氧化苯甲酰，白色或淡黄色，微有苦杏仁气味，是一种强氧化剂，极不稳定，易燃烧，当撞击、受热、摩擦时能爆炸。过氧化苯甲酰对面粉具有漂白、后熟、防腐和提高出粉率的作用。

过氧化苯甲酰曾经是食品添加剂，但从 2011 年 5 月 1 日起，我国禁止在面粉中使用过氧化苯甲酰。过氧化苯甲酰对上呼吸道有刺激性，对皮肤有强烈的刺激及致敏作用，进入眼内可造成损害。

（张建新）

3.6 易混淆问题解读

3.6.1 什么是食品保质期和保存期？

食品标签标注上是有两种表述法，有的食品仅有保质期。有的食品保质期和保存期都有。保质期是厂家向消费者作出的保证，保证在规定的正常条件下，在标注时间内产品的质量是最佳的，在这个期限内食品的所有指标都应该是符合标准和要求的，但并不意味着过了该时限，产品就一定会发生质的变化。超过保质期的食品，如果色、香、味没有改变，仍然可以食用。

保存期则是国家对食品质量和安全性的硬性规定，是指在标注条件下，食品可食用的最终日期。超过了这个期限，质量可能发生变化，不适合食用，更不能出售。

3.6.2 食品加工企业还要办卫生许可证吗？

《中华人民共和国食品安全法》第二十九条规定：国家对食品生产经营实行许可制度。从事食品生产、食品流通、餐饮服务，应当依法取得食品生产许可、食品流通许可、餐饮服务许可。该规定说明：在食品生产经营活动中实施多年的食品卫生许可，在《中华人民共和国食品安全法》施行后，也就是 2009 年 6 月 1 日开始，分别被食品生产许可、食品流通许可、餐饮服务许可所取代,今后卫生行政部门也不再颁发食品卫生许可。所以,要从事食品生产经营活动的单位或者个人不需要再到卫生部门办理食品卫生许可。

3.6.3 哪些是食品中的非法添加物?什么是食品添加剂?

三聚氰胺、苏丹红、塑化剂等非法添加到食品中的禁用物质被不断曝光,许多人误认为这些违法添加物是食品添加剂,这一误解使人们对食品添加剂闻风丧胆、避之不及。食品添加剂果真这么可怕吗?我们该怎样正确认识食品添加剂呢?

违法添加物不属于食品添加剂。卫生部于 2011 年 4 月公布了一个食品中可能违法添加的非食用物质名单,列举了 47 种可能违法添加于食品的非食用物质,吊白块、苏丹红、三聚氰胺等均在此名单中。这些物质本身都不属于食品添加剂,均被严禁用于食品加工中。由于它们的违法添加以及媒体的不适当宣传,造成了消费者对食品添加剂的误解和恐惧。

在《中华人民共和国食品安全法》中,对食品添加剂有明确的概念,是指为改善食品品质和色、香、味以及为防腐、保鲜和加工工艺的需要而加入食品中的人工合成的或者天然的物质,包括营养强化剂。也就是说,《中华人民共和国食品安全法》所指的食品添加剂包括《食品安全国家标准 食品添加剂使用标准》(GB 2760—2014)和《食品安全国家标准 食品营养强化剂使用标准》(GB 14880—2012)所规定的所有物质。在上述标准中,分别规定了食品添加剂和食品营养强化剂的使用范围、使用量和最大残留量。食品生产经营企业遵循 GB 2760—2014 和 GB 14880—2012 的规定使用食品添加剂和食品营养强化剂就是合法行为。业内人士常把食品添加剂称为“食品工业的灵魂”,虽然通常用量很少,但对食品加工和食品安全却发挥着重大的作用,有些食品如果不使用食品添加剂根本不可能实现工业化生产或不可能生产出优质的产品。

不可否认的是,在食品生产中确实存在食品添加剂的滥用,主要表现为超范围、超限量使用食品添加剂。比如染色馒头涉及的柠檬黄,是一种可以在许多食品中使用的合成色素,但是没有允许在馒头里使用,用了就叫超范围添加。还有就是超限量添加,比如防腐剂苯甲酸钠,在腌制蔬菜中最大使用量为 1.0 g/kg,如果添加量超过该限量也属违法滥用。随着食品监管和行业自律意识的增强,食品添加剂的使用越来越规范,其对食品安全的保障作用将发挥得越来越好。

3.6.4 食品中最大的危害源是什么?

国内外卫生学统计资料显示,食品中的最大危害源是微生物污染和营养不平衡。

日常生活中时有发生的“吃坏肚子”,就是微生物污染引起的食物中毒,无论是发达国家还是发展中国家,微生物污染食物中毒的例子很多,而且中毒死亡的事件时有发生。要防止微生物污染,我们当然可以从原料、生产工艺、生产、储藏和运输环境条件控制入手,找到解决办法,但往往需要以牺牲食品的营养、风味和更高的成本为代价,最终影响到食品的质量,或者增加消费者的负担;加入适量食品防腐剂,可以在减少加工强度(比如更低的加热温度和更短的加热时间),保证产品质量的同时,有效降低微生物污染引起的食品安全风险,是一种综合来讲更安全有效、经济可行的选择。

对营养不平衡问题,无论是发展中国家普遍存在的营养摄入不足,还是发达国家所需要解决的营养结构失衡,通过添加特殊的食品添加剂即营养强化剂,来补充和平衡膳食营养是解决营养问题的重要手段。

因此，食品添加剂不仅不是食品的危害源，对控制食品中两类最大危害源（微生物污染和营养不平衡）还可起到巨大的帮助作用。

3.6.5 天然食品添加剂比人工合成食品添加剂更安全吗？

人们往往认为天然食品添加剂比人工合成食品添加剂更安全，这种说法并不完全正确。有些化学合成的食品添加剂在人体内不参与代谢，很快排出体外，而有些天然食品添加剂往往会因为原料加工时造成污染而降低安全性，因此不能一概而论。实际上，许多天然产品的毒性由于检测手段、检测内容所限，尚不能做出准确的判断。

化学合成和天然食品添加剂的安全性，应该依据毒理学评价数据来确定。判定食品添加剂安全性的最重要指标是 ADI 值，ADI 值愈大，表示该食品添加剂安全性愈高。人工合成的食用柠檬黄 ADI 值为 7.5 mg/kg，两种天然色素姜黄素和 β 胡萝卜素的 ADI 值分别为 0.1 mg/kg 和 5 mg/kg。显然，人工合成的柠檬黄比姜黄素和 β 胡萝卜素这两种天然色素更安全。这也说明天然色素的安全性并不一定就比合成色素更高。

思考题

1. 简述乳制品、水产品、肉制品加工中的安全性问题及预防措施。
2. 食品加工过程中存在哪些安全影响因素？
3. 我国公布的食品中违法添加的非食用物质有哪些？
4. 食品添加剂的定义和作用是什么？
5. 食品添加剂最主要的安全评价指标及其与安全性的关系如何？
6. 食品掺伪与掺伪食品概念的区别是什么？
7. 常见食品掺伪的主要方式有哪几种？
8. 食品市场上掺伪食品屡禁不止，其主要原因是什么？
9. 乳品加工企业要给奶粉中添加三聚氰胺，其主要目的是什么？
10. 过氧化苯甲酰为什么对小麦面粉具有漂白、后熟和防腐作用？
11. 吊白块对人体健康的危害主要表现在哪几个方面？
12. 工业酒精对人体的危害有哪些？

拓展阅读

[1] 孙宏亮. 食品原料安全问题及控制体系的研究[J]. 农家参谋，2018(9)：234-234.
[2] 钟耀广. 食品安全学[M]. 2 版. 北京：化学工业出版社，2010.
[3] 赵笑虹. 食品安全学概论[M]. 北京：中国轻工业出版社，2010.
[4] 黄新泉. 我国食品安全问题现状及应对策略分析[J]. 食品安全导刊，2018(18)：24-24.
[5] 郑国婵. 食品安全管理与法规监管保障体系研究[J]. 现代食品，2018(23)：51-54.
[6] 胡崇兵. 油脂酸败的危害及其预防[J]. 食品与健康，2006(8)：30-31.
[7] 宋伟，杨慧萍，沈崇钰，等. 食品中的反式脂肪酸及其危害[J]. 食品科学，2005，26(8)：500-504.

[8] 金征宇,彭池方.食品加工安全控制[M].北京:化学工业出版社,2014.
[9] 周光宏.肉品加工学[M].北京:中国农业出版社,2008.
[10] 吴才武,夏建新.地沟油的危害及其应对方法[J].食品工业,2014,35(3):237-241.
[11] 孙宝国.躲不开的食品添加剂[M].北京:化学工业出版社,2012.
[12] 李凤林,黄聪亮,余蕾.食品添加剂[M].北京:化学工业出版社,2008.
[13] 郝利平.食品添加剂[M].北京:中国农业大学出版社,2016.
[14] 滕征辉.甜味剂的种类、特点及在食品中的应用[J].经营管理者,2010(15):381-381.
[15] 张建新,沈明浩.食品安全概论[M].郑州:郑州大学出版社,2011.
[16] 张建新.食品标准与技术法规[M].2版.北京:中国农业出版社,2014.
[17] 明双喜,张然.几种常见食品掺伪及其检测技术介绍[J].食品研究与开发,2014,35(20):17-22.
[18] 黄婧楠.粮食类食品掺伪的鉴别和检验探讨[J].黑龙江科学,2018,9(9):160-161.
[19] 王小燕,王锡昌,刘源,等.近红外光谱技术在食品掺伪检测应用中的研究进展[J].食品科学,2011,32(1):265-269.

4 食品流通与食品安全

食品流通是指连接生产与消费的各个环节，包括分级、包装、流通过程中的简单加工处理、贮存、运输，以及批发和零售等经营环节。除了农户自己生产自己消费的农产品外，所有规模化生产的食品，包括初级农产品和工业生产食品，都需要经过流通环节才能到达最终消费者，实现商品价值。现代社会的食品流通链条长、环节多，经营机制复杂，保障和监管难，存在着大量的安全隐患，因此，流通环节是我国食品安全问题比较严重的领域。

4.1 食品流通概述

4.1.1 我国食品流通现状

我国有7.2亿城镇人口依靠流通体系满足食品供应，农村人口食物消费的现金支出比例也超过65%。流通食品的总规模十分巨大，有10亿吨初级农产品，6.6亿吨加工食品（表4-1、表4-2），流通食品总价值达18万亿元。

表4-1 2012年全国初级农/水产品流通量

产品名称	单位	数量
水果蔬菜	万吨	55440
水产品	万吨	5120
肉类	万吨	7642
粮食	万吨	31849
合计	万吨	100051
人均	千克	730.3

表4-2 2012年全国工业制造食品流通量

产品名称	单位	数量
食用油	万吨	5176
米面及其制品	万吨	24460
肉类和水产	万吨	3805
乳制品	万吨	2545
软饮料和酒	万吨	19406
罐头	万吨	971
其他	万吨	9814
合计	万吨	66177
人均	千克	483.0

经营食品流通的市场主体，有生产加工和经营企业 80 万家，个体工商户 200 多万户，参与农贸市场经营的农户更是数不胜数。到 2013 年年底，全国共有农产品批发市场 4400 余家，亿元以上农产品交易市场成交总额达 3 万亿元。

我国食品流通的基础设施与保障食品安全的要求之间还存在较大的差距。以鲜活农产品冷链流通为例，发达国家 90％以上的果蔬产品和 100％的肉类产品都实现了冷链流通，而我国的冷链流通率，水产品只有 23％，肉类 15％，果蔬产品仅有 5％。全国人均冷库容量只有 7 千克，冷藏保温车只占货运车辆的 0.3％。

4.1.2 流通领域的食品安全现状

自《中华人民共和国食品安全法》实施以来，国家在流通领域的食品安全保障方面做了大量工作，明确了分段监管的主体，建立了准入制度和一整套的监管制度，监管方式初步实现了从应对危机向防范风险的根本转变，以食品安全标准为基准来进行食品生产经营活动的过程监督管理，使我国流通领域的食品安全取得长足的进步。根据前些年的调查数据，大中城市食品流通环节已形成企业自检、社会机构受托检测和政府监管部门监督抽检等三道防线，超过一半的农副产品批发市场建立了检测制度，配置了相应的装备与人员；超市企业的食品安全管理制度建设的进步还要大一些：根据一项全国性的调查，90％以上的超市建立了冷库、控温货柜、质量安全检测等食品安全基础设施，并实行了食品安全岗位责任制，85％以上的超市实行了食品安全指标的量化考核。同时，消费者的食品安全意识也得到了显著的加强，消费者普遍关注保质期、农药残留、微生物指标、添加剂使用状况、食品合格证和检验证明等食品安全相关指标，并有较高的维权意识。

食品的总体合格率是代表食品安全整体情况的最重要指标，上面所说的这些进步反映在食品合格率上，也能够看出进步的大趋势。质检部门的食品抽检合格率，10 年前在 60％～70％，2014 年后达到 90％以上，大城市可达到 96％以上(图 4-1)，工商部门的抽检综合合格率也达到了 93％(2012 年)。

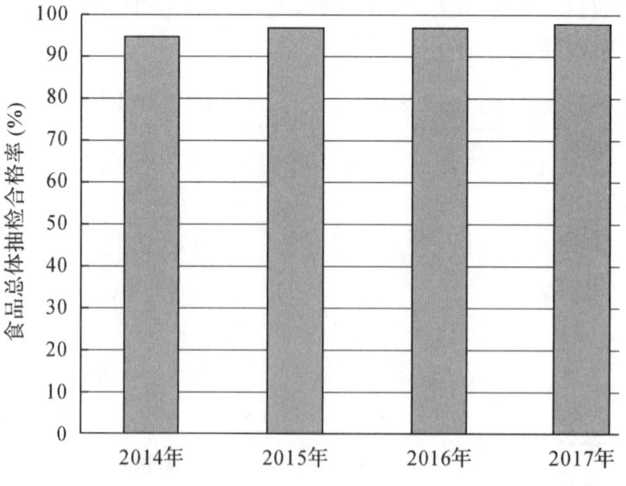

图 4-1 我国 2014 年以来食品抽样合格率状况(据国家质监总局公布信息)

4.1.3 流通领域的食品安全性风险

4.1.3.1 食品流通的周期长、环节多，流通环境常难以满足要求，容易产生二次污染

目前至少80%的生鲜食品采用常温保存和流通，安全与卫生难以控制；一些经营者为了赚取高额利润，在流通环节滥用各种违禁投入品，如采用双氧水、甲醛等处理产品，延长外观上的保质期，但造成毒害物质残留增高，使食品在流通环节受到较为严重的二次污染，给消费者带来严重的健康隐患。

4.1.3.2 在流通环节中简单加工的食品缺乏有效的监管机制

工业生产食品大部分已实现食品生产许可证制度，但对农副产品和流通环节简单加工食品，还缺乏有效的质量安全准入机制，有些产品是多部门管理，导致主体责任不明，有些是没有部门管理。例如，前店后厂、超市卖的加工（烹饪）食品、小饭店自酿烧酒等。典型案例如豆芽的“三不管”：过去很长一段时间，豆芽生产成为监管责任不清的典型产品。豆芽生产已经离开了田间地头，似不应由农业部门管；但工商部门则认为豆芽属于初级农产品，生产过程不该由工商部门管；而豆芽多为家庭式作坊生产，无证无照，质监和卫生部门也鞭长莫及。对于这种情形，食品安全法只是要求各部门密切配合，但“密切配合”不是法律语言，没有部门会因没有“密切配合”承担法律责任！

4.1.3.3 食品标准仍没有统一，存在冲突打架现象

虽然已经明确国家层面统一食品安全国家标准，但目前覆盖面很小，许多现存标准存在冲突打架现象。例如黄花菜大家都熟悉，卫生标准认为这不是脱水食品，不得含二氧化硫，农业标准则将其列入干制品，允许使用二氧化硫制剂。

4.1.3.4 农村市场和散装食品是监管的薄弱环节，食品安全隐患风险大

调查显示，农村市场中经营的食品有相当比例是“三无（无生产企业、无生产日期、无出厂合格证）”食品，以及不标保质期的食品，而且有过半的食品来源于流动送货者，难以进行质量安全追溯。散装食品指无包装的食品或加工半成品，但不包括食用农产品。散装食品仍然是我国农村市场食品安全的最大隐患，如原料、配料、产地、加工者、加工工艺、标准、卫生条件均不明，容易产生假冒伪劣，复杂的流通过程可能造成污染，以及消费者难以明确了解生产日期和保质期等。

（应铁进）

4.2 食品流通环节的主要食品安全问题

4-1

商务部市场运行调节司组织了多次全国流通领域食品安全状况调查，结果发现，批发市场出现的食品质量安全主要问题依次是：农药残留、假冒伪劣、过期食品、包装不合格、虚假或错误标签标识、添加剂、注水肉；农贸市场出现的食品质量安全主要问题依次是：农药残留、过期食品、假冒伪劣、注水肉、包装不合格、虚假或错误标签标识、添加剂。这些问题大体上可以归纳为以下五大类。

4.2.1 流通环节中的有毒有害物质污染

在食品的生产流通和消费过程中，由于科学认识和技术条件的限制，以及各种食品保护措施的疏忽等，可能发生各种有毒有害物质的污染。这类问题包括了生产环节带入的化学性危害（如重金属和农兽药残留）、物理性危害、生物性危害，已经分别由前面各个章节详细介绍。这里主要介绍流通环节可能发生的主要有毒有害物质污染问题。

4.2.1.1 流通环节的化学污染

加工、分类、包装、贮藏、运输等环节由于混放、混运、加工场所环境污染等因素造成的化学污染，以及流通加工环节中使用的洗涤剂、消毒剂、保鲜剂等化学制剂的残留。例如，荔枝保鲜中违法使用高浓度的盐酸，用含硫护色剂处理去皮马铃薯、茭白等蔬菜造成二氧化硫残留，以及氯化物消毒剂造成的氯含量超标等。

4.2.1.2 流通环节致病微生物及毒素污染

食品流通环节多、停留时间长，遇到的环境复杂多变，容易发生致病微生物的污染。即使在环境条件比较好的超市，水果蔬菜、熟食制品的大肠杆菌检出率也很高。冷链流通，虽然可由比较低的温度来抑制微生物的繁殖，降低一般微生物源传染病的风险，但在冷冻食品中万一出现病毒污染，病毒在冷冻条件下可长时间保持活性，因而可借冷链流通实现更长时间和更远距离的传播，反而构成了更大的风险。例如，自 2020 年初开始的由新型冠状病毒 COVID-19 感染引发的新冠肺炎流行疫情，其中就有多起由冷链食品或其包装污染引起的传播链。此外，还有一个更严重的隐患，就是流通过程中霉变粮食、豆类、花生、香料中产生的各种真菌毒素。这类毒素多具有强烈的致癌毒性并损害肝、肾和神经系统。历史上曾发生过黄曲霉毒素的群体中毒事件，例如 1974 年印度西部 200 多个村因食用霉变玉米，暴发了黄曲霉毒素污染所致的中毒性肝炎，397 人中毒，106 人死亡，病死率高达 26.7%。

4.2.1.3 农产品内源性有毒有害物质

农产品在流通环节因贮藏保管不当或贮藏期过长，自身也可能产生有毒有害物质。最典型的例子是发芽土豆中的生物碱（龙葵碱），其毒性相当于陆地上最毒的内陆猛蛇毒素。例如，2011 年湖北中江县 2 人因发芽土豆中的生物碱中毒，导致运动中枢和呼吸中枢麻痹，入院治疗 44 天完全依靠呼吸机，花费医疗费 30 多万元。

4.2.1.4 物理性污染和危害

加工和流通过程中未彻底清除混入的杂物，可能带来严重的伤害。如加工过程中包装破碎形成的碎玻璃、其他金属性杂物。曾有美国鸡肉制品加工企业因一起鸡腿骨刺穿下颚事件，被判罚和索赔数百万美元，导致企业破产的典型案例。

4.2.2 非法使用化学制剂和滥用合法添加剂

由于流通加工过程规模小而分散，监管难度大，这类问题比较普遍，是流通环节食品安全问题中最受关注的一个。为了掩盖劣质原料的缺陷，往往需要大量添加两类化学物质，其一为非法化学制剂，其次为合法添加剂的非法滥用。在市场流通中常见的非法添加化学物质有硼砂、双氧水、硫酸、盐酸、工业色素等。这类非法物质往往会造成十分严重的健康危害。前几年公众反响强烈的苏丹红事件就是一个典型的非法物质添加案例。

合法添加剂的滥用也是流通领域的一个突出食品安全问题。凡超出国家标准规定的使用种类、使用量、使用范围使用食品添加剂，均属于非法滥用，例如在市场加工的去皮蔬菜和蘑菇中使用二氧化硫、染色馒头和大米(国家标准规定馒头和大米上不允许使用色素)、餐饮饭店菜肴上使用的食用香精、色素等。这类问题的主要危害在于，有可能造成食品添加剂的摄入量超标，从而带来潜在的健康风险。2011 年 4 月 13 日，上海市质量技术监督局吊销了生产“染色”馒头的上海××食品有限公司的食品生产许可证。公司法人代表叶××、销售经理徐××等 5 名犯罪嫌疑人被刑事拘留。该企业违法生产、销售掺有违禁添加剂柠檬黄的“染色”馒头 83716 袋，共计 334864 只，价值 20 余万元。2011 年 4 月 16 日，温州市工商部门发现一家违法使用柠檬黄、糖精钠、玉米香精等添加剂制作染色馒头的黑作坊，3 月 22 日至 4 月 14 日卖出这种馒头 19.48 万个，其中有 1.1 万个流入附近的东方职业技术学院。

4.2.3 标签标识不合格食品

国家标准《预包装食品标签通则》(GB 7718—2011)以及《食品安全国家标准　预包装食品营养标签通则》(GB 28050—2011)对于加工食品的标签标识有详细严格的规定，基本要求为合法、易于消费者辨识、真实准确、不得虚假夸大误导，尤其是不能标注或暗示普通食品的保健、预防和治疗疾病作用；对于食品名称、配料表、净含量和规格、生产商、经销商详细信息、生产日期和保质期、贮存条件、生产许可证编号、标准代号、营养标签、质量等级以及特殊加工食品(辐照、转基因)均有严格的强制性标示要求，另外还有推荐性标示要求，如食用方法和致敏物质信息等。凡以上内容缺失或不按规范标注，均可能构成标签标识不合格食品。这类食品除涉嫌侵犯消费者利益外，安全性隐患主要在于误导的保健治疗作用、食用方法不当，以及对特殊过敏体质的消费者带来的健康风险和危害。

4.2.4 过期食品

过期食品是指超过标签明示保质期的各类加工食品。有一点值得说明的是，过期食品因超出了明示的保质期，如果还在流通环节中，显然是非法食品，不得继续流通，否则涉嫌侵害消费者利益。但从食品安全性角度来看，还是需要一分为二区别对待，食品的保质期在很大程度上取决于保存的环境条件，是一个渐变过程，而且保质期的确定也还留有一定的余量，因此实际上很少见今天到期，昨天能吃，明天就不能吃的情况。反过来看，则临近保质期的食品，也可能出现一些质量的劣变，因此，国家工商总局在 2009 年就出台了管理规定，明确界定了“临近保质期食品”(表 4-3)并要求设专柜作出醒目提示。

表 4-3 临近保质期食品的界定

保质期	临近保质期
≥12 个月	45 天
≥6 个月，<12 个月	20 天
≥90 天，<6 个月	15 天
≥30 天，<90 天	10 天
≥16 天，<30 天	5 天
15 天	1～4 天

一些质量比较稳定的食品，如罐头、酒类、不含大量油脂的干制品等，如果已经在消费者手中，如果不超出保质期太远、不出现因微生物腐败引起明显的品质变化，也可能还具备食用品质。但含水量高且没有严密包装和严格灭菌、含油脂量高的食品，临近保质期时就应该严密检查其食用品质，过了保质期则食品安全风险显著提高，主要的风险包括滋生微生物导致的腐败，以及油脂氧化生成的过氧化物对健康带来的风险和危害，典型的如“耗败”的火腿、瓜子等干果炒货等。

(应铁进)

4.3 食品流通环节的安全性控制

4.3.1 流通环节的食品安全监管体制

我国流通领域食品安全监管体系经过多年的逐步改革完善，为食品流通安全提供了坚实的基础。2004 年国务院出台《关于进一步加强食品安全工作的决定》(国发〔2004〕23 号)，确定了食品安全全链条监管的基本框架：由农业部门负责初级农产品生产环节监管；质监部门负责食品生产加工环节的监管；工商行政管理部门负责食品流通环节的监管；卫生部门负责餐饮业和食堂等消费环节的监管；食品安全监管部门负责对食品安全的综合监督、组织协调和依法组织查处重大事故；农业、发展改革和商务等部门按照各自职责，做好种植养殖、食品加工、流通、消费环节的行业管理工作。

2018 年 3 月，国家对食品安全监管体制进行了新一轮全面改革，新组建了国家市场监督管理总局，整合了原食品药品监督管理总局、工商行政管理总局和质量监督检验检疫总局的职能，负责市场综合监督管理和食品安全监管，统一登记市场主体，规范和维护市场秩序，组织市场监管综合执法。

4.3.2 流通环节食品安全管理制度

2007 年 1 月，国家工商行政管理总局颁布了《流通领域食品安全管理办法》，明确规定了市场应当建立的管理制度，主要包括：①协议准入制度。市场应与入市经销商签订食品安全保证协议，明确食品经营的安全责任。鼓励市场与食品生产基地、食品加工厂“场地挂钩”“场厂挂钩”，建立直供关系。②经销商管理制度。市场应当建立经销商管理档案，如实动态记录经销商身份信息、联系方式、经营产品和信用记录等基本信息。经销商退出市场后，其档案应至少保存两年。禁止伪造经销商档案。③索证索票制度。市场应当对入市经营的食品实行索证索票，依法查验食品供货者及食品安全的有效证明文件，留存相关票证文件的复印件备查。④购销台账制度。市场应当建立或要求经销商建立购销台账制度，如实记录每种食品的生产者、品名，进货时间、产地来源、规格、质量等级、数量等内容；从事批发业务的，还要记录销售的对象、联系方式、时间、规格、数量等内容。⑤不合格食品退市制度。对有关行政主管部门公布的不合格食品，市场应当立即停止销售，并记录在案。

2009 年 7 月，国家工商行政管理总局颁布了新修订的《流通环节食品安全监督管理办法》，进一步规范了市场主体的 19 条经营行为，规定了工商行政管理机关对流通环节食品安全监管工作的 25 条职责，明确了 14 项法律责任和追究办法。

4.3.3 流通环节食品安全性鉴别要点

流通环节的食品安全性鉴别是一个十分复杂的问题，多数情况下需要专业的分析检测手段才能确认安全隐患。作为消费者，能做的只是尽可能确保食物来源于正规渠道，出了问题可追溯责任主体，以及确保外观品质的良好。鉴别要点有以下几点：①看经营者是否有相应经营资格，悬挂齐全的证照，且经营范围在证照核定范围之内。②购买的食品应有合格证、畜禽农产品应有检验检疫证明。③尽可能避免购买和消费“三无”食品。除了特殊场合(如超市等可以溯源的供应商经营的各种散装食品和现场加工食品)外,谨慎购买各种散装食品。购买散装食品,应查验《食品安全法》第四十一条规定的散装食品信息标示(图 4-2)。④查验食品质量:包装严密完好,无破损漏气,内容物无杂质异物,无腐败迹象,散装食品无异色异味,无发霉发潮。⑤查验包装标识:应有明确的中文品名,生产企业名称、地址、联系方式,QS 标志、生产日期、保质期、失效期、配料表是否规范,相关宣传性语言是否客观真实。⑥检查商标广告:是否有商标“傍大款”现象,即利用外形、文字相似性仿冒名牌,以及广告的夸大或虚假宣传。⑦特殊食品应注意:是否有普通食品假冒保健食品(无保健食品标志,即使有标志的,也有可能假冒,如有疑问可上相关国家网站查询)、是否属于转基因、辐照、新资源和特殊营养食品等。

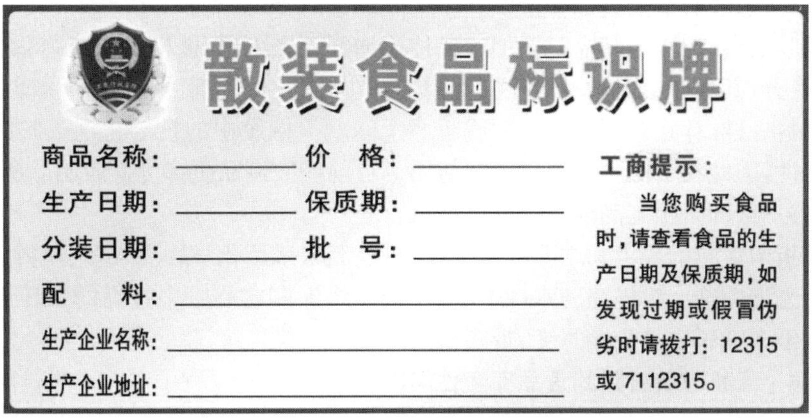
散装食品标识牌
商品名称:
价 格:
生产日期:
保质期:
分装日期:
批 号:
配 料:
生产企业名称:
生产企业地址:
工商提示:
当您购买食品时,请查看食品的生产日期及保质期,如发现过期或假冒伪劣时请拨打:12315或7112315。

图 4-2 散装食品信息标识牌

(应铁进)

4.4 食品包装材料与食品安全

4-2

食品包装是保护食品商品质量和卫生、保持原始成分和营养、方便贮藏运输、方便销售、提高保存稳定性、延长货架期和提高商品价值的重要措施。现代科学技术的进步,使食品包装成为国民经济的一个重要产业,也为保障食品安全性作出了重大贡献。但事物都存在两面性,食品包装是与食品长期紧密接触的材料,其中可能存在的各类化学物质,有可能通过接触转移到食品中,这一过程称为“迁移”,有可能构成对消费者健康的潜在危害。曾有一段时间,抽查食品包装袋的不合格率高达 50%,主要为甲苯、二甲苯溶出物超标。

常见的食品包装材料有纸、塑料、橡胶、金属、非金属无机材料(玻璃和陶瓷)、木材,以及这些材料的组合和复合材料,另外还包括传统的麻、布、藤、草、叶等。对包装材料的安全性要求,基本的有两条:其一为不与食品成分发生化学反应;其二为不能向食品中释放有害物质。但这两条都不是绝对的,所有材料都不同程度存在着安全性隐患。

4.4.1 主要包装材料的食品安全性问题

4.4.1.1 塑料及其包装制品的食品安全性

塑料及其包装的污染物来源主要有：由于静电带来的表面吸附微尘和微生物、聚合不完全残留的有毒单体、增塑剂、低聚物、黏胶剂和老化产生的有毒物，以及不符合食品卫生要求的回收混杂塑料制品带来的潜在污染。其中比较受关注的有各种单体，如苯乙烯、氯乙烯、偏二氯乙烯、丙烯腈、酚醛树脂残留物甲醛和苯酚等，以及黏胶剂主要成分芳香族异氰酸酯，均有一定的毒性，而最受关注的是塑料添加剂（增塑剂、抗氧化剂）和紫外线吸收剂等带来的危害。近年来受到重视的有邻苯甲酸酯类（DEHA）和双酚 A，它们都是所谓的"环境激素"，也就是能够对人体的发育和新陈代谢产生干扰，从而危害健康的化学物质。

4.4.1.2 橡胶制品的食品安全性

天然橡胶无毒，但生产制品时添加的各种添加剂存在隐患，曾检出橡胶制品的水提取物含 30 多种成分，其中 20 余种有毒，主要为添加剂，如硫化促进剂、抗老化剂和增塑剂。合成橡胶则与塑料一样，存在单体和添加剂残留两个问题。橡胶中的抗老化剂萘胺类化合物有明显的致癌性，因此在食品工业中已限制使用。目前橡胶制品更多为硅胶制品所取代。

4.4.1.3 纸和纸板制品的食品安全性

纸和纸板中含有的残留物主要有挥发性物质、制浆残留化学物质、造纸填料、彩色染料、重金属和荧光增白剂。为提高防水性能，包装纸涂蜡涂塑容易带来过高的多环芳香烃类化合物；此外，纸和纸板容易受潮霉变，带来霉菌毒素的污染。

4.4.1.4 无机包装材料的食品安全性问题

用于食品包装的马口铁罐头有镀锡层，虽然内壁涂有抗腐蚀涂料，但长期贮存中可能因涂层损害造成锡的污染；铝罐则可能造成铝以及铝材中重金属杂质的超标；不同食物因性质的不同，溶解铝的能力有很大差异：用铝锅煮肉和牛奶时，牛奶中铝的溶出量是肉汤的 2 倍；含有 1mg/L 氟的水，在铝锅中煮 10 分钟，溶出铝为不含氟水的 1000 倍。科学研究已经证实，身体中铝的积累已经证实与神经系统损害和老年痴呆症有关，因此应尽量控制铝制食品器具的使用。

搪瓷和陶瓷的主要食品安全性问题是涂釉中的铅（Pb）、锌（Zn）、镉（Cd）、锑（Sb）、钡（Ba）、钛（Ti）等重金属。当使用这类容器装酸性食品时，特别容易造成这类重金属溶出，有可能造成慢性中毒。我国的限量标准是此类制品在 4%乙酸浸泡液中，铅、镉、锑分别不超过 1.0 mg/L、0.5 mg/L、0.7 mg/L。

无机包装材料中，玻璃是一种惰性材料，稳定性非常好，与绝大多数包装内容物不发生化学反应，因此是经典的安全食品包装材料，其食品安全性问题最少。

4.4.1.5 包装印刷油墨的危害

食品包装印刷污染已经成为食品二次污染主要原因之一。苯是包装材料黏合剂和塑料印刷油墨的主要溶剂，苯类溶剂的毒性较大，被美国 FDA 列入可致癌化学品，此类溶剂如果渗入皮肤或血管，会随血液危及人的血细胞及造血功能，损害人体的神经系统，长期接触可能导致白血病的发生。

目前，我国规模化生产的食品及药品包装用塑料油墨中，氯化聚丙烯油墨占 60%以上，而这类油墨的溶剂和稀释剂中，苯类溶剂的含量一般占到 50%左右，由于在印刷过程中苯类溶剂挥发不完全，有可能造成苯类物质在包装材料中残留，容易渗透到食品中，从而造成对食品的污染。

4.4.2 食品包装材料安全性的相关标准

我国《食品安全法》规定了用于食品包装的材料。《食品接触材料及制品用添加剂使用标准》(GB 9685—2016)规定了可以用在包装材料生产中的合法添加剂，共有 1521 种。未列入该标准及其增补公告的材料不得用于加工食品包装材料。

4.4.3 消费者的自我保护措施

(1)学会鉴别日常使用的食品袋材质：食品袋应该使用聚乙烯材料(不含增塑剂，乙烯相对无毒性)，但不法商家可能使用聚氯乙烯袋作为食品袋(含增塑剂，氯乙烯毒性大)。聚乙烯的特点是透明性较弱，抖动无脆响，燃烧产生透明的滴蜡。

(2)避免使用普通塑料袋或容器盛装油性食品、酸性食品和高温食品。用微波炉加热时应使用由聚碳酸酯或聚四氟乙烯制成的专用耐高温塑料食品容器。

(3)避免购买包装色泽过于鲜艳的塑料包装食品(非法染料、过量使用色母粒、非法印刷油墨等问题)。

(4)避免采购色泽过于洁白和艳丽的瓷器(容易出现铅溶出问题)。

(5)日常包装尽量多使用玻璃容器。

(应铁进)

4.5 易混淆问题解读

4.5.1 食品在保质期内就安全吗?

食品在加工包装完成后，品质随时间逐步劣变，安全风险随时间逐步增加。为了确保市场流通食品的质量安全，根据品质劣变的一般规律确定了每种加工食品的保质期，明示在标签上。这个保质期是生产主体对食品质量安全的一种法定担保。超过保质期的食品产品，不允许在市场上流通，否则经营者要被追究法律责任。但这个明示保质期在科学意义上不一定是食品品质变为不可食用的实际期限，因为食品品质的劣变速度还跟食品本身的性质以及贮藏条件等多种因素密切相关，并且，确定明示保质期时，往往还留有一定的安全余量。因此，有些食品(例如含水量低、含油脂量低或经高强度灭菌和隔氧包装的食品等)如果是在消费者已经购买后达到或超过了保质期，也可能具有食用价值；另一方面，有些食品(如高水分含量、高油脂含量、高蛋白含量或低温加工食品)，临近保质期时，即使没有超过保质期，也可能会有较大安全风险，需要仔细鉴别实际的食用品质。

4.5.2 如何选购芽苗菜?

豆芽、豆苗、花生苗等芽苗菜，因其生产大多不用土地，而且适于小规模的家庭作坊生产，处于农业生产监管和流通监管的交叉地带，因监管责任不明，可能存在滥用化学物质等较大的食品安全隐患。消费者在选购这类产品时,需要加强风险意识,并掌握一定的风险鉴别技巧。豆芽等芽苗菜的生产有时需要适量使用特定的植物生长调节物质以改善商品性,但如果滥用这类化学物质,则构成了较大的食品安全风险。如果是规模化生产,生产企业一般都制定有相应的生产规范和产品标准,同时,规模化生产的芽苗菜,还可以追溯生产主体,可以通过市场抽检等措施对企业形成一定的规范生产方面的压力,因此这方面的风险是可控的。因此,消费者在选购芽苗菜时,应首选农业生产合作社或专业工厂生产的产品。此外,如果存在化学物质的滥用,在产品的形态上也会有所表现,如苗茎极端肥壮,根须极短等,可供消费者参考鉴别(图 4-3)。

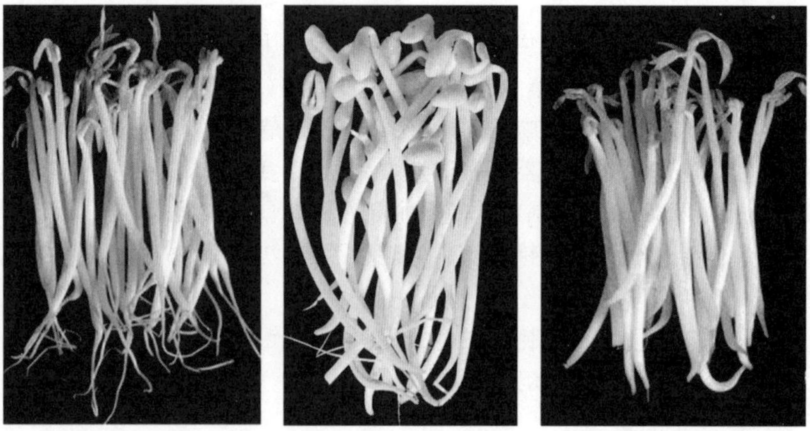

(A) 不使用植物生长调节剂的豆芽　(B) 适量使用植物生长调节剂的豆芽　(C) 过量使用植物生长调节剂的豆芽

图 4-3　使用不同浓度植物生长调节剂的豆芽

4.5.3　如何认识植物激素?

民间经常流行这样的段子:小孩因为吃了使用过植物激素的反季节种植番茄、草莓、黄瓜等农产品,导致性早熟。从科学角度看,这是不可能发生的事情。植物激素是植物内源的微量生理调节物质,用于调节植物本身的生长发育。农业生产中使用的植物生长调节剂,是一类人工合成的物质,具有类似植物激素的作用。这些物质都是通过植物细胞内部的特定激素受体而起到调节生长发育作用的,因此只对植物有效。动物(包括人体)有自己的一套激素调节系统,与植物完全不同,不存在植物激素的受体,因此植物激素对动物不能起到调节生长发育的作用。排除了生理调节作用,植物激素或植物生长调节物质对人体的影响只在于作为化学物质的毒性。国家批准使用的绝大多数植物激素或植物生长调节剂都属于低毒物质,因此,只要严格遵守国家或地方标准以及农业生产规范,植物激素或植物生长调节剂可以在农业生产中合理应用,带来的风险是可控的。

思考题

1. 为什么流通环节食品安全管理的难度较大?
2. 流通环节主要有哪几类食品安全问题?

3. 你认为应该从哪几方面着手从根本上解决假冒伪劣食品的难题?
4. 消费者怎样在自己的能力范围内鉴别流通环节的食品安全性?
5. 消费者应怎么选择和使用食品包装以尽可能避免包装带来的食品安全风险?

拓展阅读

[1] 商务部市场运行司.关于我国流通领域食品安全状况的调查报告[J].中国食品药品监管,2005(5):15-17.

[2] 胡旭,李璐,张钦发,等.环境激素类污染物对食品安全的影响分析[J].食品工业,2014,35(9):230-234.

[3] 罗春连.食品包装材料法规现状及其对食品安全生产危害的控制措施建议[J].化学工程与装备,2013(11):159-163.

[4] 梁琼,张玉霞.食品包装对食品安全性的影响[J].食品安全导刊,2014(26):23-24.

[5] 吴丽旋,王玫瑰,陈红杰,等.聚碳酸酯容器中双酚A迁移量的研究进展[J].工程塑料应用,2011,39(11):93-95.

5 餐饮与食品安全

5.1 餐饮的食品安全监管

为加强餐饮服务监督管理，保障餐饮服务环节食品安全，根据《中华人民共和国食品安全法》(以下简称《食品安全法》)、《中华人民共和国食品安全法实施条例》(以下简称《食品安全法实施条例》)，《餐饮服务食品安全监督管理办法》已于2010年2月8日经卫生部部务会议审议通过并发布，自2010年5月1日起施行。2017年国家食品药品监督管理总局令第36号发布《餐饮服务食品安全监督管理办法》，规定在中华人民共和国境内从事餐饮服务的单位和个人均应当遵守该办法。国家市场监督管理总局主管全国餐饮服务监督管理工作，地方各级市场监督管理部门负责本行政区域内的餐饮服务监督管理工作。餐饮服务提供者应当依照法律、法规、食品安全标准及有关要求从事餐饮服务活动，对社会和公众负责，保证食品安全，接受社会监督，承担餐饮服务食品安全责任。

5.1.1 餐饮服务提供者的基本要求

(1)必须依法取得《餐饮服务许可证》，按照许可范围依法经营，并在就餐场所醒目位置悬挂或者摆放《餐饮服务许可证》。

(2)应当建立健全食品安全管理制度，配备专职或者兼职食品安全管理人员。被吊销《餐饮服务许可证》的单位，根据《食品安全法》第九十二条的规定，其直接负责的主管人员自处罚决定作出之日起5年内不得从事餐饮服务管理工作。餐饮服务提供者不得聘用本条前款规定的禁止从业人员从事管理工作。

(3)应当按照《食品安全法》第三十四条的规定，建立并执行从业人员健康管理制度，建立从业人员健康档案。餐饮服务从业人员应当依照《食品安全法》第三十四条第二款的规定每年进行健康检查，取得健康合格证明后方可参加工作。从事直接入口食品工作的人员患有《食品安全法实施条例》第二十三条规定的有碍食品安全疾病的，应当将其调整到其他不影响食品安全的工作岗位。

(4)应当依照《食品安全法》第三十二条的规定组织从业人员参加食品安全培训，学习食品安全法律、法规、标准和食品安全知识，明确食品安全责任，并建立培训档案；应当加强专(兼)职食品安全管理人员食品安全法律法规和相关食品安全管理知识的培训。

(5)应当建立食品、食品原料、食品添加剂和食品相关产品的采购查验和索证索票制度。餐饮服务提供者从食品生产单位、批发市场等采购的，应当查验、索取并留存供货者的相关许可证和产品合格证明等文件；从固定供货商或者供货基地采购的，应当查验、索取并留存供货商或者供货基地的资质证明、每笔供货清单等；从超市、农贸市场、个体经营商户等采购的，应当索取并留存采购清单。餐饮服务企业应当建立食品、食品原料、食品添加剂和食品相关产品的采购记录制度。采购记录应当如实记录产品名称、规格、数量、生产批号、保质期、供货者名称及联系方式、进货日期等内容，或者保留载有上述信息的进货票据。餐饮服务提供者应当按照产品品种、进货时间先后次序有序整理采购记录及相关资料，妥善保存备查。记录、票据的保存期限不得少于2年。

(6)实行统一配送经营方式的餐饮服务提供者，可以由企业总部统一查验供货者的许可证和产品合格的证明文件等，建立食品进货查验记录。实行统一配送经营方式的，企业各门店应当建立总部统一配送单据台账。门店自行采购的产品，应当遵照《餐饮服务食品安全监督管理办法》第十二条的规定。

(7)禁止采购、使用和经营下列食品：《食品安全法》第二十八条规定禁止生产经营的食品；违反《食品安全法》第四十八条规定的食品；违反《食品安全法》第五十条规定的食品；违反《食品安全法》第六十六条规定的进口预包装食品。

(8)应当按照国家有关规定和食品安全标准采购、保存和使用食品添加剂。应当将食品添加剂存放于专用橱柜等设施中，标示"食品添加剂"字样，妥善保管，并建立使用台账。

(9)应当严格遵守国家食品安全监督管理部门制定的餐饮服务食品安全操作规范。餐饮服务应当符合下列要求：在制作加工过程中应当检查待加工的食品及食品原料，发现有腐败变质或者其他感官性状异常的，不得加工或者使用；贮存食品原料的场所、设备应当保持清洁，禁止存放有毒、有害物品及个人生活物品，应当分类、分架、隔墙、离地存放食品原料，并定期检查、处理变质或者超过保质期限的食品；应当保持食品加工经营场所的内外环境整洁，消除老鼠、蟑螂、苍蝇和其他有害昆虫及其滋生条件；应当定期维护食品加工、贮存、陈列、消毒、保洁、保温、冷藏、冷冻等设备与设施，校验计量器具，及时清理清洗，确保正常运转和使用；操作人员应当保持良好的个人卫生；需要熟制加工的食品，应当烧熟煮透；需要冷藏的熟制品，应当在冷却后及时冷藏；应当将直接入口食品与食品原料或者半成品分开存放，半成品应当与食品原料分开存放；制作凉菜应当达到专人负责、专室制作、工具专用、消毒专用和冷藏专用的要求；用于餐饮加工操作的工具、设备必须无毒无害，标志或者区分明显，并做到分开使用，定位存放，用后洗净，保持清洁；接触直接入口食品的工具、设备应当在使用前进行消毒；应当按照要求对餐具、饮具进行清洗、消毒，并在专用保洁设施内备用，不得使用未经清洗和消毒的餐具、饮具；购置、使用集中消毒企业供应的餐具、饮具，应当查验其经营资质，索取消毒合格凭证；应当保持运输食品原料的工具与设备设施的清洁，必要时应当消毒。运输保温、冷藏(冻)食品应当有必要的且与提供的食品品种、数量相适应的保温、冷藏(冻)设备设施。

(10)食品安全监督管理部门依法开展抽样检验时，被抽样检验的餐饮服务提供者应当配合抽样检验工作，如实提供被抽检样品的货源、数量、存货地点、存货量、销售量、相关票证等信息。

5.1.2 食品安全事故处理

(1)各级食品安全监督管理部门应当根据本级人民政府食品安全事故应急预案制定本部门的预案实施细则,按照职能做好餐饮服务食品安全事故的应急处置工作。

(2)食品安全监督管理部门在日常监督管理中发现食品安全事故,或者接到有关食品安全事故的举报,应当立即核实情况,经初步核实为食品安全事故的,应当立即向同级卫生行政、农业行政、市场监管等相关部门通报。发生食品安全事故时,事发地食品安全监督管理部门应当在本级人民政府领导下,及时做出反应,采取措施控制事态发展,依法处置,并及时按照有关规定向上级食品安全监督管理部门报告。

(3)县级以上食品安全监督管理部门按照有关规定开展餐饮服务食品安全事故调查,有权向有关餐饮服务提供者了解与食品安全事故有关的情况,要求餐饮服务提供者提供相关资料和样品,并采取以下措施:封存造成食品安全事故或者可能导致食品安全事故的食品及其原料,并立即进行检验;封存被污染的食品工具及用具,并责令进行清洗消毒;经检验,属于被污染的食品,予以监督销毁;未被污染的食品,予以解封;依法公布食品安全事故及其处理情况,并对可能产生的危害加以解释、说明。

(4)餐饮服务提供者应当制定食品安全事故处置方案,定期检查各项食品安全防范措施的落实情况,及时消除食品安全事故隐患。

(5)餐饮服务提供者发生食品安全事故,应当立即封存导致或者可能导致食品安全事故的食品及其原料、工具及用具、设备设施和现场,在 2 小时之内向所在地县级人民政府卫生部门和食品安全监督管理部门报告,并按照相关监管部门的要求采取控制措施。餐饮服务提供者应当配合食品安全监督管理部门进行食品安全事故调查处理,按照要求提供相关资料和样品,不得拒绝。

5.1.3 监督管理

(1)食品安全监督管理部门可以根据餐饮服务经营规模,建立并实施餐饮服务食品安全监督管理量化分级、分类管理制度。食品安全监督管理部门可以聘请社会监督员,协助开展餐饮服务食品安全监督。

(2)县级以上食品安全监督管理部门履行食品安全监督职责时,发现不属于本辖区管辖的案件,应当及时移送有管辖权的食品安全监督管理部门。接受移送的食品安全监督管理部门应当将被移送案件的处理情况及时反馈给移送案件的食品安全监督管理部门。

(3)县级以上食品安全监督管理部门接到咨询、投诉、举报,对属于本部门管辖的,应当受理,并及时进行核实、处理、答复;对不属于本部门管辖的,应当书面通知并移交有管辖权的部门处理。发现餐饮服务提供者使用不符合食品安全标准及有关要求的食品原料或者食用农产品、食品添加剂、食品相关产品,其成因属于其他环节食品生产经营者或者食用农产品生产者的,应当及时向本级卫生行政、农业行政、市场监管等部门通报。

(4)食品安全监督管理部门在履行职责时,有权采取《食品安全法》第七十七条规定的措施。

(5)食品安全监督检查人员对餐饮服务提供者进行监督检查时,应当对下列内容进行重点检查:餐饮服务许可情况;从业人员健康证明、食品安全知识培训和建立档案情况;环境卫生、个人卫生、食品用工具及设备、食品容器及包装材料、卫生设施、工艺流程情况;餐饮加工制作、销售、服务过程的食品安全情况;食品、食品添加剂、食品相关产品进货查验和索票索证制度及执行情况、制定食品安全事故应急处置制度及执行情况;食品原料、半成品、成品、食品添加剂等的感官性状、产品标签、说明书及储存条件;餐具、饮具、食品用工具及盛放直接入口食品的容器的清洗、消毒和保洁情况;用水的卫生情况;其他需要重点检查的情况。

(6)食品安全监督检查人员进行监督检查时,应当有 2 名以上人员共同参加,依法制作现场检查笔录,笔录经双方核实并签字。被监督检查者拒绝签字的,应当注明事由和相关情况,同时记录在场人员的姓名、职务等。

(7)县级以上食品安全监督管理部门负责组织实施本辖区餐饮服务环节的抽样检验工作,所需经费由地方财政列支。

(8)食品安全监督检查人员可以使用经认定的食品安全快速检测技术进行快速检测,及时发现和筛查不符合食品安全标准及有关要求的食品、食品添加剂及食品相关产品。使用现场快速检测技术发现和筛查的结果不得直接作为执法依据。对初步筛查结果表明可能不符合食品安全标准及有关要求的食品,应当依照《食品安全法》的有关规定进行检验。快速检测结果表明可能不符合食品安全标准及有关要求的,餐饮服务提供者应当根据实际情况采取食品安全保障措施。

(9)食品安全监督检查人员抽样时必须按照抽样计划和抽样程序进行,并填写抽样记录。抽样检验应当购买产品样品,不得收取检验费和其他任何费用。食品安全监督检查人员应当及时将样品送达有资质的检验机构。

(10)食品检验机构应当根据检验目的和送检要求,按照食品安全相关标准和规定的检验方法进行检验,按时出具合法的检验报告。

(11)对检验结论有异议的,异议人有权自收到检验结果告知书之日起 10 日内,向组织实施抽样检验的食品安全监督管理部门提出书面复检申请,逾期未提出申请的,视为放弃该项权利。复检工作应当选择有关部门共同公布的承担复检工作的食品检验机构完成。复检机构由复检申请人自行选择;复检机构与初检机构不得为同一机构。复检机构出具的复检结论为最终检验结论。复检费用的承担依《食品安全法实施条例》第三十五条的规定。

(12)食品安全监督管理部门应当建立辖区内餐饮服务提供者食品安全信用档案,记录许可颁发及变更情况、日常监督检查结果、违法行为查处等情况。食品安全监督管理部门应当根据餐饮服务食品安全信用档案,对有不良信用记录的餐饮服务提供者实施重点监管。食品安全信用档案的形式和内容由省级食品安全监督管理部门根据本地实际情况作出具体规定。

(13)食品安全监督管理部门应当将吊销《餐饮服务许可证》的情况在 7 日内通报同级工商行政管理部门。

(14)县级以上食品安全监督管理部门依法公布下列日常监督管理信息:餐饮服务行政许可情况;餐饮服务食品安全监督检查和抽检的结果;查处餐饮服务提供者违法行为的情况;餐饮服务专项检查工作情况;其他餐饮服务食品安全监督管理信息。

5.1.4 法律责任

(1)未经许可从事餐饮服务的,由食品安全监督管理部门根据《食品安全法》第八十四条的规定予以处罚。有下列情形之一的,按未取得《餐饮服务许可证》查处:擅自改变餐饮服务经营地址、许可类别、备注项目的;《餐饮服务许可证》超过有效期限仍从事餐饮服务的;使用经转让、涂改、出借、倒卖、出租的《餐饮服务许可证》,或者使用以其他形式非法取得的《餐饮服务许可证》从事餐饮服务的。

(2)餐饮服务提供者有下列情形之一的,由食品安全监督管理部门根据《食品安全法》第八十五条的规定予以处罚:用非食品原料制作加工食品或者添加食品添加剂以外的化学物质和其他可能危害人体健康的物质,或者用回收食品作为原料制作加工食品;经营致病性微生物、农药残留、兽药残留、重金属、污染物质以及其他危害人体健康的物质含量超过食品安全标准限量的食品;经营营养成分不符合食品安全标准的专供婴幼儿和其他特定人群的主辅食品;经营腐败变质、油脂酸败、霉变生虫、污秽不洁、混有异物、掺假掺杂或者感官性状异常的食品;经营病死、毒死或者死因不明的禽、畜、兽、水产动物肉类及其制品;经营未经动物卫生监督机构检疫或者检疫不合格的肉类,或者未经检验或者检验不合格的肉类制品;经营超过保质期的食品;经营国家为防病等特殊需要明令禁止经营的食品;有关部门责令召回或者停止经营不符合食品安全标准的食品后,仍拒不召回或者停止经营的;餐饮服务提供者违法改变经营条件造成严重后果的。

(3)餐饮服务提供者有下列情形之一的,由食品安全监督管理部门根据《食品安全法》第八十六条的规定予以处罚:经营或者使用被包装材料、容器、运输工具等污染的食品;经营或者使用无标签及其他不符合《食品安全法》《食品安全法实施条例》有关标签、说明书规定的预包装食品、食品添加剂;经营添加药品的食品。

(4)违反《餐饮服务食品安全监督管理办法》第十条第一款、第十二条、第十三条第二款、第十六条第(二)、(三)、(四)、(八)、(九)项的有关规定,按照《食品安全法》第八十七条的规定予以处罚。

(5)违反《餐饮服务食品安全监督管理办法》第二十二条第一款的规定,由食品安全监督管理部门根据《食品安全法》第八十八条的规定予以处罚。

(6)违反《餐饮服务食品安全监督管理办法》第十六条第十项的规定,由食品安全监督管理部门根据《食品安全法》第九十一条的规定予以处罚。

(7)餐饮服务提供者违反《餐饮服务食品安全监督管理办法》第九条第三款规定,由食品安全监督管理部门依据《食品安全法》第九十二条第二款进行处罚。

(8)《餐饮服务食品安全监督管理办法》所称违法所得,指违反《食品安全法》《食品安全法实施条例》等食品安全法律法规和规章的规定,从事餐饮服务活动所取得的相关营业性收入。

(9)《餐饮服务食品安全监督管理办法》所称货值金额,指餐饮服务提供者经营的食品的市场价格总金额。其中原料及食品添加剂按进价计算,半成品按原料计算,成品按销售价格计算。

(10)餐饮服务食品安全监督管理执法中,涉及《食品安全法》第八十五条、第八十六条、第八十七条适用时,“情节严重”包括但不限于下列情形:连续 12 个月内已受到 2 次以上较大数额罚款处罚或者连续12个月内已受到一次责令停业行政处罚的;造成重大社会影响或者有死亡病例等严重后果的。

(11)餐饮服务提供者主动消除或者减轻违法行为危害后果,或者有其他法定情形的,应当依法从轻或者减轻处罚。

(12)在同一违反《食品安全法》《食品安全法实施条例》等食品安全法律法规的案件中,有两种以上应当给予行政处罚的违法行为时,食品安全监督管理部门应当分别裁量,合并处罚。

(13)食品安全监督管理部门作出责令停业、吊销《餐饮服务许可证》、较大数额罚款等行政处罚决定之前,应当告知当事人有要求举行听证的权利。当事人要求听证的,食品安全监督管理部门应当组织听证。当事人对处罚决定不服的,可以申请行政复议或者提起行政诉讼。

(14)食品安全监督管理部门不履行有关法律法规规定的职责或者其工作人员有滥用职权、玩忽职守、徇私舞弊行为的,食品安全监督管理部门应当依法对相关负责人员或者直接责任人员给予记大过或者降级的处分;造成严重后果的,给予撤职或者开除的处分;其主要负责人应当引咎辞职。

(15)省、自治区、直辖市食品安全监督管理部门可以结合本地实际情况,根据《餐饮服务食品安全监督管理办法》的规定制定实施细则。国境口岸范围内的餐饮服务活动的监督管理由出入境检验检疫机构依照《食品安全法》和《中华人民共和国国境卫生检疫法》以及相关行政法规的规定实施。水上运营的餐饮服务提供者的食品安全管理,其始发地、经停地或者到达地的食品安全监督管理部门均有权进行检查监督。铁路运营中餐饮服务监督管理参照《餐饮服务食品安全监督管理办法》。

(谢定源)

5.2 餐饮服务环节的食品安全问题

5-1

5.2.1 有关餐饮用语的含义

餐饮服务提供者:指从事餐饮服务经营活动的单位和个人。

餐馆(又称酒家、酒楼、酒店、饭庄等):指以饭菜(包括中餐、西餐、日餐、韩餐等)为主要经营项目的提供者,包括火锅店、烧烤店等。

特大型餐馆:指加工经营场所使用面积在3000 m^2以上(不含3000 m^2),或者就餐座位数在1000座以上(不含1000座)的餐馆。

大型餐馆:指加工经营场所使用面积在500~3000 m^2(不含500 m^2,含3000 m^2),或者就餐座位数在250~1000座(不含250座,含1000座)的餐馆。

中型餐馆:指加工经营场所使用面积在150~500 m^2(不含150 m^2,含500 m^2),或者就餐座位数在75~250座(不含75座,含250座)的餐馆。

小型餐馆:指加工经营场所使用面积在150 m^2以下(含150 m^2),或者就餐座位数在75座以下(含75座)的餐馆。

快餐店:指以集中加工配送、当场分餐食用并快速提供就餐服务为主要加工供应形式的单位。

小吃店:指以点心、小吃为主要经营项目的单位。

饮品店:指以酒类、咖啡、茶水或者饮料为主要经营项目的单位。

食堂:指设于机关、学校(含托幼机构)、企事业单位、工地等地点(场所),为供应内部职工、学生等就餐的单位。

集体用餐配送单位:指根据服务对象订购要求,集中加工、分送食品但不提供就餐场所的单位。

食品:指各种供人食用或者饮用的成品、半成品和原料以及按照传统既是食品又是药品的物品,但是不包括以治疗为目的的物品。

原料:指供烹饪加工制作食品所用的一切可食用的物质和材料。

半成品:指食品原料经初步或部分加工后,尚需进一步加工制作的食品或原料。

成品:指经过加工制成的或待出售的可直接食用的食品。

凉菜(又称冷菜、冷荤、熟食、卤味等):指对经过烹制成熟或者腌渍入味后的食品进行简单制作并装盘,一般无须加热即可食用的菜肴。

生食海产品:指不经过加热处理即供食用的生长于海洋的鱼类、贝壳类、头足类等水产品。

裱花蛋糕:指以粮、糖、油、蛋为主要原料经焙烤加工而成的糕点胚,在其表面裱以奶油、人造奶油、植脂奶油等制成的糕点食品。

现榨饮料:是指以新鲜水果、蔬菜及谷类、豆类等五谷杂粮为原料,在符合加工食品安全要求的条件下,现场榨汁制作的供顾客直接饮用的非定型包装果蔬汁、五谷杂粮等饮品(不包括采用浓浆、浓缩汁、果蔬粉调配而成的饮料)。

加工经营场所:指与食品制作供应直接或间接相关的场所,包括食品处理区、非食品处理区和就餐场所。

食品处理区:指食品的粗加工、切配、烹饪和备餐场所、专间、食品库房、餐用具清洗消毒和保洁场所等区域,分为清洁操作区、准清洁操作区、一般操作区。

清洁操作区:指为防止食品被环境污染,清洁要求较高的操作场所,包括专间、备餐场所。

专间:指处理或短时间存放直接入口食品的专用操作间,包括凉菜间、裱花间、备餐专间、集体用餐分装专间等。

备餐场所:指成品的整理、分装、分发、暂时置放直接入口食品的专用场所。

准清洁操作区:指清洁要求次于清洁操作区的操作场所,包括烹饪场所、餐用具保洁场所。

烹饪场所:指对经过粗加工、切配的原料或半成品进行煎、炒、炸、焖、煮、烤、烘、蒸及其他热加工处理的操作场所。

餐用具保洁场所:指对经清洗消毒后的餐饮具和接触直接入口食品的工具、容器进行存放并保持清洁的场所。

一般操作区:指其他处理食品和餐具的场所,包括粗加工操作场所、切配场所、餐用具清洗消毒场所和食品库房等。

粗加工操作场所:指对食品原料进行挑拣、整理、解冻、清洗、剔除不可食部分等加工处理的操作场所。

切配场所:指把经过粗加工的食品进行洗、切、称量、拼配等加工处理成为半成品的操作场所。

餐用具清洗消毒场所:指对餐饮具和接触直接入口食品的工具、容器进行清洗、消毒的操作场所。

非食品处理区:指办公室、厕所、更衣场所、大堂休息厅、歌舞台、非食品库房等非直接处理食品的区域。

就餐场所:指供消费者就餐的场所,但不包括供就餐者专用的厕所、门厅、大堂休息厅、歌舞台等辅助就餐的场所。

中心温度:指块状食品或有容器存放的液态食品的中心部位的温度。

交叉污染:指通过食品、食品加工者、食品加工环境或工具把污染物转移到食品的过程。

从业人员:指餐饮服务提供者中从事食品采购、保存、加工、供餐服务等工作的人员。

5.2.2 影响餐饮的食品安全主要环节

餐饮服务是指通过即时制作加工、商业销售和服务性劳动等,向消费者提供食品和消费场所及设施的服务活动。影响餐饮的食品安全主要环节有哪些呢? 主要环节有从业人员卫生环节、加工场所清洁卫生环节、采购与贮藏环节、餐饮食品加工与备餐环节等。

5.2.3 餐饮从业人员的清洁卫生

餐饮从业人员的卫生状况直接关系到消费者的健康,需要从人员健康、个人卫生、工作服管理和人员培训几个方面执行相关规定要求。

关于从业人员的健康管理要求,《食品安全法》规定,食品生产经营人员每年至少必须进行一次健康检查,新参加工作和临时参加工作的食品生产经营人员也必须进行健康检查,取得健康证明后上岗。如果患有痢疾、伤寒、甲型、戊型病毒性肝炎等消化道传染病,以及活动性肺结核、化脓性或者渗出性皮肤病,不得参加接触直接入口食品的工作。有发热、腹泻、皮肤伤口或感染、咽部炎症等有碍食品安全病症的,应立即离开工作岗位,待查明原因并将有碍食品安全的病症治愈后,方可重新上岗。

从业人员的个人卫生要求:应保持良好个人卫生,操作时应穿戴清洁的工作服、工作帽,头发不得外露,不得留长指甲、涂指甲油、佩戴饰物。专间操作人员应戴口罩。操作前手部应洗净,操作时应保持清洁。接触直接入口食品时,手部还应进行消毒。

专间操作人员进入专间时,应更换专用工作衣帽并佩戴口罩,操作前双手严格进行清洗消毒,操作中应适时消毒。

不得将与食品加工制作无关的私人物品带入食品处理区。不得在食品处理区内吸烟、饮食或从事其他可能污染食品的行为。进入食品处理区的非加工操作人员,应符合现场操作人员卫生要求。

从业人员的工作服管理要求:工作服宜用白色或浅色布料制作,专间工作服宜从颜色或式样上予以区分。工作服应定期更换,保持清洁。接触直接入口食品的从业人员的工作服应每天更换。待清洗的工作服应远离食品处理区。每名从业人员不得少于2套工作服。

从业人员的培训要求：新参加工作及临时参加工作的从业人员，应参加食品安全培训，合格后方能上岗。在职从业人员应按照培训计划和要求参加培训。

5.2.4 加工场所的清洁卫生

5-2

如果加工场所不能维持清洁卫生，食品就会很容易受到污染。清洁和消毒并不是一回事，清洁意味着去除可见的污物，消毒则是清除有害细菌、病毒。操作的任何场所、食品接触面都必须经过清洗，接触直接入口食品的工具、餐具还必须进行消毒。

消毒的方法包括热力消毒、化学消毒。热力消毒包括煮沸消毒、蒸汽消毒和红外线消毒。煮沸、蒸汽消毒应保持 100℃，10 分钟以上。红外线消毒一般控制温度 120℃以上，保持不少于 10 分钟。洗碗机消毒一般水温控制 85℃，冲洗消毒 40 秒以上。化学消毒主要为各种含氯消毒药物，使用浓度应含有效氯 250 mg/L 以上，餐饮具全部浸泡入液体中 5 分钟以上。化学消毒后的餐饮具应用净水冲去表面残留的消毒剂。

此外，还需注意加工场所、设施、设备的清洁卫生，虫害控制与垃圾处理。

例如，擦拭不同表面的抹布宜用不同颜色或用其他标记区分。擦拭直接入口食品接触面的抹布应经过消毒。不要将化学药品、洗涤剂或者杀虫剂与食物、厨房用具或者设备存放在一起。这些物品必须放置在固定的场所并上锁，明确专人保管；在每件化学药品上贴有醒目标签，包装上应有明显的警示标志。

5.2.5 采购环节的食品安全

采购的食品、食品添加剂、食品相关产品等应符合国家有关食品安全标准和规定的有关要求，并应进行验收，不得采购《食品安全法》规定禁止生产经营的食品和《农产品质量安全法》规定不得销售的食用农产品。

采购时应索取购货凭据，并应查验供货者的许可证和食品合格的证明文件，做好采购记录，便于溯源。

不采购不能提供有关证明的畜禽肉类，感官不符要求的畜禽肉类；不采购河豚及其制品，不采购死河蟹、死黄鳝、死甲鱼；不采购发芽土豆，严重腐烂的水果、野蘑菇；不采购酸败的食用油、霉变的粮食、生虫的干货。

入库前应进行验收，出入库时应进行登记，做好记录。应在验收时要求供应商提供相关证明材料，并做到货证相符。入库原料须贴标签，注明品名、厂名，生产日期，保质期限，保存条件，食用或者使用方法；加工食品标签上应有“SC”生产许可证的证号。

为保证产品的溯源性，餐饮单位还应建立采购食品的进货台账，台账应记录进货时间、食品名称、规格、数量、供货商及其联系方式等内容，台账保存期限不得少于食品使用完毕后 24 个月。

5.2.6 低温保藏环节的食品安全

原料贮存时须遵循先进先出原则。采用低温贮存具有潜在危害的食品，尽可能缩短在危险温度带的滞留时间。经常性检查冷库运转和温度状况。

低温保藏法包括冷藏与冻藏。冷藏指将原料、半成品、成品置于冰点以上较低温度下贮存，冷藏环境温度范围应在0～8℃。冷藏主要用于蔬菜、水果、禽蛋，以及畜禽肉、鱼等水产品的短期贮存，亦可用于加工性原料的防虫和延长贮存期限。新鲜蔬菜和水果一般5～7℃冷藏；为防止脱水，相对湿度蔬菜一般应在85%～95%，水果在80%；如为密封薄膜包装应再扎些小孔以释放出果蔬呼吸产生的水和二氧化碳，以保持新鲜；冷藏前不可清洗，否则易变质腐败。定型包装食品一旦拆封后低于5℃冷藏。干制原料易受潮变质，应在密闭容器中存放。

冷冻指将原料、半成品、成品置于冰点温度以下，以保持冰冻状态贮存的过程，冷冻温度范围宜低于−12℃。冷冻适合鱼虾肉类生鲜等食品的较长期贮存，避免腐败变质。

冷库内的环境温度至少应比食品中心温度低1℃；冷库的门应经常保持关闭；不要使冷库超负荷地存放食品；肉类、水产品、禽类与蔬菜、水果尽量分开贮存，如不能分开，则应将肉类、水产品和禽类放置在冷库内温度较低的区域，并尽可能远离门；贮存的食品应装入密封的容器中或妥善进行包裹；食品冷冻时应小批量进行，以使食品尽快冻结；低温和常温贮存时食品距离墙壁、地面均应在10厘米以上。贮存中还应避免交叉污染，标识食品原料的使用期限，妥善处理不符合卫生要求的食品。

5.2.7　餐饮食品加工与备餐环节的食品安全

加工餐饮食品，应注意不加工已死亡的河蟹、黄鳝、甲鱼、贝壳类等水产品。剔除发芽的马铃薯。叶菜应将每片菜叶摘下后彻底清洗，去除蔬菜中可能含有的农药。

烹调加工时，需要杀灭食品中的致病微生物。食品只有经烧熟煮透，才能杀灭其中的致病微生物。烧熟煮透如果用温度和时间来衡量，就是食品的中心温度应达到75℃，保持时间15秒以上。还要避免烹饪中的交叉污染。无适当保存条件，存放时间超过2小时的食品，需再次利用的应充分加热。加热前应确认食品未变质。冷冻熟食品应彻底解冻后经充分加热方可食用。

凉菜配制的要求：加工前应认真检查待配制的成品凉菜，发现有腐败变质或者其他感官性状异常的，不得进行加工。专间内应当由专人加工制作，非操作人员不得擅自进入专间。不得在专间内从事与凉菜加工无关的活动。专间每餐（或每次）使用前应进行空气和操作台的消毒。使用紫外线灯消毒的，应在无人工作时开启30分钟以上，并做好记录。专间内应使用专用的设备、工具、容器，用前应消毒，用后应洗净并保持清洁。供加工凉菜用的蔬菜、水果等食品原料，未经清洗处理的，不得带入凉菜间。制作好的凉菜应尽量当餐用完。剩余尚需使用的应存放于专用冰箱中冷藏或冷冻，食用前需要加热。

裱花操作的要求：专间内操作。蛋糕胚宜在专用冰箱中冷藏，冷藏温度10℃以下。裱浆和经清洗消毒的新鲜水果应当天加工、当天使用。植脂奶油裱花蛋糕储藏温度在3±2℃，蛋白裱花蛋糕、奶油裱花蛋糕、人造奶油裱花蛋糕储藏温度不得超过20℃。

备餐应注意控制温度和时间。热藏备餐的食品温度保持在60℃以上。冷藏备餐的食品温度保持在10℃，最好是5℃以下。常温备餐的食品熟制加工后2小时内食用。

5.2.8　餐饮服务环节食物中毒的预防

5.2.8.1　预防细菌性食物中毒的基本原则和关键点

预防细菌性食物中毒，应根据防止食品受到细菌污染、控制细菌的繁殖和杀灭病原菌三项基本原则采取措施。

一是避免污染。避免生食品与熟食品接触，经常性洗手，接触直接入口食品的还应消毒手部，保持食品加工操作场所清洁，避免昆虫、鼠类等动物接触食品。

二是控制温度。贮存熟食品，要及时热藏，或者及时冷藏。

三是控制时间。即尽量缩短食品存放时间，不给微生物生长繁殖的机会。熟食品应尽快吃掉；食品原料应尽快使用完。

四是清洗和消毒。对接触食品的所有物品应清洗干净，凡是接触直接入口食品的物品，还应在清洗的基础上进行消毒。一些生吃的蔬菜水果也应进行清洗消毒。

五是控制加工量。食品的加工量应与加工条件相吻合。食品加工量超过加工场所和设备的承受能力时，难以做到按食品安全要求加工，极易造成食品污染，引起食物中毒。

5.2.8.2 预防常见化学性食物中毒的措施

预防常见化学性食物中毒，一是预防农药引起的食物中毒。蔬菜粗加工时以食品洗涤剂溶液浸泡 30 分钟后再冲净，烹饪前再经烫泡 1 分钟，可有效去除蔬菜表面的大部分农药。

二是预防豆浆引起的食物中毒。生豆浆中含有一种叫皂甙的物质，皂甙如果未熟透进入胃肠道，会刺激人体的胃肠黏膜，使人出现一些中毒反应，出现恶心、腹痛、呕吐、腹泻、厌食、乏力等症状。生豆浆烧煮时将上涌泡沫除净，煮沸后再以文火维持煮沸 5 分钟左右，使泡沫完全消失，这样才能使其有害物质被彻底分解破坏。应注意豆浆加热至 80℃时，会有许多泡沫上浮，出现“假沸”现象。

三是预防四季豆引起的食物中毒。引起中毒的原因是四季豆中的红细胞凝集素、皂素等天然毒素。因为这些毒素比较耐热，只有将其加热到 100℃并持续一段时间后才能破坏。采用沸水焯扁豆、急火炒扁豆等方法，由于加工时间短，温度不够，往往不能完全破坏其中的天然毒素。一般应用油煸炒或焯水后，加适量的水，盖上锅盖，保持 100℃加热 10 分钟以上。

四是预防亚硝酸盐引起的食物中毒。加强亚硝酸盐的保管，避免误作食盐使用。在腌制肉制品时，所使用的亚硝酸盐不得超过《食品添加剂使用卫生标准》的限量规定。

五是预防河豚引起的食物中毒。古人有“拼死吃河豚”一说，说明肉质鲜美但有剧毒。河豚毒素加热后也难以去除，发生中毒后的死亡率高，是国家法规明令禁止的食品。河豚干制品也不得经营。

六是预防青皮红肉鱼引起的食物中毒。海产鱼类中的青皮红肉鱼会形成组胺，引起组胺食物中毒。由于组胺的产生是因鱼体腐败引起，因此预防的方法是贮存加工中保证鱼的新鲜，防止组胺产生。

七是预防野蘑菇引起的食物中毒。野蘑菇中的部分品种具有毒性，食用后可导致中毒甚至死亡。防止中毒的有效方法是不采摘、不采购、不食用野生蘑菇。

一旦有人出现食物中毒症状，应立即停止食用可疑食物，同时，立即拨打“120”呼救电话。在急救车到来之前，可以采取催吐与导泻自救。对中毒不久而无明显呕吐者，可用手指、筷子等刺激其舌根部的方法催吐，或大量饮用温开水并反复自行催吐，以减少毒素的吸收。催吐后，可适量饮用牛奶以保护胃黏膜。如果患者吃下中毒食物的时间较长，而且精神较好，可采取服用泻药的方式，促使有毒食物排出体外。要保留导致中毒的食物样本，以提供给医院进行检测。

（谢定源）

5.3　烹饪原料品质鉴别与食品安全

5.3.1　烹饪原料品质鉴别

烹饪原料品质的鉴别有感官鉴别方法、理化和微生物检验方法。本节主要介绍一些常见烹饪原料的感官鉴别方法。感官鉴别方法是依靠视觉、嗅觉、味觉、触觉和听觉等来鉴定烹饪原料的外观形态、色泽、气味、滋味和质感。通过感官指标来鉴别烹饪原料的优劣和真伪，不仅简便易行，而且灵敏度高，直观而实用，因而是食品的生产、销售、管理人员所必须掌握的一门技能。广大消费者从维护自身权益角度讲，掌握这种方法也是十分必要的。

5.3.1.1　大米品质的感官鉴别

大米品质的感官鉴别方法：①色泽。优质大米呈清白色或精白色，具光泽，呈半透明状；劣质大米色泽差，表面呈绿色、黄色或灰褐色。②粒型。优质大米表面光亮、大小均匀、坚实丰满、完整、硬度较大，次质大米大小不均匀、碎米粒多、有杂质和带壳谷粒。③腹白。米粒腹部有一个透明的白斑，在中心部位的叫“心白”，在外腹部的叫“外白”。腹白小的米是籽粒饱满的稻谷加工的，腹白大的米是不够成熟的稻谷加工的。④爆腰。米粒表面出现横裂纹称为“爆腰米”，裂纹越多，质量越差，用这种米做饭会“夹生”，口感不好。⑤气味。优质大米具有正常的香气，次质大米有异味，劣质大米有酸臭味或其他异味。⑥新鲜大米色白，富有光泽，气味清新，韧性强，做成饭口感好、香味浓；而陈大米皮层变厚，光泽减少，米粒坚硬，脆性大，易断裂，做成饭口感差、没有香味。用陈旧大米掺入工业用石蜡，进行抛光处理而制成的大米，外观光泽明亮，用手抓捏溜滑发光，用开水浸泡后细看泔水表面有漂浮油脂，闻一闻会略有石蜡等异味。

5.3.1.2　面粉品质的感官鉴别

面粉品质的感官鉴别方法：①色泽。将样品在黑纸上撒一薄层，再与适当的标准颜色或标准样品做比较，仔细观察其色泽异同。良质面粉色泽呈白色或微黄色，不发暗，无杂质的颜色。次质面粉色泽暗淡。劣质面粉色泽呈灰白或深黄色，发暗，色泽不均。②组织状态。将面粉样品在黑纸上撒一薄层，仔细观察有无发霉、结块、生虫及杂质等，再用手捻捏，以试手感。良质面粉呈细粉末状，不含杂质，手指捻捏时无粗粒感，无虫子和结块，置于手中紧捏后放开不成团。次质面粉手捏时有粗粒感，生虫或有杂质。劣质面粉吸潮后霉变，有结块或手捏成团。③气味。取少量样品置于手掌中，用嘴哈气使之稍热，为了增强气味，也可将样品置于有塞的瓶中，加入60℃热水，紧塞片刻，再将水倒出嗅其气味。良质面粉具有面粉的正常气味，无其他异味。次质面粉微有异味。劣质面粉有霉臭味、酸味、煤油味以及其他异味。④滋味。可取少量样品细嚼，遇有可疑情况，应将样品加水煮沸后品尝。良质面粉味道可口，淡而微甜，没有发酸、刺喉、发苦、发甜以及外来滋味，咀嚼时没有沙声。次质面粉淡而乏味，微有异味，咀嚼时有沙声。劣质面粉有苦味，酸味，发甜或其他异味，有刺喉感。

5.3.1.3　米面制品中掺硼砂的鉴别

硼砂，一般写作 $Na_2B_4O_7 \cdot 10H_2O$，通常为含有无色晶体的白色粉末，易溶于水，可用作清洁剂、化妆品、杀虫剂，也可用于配制缓冲溶液和制取其他硼化合物等。市售硼砂往往已经部分风化。硼砂毒性较高,世界各国多禁止作为食品添加物。人体若摄入过多的硼,会引发多脏器的蓄积性中毒。人食用硼砂到一定量时,可引起脑、肝、肾及皮肤黏膜的损害,严重的可发生休克。硼砂作为食品添加剂早已被禁用,但目前仍有些单位或个人无视国家法律规定,在制作米面制品、腐竹、粉肠、凉粽等食品时加入硼砂。

食品中的硼砂污染检测方法如下:①感官检验。凡加入硼砂的食品,用手摸均有滑爽感觉,并能闻到轻微的碱性味。②pH 试纸法。用 pH 试纸贴在粉肠、凉粽等食品上,如 pH 试纸变蓝,则证明该食品被硼砂或其他碱性物质污染,如试纸无变化则表示正常。③姜黄试纸特性检验法。先将姜黄根研成粉状,水洗几次,再用 6 倍的白酒浸泡,滤去不溶物即得姜黄液。将快速滤纸截为小条状放在姜黄液中浸湿,烘干备用。检测时将姜黄试纸放在粉肠、凉粽等食品表面并润湿,再将试纸在碱水中蘸一下,若试纸呈浅蓝色,则证明粉肠、凉粽等食品被硼砂污染,如试纸颜色为褐色,则属正常。

5.3.1.4 馒头、米粉中掺入工业用增白剂的鉴别

工业用增白剂,俗称吊白块,学名为甲醛合次硫酸氢钠,是一种对人体有害的物质,国家早已明文规定禁止在食品中用作添加剂,但近年来一些食品经销单位和个人,把有毒的工业用增白剂当作食品添加剂,用于馒头、米粉、凉皮、粉条、腐竹等食品以达到增白及增重的目的。吊白块是印染行业常用的一种漂白剂,如在食品中使用,会使食品中残留有害的甲醛,甲醛进入人体后,可使蛋白质凝固,人的致死量为 110 g。据了解,现在有些农村生产豆制品——腐竹,就是用吊白块脱色,因为吊白块所具有的凝固蛋白质作用可使每 100 kg 大豆多产腐竹 10 kg,但这种做法并不是以改进工艺来提高腐竹的出品率,而是使用禁用的添加剂来走捷径,应严加禁止。

检验吊白块的方法:取面条或其他待测样品,磨碎加入 10 倍量的水混匀,移入锥形瓶中,向瓶中加入 1∶1 的盐酸溶液,加入量为锥形瓶中样品溶液量的 20%,再加锌粒 2 g 左右,迅速在瓶口包一张醋酸铅试纸,放置 1 小时,观察试纸颜色的变化,如果试纸变为棕黑色,则证明待测样品中含有吊白块,即甲醛合次硫酸氢钠。同时做对照试验。

5.3.1.5 食用油脂品质的感官鉴别

食用油脂品质的感官鉴别方法:①闻气味。各种动、植物油脂都有其特定的气味,这种气味可以判明原料的状况、加工方法以及油脂质量的好坏。正常的食用油脂不应有酸败味、焦煳味或其他异味。②尝滋味。除小磨香油以外,其他的正常油脂均无任何滋味。如果油脂的品质不好,会有哈喇味或涩苦味。③看色泽。各种食用油脂都有深浅不一的颜色。如热榨油一般深于冷榨油,精炼油常浅于毛油,油脂的色泽越深,品质越差。④观透明度。品质正常的食用油溶解后应该完全透明,如果油脂中有过多的水分、蛋白质、磷脂、蜡,或者油脂已变质,会引起油脂浑浊,透明度下降。⑤查沉淀。液体食用油脂在常温下静置 24 小时后,沉淀物越少说明油的品质越好。

5.3.1.6 豆芽品质的感官鉴别

豆芽品质的感官鉴别方法:自然培育的豆芽芽身挺直,芽根不软,组织结构脆嫩,有光泽且白嫩,稍细,无烂根、烂尖等现象。用化肥浸泡的豆芽色泽灰白,芽杆粗壮,根短、无根或少根,豆粒发蓝;如将豆芽折断,则断面有水分冒出,有的还残留有化肥的气味,如带有氨味。

5.3.1.7 果品品质的感官鉴别

鲜果品的感官鉴别方法主要是目测、鼻嗅和口尝。其中,目测包括三方面的内容:一是

看果品的成熟度和是否具有该品种应有的色泽及形态特征;二是看果型是否端正,个头大小是否基本一致;三是看果品表面是否清洁新鲜,有无病虫害和机械损伤等。鼻嗅则是辨别果品是否带有本品种所特有的芳香味,有时候果品的变质可以通过其气味的不良改变直接鉴别出来,像坚果的哈喇味和西瓜的馊味等。口尝不但能感知果品的滋味是否正常,还能感觉到果肉的质地是否良好,它也是很重要的一个感官指标。干果品虽然较鲜果的含水量低或是经过了干制,但其感官鉴别的原则与指标基本上同前述。

5.3.1.8 白莲品质的感官鉴别

白莲品质的感官鉴别方法:手工白莲有一点自然的皱皮,孔比较小。机器磨皮的白莲,有一点残留的红皮在上面。白莲煮过以后,闻起来很清香,而且莲子膨化很大。化学去皮白莲在刀痕的地方有一点膨胀。药水泡过的白莲孔比较大。

5.3.1.9 注水猪肉的感官鉴别

注水猪肉的感官鉴别方法:①观察。正常的新鲜猪肉,肌肉有光泽,红色均匀,脂肪洁白,表面微干;注水后的猪肉,肌肉缺乏光泽,表面有水淋淋的亮光。②手触。正常的新鲜猪肉,手触有弹性,有粘手感;注水后的猪肉,手触弹性差,亦无黏性。③刀切。正常的新鲜猪肉,用刀切后,切面无水流出,肌肉间无冰块残留;注水后的切面,有水顺刀流出,如果是冻肉,肌肉间还有冰块残留,严重时瘦肉的肌纤维被冻结冰胀裂,营养流失。④纸试。纸试有多种方法:第一种方法是用普通薄纸贴在肉面上,正常的新鲜猪肉有一定黏性,贴上的纸不易揭下;注了水的猪肉,没有黏性,贴上的纸容易揭下。第二种方法是用卫生纸贴在刚切开的切面上,新鲜的猪肉,纸上没有明显的浸润;注水的猪肉则有明显的湿润。第三种方法是用卷烟纸贴在肌肉的切面上数分钟,揭下后用火柴点燃,如有明火的,说明纸上有油,是没有注水的肉;反之,点不燃的则是注水的肉。

5.3.1.10 注水牛肉的感官鉴别

注水牛肉的感官鉴别方法:①观察。注水后的肌肉很湿润,肌肉表面有水淋淋的亮光,大血管和小血管周围出现半透明状的红色胶样浸湿,肌肉间结缔组织呈半透明红色胶冻状,横切面可见到淡红色的肌肉;如果是冻结后的牛肉,切面上能见到大小不等的结晶冰粒,这些冰粒是注入的水被冻结的,严重时这种冰粒会使肌肉纤维断裂,造成肌肉中的浆液(营养物质)外流。②手触。正常的牛肉,富有一定的弹性;注水后的牛肉,破坏了肌纤维的张力,使之失去弹性,所以用手指按下的凹陷,很难恢复原状,手触也没有黏性。③刀切。注水后的牛肉,用刀切开时,肌纤维间的水会顺刀口流出;如果是冻肉,刀切时可听到沙沙声,甚至有冰疙瘩落下。④化冻。注水冻结后的牛肉,在化冻时,盆中化冻后水呈暗红色,因肌纤维被冻结冰胀裂,致使大量浆液外流的缘故。

5.3.1.11 硼砂猪肉的鉴别

鉴别硼砂猪肉的方法:①看猪肉的色泽。凡是在肉的表面上撒了硼砂后,都会使鲜肉失去原有的光泽,比粉红色的瘦肉要暗一些。如果硼砂刚撒上去,则肉的表面会有白色的粉末状物质。②摸猪肉的滑度。用手摸一摸肉面,如有滑腻感,说明肉上撒了硼砂。如果硼砂撒得多,手触时,还会有硼砂微粒粘在手上,并能嗅到微弱的碱味。③用试纸验色。到化工商店或药店购买一本广泛试纸,撕下一张试纸,贴到肉上,如果试纸变成蓝色,说明肉中含有硼砂,如果试纸没有变色,说明肉上没有硼砂。

5.3.1.12 瘟疫病猪肉的鉴别

瘟疫病猪肉的鉴别方法:①看出血点。得了猪瘟疫病的活猪,皮肤上有较小的深色出血点,以四肢和腹下部为甚。②看耳颈皮肤。得了猪瘟疫的活猪,耳颈处的皮肤皆呈紫色。③看眼结膜。得了猪瘟疫病的活猪,眼结膜发炎,有黏稠脓性分泌物。

5.3.1.13 丹毒病猪肉的鉴别

丹毒病猪肉的鉴别方法:①败血型丹毒肉。全身或胸腹部皮肤充血,表面有红斑,有时红斑扩大融合,成为大片红色,俗称大红袍。全身淋巴结肿胀、多汁,呈玫瑰色或紫红色。脾脏急性肿胀,呈红棕色。肾脏肿大,深红或紫红色,上面有细小的出血点。剖面皮质见针尖大半球状红色小突起。胃底和十二指肠黏膜充血,并有出血斑点。②疹块型丹毒肉。其淋巴结肿胀、多汁,呈灰白色。皮肤上有大小不等的方形、圆形、菱形白色或红色疹块,高出皮肤表面,病愈后,仅留有灰黑色痕迹。③慢性型丹毒肉。主要表现在心脏二尖瓣上有菜花样赘生物,关节肿大变形,皮肤坏死或形成方形或菱形凹陷,有的皮上形成硬痂皮。

5.3.1.14 黄脂猪肉与黄胆猪肉的鉴别

在市场上有时看到一种黄色的猪肉,人们往往认为它是病猪肉,不能吃,其实,黄色猪肉是由两种情况引起的,应区别对待。①黄脂猪肉。这种猪肉脂肪为黄色。脂肪变黄的原因是,猪在饲养中,经常喂食含有丰富的黄色素饲料,如胡萝卜素、黄玉米面、黄瓜等,这些食物中的黄色素进入猪的肌体后沉积于脂肪中,使脂肪呈现出不同程度的黄色。这种黄色脂肪,在空气流通的环境中会逐渐减弱,并不影响食用。②黄胆猪肉。不但体腔内脂肪和皮下脂肪都呈黄色,而且黏膜、巩膜、结膜、浆膜、血管膜、肌腱和皮肤都呈黄色。其原因是这种猪由于某些传染性或中毒性疾病引起胆汁排泄发生障碍,使大量胆红素进入血液,造成全身组织发黄,所以它是一种病变猪肉,不能上市出售。

5.3.1.15 健康鸡与病鸡的鉴别

健康鸡与病鸡的鉴别方法:①动态鉴别。抓翅膀将鸡提起,其挣扎有力,双腿收起,鸣声长而响亮,有一定重量,表明鸡活力强。挣扎无力,鸣声短促而嘶哑,脚伸而不收,肉薄身轻,则是病鸡。②静态鉴别。健康鸡呼吸不张嘴,眼睛干净且灵活有神。病鸡不时张嘴,眼红或眼球浑浊不清,眼睑浮肿。③体貌鉴别。健康鸡鼻孔干净而无鼻水,冠脸朱红色,头羽紧贴,脚爪的鳞片有光泽,皮肤黄净有光泽,肛门黏膜呈肉色,鸡嗉囊无积水,口腔无白膜或红点,不流口水。病鸡鼻孔有水,鸡冠变色,肛门里有红点,流口水,嘴里有病变。

5.3.1.16 健禽肉与死禽肉的鉴别

健禽肉与死禽肉的鉴别方法:①放血切口。健禽肉切口不整齐,放血良好,切口周围组织有被血液浸润现象,呈鲜红色。死禽肉切口平整,放血不良,切口周围组织无被血液浸润现象,呈暗红色。②皮肤。健禽肉表皮色泽微红,具有光泽,皮肤微干而紧缩。死禽肉表皮呈暗红色或微青紫色,有死斑,无光泽。③脂肪。健禽肉脂肪呈白色或淡黄色。死禽肉脂肪呈暗红色,血管中淤存有暗紫红色血液。④肌肉。健禽肉切面光洁,肌肉呈淡红色,有光泽、弹性好。死禽肉切面呈暗红色或暗灰色,光泽较差或无光泽,手按在肌肉上会有少量暗红色血液渗出。

5.3.1.17 鲜蛋品质的感官鉴别

鲜蛋品质的感官鉴别方法:①蛋壳。良质鲜蛋蛋壳清洁、完整、无光泽,壳上有一层白霜,色泽鲜明。一类次质鲜蛋蛋壳有裂纹,格窝现象,蛋壳破损、蛋清外溢或壳外有轻度霉斑等;二类次质鲜蛋蛋壳发暗,壳表破碎且破口较大,蛋清大部分流出。劣质鲜蛋蛋壳表面的粉霜脱落,壳色油亮,呈乌灰色或暗黑色,有油样漫出,有较多或较大的霉斑。②手摸:用手摸素蛋的表面是否粗糙,掂量蛋的轻重,把蛋放在手掌心上翻转等。良质鲜蛋蛋壳粗糙,重量适当。一类次质鲜蛋蛋壳有裂纹、格窝或破损,手摸有光滑感;二类次质鲜蛋蛋壳破碎,蛋白流出。手掂重量轻,蛋拿在手掌上自转时总是一面向下(贴壳蛋)。劣质鲜蛋手摸有光滑感,掂量时过轻或过重。③耳听。把蛋拿在手上,轻轻抖动使蛋与蛋相互碰击,细听其声,或是手握蛋摇动,听其声音。良质鲜蛋蛋与蛋相互碰击声音清脆,手握蛋摇动无声。次质鲜蛋蛋与蛋碰击发出哑声(裂纹蛋),手摇动时内容物有流动感。劣质鲜蛋蛋与蛋相互碰击发出嘎嘎声(孵化蛋)、空空声(水花蛋)。手握蛋摇动时内容物有晃动声。④鼻嗅。用嘴向蛋壳上轻轻哈一口热气,然后用鼻子嗅其气味。良质鲜蛋有轻微的生石灰味。次质鲜蛋有轻微的生石灰味或轻度霉味。劣质鲜蛋有霉味、酸味、臭味等不良气体。⑤鲜蛋的灯光透视鉴别。灯光透视是指在暗室中用手握住蛋体紧贴在照蛋器的光线洞口上,前后、上下、左右来回轻轻转动,靠光线的帮助看蛋壳有无裂纹、气室大小、蛋黄移动的影子、内容物的澄明度、蛋内异物,以及蛋壳内表面的霉斑、胚的发育等情况。在市场上无暗室和照蛋设备时,可用手电筒围上暗色纸筒(照蛋端直径稍小于蛋)进行鉴别。如有阳光也可以用纸筒对着阳光直接观察。良质鲜蛋气室直径小于 11 mm,整个蛋呈微红色,蛋黄略见阴影或无阴影,且位于中央,不移动,蛋壳无裂纹。一类次质鲜蛋蛋壳有裂纹,蛋黄部呈现鲜红色小血圈;二类次质鲜蛋透视时可见蛋黄上呈现血环,环中及边缘呈现少许血丝,蛋黄透光度增强而蛋黄周围有阴影,气室大于 11 mm,蛋壳某一部位呈绿色或黑色,蛋黄部完整,散如云状,蛋壳膜内壁有霉点,蛋内有活动的阴影。劣质鲜蛋透视时黄、白混杂不清,呈均匀灰黄色,蛋全部或大部不透光,呈灰黑色,蛋壳及内部均有黑色或粉红色点,蛋壳某一部分呈黑色且占蛋黄面积的二分之一以上,有圆形黑影(胚胎)。

5.3.1.18 鲜鱼品质的感官鉴别

鲜鱼品质的感官鉴别方法:①眼球。新鲜鱼眼球饱满突出,角膜透明清亮,有弹性。次鲜鱼眼球不突出,眼角膜起皱,稍变浑浊。腐败鱼眼球塌陷或干瘪,角膜皱缩或有破裂。②鱼鳃。新鲜鱼鳃丝清晰呈鲜红色,黏液透明,具有海水鱼的咸腥味或淡水鱼的土腥味,无异臭味。次鲜鱼鳃色变暗呈灰红或灰紫色,黏液轻度腥臭,气味不佳。腐败鱼鳃呈褐色或灰白色,有污秽的黏液,带有不愉快的腐臭气味。③体表。新鲜鱼有透明的黏液,鳞片有光泽且与鱼体贴附紧密,不易脱落。次鲜鱼黏液多不透明,鳞片光泽度差且较易脱落,黏液黏腻而浑浊。腐败鱼体表暗淡无光,表面附有污秽黏液,鳞片与鱼皮脱离殆尽,具有腐臭味。④肌肉。新鲜鱼肌肉坚实有弹性,指压后凹陷立即消失,无异味,肌肉切面有光泽。次鲜鱼肌肉稍呈松散,指压后凹陷消失得较慢,稍有腥臭味,肌肉切面有光泽。腐败鱼肌肉松散,易与鱼骨分离,指压时形成的凹陷不能恢复或手指可将鱼肉刺穿。⑤腹部外观。新鲜鱼腹部正常、不膨胀,肛孔白色,凹陷。次鲜鱼腹部膨胀不明显,肛门稍突出。腐败鱼腹部膨胀、变软或破裂,表面发暗灰色或有淡绿色斑点,肛门突出或破裂。

5.3.1.19 调味品品质的感官鉴别

调味品品质的感官鉴别方法:调味品的感官鉴别指标主要包括色泽、气味、滋味和外观形态等。其中,气味和滋味在鉴别时具有尤其重要的意义,只要某种调味品在品质上稍有变化,就可以通过其气味和滋味微妙地表现出来,故在实施感官鉴别时,应该特别注意这两项指标的应用。其次，对于液态调味料还应目测其色泽是否正常，更要注意酱、酱油、食醋等表面是否有醭或已经生蛆，对于固态调味品还应目测其外形或晶粒是否完整，所有调味品均应在感官指标上掌握到不霉、不臭、不酸败、不板结、无异物、无杂质、无寄生虫的程度。

5.3.1.20 亚硝酸钠与食盐的鉴别

亚硝酸钠是一种含氮化合物，是一种氧化剂，一旦误食进入人体，能将血液中具有携氧能力的低铁血红蛋白氧化成为高铁血红蛋白而使其失去携氧能力，从而影响正常带氧的血红蛋白向组织细胞释放氧的能力，出现一系列的毒性反应。鉴别亚硝酸钠与食盐的方法：①看透明。亚硝酸钠与食盐都是白色晶体粉末，无挥发性气味。亚硝酸钠一般是黄色或淡黄色的透明晶体，而食盐是不透明的。②水试验。取 5 g 左右样品放入碗内，加入 250 g 冷水，同时用手搅拌，水温急剧下降的，是亚硝酸钠，因为亚硝酸钠溶解时比食盐吸热快。③试色变。取 1 蚕豆粒大小的样品，用大约 20 倍的水使其溶解，然后在溶液内加 1 米粒大小的高锰酸钾，如果高锰酸钾的颜色由紫变浅，则说明该样品是亚硝酸钠，如果不改变颜色，就是食盐。

5.3.2 美味食品的安全性

人们追求味觉享受，有时会忽略食物的营养均衡、科学搭配与安全性，下面介绍几类需要注意的食物。

5.3.2.1 油炸食品

将食物放入食用油中加热（油的液面高于食物高度）的过程就叫作油炸。油炸是食品熟制和干制的一种加工方法，即将食品置于较高温度的油脂中，使其加热快速熟化的过程。油炸可以杀灭食品中的微生物，延长食品的货架期，同时可以改善食品风味，提高食品营养价值，赋予食品特有的色泽。经过油炸加工的坚果炒货制品具有香酥脆嫩和色泽美观的特点。

经高温加工的淀粉类食品（如油炸薯片和油炸薯条）中丙烯酰胺含量较高。淀粉类食品经超过 120℃的高温烹调容易产生丙烯酰胺。丙烯酰胺是一种化学物质，是生产聚丙烯酰胺的原料，可用于污水净化等。职业接触人群的流行病学研究资料表明，长期低剂量接触丙烯酰胺者会出现嗜睡、情绪和记忆改变、幻觉和震颤等症状，且伴有出汗、肌肉无力等末梢神经病症。丙烯酰胺是一种可能致癌物。尽管丙烯酰胺对人体健康的影响还有待进一步研究，但这些问题应该引起关注。食物被认为是人类丙烯酰胺的主要来源，应尽可能避免连续长时间或高温烹饪淀粉类食品；提倡合理营养，平衡膳食，改变以油炸和高脂肪食品为主的饮食习惯，减少因丙烯酰胺可能导致的健康危害。

5.3.2.2 烧烤食品

烧烤是人类最原始的烹调方式，是以燃料加热和干燥空气，并把食物放置于热干空气中一个比较接近热源的位置来加热食物。一般来说，烧烤是在火上将食物烹调至可食用。现代社会，由于有多种用火方式，烧烤方式也逐渐多样化，发展出各式烧烤炉、烧烤架、烧烤酱等。

由于肉直接在高温下进行烧烤，被分解的脂肪滴在炭火上，再与肉里蛋白质结合，就会产生一种叫苯并芘的致癌物质。人们如果经常食用被苯并芘污染的烧烤食品，致癌物质会在体内蓄积，有诱发胃癌、肠癌的危险。新鲜的蔬菜和水果中含有大量的维生素 C 和维生素 E，其中维生素 C 在胃内具有阻断亚硝酸盐和仲胺结合的作用，从而可减少致癌物亚硝胺的产生，而维生素E具有很强的抗氧化作用。

烧烤食物中还存在另一种致癌物质——亚硝胺。亚硝胺的产生源于肉串烤制前的腌制环节，如果腌制时间过长，就容易产生亚硝胺。烧烤食物外焦里嫩，有的肉里面还没有熟透，若是不合格的肉，食者可能会感染上寄生虫，埋下隐患。经过烧烤，食物的性质偏向燥热，加之孜然、胡椒、辣椒等调味品都属于热性食材，很是辛辣刺激，会大大刺激胃肠道蠕动及消化液的分泌，有可能损伤消化道黏膜，还会影响体质的平衡。

5.3.2.3 腌腊食品

腌腊食品是原料经过预处理、腌制、酱制、晾晒（或烘烤）等工艺加工而成的制品，一般为生鱼、生肉类食品，食用前需经熟化加工，是我国传统食品之一。腌腊食品具有方便易行、肉质紧密坚实、滋味咸鲜可口、风味独特、便于携运和耐贮藏等特点。我国主要的腌腊食品有腊肉类、咸肉类、风干肉类、中式火腿、腊鱼类等。

这类食物味道鲜香，但多吃、偏吃对人体健康有不利影响。腌腊食物在腌制过程中，常被微生物污染，食物中的硝酸盐可被微生物还原成亚硝酸盐，人若进食了含有亚硝酸盐的腌制品，亚硝酸盐在人体内遇到胺类物质时，可生成亚硝胺。亚硝胺是一种致癌物质，故常食腌制品容易致癌。所以，腌腊食品以少吃为宜。

香肠和咸肉制品，食用时应避免油煎烹调，因为油煎可促进亚硝基化合物合成，使其中的亚硝基吡咯烷及二甲基硝胺等致癌物含量增高。咸鱼是含有亚硝基化合物较多的食品，以水煮最好，因为水煮可以有效地消除鱼体深部的致癌物质。

5.3.2.4 人造脂肪类食品

人造脂肪是指植物油经氢化处理，氢原子与油中不饱和脂肪酸的双键产生加成反应，变为饱和脂肪酸，油脂也从液态转变为固态。所以人造脂肪也称为氢化油脂。由于人造脂肪中脂肪酸的结构从双键型转化为单键型，因而不易酸败，可以延长保质期。人造脂肪不但使食品外形更美观，而且使烘焙后的食品如饼干、面包等口感更酥软。加上成本低廉，效果却可以与天然黄油媲美，故颇受商家青睐。但是，由于氢化加成同时破坏了人体必需脂肪酸的结构，形成反式脂肪酸（TFA）。反式脂肪酸在自然食品中含量很少，人们平时食用的含有反式脂肪酸的食品，基本上来自含有人造脂肪或人造奶油的食品。饼干、面包等烘烤食品，西式糕点，巧克力派，咖啡伴侣等食品都可能含有反式脂肪酸。商品包装上标注为“氢化植物油”“植物起酥油”“人造黄油”“人造奶油”“麦淇淋”“起酥油”或“植脂末”的食物，其中都可能含有反式脂肪酸。反式脂肪酸是所有含有反式双键的不饱和脂肪酸的总称，其双键上两个碳原子结合的两个氢原子分别在碳链的两侧，其空间构象呈线性，与之相对应的是顺式脂肪酸，其双键上两个碳原子结合的两个氢原子在碳链的同侧，其空间构象呈弯曲状。它们立体结构的不同决定了它们的性质也不同，首先，两者的物理性质有所不同，如顺式脂肪酸多为液态，熔点较低，而反式脂肪酸多为固态或半固态，熔点较高。其次，两者的生物学作用也相差甚远，主要表现在反式脂肪酸对机体多不饱和脂肪酸代谢的干扰、对血脂和脂蛋白的影响及对胎儿生长发育的抑制作用。

（谢定源）

5.4 易混淆问题解读

5.4.1 消毒与灭菌的区别是什么?

消毒指用物理或化学方法破坏、钝化或除去致病菌、有害微生物的操作。消毒不能完全杀死细菌芽孢。灭菌指杀死食品中一切微生物的过程,包括繁殖体、病原体、非病原体、部分芽孢。商业无菌指食品经过适度热杀菌后,不含致病微生物,也不含在通常温度下能在其中繁殖的非致病微生物的状态。

两者的区别:一是两者要求达到的处理水平不同。消毒只要求杀灭或/和清除致病微生物,使其数量减少到不再能引起人发病。灭菌不仅要求杀灭、清除致病微生物,还要求将所有微生物全部杀灭、清除掉,包括非致病微生物。总之,消毒只要求场所与物品达到无害化水平,而灭菌则要求达到没有活菌存在。二是两者选用的处理方法不同。灭菌与消毒相比,要求更高,处理更难。灭菌必须选用能杀灭抵抗力最强的微生物(细菌芽孢)的物理方法或化学灭菌剂,而消毒只需选用具有一定杀菌效力的物理方法、化学消毒剂或生物消毒剂。三是应用的场所与处理的物品也不同。灭菌主要用于处理医院中进入人体无菌组织器官的诊疗用品和需要灭菌的食品工业产品;消毒用于处理日常生活和工作场所的物品,也用于医院中一般场所与物品的处理。

5.4.2 食品容器与餐具的要求有哪些?

食品容器指盛放食品的纸、竹、木、金属、搪瓷、陶瓷、塑料、橡胶、天然纤维、化学纤维、玻璃等制品,如瓶、罐、盒、袋等。餐具系指符合食品卫生标准供消费者用餐的碗、盘、托盘、碟、筷子、刀、叉及汤匙等。从定义上看,两者有所不同,前者主要用于盛放原料、半成品、成品等各类食品,后者主要是供消费者饮食时使用。但在有的餐饮单位,较大的碗盘既可做容器也可做餐具。用于原料、半成品、成品的工具和容器,应分开并有明显的区分标志。一些餐饮单位把碗盘等用作容器的,应有明显的标志。用作餐具的碗、盘使用前必须进行严格的消毒、保洁。

思考题

1. 在餐饮凉菜配制环节如何控制食品安全?

2. 餐饮服务环节导致细菌性食物中毒的原因有哪些?预防细菌性食物中毒的基本原则和关键点有哪些?

3. 餐饮环节预防常见化学性食物中毒的措施有哪些?

拓展阅读

[1] 林玉桓.餐饮食品安全与控制[M].北京:中国质检出版社,2017.
[2] 蒋云升.烹饪卫生与安全学[M].3版.北京:中国轻工业出版社,2008.
[3] 汪志君.餐饮食品安全[M].北京:高等教育出版社,2010.

［4］湖北省团餐快餐生产供应协会．餐饮服务食品安全操作指南［M］．北京：中国医药科技出版社，2017．
［5］赵笑虹．案例式食品安全教程［M］．北京：中国轻工业出版社，2016．
［6］中国法制出版社．餐饮服务食品安全操作规范［M］．北京：中国法制出版社，2018．
［7］于河舟，安晓霞，张莉．吃得放心：食品安全问题解答［M］．北京：中国医药科技出版社，2005．
［8］张守文．餐饮服务单位食品安全管理人员培训教材［M］．2版．天津：天津科学技术出版社，2016．
［9］丁晓雯，柳春红．食品安全学［M］．北京：中国农业大学出版社，2011．
［10］张小莺，殷文政．食品安全学［M］．北京：科学出版社，2012．
［11］任筑山，陈君石．中国的食品安全：过去、现在与未来［M］．北京：中国科学技术出版社，2016．
［12］魏益民．食品安全学导论［M］．北京：科学出版社，2009．
［13］陈东周，孙正太，浦政轶，等．餐饮业卫生规范常见易混概念浅析［J］．中国城乡企业卫生，2007，10(5)：17-18．

6

食源性疾病与食品安全

化学性污染、非法使用添加剂成了消费者最担心的食品安全问题，但食源性疾病对食品安全问题的影响更为严重，因而科学家们普遍认为食源性疾病的危害远超违法滥用添加剂、农药残留等化学性污染，是全球最大的食品安全问题。食源性疾病是全球食品安全面临的主要挑战。

6.1　食源性疾病与食物中毒概述

6-1

6.1.1　食源性疾病

食源性疾病是指食品中致病因素进入人体引起的感染性、中毒性疾病，包括常见的食物中毒、经食物和水引起的肠道传染性寄生虫病以及由化学性有毒有害物质所造成疾病，是以急性病理过程为主要临床特征的一大类感染性疾病。现在广义的食源性疾病也包括人畜共患传染病和营养不均衡引起的慢性非传染性疾病。

6.1.2　食物中毒

食物中毒是指食用了被有毒有害物质污染的食品或者食用了含有毒有害物质的食品后出现的急性、亚急性疾病。

食源性疾病是一个比食物中毒更广泛的概念，它与食物中毒的不同之处在于有些食源性疾病存在人与人之间的传染过程，如甲型肝炎、痢疾等。1989 年，上海暴发的 30 万人患甲型肝炎的食源性疾病事件，是一部分人食用了被甲型肝炎病毒污染的毛蚶导致疾病大面积传播，而不是指 30 万人都吃了被污染的毛蚶。而食物中毒的患者对健康人无传染性，发病曲线在突然上升后呈突然下降趋势，一般无传染病流行时的余波。食源性疾病有暴发性和散发性两类，群体性食物中毒属于食源性疾病暴发的形式。

不同的食源性疾病虽然病因症状各异，但一般有如下特征：潜伏期短，一般为进食后数小时或更短，食入“有毒物质”后短时间内几乎同时出现不适症状；临床表现相似。

6.1.3　食源性疾病的种类

目前，国际上一般将食源性疾病分为两类：一类是由食品中的生物或化学因素引起的食物中毒；另一类是由食品中的生物因素引起的感染性腹泻及其他疾病。目前已有报道的食源性疾病致病因子有 250 种之多，其中大部分是细菌、病毒和寄生虫引起的，也有引起中毒性疾病的动植物和微生物毒素、重金属污染物、农药等化学物质。一般可将食源性疾病分为以下几种类型：①植物性食物中毒，指摄入植物性有毒食品引起的食物中毒，包括四季豆、木薯、苦杏仁、发芽马铃薯、鲜黄花菜等中毒。②动物性食物中毒，指摄入动物性有毒食品引起的食物中毒，包括河豚、有毒贝类、鱼类组胺以及某些动物的肝脏等引起的食物中毒。③细菌性食源性疾病，包括沙门氏菌、致病性大肠埃希氏菌、变形杆菌、志贺氏菌、副溶血性弧菌、金黄色葡萄球菌、肉毒梭菌、产气荚膜梭菌、蜡样芽孢杆菌、空肠弯曲杆菌、小肠结肠炎耶尔森氏菌、椰毒假单胞菌酵米面亚种以及单核细胞增生李斯特氏菌等引起的感染性或中毒性食源性疾病。④病毒性食源性疾病，包括甲肝病毒、诺如病毒、戊肝病毒、轮状病毒、朊病毒、禽流感病毒等引起的食物中毒。⑤真菌性食物中毒，包括黄曲霉毒素、镰刀菌毒素、黄变米毒素、展青霉毒素、杂色曲霉毒素、棕曲霉毒素、交链孢霉毒素等引起的食物中毒，以及霉变甘蔗和甘薯中毒、麦角中毒、毒蘑菇中毒等。⑥化学性食物中毒，指摄入含有有害化学物质的食品引起的食物中毒，包括某些重金属(如砷、铅等)或类金属化合物、亚硝酸盐、甲醇、农药等引起的食物中毒。⑦寄生虫性食源性疾病，如猪带绦虫、弓形虫、隐孢子虫、溶组织内阿米巴、旋毛虫、蛔虫、克氏锥虫等引起的食源性疾病。

（陈　卫）

6.2　动植物中的天然有毒物质

人类的生存离不开动植物，然而有些动植物中含有天然的有毒物质。动植物天然有毒物质是指有些动植物中存在的某种对人体健康有害的非营养性天然物质成分，或因储存方法不当在一定条件下产生的某种有毒成分。由于含有毒物质的动植物外形和色泽与无毒的品种相似，因此在日常生活和食品加工中往往较难区别。

6.2.1　植物中的天然有毒物质

植物源性食品中天然有毒物质是指有些植物中存在的某种对人体健康有害的非营养性天然物质成分，如四季豆的生豆角含有皂素和能凝集人红细胞的有毒蛋白凝集素；或因储存方法不当在一定条件下产生的某种有毒成分，如马铃薯储存不当，发芽后产生的龙葵碱可引起严重中毒，多发于家庭、集体食堂、饭店等。因此，应当正确认识常见的植物源性天然有毒物质，做好预防工作，以避免发生食物中毒事故。

6.2.1.1　蘑菇毒素

毒蕈，即“毒蘑菇”，是指含有对人或动物有毒成分的真菌。由于许多毒蘑菇和食用菌的外形没有明显区别，甚至非常相似，因此极易引起误食。一般而言，凡色彩鲜艳，有疣、斑、沟裂，有蕈环、蕈托及奇形怪状的野蕈皆不能食用；但需知有部分毒蕈包括剧毒的毒伞、白毒伞等皆与可食蕈极为相似，故如无充分把握，仍以不随便采食野蕈为宜。毒蕈的中毒症状可分为侵害神经系统和影响消化器官两大类。

(1)侵害神经系统：①毒蝇伞(图 6-1)、鹅膏属、毒伞以及丝盖伞属中的数种。食后一般在短时间内即变得兴奋，出现多汗、流涎、恶心、腹泻等症状，随后出现中枢神经系统麻痹症状，并伴有幻觉、痉挛，然后多由于呼吸中枢麻痹而死亡。已知有毒成分是蝇蕈碱，阿托品可解毒。②杯伞属。食后数日至一周以上，手指尖及脚趾尖红肿并剧痛，有时症状可延续数日至一个月以上，这是特殊的中毒类型。③大孢花褶伞、橘黄裸伞等。可刺激中枢神经系统，在 1～2 天内患者处于异常兴奋状态，类似酒精中毒，有的处于感觉迟钝而不安的状态，或乱说乱唱。

图 6-1 毒蝇伞①

(2)损伤消化器官：①豹斑毒伞、白毒伞(图 6-2)、鳞柄白毒伞。可引起剧烈的腹痛、呕吐和腹泻，患者一般昏睡 2～5 天后死亡，已知其有毒成分是毒伞肽或鬼笔毒环肽。②鹿花菌。其溶血性有毒成分马鞍菌酸(易溶于热水)可引起腹痛、吐血、眩晕、抽搐并昏睡，恢复时会出现轻度黄疸。③毒粉褶菇、粉褶菇、簇生黄韧伞等。可刺激消化道黏膜致使胃剧疼，并伴有恶心、眩晕、呕吐和腹泻等症状，但恢复较快。

图 6-2 白毒伞②

防控措施：

(1)宣传毒蕈中毒的危险性，不采不认识或未吃过的蘑菇。

① 拍信网 https://v.paixin.com/photocopyright/31857283

② 拍信网 https://v.paixin.com/photocopyright/123891600

(2)有组织地采集蕈类应在专业人员指导下进行。

(3)如出现毒蕈中毒,首先通过催吐、洗胃、导泻等方式尽可能减少毒物的吸收,然后立即送往附近医院接受治疗。

6.2.1.2 毒蛋白

异体蛋白质注入人体组织可引起过敏反应,内服某些蛋白质亦可产生各种毒性。植物中的胰蛋白酶抑制剂、红细胞凝集素、蓖麻毒素、巴豆毒素、刺槐毒素、硒蛋白等均属于有毒蛋白或复合蛋白。如存在于未煮熟透的大豆及其豆乳中的胰蛋白酶抑制剂对胰脏分泌的胰蛋白酶的活性具有抑制作用,从而影响人体对大豆蛋白质的消化吸收,导致胰脏肿大和抑制食用者(包括人类和动物)的生长发育。在大豆和花生中含有的血细胞凝集素还具有凝集红细胞等作用。

(1)凝集素:在豆类及一些豆状种子如蓖麻、大豆、豌豆、扁豆、菜豆、刀豆、蚕豆等籽实中含有一种能使红细胞凝集的蛋白质,称为红细胞凝集素,简称凝集素,尤其以大豆和菜豆中该物质的含量最高。

中毒症状:可引起胃肠道出血性炎症;造成消化道对营养物质吸收能力下降,从而造成营养缺乏和生长迟缓;破坏了红细胞输氧能力,造成人体中毒。

防控措施:食用新鲜豆类食物时,应首先用清水浸泡去毒,烹饪时充分加热熟透,破坏其中的凝集素,以防中毒。

(2)蛋白酶抑制剂:蛋白酶抑制剂主要指能够抑制蛋白酶作用的特异性物质,主要存在于豆类、棉籽、花生、油菜籽等植物源性食物中。蛋白酶抑制剂主要具有抑制胰蛋白酶、糜蛋白酶、胃蛋白酶等对蛋白质的分解的作用。

中毒症状:对肠道产生直接的刺激导致食用者出现中毒反应。蛋白酶抑制剂还可以降低蛋白质的利用率,影响人体对蛋白质的消化吸收,甚至导致胰脏肿大和抑制食用者的生长发育。

防控措施:预防胰蛋白酶抑制剂引起的食物中毒最有效的办法是要将豆类煮熟煮透,如豆浆煮沸后还要再煮沸 5 分钟以上才能保证食用者的安全。

6.2.1.3 苷类

苷类又称配糖体或糖苷。在植物中,糖分子(如葡萄糖、鼠李糖、葡萄糖醛酸等)中的半缩醛羟基和非糖类化合物分子(如醇类、酚类、甾醇类等)中的羧基脱水缩合而形成具有环状缩醛结构的化合物,称为苷。苷类都是由糖和非糖物质(称苷元或配基)两部分组成。苷类大多为带色晶体,易溶于水和乙醇中,而且易被酸或酶水解为糖和苷元。由于苷元的化学结构不同,苷的种类也有多种,如皂苷、氰苷、芥子苷、黄酮苷、强心苷等,它们广泛分布于植物的根、茎、叶、花和果实中,其中皂苷和氰苷等常引起人的食物中毒。

(1)皂苷:皂苷是类固醇或三萜系化合物的低聚苷类的总称,由于它们可以引起水溶液形成持久大量泡沫,酷似肥皂,故名皂苷。主要存在于菜豆(四季豆、扁豆及油豆等)和大豆中,易引发食物中毒,一年四季皆可发生。

中毒症状:未煮熟的菜豆、大豆及豆乳中皂苷对消化道黏膜有强烈的刺激作用,可以产生一系列的胃肠道刺激症状而引起食物中毒。其中毒症状主要是胃肠炎,潜伏期一般为2~4小时,主要表现为呕吐、腹泻、头痛、胸闷、四肢发麻等症状,病程为数小时或 1~2 天,恢复快,愈后良好。

防控措施：炒熟、煮透，最好是炖食，炒时应充分加热至青绿色消失，无豆腥味，无生硬感；不宜水焯后做凉拌菜，如做凉菜必须煮10分钟以上，熟透后才可拌食；豆浆加热至80℃时皂苷受热膨胀，泡沫上浮，造成“假沸”现象，应继续加热至100℃，泡沫消失，再小火煮10分钟以彻底破坏豆浆中的有害物质。

（2）氰苷：氰苷是结构中含有氰基的物质，进入人体后可分解产生一种毒性很大的物质，氢氰酸。氰苷主要存在于木薯、豆科和一些果树的种子（如杏仁、桃仁、李子仁、苹果种子、枇杷种子等）中。一般淡水鱼胆汁中也含有氰苷，胆汁毒素耐热，不易被破坏。一般小儿吃6粒，成人吃10粒苦杏仁即可引起中毒；小儿吃10～20粒，成人吃40～60粒苦杏仁就可致死亡。木薯中毒原因是生食或食入未煮熟的木薯或喝煮木薯的汤所致。一般食用150～300 g生木薯即可引起严重中毒，甚至死亡。

中毒症状：引起机体组织缺氧而陷于窒息状态，发生中毒；还可损害呼吸中枢神经系统，使之先兴奋后抑制与麻痹，最后导致死亡。

防控措施：氰苷具有较好的水溶性，水浸可去除产氰食物的大部分毒素。加工杏仁时应反复用水浸泡，炒熟或煮透，充分加热，并敞开锅盖使其充分挥发而去除毒性，切勿食用干炒的苦杏仁。木薯应选氰苷含量少的品种，加工时去皮，水浸薯肉（浸泡6天可去除70%以上的氰苷），再加热煮熟，将锅盖敞开使氢氰酸逸出，即可食用。另外，通过加热灭活糖苷酶、改变饮食中的某些成分等措施均可不同程度地避免氰苷中毒和慢性氰化物中毒。

（3）芥子苷：芥子苷又称硫苷、硫代葡萄糖苷，主要存在于十字花科植物如油菜、野油菜、中国甘蓝、芥菜、白芥、黑芥、萝卜等种子中，是引起菜籽饼中毒的主要有毒成分。榨油后的菜籽饼中本身含有无毒的芥子苷，但在潮湿情况下（或遇水后），芥子苷经种子本身所含的芥子酶的作用水解成芥子油。

中毒症状：芥子油具备刺激的辛辣味和强烈的刺激作用，能使皮肤发红、发热，甚至起水泡。食用有毒的菜籽饼后，可引起甲状腺肿大，导致生理代谢紊乱，阻抑机体生长发育，出现各种中毒症状，如精神萎靡，食欲减退，呼吸先快后慢，心跳慢而弱，并有肠胃炎、粪恶臭、血尿等症状，严重者死亡。

防控措施：采用高温（140～150℃）或70℃加热1小时可破坏菜籽饼中芥子酶的活性；采用微生物发酵中和法可将已产生的有毒物质除去；选育不含或仅含微量芥子苷的油菜品种等。

6.2.1.4 酚、酸类

（1）银杏酸（银杏酚）：白果又名银杏，味带香甜，可以煮或炒食，有祛痰、止咳、润肺、定喘等功效，但大量进食后可引起中毒，多见于儿童。白果内含有氢氰酸毒素，毒性很强，遇热后毒性减小，故生食更易中毒。一般中毒剂量为10～50颗，中毒症状发生在进食白果后1～12小时。

中毒症状：有恶心、呕吐、腹痛、腹泻、食欲不振等消化道症状；可出现烦躁不安、恐惧、惊厥、肢体强直、抽搐、四肢无力、瘫痪、呼吸困难等症状。

防控措施：为防止白果中毒，医生提醒：切忌过量食用或生食，婴儿勿食。白果的有毒成分易溶于水，加热后毒性减轻，所以食用前用清水浸泡1小时以上再加热煮熟，可大大提高食用白果的安全性。如发现中毒症状，要及时到医院就诊。

(2)棉酚:棉酚是棉籽中的一种芳香酚,存在于棉花的根、茎、叶和种子中。粗制生棉籽油中的有毒物质主要是棉酚,棉籽油的毒性决定于游离棉酚的含量。

中毒症状:游离棉酚能损伤人体肝、肾、心等脏器及中枢神经系统,并影响生殖系统,食用未经除去棉酚的棉籽油可引起不育症,对人体的危害较大,它既能造成急性食物中毒,又可致慢性中毒。

防控措施:①不食粗制生棉油,而应吃经过炒、蒸或碱炼后的棉油;②采用加热、碱炼法精制棉籽油,可有效降低棉酚的含量;③改良品种,选用棉酚含量低的优良棉籽榨油。

6.2.1.5 生物碱

生物碱是一类来源于生物界的含氮有机化合物,有类似于碱的性质,可与酸结合成盐,多数具有复杂的环状结构,具有光学活性和一定的生理作用。简单的生物碱中含有碳、氢、氮等元素;复杂的生物碱中还含有氧。

生物碱主要存在于植物中且在植物界分布较广,已知的至少 50 多个科 120 属以上的植物中含有生物碱,已分离出来的有近 6000 种。存在于食用植物中的主要是秋水仙碱、巢菜碱苷、龙葵碱等。

(1)秋水仙碱:秋水仙碱是不含杂环的生物碱,是鲜黄花菜致毒的主要化学物质。秋水仙碱本身无毒,但当它进入人体后可氧化生成毒性较大的二秋水仙碱,可破坏细胞核及细胞分裂的能力,令细胞死亡。成年人如果一次食入 0.1~0.2 mg 秋水仙碱(相当于 50~100 g 鲜黄花菜)即可引起中毒。秋水仙碱易溶于水,对热稳定,煮沸 10~15 分钟可充分破坏。

中毒症状:一般在食后 4 小时内出现中毒症状,轻者口渴、喉干、心慌胸闷、头痛、呕吐、腹泻,重者出现血尿、血便、尿闭与昏迷等。

防控措施:①不吃腐烂变质的鲜黄花菜,最好食用干制品,用水浸泡发胀后食用,可保证安全;②食鲜黄花菜时需做烹调前的处理,去掉长柄,用沸水焯烫,再用清水浸泡 2~3 小时,中间需换水一次,制作时必须加热至熟透再食用,烫泡过鲜黄花菜的水不能做汤,必须弃掉;③烹调时与其他蔬菜或肉类搭配制作,且要控制摄入量,避免食入过多引起中毒。

(2)巢菜碱苷:巢菜碱苷是存在于豆科植物蚕豆种子中的一种生物碱,其溶于水,微溶于乙醇,易溶于稀酸或稀碱。巢菜碱苷具有降低红细胞中葡萄糖-6-磷酸脱氢酶活性的作用,是 6-磷酸葡萄糖的竞争性抑制物,少数人有一种先天性的生理缺陷,即其体内缺乏 6-磷酸葡萄糖脱氢酶,因而其还原型的谷胱甘肽的含量也很低,在巢菜碱苷侵入后,即发生血细胞溶解,出现蚕豆黄病症状。一般吃生蚕豆后 5~24 小时即可发病,如吸入其花粉,则发作更快。多见于 10 岁以下儿童,其中 90%为男性患儿。

中毒症状:一般症状有血尿、乏力、眩晕、胃肠功能紊乱及尿胆素排泄增加,严重者出现黄疸、呕吐、腰痛、发烧、贫血及休克。

防控措施:避免生吃新鲜嫩蚕豆,吃干蚕豆时也要先用水浸泡,换几次水,煮熟后食用。

(3)龙葵碱:2011 年,四川省中江县的姑侄因食用发芽马铃薯导致中毒,而且中毒 44 天后仍不能自主呼吸,至少需要 8 周以上才能逐渐恢复,中毒原因即摄入了发芽马铃薯中含有的有毒物质龙葵碱。

龙葵碱又名茄碱、龙葵毒素、马铃薯毒素,是一种有毒的糖苷生物碱,广泛存在于马铃薯、番茄及茄子等茄科植物中。一般每百克马铃薯含有的龙葵碱只有 10 mg 左右,不会导致中毒。而未成熟的或因贮存时接触阳光引起表皮变绿和发芽的马铃薯,在储藏过程中龙葵碱含量逐渐增加，主要集中在芽眼、表皮和绿色部分，每百克中龙葵碱的含量可高达 500 mg，如果大量食用这种马铃薯就可能引起急性中毒。龙葵碱对胃肠道黏膜有较强的刺激作用，对呼吸中枢有麻痹作用，能引起脑水肿、充血，并对红细胞有溶解作用。

中毒症状：吃极少量龙葵碱对人体不一定有明显的害处，但是如果一次吃进 200 mg 龙葵碱（约吃 30 g 已变青、发芽的土豆）经过 15 分钟至 3 小时就可发病。最早出现的症状是口腔及咽喉部瘙痒，上腹部疼痛，并有恶心、呕吐、腹泻等症状，症状较轻者，经过 1～2 小时会通过自身的解毒功能而自愈，如果吃进 300～400 mg 或更多的龙葵碱，则症状会很重，表现为体温升高和反复呕吐而致失水，以及瞳孔散大、怕光、耳鸣、抽搐、呼吸困难、血压下降，极少数人可因呼吸麻痹而死亡。

防控措施：①挑选时要注意土豆的皮色，剔除已发青或部分发青的土豆，决不能食用，如果土豆发青的面积较大，发芽的部位很多，应把这个土豆扔掉；将土豆贮存在低温、通风、无直射阳光的地方，防止发芽变绿；②食用前将土豆削皮后切成小块，放入冷水中浸泡半小时以上，溶解掉残存的龙葵碱；③烧煮时加入适量米醋，因为龙葵碱弱碱性，可利用醋来中和分解龙葵碱。烹饪土豆要烧酥、烧透，利用长时间的高温，起到部分分解龙葵碱的作用；④如果吃土豆时口中有点发麻的感觉，则表明该土豆中含有较多的龙葵碱，应立即停止食用，以防中毒；⑤不吃没有成熟的西红柿。

6.2.1.6 过敏反应

过敏，即变态反应，是指接触（或摄取）某种外源物质后引起的免疫学上的反应，这种外原物质称为过敏原。成分中含有过敏原的植物源性食品包括花生（伴花生球蛋白）、大豆（胰蛋白酶抑制剂、β-伴大豆球蛋白）、菜豆（清蛋白）、马铃薯（未确定蛋白）、菠萝（菠萝蛋白酶）、胡萝卜、芹菜、艾蒿等。

中毒症状：产生特定的过敏反应与个体的身体素质有关，过敏反应症状往往在摄入过敏原后几分钟内发作，不超过 1 小时。影响的器官主要包括皮肤、嘴唇、呼吸道和胃肠道，甚少影响中枢神经，如皮肤出现湿疹和神经性水肿、哮喘、呕吐、腹泻、眩晕、头疼等，严重者可能出现关节肿和膀胱发炎，较少有死亡的报道。

防控措施：对于过敏反应应预防重于治疗，严格避免过敏食物的接触与摄入是最好的预防措施。其次应加强对食物过敏患者的宣传教育工作，学习过敏反应基本知识，了解食物过敏原种类，解读食品标签，从而选择安全的食物。有过敏史者应注意调整生活起居、饮食方式，加强体育锻炼以提高身体抵抗力。出现过敏症状后应及时就医。

6.2.2 动物中的天然有害物质

动物源性食品是指由动物生产的肉、蛋、奶等可食性组织及其加工的产品。随着我国人民生活水平的日益提高，肉、蛋、奶、水产品及动物制品已成为日常主要食品。动物源性食品的安全性问题，关系到人的身体健康，已引起广大人民群众的高度重视。动物食物中毒为误食有毒动物食物或食用因加工、烹调、贮存方法不当而未除去有毒成分的动物食品引起的中毒。动物源性食品中存在的天然有毒有害物质对动物源性食品安全的影响是第一位的。常见的动物源性食品引起的中毒分为以下几类：①鱼类，如河豚、青皮红肉鱼、胆毒鱼类、肝毒鱼类；②贝类：有毒贝类；③某些有毒动物组织：动物甲状腺、病变淋巴结。

6.2.2.1 鱼类毒素

(1)河豚毒素:河豚为暖温带及热带近海底层鱼类,栖息于海洋的中、下层,有少数种类进入淡水江河中,当遇到外来危险时整个身体呈球状浮上水面,同时皮肤上的小刺竖起,借以自卫。常见的有红鳍东方鲀、暗纹东方鲀、黑鳃兔鲀、凹鼻鲀、黑斑叉鼻鲀等。

河豚的食用在中国、日本等亚洲国家有着悠久的历史。河豚肉营养丰富,味道鲜美,有长江第一鲜之称。但河豚含毒性极强的河豚毒素,即使对河豚烹调人员进行专业培训,经营单位得到卫生部门许可及实施特许经营,但如加工处理不当,也会引起食物中毒,甚至发生致残致死事故,严重威胁人们的生命安全。

河豚毒素是强烈的神经毒素,分子式为 $C_{11}H_{17}O_8N_3$,相对分子质量为 319.27,毒性大约为氰化物的 1200 倍。一条河肠体内所含的毒素,估计足以杀死 30 个成人。河豚毒素在河豚体中的含量因季节、鱼的性别、器官不同而具有较大的差异。河豚最毒的部分是卵巢、肝脏,其次是肾脏、血液、眼、鳃和皮肤。河豚毒性大小,与它的生殖周期也有关系,晚春初夏怀卵的河豚毒性最大。毒素耐热,100℃加热 8 小时都不被破坏,120℃高温处理 1 小时才能破坏,盐腌、日晒亦均不能破坏毒素。

河豚毒素不仅本身具有较强的毒性,而且可以通过生物链富集等途径污染其他水产品。我国一些沿海地区曾发生因食用麦螺而发生的河豚毒素中毒。麦螺是一种海洋生物,可吸吞河豚毒液。人们在食用有毒麦螺时,也同时吃进了河豚毒素。夏季是麦螺的旺产期,也是消费者食用受污染的麦螺而发生中毒事件的高发期,建议广大消费者提高自我保护意识,尽量不购买和食用麦螺。

中毒症状:河豚毒素的作用机制主要为阻碍神经传导,使骨骼肌、横膈肌及呼吸神经中枢麻痹。通常在摄取后 30 分钟内出现,而最迟可在 4 小时后,病症为嘴唇及舌头麻木以致流涎、出汗、头痛、无力、昏睡、运动失调、四肢不协调、颤抖、瘫痪、发绀、失声、吞咽困难、呼吸困难、支气管黏液溢(多痰)、支气管痉挛、昏迷、低血压等。消化道的症状通常较严重,包括恶心、呕吐、腹泻及腹痛等。在完全的呼吸衰竭和心脏衰竭之前可能出现心律失常。据统计,中毒者在毒发后 20 分钟至 8 小时死亡,通常在毒发后 4~6 小时内死亡。

防控措施:河豚毒素对热非常稳定,普通的烹饪手段很难将其除去,因此如何防控尤为重要。首先,需加强河豚相关知识科普,了解河豚的毒性,减少误食或处理不当的情况;其次,新鲜的河豚需经指定部门处理后,才可进行售卖,未处理的河豚不得进入市场;批准加工河豚的部门需严格按照规定加工河豚,并配套制定科学的检测机制,防止河豚毒素残留;因河豚毒素较为稳定,加工过程中含有河豚毒素的内脏、头等部位和变质的河豚需集中处理,不能随意丢弃,污染环境。

(2)组胺:组胺是食品在储藏或加工过程中,体内自由组氨酸经过外源污染性或肠道微生物(水产鱼类)产生的脱羧酸酶降解后产生的对产品品质(感官指标)劣化和人体有一定毒害的化学物质。组胺一般存在于含组氨酸丰富的食品中。能够引起组胺中毒的食品主要是海产鱼类,如鲐鱼、鲭鱼、秋刀鱼、沙丁鱼、金枪鱼、竹荚鱼、长嘴鱼等,此外葡萄酒类、豆制品、泡菜、香肠及奶制品等食品也容易产生组胺。海产鱼中的青皮红肉鱼类组氨酸含量较高,当鱼不新鲜或腐败时,鱼体中游离的组胺酸经脱羧酶作用产生组胺。不新鲜鱼类中的大肠埃希氏菌、产气杆菌、无色菌和细球菌等均能使组氨酸分解产生组胺。因此,不新鲜或腐败的鱼类中组胺含量较高,每克鱼肉的组胺含量为 1.6~3.2 mg。若食用组胺含量大于 2 mg/g

的鱼肉，食用量为100 g即可发生组胺食物中毒。

中毒症状：组胺中毒主要为刺激心血管系统和神经中枢，促使毛细血管扩张充血，使毛细血管通透性增加，使血浆进入组织，血液浓缩，血压下降，心率加速，使平滑肌发生痉挛。组胺中毒潜伏期一般为0.5～1小时，最短可为5分钟，最长达4小时。它能引起人体一系列的过敏和炎症反应，包括面部、躯干部和四肢出现潮红、皮肤刺痛和瘙痒、恶心、呕吐、胸闷、心跳加快和眼结膜充血等症状，病重时会出现血压下降和早搏等。

防控措施：防止鱼类的腐败变质，低温保藏，可抑制组胺脱羧酶活性以及微生物的活性，降低鱼肉中组胺的含量；注意鱼类加工环境的卫生，预防鱼类在运输、消费和加工等过程中微生物的产生；加强科普工作，提醒消费者注意青皮红肉鱼等的新鲜程度，避免食用不新鲜或腐败的鱼类；加强对青皮红肉鱼等鱼类中组胺含量的检测和监控。

(3)鱼胆毒素：由于民间流传鱼胆可清热、明目、止咳、平喘等，所以因食用鱼胆发生中毒的事件屡见不鲜，严重者导致死亡，其中以食用草鱼胆中毒者较多。青鱼、草鱼、鲢鱼、鳙鱼、鲤鱼的胆有毒，属于胆毒鱼类。

胆毒鱼的有毒成分主要存在于胆汁中。胆汁毒素耐热，乙醇也不能破坏，所以，用酒冲服或食用蒸熟鱼胆，仍可发生中毒。服用鱼重0.5 kg左右的鱼胆4或5个就会引起不同程度的中毒；服用鱼重2.5 kg左右的鱼胆2个或鱼重5 kg以上的鱼胆1个就有中毒致死的危险。

中毒症状：胆汁毒素可严重损伤肝、肾，造成肝脏变性坏死和肾小管损害，出现泌尿系统症状，发生少尿、血压增高、全身浮肿，严重者出现尿闭、尿毒症；脑细胞亦可受损，发生脑水肿，心血管与神经系统亦有改变，并可促使病情恶化。潜伏期为0.5～14小时，多数在2～6小时发病，不同鱼种的鱼胆毒性程度和症状有所不同，但在中毒初期都出现胃肠道症状，有的出现肝脏症状，有黄疸、肝大及触痛症状，严重者有腹水、肝昏迷等。

防控措施：以上鱼类的胆毒毒性极大，无论什么烹调方法(蒸、煮、冲酒等)，都不能去毒，只有将鱼胆去掉才是有效的预防措施；另外，不要滥用鱼胆治病，如必须使用，应遵循医嘱，严格控制服用剂量。

(4) 鱼类肝脏毒素：鱼类肝脏是富含营养物质的佳品，但食用某些海产鱼类的肝脏会引起严重的中毒反应。鱼肝中毒中，最主要为鲨鱼肝中毒，其他如鳕鱼、马鲛鱼和鲤鱼等肝脏中毒亦属常见。鱼肝内除含有丰富的维生素A、D外，尚有痉挛毒、麻痹毒、鱼油毒等。鱼肝中毒主要为维生素A中毒，如果一次摄入超过人体能而授的水平，则可引起急性中毒。鲨鱼肝所含维生素A为10450 IU/g，一次进食鲨鱼肝47 g左右，即可引起中毒。

中毒症状：一次食入鲨鱼肝200 g可引起急性中毒，食用过量后2～3小时可出现症状，初期为胃肠道症状，以后有皮肤症状，如鳞状脱皮，自口唇周围及鼻部开始，逐渐蔓及四肢和躯干，重者毛发脱落，还有眼结膜充血、剧烈头痛等症状。

防控措施：消费者应尽量避免食用鲨鱼肝脏，如需食用鱼肝作为治疗手段，需在医生的指导下科学服用。

6.2.2.2 贝类毒素

贝类是动物蛋白来源的一种，已知的大多数贝类均含有一定量的有害物质。一些属于膝沟藻科的藻类，如涡鞭毛藻等，常常含有一种神经毒素。此种藻类大量繁殖时期，形成“赤潮”。贝类自身不产生毒素，摄食了这类海藻后，毒素可在中肠腺大量蓄积。贝类摄入此种毒素对其本身并无危害,因毒素在其体内呈结合状态;当人食用贝肉后,毒素则迅速被释放,引起中毒,严重者常在2～12小时因呼吸麻痹而死亡,死亡率为5%～18%。贝类(贻贝、蛤类、螺类、牡蛎等)所含的毒素称为贝类毒素,包括麻痹性贝类毒素、腹泻性贝类毒素、神经性贝类毒素、记忆丧失性贝类毒素。染毒贝类不能通过外观与味道的新鲜程度来加以分辨,而且冷冻、加热、腌制和熏制加工不能使其完全失活。

(1)麻痹性贝类毒素:该毒素是一种神经毒素,人们误食了含有此类毒素的贝类会产生麻痹性中毒现象。其毒理与河豚毒素相似,当人摄入含麻痹性贝类毒素的食物后,毒素会迅速释放并呈现毒性作用,潜伏期仅数分钟或数小时,症状包括四肢肌肉麻痹、头痛恶心、流涎发烧、皮疹等,严重者肌肉麻痹、呼吸困难,甚至窒息而死亡。中毒的最初症状为唇、口和舌感觉异常和麻木,这是由于口腔黏膜局部吸收了麻痹性贝类毒素;有时在早期阶段出现恶心和呕吐,继而这些感觉波及靠近脸和脖子的部分,指尖和脚趾常有针刺般痛的感觉,并伴有轻微的头痛和头晕。中毒稍微严重,出现胳膊和腿麻痹,随意运动障碍,经常有眩晕感。中毒严重时,则会出现呼吸困难,咽喉紧张;随着肌肉麻痹不断扩展加重,最终导致死亡。中毒致死的突出特点是患者临终前意识始终清晰。危险期为12～14小时,度过此期者,可望恢复。麻痹性贝毒因其强烈毒性而经常造成消费者中毒死亡事件,在许多不同的贝毒中毒事件中属最严重,并且具有广布性与高发性。

(2)腹泻性贝类毒素:该毒素的作用机制主要在于其活性成分大田软海绵酸能够抑制细胞质的磷酸酶活性,导致蛋白质过磷酸化,从而产生毒性。该毒素可以造成急性中毒,也能引发潜在的慢性中毒,引起人的胃肠部疾病,如腹泻、呕吐、腹痛等。

(3)记忆丧失性贝毒:该毒素是一种谷氨酸结构类似物,但其强度比谷氨酸高100多倍,能够与人类中枢神经系统(大脑海马)的谷氨酸受体结合,引起神经系统麻痹,并能导致大脑损伤,轻者引起神志不清和记忆丧失,发生呕吐等胃肠道症状,重者引起死亡。

(4)神经性贝类毒素:该毒素作用于钠离子通道,引起钠离子通道持续开放状态,引起钠离子内流。人类接触该毒素后30分钟～3小时即可出现中毒症状,如腹痛、腹泻、恶心、呕吐并伴随嘴唇周围区域或四肢麻木,还可伴随眩晕、肌肉和骨骼疼痛、乏力等。

防控措施:采用调节温度、盐分、酸碱度和电击等手段可去除贝类毒素;在赤潮期间,最好不要食用赤潮水域内的蚶、贝、蛤、蟹、螺类水产品,或在食用前先放在清水中放养浸泡一两天,并将其内脏除净,提高食用安全性。

6.2.2.3 动物组织中的毒素

(1)甲状腺:在牲畜腺体中毒中,以甲状腺中毒较为多见。一般动物都有甲状腺,分泌甲状腺素,可维持正常的新陈代谢。动物甲状腺中毒一般为牲畜屠宰时未摘除甲状腺而使其混在碎肉中被人误食。人一旦误食动物甲状腺,因过量甲状腺素扰乱人体正常的内分泌活动,出现类似甲状腺功能亢进的症状。

中毒症状:潜伏期可从1小时到10天,一般为12～21小时。临床主要症状为头晕、头痛、胸闷、恶心、呕吐、便秘或腹泻,并伴有出汗,心悸等。部分患者于发病后3～4天出现局部或全身出血性丘疹,皮肤发痒,间有水疱、皮疹,水疱消退后普遍脱皮。少数人下肢和面部浮肿、手指震颤。严重者发高热,心动过速,从多汗转为汗闭、脱水,10多天后脱发。

防控措施:甲状腺素的理化性质非常稳定,在600℃以上的高温才能被破坏,一般的烹调方法不可能做到去毒无害。屠宰者和消费者都应特别注意检查并摘除牲畜的甲状腺。

(2)病变淋巴结:动物体内的淋巴结是机体的保卫组织,分布于全身各部,为灰白色或淡黄色如豆粒至枣大小的“疙瘩”,俗称“花子肉”。当病原微生物侵入机体后,淋巴结产生相应的反抗作用,甚至出现不同的病理变化,如充血、出血、肿胀、化脓、坏死等,这种病变淋巴结含有大量病原微生物,可引起各种疾病,对人体健康有害。鸡、鸭、鹅等的臀尖不可食。鸡臀尖是位于鸡肛门上方的那块三角形肥厚的肉块,其内是淋巴结集中的地方,是病菌、病毒及致癌物质的富集处。虽然淋巴结中的巨噬细胞能吞食病菌、病毒,但对3,4-苯并芘等致癌物却无能为力,它们可以在其中贮存。无病变的淋巴结,即正常的淋巴结,虽然因食入病原微生物引起相应疾病的可能性较小,但致癌物仍无法从外部形态判断,所以为了食用安全,无论对有无病变的淋巴结,都将其废弃为好。

(3)肾上腺皮质激素:猪、牛、羊等牲畜都有自身的肾上腺,也是一种内分泌腺。肾上腺左右各一,分别跨在两侧肾脏上端,所以叫肾上腺,俗称“小腰子”。在家畜中由肾上腺皮质分泌的激素为脂溶性类固醇(类甾醇)激素。如果人误食了家畜的肾上腺素,会因该类激素浓度增高而干扰人体正常的肾上腺皮质激素的分泌,引起一系列中毒症状。

中毒症状:食后15~30分钟发病,血压急剧升高、恶心呕吐、头晕头痛、四肢和口舌发麻、肌肉震颤,重者面色苍白、瞳孔散大,高血压、冠心病患者可因此诱发脑卒中、心绞痛、心肌梗死等,危及生命。

防控措施:加强监测机制,屠宰家畜时将肾上腺处理干净,避免误食。

6.2.2.4 其他动物源性食品中的天然毒素

(1)雪卡毒素:雪卡毒素是来源于热带水体中有毒藻类的鱼类毒素。这种毒素对热稳定,不会被烹调所破坏,常见于鲶鱼、梭鱼、红鳍笛鲷、狗鱼、鲭、鳞鲀、礁鱼等有鳍鱼类。有雪卡毒素的鱼类大多数聚集在海底,以珊瑚礁上的海洋藻类为食,这些海洋生物是雪卡毒素的主要来源。雪卡鱼对这些有毒藻类没有致病反应,但雪卡毒素可在鱼体中积累,体积越大的雪卡鱼毒性越强。此外,雪卡毒素在人体中也可富集,造成潜在型慢性中毒。

中毒症状:恶心,眩晕,忽冷忽热,腹泻,呕吐,呼吸急促等症状。首发症状通常在食用被污染的鱼30分钟到6小时内出现,大多数症状会在几天内消失,但是完全康复可能需要数周或数月,高浓度的毒素会致人死亡。

防控措施:避免进食1.5 kg以上的珊瑚礁鱼,且避免食用鱼的内脏、鱼头等,尤其是卵巢。

(2)蟾蜍毒素:蟾蜍,又称癞蛤蟆,可作为药材。其形态与青蛙相似,但其背部有点状突起。蟾蜍为两栖动物,以肺和皮肤呼吸。蟾蜍耳后腺及皮肤腺能分泌一种具有毒性的白色浆液,可作为蟾酥的原料。蟾蜍集药用、保健、美食于一身,因而被誉为“蟾宝”,是经济价值很高的药用动物。蟾蜍分泌的毒液成分复杂,约有30种,主要的毒性成分为蟾蜍毒素,过量服用蟾蜍毒素会引起人体中毒。

中毒症状:潜伏期为0.5~1小时。超剂量摄入蟾蜍毒素会损坏心肌,引起心率变慢,心律不齐,最后导致心脏衰竭而亡。其病变主要为心脏呈舒张状态,心肌纤维断裂,外膜水肿及有出血斑点,心、脑、肺、肾和肾上腺血管显著扩张、充血等。主要表现为恶心、呕吐、头痛、头晕、腹胀、出汗,严重者抽搐昏迷,甚至死亡。蟾蜍中毒后死亡率较高,目前无特效治疗方法。

防控措施:避免食用蟾蜍;如必须食用需在医生指导下食用,且食用量不宜过大。

(陈　卫)

6.3　微生物污染与食品安全

在全球范围内，食品致病性微生物污染是食品安全问题产生的主要原因之一，解决由微生物引起的食源性疾病依然是全球食品安全的一大挑战。引起食源性疾病的微生物主要有细菌、病毒和真菌毒素。本节重点介绍由细菌和真菌及其毒素引起的食源性疾病。

6.3.1　细菌污染与食源性疾病

细菌引起的食源性疾病是指因摄入含有细菌毒素或致病细菌的食品而引起的急性或亚急性疾病。引起此类中毒的原因：①食品被致病菌污染，在适宜温度、水分、pH 值和营养条件下，细菌大量繁殖，食品在食用之前不经加热或加热不彻底；②熟食品受致病菌严重污染或生熟食品交叉污染，在较高室温下存放，致病菌大量繁殖并产生毒素；③食品从业人员患肠道传染病、化脓性疾病及无症状带菌者，将致病菌污染到食品上；④食品生产设备清洗杀菌不彻底，原料巴氏杀菌不彻底，使致病菌残留于食品中；⑤食品原料、半成品或成品受鼠、蝇、蟑螂等污染，将致病菌传播到食品中。根据致病原因将细菌性食物中毒分为感染型、毒素型和混合型 3 种类型。引起食源性疾病的细菌主要有以下几个：

6.3.1.1　沙门氏菌

沙门氏菌属（*Salmonella*）的细菌引起食源性疾病的比例为细菌性食源性疾病的 42.6%～60.0%。沙门氏菌（图 6-3）为革兰氏阴性短杆菌，在水中可存活 2～3 周，在粪便中可存活 1～2 个月，在牛乳及肉类中可存活数月，在冷冻、脱水、烘焙食品中可存活时间更长，如鼠伤寒沙门氏菌在 −17.8℃ 的冷冻鱼中能存活 1 年。不耐受高浓度的食盐，在盐浓度 9 %以上可致死；pH9.0以上和pH4.5以下可抑制其生长，亚硝酸盐在较低pH下也能有

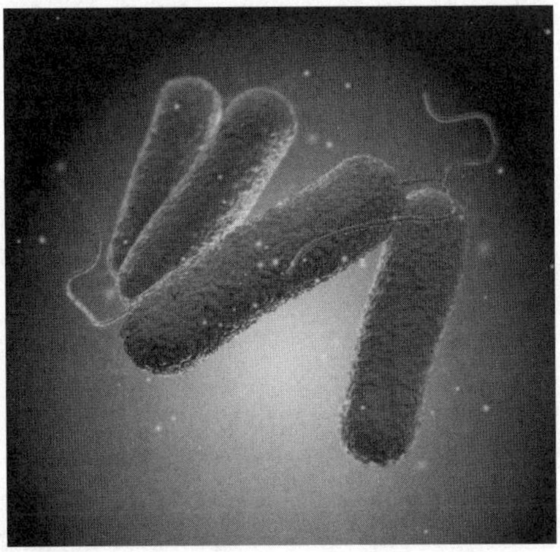

图 6-3　沙门氏菌[①]

① 拍信网 https://v.paixin.com/photocopyright/50496037

效抑制其生长。水经氯处理可将其杀灭。对胆盐和煌绿等染料有抵抗力，可用之制备沙门氏菌的选择性培养基。不耐热，60℃经 30 分钟，或 65℃经 15～20 分钟可被杀死，100℃立即致死。但水煮或油炸大块食物时，因食物内部未达杀菌和破坏毒素的温度，有细菌残留或毒素存在，易引起食物中毒事件的发生。

中毒症状：潜伏期一般为 12～24 小时，主要表现为急性胃肠炎症状，如呕吐、腹痛、腹泻等，并引起头痛、发热，严重者出现寒战、抽搐和昏迷等症状。病程 3～7 天，一般愈后良好，病死率通常低于 1%。

防控措施：加强对食品生产企业的卫生监督及家畜、家禽宰前和宰后兽医卫生检验，并按有关规定进行处理。屠宰时，要特别注意防止受到胃肠内容物、皮毛、容器等污染。禁止家畜家禽进入厨房和食品加工室。彻底消灭厨房、操作间、食品贮藏室、食堂和餐厅等处的老鼠、苍蝇和蟑螂及其他昆虫，并严禁食用病死和死因不明的家畜、家禽。食品加工、销售、集体食堂和饮食行业的从业人员，应严格遵守有关卫生制度，特别要防止生熟食品交叉污染，如熟肉类制品被生肉或盛装的容器污染，切生菜和熟食品的刀、菜墩要分开。对上述从业人员定期进行健康和带菌检查，如有肠道传染病患者及带菌者应及时调换工作。由于沙门氏菌于 20℃以上能大量繁殖，于 4～5℃低温贮藏食品是预防中毒的重要措施。在食品加工厂、食品销售网店、集体食堂均应有冷藏设备，并按照食品低温保藏的卫生要求贮藏食品。肉、鱼等加入适当浓度的食盐也可控制沙门氏菌的繁殖。杀菌是预防食物中毒的关键措施。为彻底杀死肉类中可能存在的各种沙门氏菌、灭活毒素，应使肉块（1 kg 以下）深部温度达到 80℃，并持续 12 分钟；鸡蛋、鸭蛋应煮沸 8～10 分钟；剩菜饭食前应充分加热，以彻底杀死沙门氏菌。

6.3.1.2 致病性大肠杆菌

大肠埃希氏菌（*Escherichia coli*，*E. coli*）包括非致病性 *E. coli* 和致病性 *E. coli*。前者是人和动物肠道菌群之一（肠道平衡时无危害），后者却会引起食物中毒。大肠埃希氏菌（图 6-4）是革兰氏阴性短杆菌。*E. coli* 于 60℃加热 30 分钟或煮沸数分钟即被杀死。在自然界生存能力较强，于室温下可存活数周，土壤和水中可存活数月，于冷藏的粪便中可存活更久。对青霉素不敏感，但对氯气敏感，于 0.5～1 mg/L 氯气的水中很快死亡。

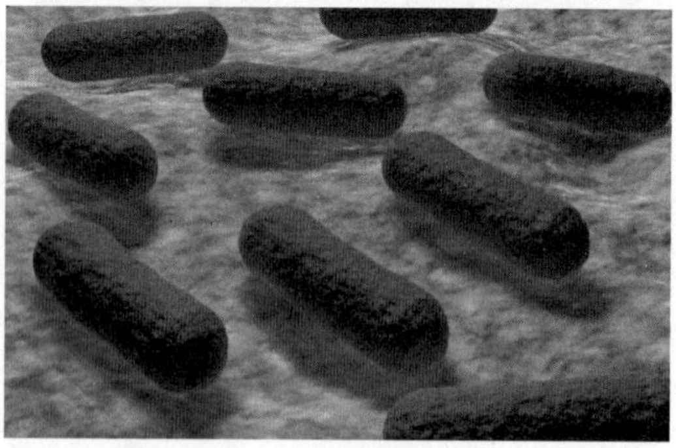

图 6-4 大肠埃希氏菌①

① 拍信网 https://v.paixin.com/photocopyright/18650479

致病性与非致病性 *E. coli* 在形态、培养特性和理化特性上不易区别，只能以不同的抗原构造来鉴别。目前已知的致病性 *E. coli* 有 6 种类型：肠道侵袭性大肠埃希氏菌(enteroinvasive *E. coli*, EIEC)、肠道致病性大肠埃希氏菌(enteropathogenic *E. coli*, EPEC)、肠道毒素性大肠埃希氏菌(enterotoxigenic *E. coli*, ETEC)、肠道出血性大肠埃希氏菌(enterohemorrhagic *E. coli*, EHEC)、肠道黏附性大肠埃希氏菌(enteroadherent *E. coli*, EAEC)和弥散黏附性大肠杆菌(diffusely adherent *E. coli*, DAEC)。

引起中毒的食品基本与沙门氏菌相同，主要是肉类、乳与乳制品、水产品、豆制品、蔬菜，尤其是肉类和凉拌菜。从现有文献看，4 种致病性 *E. coli* 涉及食品有所差别。①EIEC：水、奶酪、土豆色拉、罐装鲑鱼。②EPEC：水、猪肉、肉馅饼。③ETEC：水、奶酪、水产品。④EHEC：生的或半生的牛肉和牛肉糜(馅)、发酵香肠、生牛乳、酸奶、苹果酒、苹果汁、色拉油拌凉菜、水、生蔬菜(豆芽、白萝卜芽)、汉堡包、三明治等。致病性 *E. coli* 主要寄居于人和动物肠道中，随粪便污染水源、土壤成为次级污染源。致病性 *E. coli* 通过受污染的土壤、水、带菌者的手、蝇和不洁的器具等污染食品。健康人群肠道中致病性 *E. coli* 带菌率一般为 2%～8%，高者达 44%；成人肠炎和婴儿腹泻患者的致病性 *E. coli* 带菌率较健康人高，为 29%～52.1%。餐具致病性 *E. coli* 检出率为 0.5%～1.6%。食品中致病性 *E. coli* 检出率低者为 1%以下，高者达18.4%。猪、牛的致病性 *E. coli* 检出率可高达 16%。

中毒症状如下：

EIEC：引起菌痢。潜伏期 48～72 小时，腹泻、腹痛、脓黏液血便、里急后重、发热(38～40℃)，部分患者有呕吐。病程 1～2 周。

EPEC：引起腹泻或胃肠炎。潜伏期 17～72 小时，水样腹泻、腹痛、发烧，病程 6 小时～3 天。

ETEC：引起急性胃肠炎。潜伏期 10～15 小时，短者 6 小时，长者 72 小时，呕吐、腹泻、上腹痛，伴有发热(38～40℃)、头痛等症状。部分患者腹部绞痛。粪便呈水样或米汤样，每日 4～5 次。呕吐、腹泻严重者可出现脱水，甚至循环衰竭。病程 3～5 天。

EHEC：引起出血性结肠炎。潜伏期 3～9 天，前期症状表现为腹部痉挛性疼痛和短时间的自限性发热、呕吐，1～2 天内出现非血性腹泻，后导致出血性结肠炎、突发性严重腹痛和便血。约有 10%发展为肾出血，引起急性肾衰。在小儿中常导致溶血性尿毒综合征。1996 年 7 月，日本大阪有 62 所小学、9000 多人发生食物中毒，导致 12 人死亡。

EAEC：引起婴儿急性或慢性腹泻伴脱水。此菌黏附在细胞表面后，菌体凝集呈砖块状排列，通常不引起肠黏膜细胞的组织学改变，但可阻止液体的吸收。

DAEC：感染病例较为少见，该菌曾引起墨西哥儿童腹泻而被分离发现。

防控措施如下：①防止食品原料和成品被污染：防止动物性食品被带菌的人和动物，以及污水、不洁的容器和用具等的污染。凡是接触过生肉、生内脏的容器和用具等都要及时洗刷、消毒，应特别防止生熟食品直接或间接交叉污染和加工好的食品被污染。注意熟食存放环境的卫生，设置防蝇设施。在屠宰和加工食用动物时，避免粪便污染。②低温冷藏：对生肉、熟食品和其他动物性食品应置于 4～5℃低温贮藏。无冷藏设备时，尽量将食品置于阴凉通风处，但存放时间不宜过长。③食前彻底加热杀菌：由于致病性 *E. coli* 对热较敏感，故正常的烹调温度即可被杀死。对于酱肉、熟肉、杂样等熟肉类食品食用前应回锅充分加热；生肉类在加工烹调中亦应充分加热，烧熟煮透，避免吃生的或半生的肉类、禽类制品。消费者应避免食用未经回锅加热的凉拌菜、剩菜饭等和饮用未经巴氏消毒的牛奶或果汁。为了预防 *E. coli* O_{157}：H_7 食物中毒的发生，在用牛肉泥制作馅饼时，推荐馅饼的中心加热温度至少达到 68.3℃维持 15 秒；汉堡包中心温度要达到 68.3～71.1℃才可安全食用。烹调之后，汉堡包和其他肉类食品（肉类、禽类和海产品）在 4.4～60℃下不能存放 3 小时以上。

6.3.1.3 葡萄球菌

葡萄球菌（图 6-5）隶属于微球菌科的葡萄球菌属（*Staphylococcus*），与食品关系最密切的是金黄色葡萄球菌。金黄色葡萄球菌是革兰氏阳性无芽孢细菌中对不良环境抵抗力较强的菌株之一。抗干燥：在空气中可存活数月，但不繁殖。耐热：巴氏杀菌不易被杀死。70℃加热 1 小时或 80℃加热 30 分钟才被杀死。耐低温：在冷冻食品中不易死亡。耐高渗：在含有 50%～66%蔗糖或 15%以上食盐的食品中才被抑制。耐酸性强：pH 4.5 环境中也能生长。耐 40%的胆汁。

引起中毒的食品主要有牛乳、肉类（腌制肉、猪牛羊的熟肉制品）、蛋类、鱼类及其制品等动物性食品。此外，被葡萄球菌污染的凉糕、凉粉、剩米饭、米酒等也有发生中毒的情况。葡萄球菌分布于空气、土壤、水、食具中，其主要污染源是人和动物。多数葡萄球菌食物中毒是由该菌引起的患局部化脓性感染（疮疖、手指化脓）、急性上呼吸道感染（鼻窦炎、化脓性咽炎、口腔疾病等）的食品从业人员，在加工过程中污染了加热处理后的食品所致；少数是加热处理之前污染引起，或食入了患有葡萄球菌性乳腺炎的奶牛的乳汁所致。一般健康人的咽喉、鼻腔、皮肤、手指甲、肠道内带菌率为 20%～30%，也可经手污染食品。

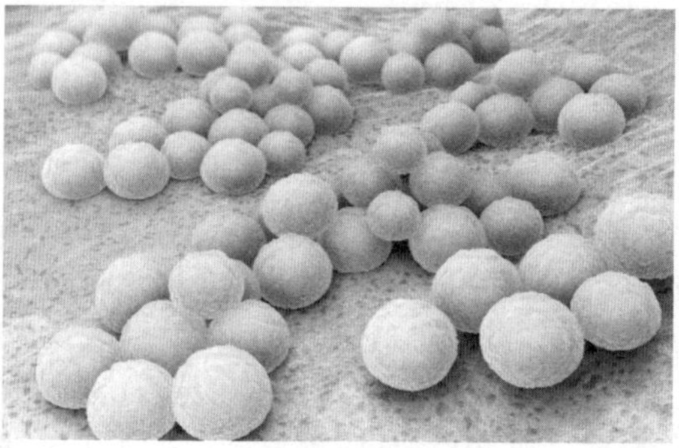

图 6-5 葡萄球菌①

中毒症状：潜伏期一般为 1～5 小时。主要表现为急性胃肠炎症状，如恶心、呕吐，中上腹部剧烈痉挛疼痛和腹泻，吐泻严重。伴头痛、发冷，体温一般正常或伴有低热。严重者因大量失水而出现外周循环衰竭和虚脱。一般 1～3 天内康复，愈后良好，少有死亡病例。

防控措施：防止食品原料和成品被污染，防止带菌人群对食物的污染，定期对食品从业人员进行健康检查，患局部化脓性感染、上呼吸道感染者应暂时调换工作岗位；防止葡萄球菌污染原料奶。定期对健康奶牛的乳房进行检查，患乳腺炎乳不能用于加工乳与乳制品；患局部化脓性感染的畜、禽胴体应按病畜、病禽肉处理，将病变部位除去后，再经高温处理才可加工熟肉制品；食品加工的设备、用具，使用后应彻底清洗杀菌；严格防止肉类、含奶糕点、冷

① 拍信网 https://v.paixin.com/photocopyright/60147149

饮食品和剩菜剩饭等受到致病性葡萄球菌的污染。此外,防止葡萄球菌的生长与产毒:控制食品贮藏温度,防止该菌生长和产毒的重要条件是低温和通风良好。建议4℃以下冷藏食品或置阴凉通风处,但不应超过6小时(尤其是夏秋季)。挤好的牛乳应迅速冷却至10℃以下。食品的杀菌处理:在肠毒素产生之前及时加热杀死已污染食品的葡萄球菌。剩菜剩饭最好采取双重加热法,即加热后置低温通风处存放,食前再次加热。加热虽可杀死葡萄球菌,但难以破坏肠毒素。因此,在实践上防止该菌食物中毒的措施主要靠前两种方法。

6.3.1.4 肉毒梭菌

肉毒梭菌(*C. botulinum*)隶属于梭状芽孢杆菌属(*Clostridium*),在厌氧环境中分泌极强烈的肉毒毒素,能引起特殊的神经中毒症状,病死率极高。肉毒梭菌为革兰氏阳性产芽孢杆菌。

引起中毒的主要原因是食入了含有肉毒毒素的食品。食品被肉毒梭菌的芽孢污染,在适宜条件下芽孢发芽、生长时产生了肉毒毒素。多数食物中毒发生于家庭自制的低盐厌氧的发酵食品、厌氧加工的罐头食品、真空包装食品、厌氧保存的肉类制品中。例如,家庭自制的发酵食品原料(粮食和豆类)受肉毒梭菌污染后,由于蒸煮温度不够或时间较短,未能杀死芽孢,又在密闭容器内20～30℃下发酵,从而为肉毒梭菌芽孢萌发和产毒创造了条件。如果食用前不经加热或杀菌不彻底,即可引起中毒。又如,牧民们将冬季屠宰的牛肉密封越冬至开春,气温升高为芽孢萌发成繁殖体和产生毒素提供了条件。肉毒毒素是一种强烈的神经毒素,随食物进入肠道吸收后,再进入血液循环,作用于神经和肌肉的接触点和自主神经末梢,与神经传导介质乙酰胆碱结合,从而抑制乙酰胆碱的释放,导致肌肉麻痹和神经功能不全。

中毒症状:潜伏期一般为12～48小时,潜伏期越短,病死率越高。表现为对称性颅神经损害症状,首先出现颅神经麻痹,出现头晕、头痛、视物模糊、瞳孔散大等症状,继而发生语言障碍、吞咽困难、呼吸困难、心肌麻痹、呼吸肌麻痹,最终因呼吸衰竭而死亡。死亡率为30%～65%。

防控措施:防止原料被污染,在食品加工过程中,应选用新鲜原料,防止泥土和粪便对原料的污染。原料应充分清洗,高温灭菌或充分蒸煮,以杀死芽孢。控制肉毒梭菌的生长和产毒,加工后的食品应避免再污染,应置于通风、凉爽的地方保存。尤其是对加工后的肉、鱼类制品,应防止加热后污染。此外,于肉肠中加入亚硝酸钠防腐剂可抑制该菌的芽孢生长,其最高允许用量为0.15 g/kg。食用前彻底加热杀菌,肉毒毒素不耐热,食用前对可疑食物加热可破坏毒素。80℃加热30～60分钟或使食品内部达到100℃维持10～20分钟,是预防中毒的可靠措施。生产罐头食品等真空食品时,必须严格执行《食品安全国家标准　罐头食品生产卫生规范》(GB 8950—2016),装罐后要彻底灭菌,胖听的罐头食品不能食用。

6.3.1.5 副溶血性弧菌

副溶血性弧菌(*Vibrio parahemolyticus*)又称致病性嗜盐菌,属于弧菌科弧菌属,是分布极广的海洋性细菌,大量存在于海产品中。在沿海地区夏、秋季节(6—10月),常因食用被此菌污染的海产品而引起暴发性食物中毒。

活菌进入肠道侵入黏膜引起肠黏膜的炎症反应,同时产生有害物质,作用于小肠壁的上皮细胞,使肠道充血、水肿,肠黏膜溃烂,导致黏液便、脓血便等消化道症状,毒素进一步由肠黏膜受损部位侵入体内,与心肌细胞表面受体结合,毒害心脏。由于该菌食物中毒是致病菌对肠道的侵入和溶血毒素的协同作用,故是一种混合型食物中毒。

引起中毒的食物主要是海产品,其中以墨鱼、竹荚鱼、带鱼、黄花鱼、螃蟹、海虾、贝蛤类、海蜇等居多,其次是腌渍食品。在肉类、禽类食品中,腌制品约占半数。该菌存在于海洋和海产品及海底沉淀物中。海水、海产品、海盐、带菌者是污染源。凡是带菌食品再接触其他食品或生熟食品交叉污染，便可受到该菌污染。接触过海产鱼、虾的带菌厨具(砧板、切菜刀等)、容器等，如果不经洗刷消毒也可污染到肉类、蛋类、禽类及其他食品。如果处理食物的工具生熟不分亦可污染熟食物或凉拌菜。人和动物被该菌感染后也可成为病菌的传播者。

中毒症状：潜伏期一般为 11～18 小时。表现为急性胃肠炎症状，如剧烈阵发性上腹部绞痛、恶心、呕吐、腹泻(频繁的黄水样便或脓血便)，发烧。一般愈后良好，死亡率很低。少数重症者出现严重腹泻、脱水而虚脱，呼吸困难，血压下降而休克，如抢救不及时可死亡。

防控措施：防止食品被污染，在加工、运输等各环节严禁生熟海鱼类混杂，夏季食用的其他生冷食品，应避免接触海产品，接触过生鱼虾的炊具和容器应及时洗刷、消毒，并且生、熟炊具要分开，防止生、熟食物交叉污染。带菌者未治疗痊愈前，不应直接从事食品加工工作；控制细菌繁殖，海产品或熟食品应置于 10℃以下冰箱或冷库中，做到冷链贮藏；食前彻底加热杀菌，对海产品、肉类食品烹调时要煮熟、烧透，防止里生外熟。煮海虾和蟹时，一般在 100℃处理 30 分钟。隔餐或过夜饭菜，食用前要回锅热透；最好不食用生或半熟的海产品，最好不食凉拌海产品，如生食某些凉拌海产品或蔬菜，应充分洗净，并用食醋拌渍 10～30 分钟，再加其他调料拌食；或经沸水焯烫 3～5 分钟，以杀灭食品中的病原菌。此外，为防止伤口被该菌感染，肢体有伤者应避免入海水。

6.3.1.6 单核细胞增生李斯特氏菌

单核细胞增生李斯特氏菌(*L. monocytogenes*)简称单增李斯特氏菌，属于李斯特氏菌属(*Listeria*)，该属目前已知有 8 个种，其中仅单增李斯特氏菌会引起食物中毒。

单核细胞增生李斯特氏菌(图 6-6)耐酸不耐碱；耐低温，在冷藏条件下(4℃)生存和繁殖；不耐热，55℃，30 分钟或 60～70℃，10～20 分钟可被杀死。能抵抗亚硝酸盐食品防腐剂；能在 10% NaCl 溶液中生长。对化学杀菌剂及紫外线照射较敏感，75%酒精 5 分钟，1‰新洁尔灭30 分钟，紫外线照射 15 分钟均可杀死。对多种抗生素敏感，以氨苄西林加上 1 种氨基糖苷抗生素为特效治疗药，但对磺胺、多黏菌素等具耐药性。

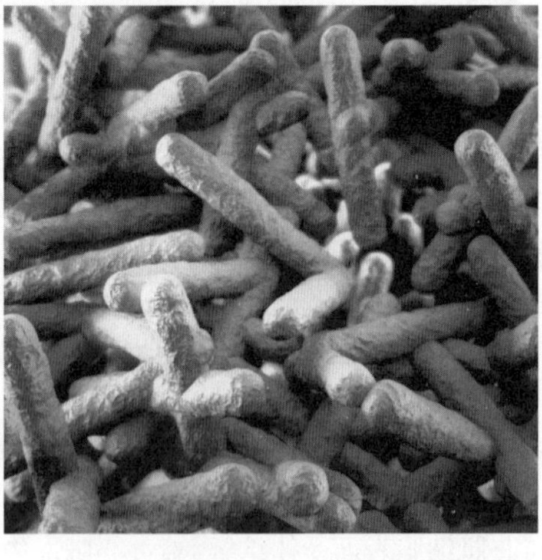

图 6-6 单核细胞增生李斯特氏菌[①]

① 拍信网 https://v.paixin.com/photocopyright/50495645

引起中毒的食品主要是乳与乳制品(消毒乳、软干酪等)、新鲜和冷冻的肉类及其制品、家禽、海产品、水果和蔬菜,尤以乳制品中的软干酪、冰激凌、即食食品最为多见。

该菌存在于带菌的人和动物的粪便、腐烂的植物、发霉的青贮饲料、土壤、污泥和污水中,在牛乳、蔬菜(叶菜)、禽类、鱼类和贝类等多种食品中也可分离出该菌。带菌人和哺乳动物的粪便是主要污染源。其传播主要是粪口途径,还可通过胎盘和产道感染新生儿。胎儿或婴儿的感染多半来自母体中的细菌或带菌的乳制品。

中毒症状:以脑膜炎、败血症最常见。发病突然,初时症状为恶心、呕吐、发烧、头疼等,类似感冒。孕妇感染结果常有流产、早产或死胎。新生儿(出生后的1～4周内)感染后患脑膜炎。患先天性李氏菌病的新生儿多死于肺炎和呼吸衰竭,病死率高达20%～50%。

防控措施:防止原料和熟食品被污染,从原料到餐桌切断该菌污染食品的传播途径。生食蔬菜食用前要彻底清洗、焯烫。未加工的肉类和蔬菜要与加工好的食品和即食食品分开。不食用未经巴氏消毒的生乳或用生乳加工的食品。加工生食品后的手、刀和砧板要清洗、消毒。利用加热杀灭病原菌:该菌对热敏感,多数食品只要经适当烹调(煮沸即可)均能杀灭活菌。生的动物性食品,如牛肉、猪肉和家禽要彻底加热。吃剩食品和即食食品食用前应重新彻底加热。不食改刀熟食品或食用前重新彻底加热。严格制定有关食品法规:美国政府规定50 g熟食制品不得检出该菌;欧盟认为干酪中含量应为零,即25 g样品检测不出该菌,而其他乳制品1 g样品检不出该菌。

6.3.1.7 空肠弯曲菌

空肠弯曲菌(*Campylobacter jejuni*)隶属于弯曲菌属(*Campylobacter*)。该属目前已有18个种和亚种,其中空肠弯曲菌空肠亚种(*C. jejuni* subsp. *jejuni*)可引起散发性细菌性肠炎。

引起中毒的食品主要是生的或未煮熟的家禽、家畜肉、原料牛乳、蛋、海产品。该菌存在于温血动物(禽鸟和家畜)的粪便中,以家禽粪便含量最高,每克肠内容物达10^7个。鸡肠道内容物阳性检出率为39%～83%,鸡肉阳性检出率为29.7%,猪肠道内容物阳性检出率为61%,鲜肉阳性检出率约为12%,猪肉香肠阳性检出率为4.2%。此外,牛粪中的阳性检出率为22%,为原料乳的主要污染源,其污染程度与榨乳操作有关。该菌可以通过直接接触污染的动物胴体、摄入污染的食物和水、急性传染者排出的带菌粪便等多种方式从动物宿主传播给人引起感染。该菌侵入机体肠黏膜,有时也进入血液中,同时产生的肠毒素又促进了食物中毒的发生。

中毒症状:潜伏期一般为3～5天。主要症状为突发腹痛、腹泻水样便或黏液便至血便,发烧38～40℃,头痛等,有时还会引起并发症。大约有1/3的患者在患空肠弯曲菌肠炎后1～3周内出现急性感染性多发性神经炎症状。

防控措施:加强食品各环节的卫生管理,选用新鲜原料加工。在加工过程中,食品加工人员遵守良好的卫生操作规范,防止二次污染。在实践中,控制和杀灭该菌的有效措施是:0.5%的醋酸或0.33%的乳酸进行漂洗,可降低鸡中90%的空肠弯曲菌;2.5%的过氧乙酸、3%的过氧化氢杀菌。加工后的肉制品于1.6℃下中等剂量辐射处理可基本无菌。在销售之前,对产品要加强检测,杜绝含该菌的不合格产品流入市场。此外,需加强消费者的健康卫生意识和自我保护能力,不购买、不食用腐败变质的食物。在食用前,对肉类食品只要经过科学烹调、蒸煮,牛奶严格经过巴氏消毒就可杀灭病原菌。避免食用未煮透或灭菌不充分的食品,尤其是乳制品和饮用水要充分加热杀菌。

6.3.1.8 志贺氏菌

志贺氏菌属(*Shigella*)隶属于肠杆菌科(Enterobacteriaceae)。该菌属分为4个血清群(种):A群为痢疾志贺氏菌(*S. dysenteriae*),B群为福氏志贺氏菌(*S. flexneri*),C群为鲍氏志贺氏菌(*S. boydii*),D群为宋内志贺氏菌(*S. sonnei*)。其中,痢疾志贺氏菌是导致典型细菌性痢疾的病原菌,而其他3种菌是导致食物中毒的病原菌。

引起中毒的食品主要是水果、蔬菜、沙拉的冷盘和凉拌菜,肉类、奶类及其熟食品。志贺氏菌通过粪便→食品→口腔途径传播引起食品污染。患者和带菌者的粪便是污染源,因此餐饮从业人员中志贺氏菌携带者具有更大危害性。带菌的手、苍蝇、用具等接触食品,以及沾有污水的食品容易污染志贺氏菌。

中毒症状:该菌随食物进入胃肠后侵入肠黏膜组织,生长繁殖。当菌体破坏后,释放内毒素,作用于肠壁、肠黏膜和肠壁植物性神经,引起一系列症状。有的菌株产生Vero毒素,具有肠毒素的作用。潜伏期6~24小时。主要症状为剧烈腹痛,呕吐,频繁水样腹泻,脓血和黏液便。还可引起毒血症,发热达40℃以上,意识障碍,严重者出现休克。

防控措施:预防措施与小肠结肠炎耶尔森氏菌食物中毒相同。加强食品卫生管理,严格执行卫生制度。加强食品从业人员肠道带菌检查,餐饮从业人员不能带菌工作。

6.3.1.9 变形杆菌

变形杆菌属(*Proteus*)有4个种,其中普通变形杆菌(*P. vulgaris*)和奇异变形杆菌(*P. mirabilis*)能引起食物中毒。变形杆菌为革兰氏阴性小杆菌,有的菌株可在人的肠道内增殖,另一些菌株可产生肠毒素。

引起中毒的食品主要是动物性食品,如熟肉类、熟内脏、熟蛋品、水产品等。豆制品(如"素鸡"、豆腐干)、凉拌菜、剩饭和病死的家畜肉也可引起中毒。该菌存在于土壤、污水、植物、人和动物的肠道中。健康人肠道带菌率1.3%~10.4%,肠道病患者带菌率高达13.3%~52.0%。生肉类和内脏带菌率较高,为主要污染源。在烹调过程中,生熟交叉污染,处理生、熟食品的工具容器未严格分开使用,被污染的食品工具、容器可污染熟制品。

中毒症状:一般潜伏期3~20小时,突发腹痛,继而腹泻,重症患者的水样便中伴有黏液和血液,体温38~40℃,通常1~3天内可痊愈。毒素型中毒症状:有些菌株产生肠毒素,使食用者发生急性胃肠炎,如呕吐、腹泻、头痛、全身无力、肌肉酸痛等症状。

防控措施:预防措施与沙门氏菌食物中毒基本相同。在此基础上,特别注意控制人类带菌者对熟食品的污染及食品加工烹调中带菌生食物、容器、用具等对熟食品的污染。为此,食品企业应建立严格的卫生管理制度。

6.3.1.10 蜡样芽孢杆菌

蜡样芽孢杆菌(*Bacillus cereus*)属革兰氏阳性长杆菌,能产生耐热与不耐热的肠毒素。不耐热性肠毒素又称腹泻毒素。几乎所有蜡样芽孢杆菌在多种食品(包括米饭)中产生不耐热肠毒素。该毒素56℃处理30分钟或60℃加热5分钟可使之失活,并可用尿素、重金属盐类、甲醛等灭活,对链霉蛋白酶和胰蛋白酶敏感。其毒性作用类似*E. coli*肠毒素,能激活肠上皮细胞中的腺苷酸环化酶,使肠黏膜细胞分泌功能改变而引起腹泻。耐热性肠毒素又称呕吐毒素。有的蜡样芽孢杆菌可在米饭类食品中产生耐热性肠毒素。该毒素在110℃加热5分钟毒性仍残存,对酸碱、胃蛋白酶、胰蛋白酶均不敏感。该毒素不能激活肠黏膜细胞膜上的腺苷酸环化酶,其中毒机制可能与葡萄球菌肠毒素致呕吐机制相同。

国外引起中毒的食品有乳及乳制品、畜禽肉类制品、蔬菜、马铃薯、豆芽、甜点心、调味汁、色拉、米饭和油炒饭。国内主要是剩饭，特别是大米饭，因本菌极易在大米饭中繁殖。其次是小米饭、高粱米饭，个别还有米粉、甜酒酿、月饼等。蜡样芽孢杆菌分布于土壤、尘埃、污水、植物和空气中，在食品加工、运输、保藏等环节易被污染。其主要污染源是泥土、灰尘，也可经苍蝇、蟑螂等昆虫，不洁容器和用具传播。该菌可从多种市售食品中检出，肉及肉制品带菌率为13%～26%、乳与乳制品为23%～77%、饼干为12%、生米为67.7%～91%、米饭为10%、炒饭为24%、豆腐为54%、蔬菜和水果为51%。

中毒症状：分腹泻型和呕吐型两类。腹泻型潜伏期一般为10～12小时，主要表现为腹痛、腹泻水样便，一般无发热，轻度恶心，但呕吐罕见，病程16～36小时，愈后良好。呕吐型潜伏期一般为1～3小时，主要表现为恶心、呕吐、腹痛，少见腹泻及体温升高者，病程8～10小时。国内报道的该菌食物中毒多为此型。

防控措施：土壤、灰尘常带有蜡样芽孢杆菌，鼠类、苍蝇和不洁的烹调用具、容器皆能传播该菌。为此，食堂、食品企业必须严格执行食品卫生操作规范(GMP)，做好防蝇、防鼠、防尘等卫生工作。因该菌在15～50℃均能生长繁殖产毒，奶类、肉类和米饭等食品只能在低温下短期存放，剩饭及其他熟食品在食用前须100℃，20分钟彻底加热。

6.3.1.11　产气荚膜梭菌

产气荚膜梭菌(*Clostridium perfringens*)异名魏氏梭菌(*C. welchii*)，为革兰氏阳性专性厌氧的粗大芽孢杆菌。当基质含5%的NaCl时生长即受抑制。芽孢具有较强的抗热性，100℃煮沸1小时仍能存活。该菌能产生多种肠毒素和多种侵袭酶，其荚膜也构成强大的侵袭力，是气性坏疽的主要病原菌。

中毒症状：潜伏期10～12小时。主要症状为急性胃肠炎，腹痛和腹泻水样便，并有大量气体产生。恶心、呕吐和发热者少见。除体弱者外，大多在1～2天内恢复，愈后良好。

防控措施：防止食品原料和成品被污染。加强对肉类等动物性食品的卫生管理，控制污染源。对食品从业人员定期进行肠道带菌检查，肠道带菌者不得从事接触食品工作。严格执行家畜和家禽在屠宰、加工、运输、贮藏、销售各个环节的卫生管理，防止受该菌的污染，控制细菌繁殖：烹调或加工、处理后的熟肉类制品应快速降温，低温贮存，存放时间应尽量缩短。食前加热杀菌：食用肉类等动物性食品前需充分加热，烧熟煮透，以彻底杀灭产气荚膜梭菌。冷藏食品应充分煮透后再食用。

6.3.1.12　阪崎肠杆菌

阪崎肠杆菌(*Enterobacter sakazakii*)是近几年乳制品中新发现的1种致病菌，它是自然环境中的一种"条件致病菌"。

中毒症状：阪崎肠杆菌可感染各年龄组别的人，感染主要引起脑膜炎、脓血症、坏死性小肠结肠炎。阪崎肠杆菌导致的脑膜炎常导致脑梗死、脑脓肿、囊肿形成和脑室炎等并发症，并且可引起神经系统后遗症或迅速死亡。阪崎肠杆菌也可引起成人菌血症或局部感染。

防控措施：应对不能进行母乳喂养的婴幼儿，特别是高危人群提出警示：婴儿配方奶粉并非真正无菌产品，可能被病原体污染并引起疾病。应用商业无菌液体或开水冲调配方食品；喂养婴幼儿后剩余的调配食品应放置冰箱保存，并在食用前再加热。制定婴幼儿配方奶粉中阪崎肠杆菌微生物标准，建立有效控制措施规范，将其危险性降低到最低。加强对阪崎肠杆菌的检测技术及控制技术研究，进一步完善婴幼儿配方食品标准，以保证婴幼儿群体的健康。

6.3.2 真菌毒素与食源性疾病

真菌性食物中毒是指人食入了含有真菌毒素的食物而引起的中毒现象。由真菌毒素引起的人的疾病统称为真菌毒素中毒症。真菌毒素(mycotoxin)是产毒真菌在适宜条件下所产生的次级代谢产物。它主要来自真菌在含碳水化合物的食品原料上繁殖而分泌的细胞外毒素。真菌产生的毒素包括:由霉菌产生的引起食物中毒的细胞外毒素、由麦角菌产生的毒素、由毒蘑菇产生的毒素。下面将重点介绍由霉菌分泌的细胞外毒素引起的人类食物中毒。

自从 20 世纪 60 年代发现强致癌的黄曲霉毒素以来,人们日益重视霉菌及其毒素对食品的污染。霉菌毒素通常具有耐高温、无抗原性、主要侵害实质器官的特性,而且多数还有致癌作用。因此,粮食和食品由于霉变不仅造成经济损失,误食还会造成人畜急性或慢性中毒,甚至导致癌症。据统计,目前已知有 200 多种真菌能产生 100 余种化学结构不同的真菌毒素。其中与人类关系密切的有近百种,而引起人类食物中毒的霉菌毒素则较少。根据霉菌毒素作用于人体的靶器官的不同,将之分为心脏毒、肝脏毒、肾脏毒、胃肠毒、神经毒、造血器官毒、变态反应毒和其他毒素八种类型。目前已知在食品和饲料中较普遍存在的真菌毒素见表 6-1。其中使实验动物致癌的有黄曲霉毒素(B、G)、杂色曲霉毒素、黄天精、环氯肽和展青霉素等 14 种毒素。目前已发现具有产生毒素的霉菌主要有曲霉属(*Aspergillus*)、青霉属(*Penicillium*)、镰刀菌属(*Fusarium*)、交链孢霉属(*Alternaria*)中的一些霉菌,以及其他菌属,如粉红单端孢霉、黑色葡萄穗霉、木霉属、漆斑菌属等。

表 6-1 主要产毒霉菌及其毒素类别

主要产毒霉菌	毒素名称	毒性类别
黄曲霉(*A. flavus*)	黄曲霉毒素(aflatoxin)	肝脏毒
寄生曲霉(*A. parasiticus*)	黄曲霉毒素(aflatoxin)	肝脏毒
杂色曲霉(*A. versicolor*)	杂色曲霉毒素(sterigmatocystin)	肝脏毒、肾脏毒
构巢曲霉(*A. nidulans*)	杂色曲霉毒素(sterigmatocystin)	肝脏毒、肾脏毒
赭曲霉(*A. ochraceus*)	赭曲霉毒素 A(ochratoxin A)	肝脏毒、肾脏毒
岛青霉(*P. islandicum*)	岛青霉毒素(islanditoxin)	肝脏毒、肾脏毒
扩展青霉(*P. expansum*)	展青霉素(patulin)	神经毒
黄绿青霉(*P. citreoviride*)	黄绿青霉素(citreoviridin)	神经毒
桔青霉(*P. citrinum*)	桔青霉素(citrinin)	肾脏毒
圆弧青霉(*P. cyclopium*)	青霉酸(penicillic acid)	致突变作用
禾谷镰刀菌(*Fusarium graminearum*)	玉米赤霉烯酮(zearalenone)	类雌性激素作用
玉米赤霉菌(*Gibberella zeae*)	脱氧雪腐镰刀菌烯醇(deoxynivalenol)	致吐作用
串珠镰刀菌(*Fusarium moniliforme*)	伏马菌素(fumonisin)	肝脏毒、肾脏毒
三线镰刀菌(*Fusarium tricintum*)	T-2 毒素(T-2 toxin)	造血器官毒
交链孢霉(Alternaria)	交链孢霉毒素(alternaria toxin)	致畸、致突变作用

6.3.2.1 黄曲霉毒素

黄曲霉毒素(aflatoxin,简称 AFT 或 AF 或 AT)是由黄曲霉(*A. flavus*)、寄生曲霉(*A. parasiticus*)的某些菌株产生的一类强毒性的次级代谢产物。该毒素自 1960 年被发现以来引起人们高度重视,世界各国科学家对该毒素的产毒微生物、产毒条件、毒性、毒理、防止污染措施及去毒方法等进行了深入研究。

食品中黄曲霉毒素的产生与多种因素有关。有时在食品中存在产毒菌株，但检测不到毒素；有时在含有黄曲霉毒素的食品中却分离不到可产生毒素的菌株。黄曲霉毒素已被证明是由曲霉属、黄曲霉群中的黄曲霉和寄生曲霉产生。黄曲霉的产毒菌株只有 60%～94%，在气候温暖、湿润地区的花生、玉米上分离的黄曲霉菌产毒菌株的比例要高一些。寄生曲霉的产毒菌株可达 100%。黄曲霉毒素主要污染粮食、油料作物的种子、饲料及其制品，如玉米、小麦、大米、面粉、花生及其制品（花生油、花生酱）、棉籽、豆类及其制品（大豆粉）、啤酒、可可、蔬菜、水果及其制品（如葡萄干、苹果汁）、调味品中均有被黄曲霉毒素污染的现象。此外，肉类制品（腌肉、熏肉、火腿）、乳与乳制品（牛乳、奶粉、成熟的干酪）、鱼制品（鱼粉、干咸鱼）等动物性食品中也有污染现象。家庭自制发酵食品，如（豆、面）酱中亦检出过该毒素。

中毒症状：国内外许多调查发现，癌症高发区常是气候潮湿和以玉米、花生为日常食品的地带，而玉米和花生最易被黄曲霉污染并产毒，其次是大米。如果将含有黄曲霉毒素的玉米喂饲奶牛、猪、母鸡，由于黄曲霉毒素积蓄在动物的肝脏、肾脏和肌肉组织中，可在相应的乳、肉、蛋产品中检出黄曲霉毒素。人类长期食入此类畜产品，即可引起慢性中毒，威胁人类健康。

防控措施：在自然条件下，要想完全杜绝霉菌污染是不可能的，关键要防止和减少霉菌污染。对谷物粮食等植物性产品，只有在贮藏过程中采用适当防霉措施，才能控制黄曲霉的生长和产毒：①降低水分和湿度。农产品收获后，应迅速干燥至安全水分。控制水分和湿度，保持食品和贮藏场所干燥，做好食品贮藏地的防湿、防潮工作，要求相对湿度不超过 65%，控制温差，防止结露。贮存期间粮食和食品经常晾晒、风干、烘干或加吸湿剂并密封。②低温防霉。将食品贮藏温度控制在霉菌生长的适宜温度以下，建造低温（13℃以下）仓库，冷藏食品的温度界限应在 4℃以下。③化学防霉。防霉化学药剂有熏蒸剂，如溴甲烷、二氯乙烷、环氧乙烷；有拌合剂，如有机酸、漂白粉等。环氧乙烷熏蒸用于粮食防霉效果好。如食品中加入 0.1%的山梨酸、纳它霉素防霉效果很好。④气调防霉。运用封闭式气调技术，控制气体成分，降低 O_2 浓度，增加 CO_2、N_2 浓度，以防止霉菌生长和产毒。例如，用聚氯乙烯薄膜袋贮藏粮食，使 O_2 浓度降低，9 个月内基本可抑制霉菌生长；将花生或谷物置于含 CO_2 的塑料袋内，封好口，可至少保鲜 8 个月。

6.3.2.2　镰刀菌毒素

根据联合国粮农组织（FAO）和世界卫生组织（WHO）联合召开的第三次食品添加剂和污染物会议资料，镰刀菌毒素同黄曲霉毒素一样被认为是自然发生的最危险的食品污染物。有多种镰刀菌能产生对人畜健康威胁极大的镰刀菌毒素，现已发现的镰刀菌毒素有十几种，主要有伏马菌素、单端孢霉烯族化合物毒素、玉米赤霉烯酮和丁烯酸内酯等。

伏马菌素，又称腐马素、福马菌素，可由多种镰刀菌产生。串珠镰刀菌被最早（1989）发现产生此种毒素，它是引起马属动物霉玉米中毒的病原菌。伏马菌素的分布比黄曲霉毒素更广泛，含量也远高于黄曲霉毒素，对人和动物危害极大。该毒素大多存在于玉米及其制品中，含量一般超过 1 mg/kg，在大米、面条、调味品、高粱、啤酒中也有较低量存在。1996—1997 年西班牙曾调查各种啤酒中的伏马菌素污染状况，发现在 14 个阳性样品中毒素含量高达 76.00～85.53 μg/L，故其危害性受到世界各国许多研究者关注。目前已确定的伏马菌素至少有 7 种衍生物。伏马菌素引起马患脑白质软化病(LEM),神经性中毒而呈现意识障碍、失明和运动失调,甚至死亡。

串珠镰刀菌等镰刀菌属霉菌的营养类型属于兼性寄生型,它可感染未成熟的谷物,是玉米等谷物中占优势的微生物类群之一。当玉米等谷物收获后,如不及时干燥处理,镰刀菌继续生长繁殖,造成谷物严重霉变。串珠镰刀菌的最适产毒温度为 25℃,最高产毒时间 7 周,产毒菌在 25～30℃,pH 3.0～9.5 的培养条件下生长良好。

单端孢霉烯族化合物毒素(trichothecenes)是由禾谷镰刀菌、雪腐镰刀菌、三线镰刀菌、梨孢镰刀菌、拟枝孢镰刀菌等产生的一类毒素,有 40 多种此类毒素,其中与人畜中毒关系较大的有 8 种,包括脱氧雪腐镰刀菌烯醇、T-2 毒素、雪腐镰刀菌烯醇、HT-2 毒素、新茄病镰刀菌烯醇、镰刀菌烯酮-X、膨孢镰刀菌毒素和二醋酸薰草镰刀菌烯醇。

脱氧雪腐镰刀菌烯醇(deoxynivalenol, DON)是一类具有致吐作用的赤霉病麦毒素。主要存在于麦类(大麦、小麦、黑麦、元麦、燕麦)患赤霉病的麦粒中,在玉米、水稻、蚕豆、甘薯、甜菜叶等作物中也能感染赤霉病而含有 DON。DON 纯品为白色结晶,对热极稳定,烘焙 210℃,油煎 140℃或煮沸,只能破坏 50%。在高压热蒸汽作用下可使其完全失活。人误食含有 DON 的赤霉病麦面粉制成的食品(含 10%病麦的面粉 250 g),引起以呕吐为主要症状的赤霉病麦中毒。多在 1 小时内出现呕吐、头痛、眩晕、腹痛、全身乏力、步伐紊乱等症状,主要因毒素侵害中枢神经系统所致。以病麦喂猪,猪的体重增重缓慢,宰后脂肪呈土黄色、肝脏发黄、胆囊出血。T-2 毒素(T-2 toxin)是由三线镰刀菌和拟枝孢镰刀菌在田间越冬的谷物中产生的一类单端孢霉烯族化合物,人食用后导致食物中毒性白细胞缺乏症,死亡率高达 50%～60%。

玉米赤霉烯酮是一类具有雌性激素作用的赤霉病麦毒素。它主要由禾谷镰刀菌、黄色镰刀菌、粉红镰刀菌、串珠镰刀菌、三线镰刀菌、茄病镰刀菌、木贼镰刀菌、尖孢镰刀菌等多种镰刀菌产生。在自然状态下这些镰刀菌主要侵染玉米,导致玉米的病害和带毒,特别是玉米在收获季节遇阴雨天时更易遭到感染。将禾谷镰刀菌接种在玉米培养基上,在 25～28℃培养 2 周,再在 12℃下培养 8 周,可获得大量玉米赤霉烯酮。除玉米外,禾谷镰刀菌等病原菌侵染麦粒(小麦、大麦、燕麦)后,在其中引起蛋白质分解,也可产生玉米赤霉烯酮毒素。动物摄入含有玉米赤霉烯酮的饲料后会产生雌性激素亢进毒性反应,出现雌性发情综合症状。一般当饲料中含有玉米赤霉烯酮 1～5 mg/kg 时会出现症状,500 mg/kg 时将出现明显症状。用含赤霉病麦面粉制成的各种面食,如毒素未被破坏,食入后可引起食物中毒。

丁烯酸内酯是三线镰刀菌、雪腐镰刀菌、拟枝孢镰刀菌和梨孢镰刀菌产生的真菌毒素,易溶于水,在碱性水溶液中极易水解。丁烯酸内酯在自然界发现于牧草中,牛饲喂带毒牧草会导致烂蹄病。哈尔滨医科大学大骨节病研究室报道,在黑龙江和陕西的大骨节病区所产的玉米中发现有丁烯酸内酯存在。

6.3.2.3 黄变米毒素

黄变米是 20 世纪 40 年代由日本科学家在大米中发现的。由于稻谷贮存时含水量过高(14.6%),被霉菌污染发生霉变而使米粒变黄,这类变质的大米称为黄变米。导致大米变黄的霉菌主要是青霉属中的一些种。黄变米中毒是指人们因食用黄变米而引起的食物中毒。黄变米分为 3 种:黄绿青霉黄变米、桔青霉黄变米和岛青霉黄变米。这些菌株侵染大米后产生有毒的次级代谢产物,统称黄变米毒素。该毒素可分为以下 3 大类:

(1)黄绿青霉:污染含水分14.6%的大米后,于12~13℃即可形成淡黄色病斑的黄变米,同时产生黄绿青霉毒素。毒素在紫外线辐射下2小时可被破坏,加热至270℃失去毒性。该毒素为强烈神经毒,动物中毒特征为中枢神经麻痹,进而心脏及全身麻痹而死亡。

(2)桔青霉:污染精白大米后形成带黄绿色的黄变米,同时产生桔青霉毒素。现已从霉变的面包、小麦、燕麦等基质中发现该种毒素。除桔青霉产生桔青霉毒素外,暗蓝青霉、纯绿青霉、展青霉、点青霉、变灰青霉、土曲霉等也能产生这种毒素。桔青霉毒素产生的温度一般为20~30℃,10℃以下桔青霉等产毒菌生长受到抑制。该毒素为肾脏毒,引起肾慢性实质性病变,导致实验动物肾脏肿大,肾小管扩张和上皮细胞变性坏死,并且已被认为具有致癌性。

(3)青霉:污染大米后形成黄褐色溃疡性病斑的黄变米,同时产生岛青霉毒素,包括黄天精、环氯肽、岛青霉素、红天精。前2种毒素都是肝脏毒,急性中毒可造成动物发生肝萎缩现象;慢性中毒发生肝纤维化、肝硬化或肝肿瘤,可导致实验大鼠肝癌。

6.3.2.4 杂色曲霉毒素

杂色曲霉毒素(sterigmatocystin, ST)是杂色曲霉(*A. versicolor*)、构巢曲霉(*A. nidulans*)和离蠕孢霉产生的一种真菌毒素。ST是一化学结构相似的有毒物质,基本结构为1个二呋喃环和1个氧杂蒽酮。其中杂色曲霉毒素Ⅳa是毒性最强的1种。它是一种淡黄色针状结晶,熔点246℃,不溶于水,易溶于氯仿、乙腈、苯和二甲基亚砜等有机溶剂,在紫外线辐射(365 nm波长)下呈砖红色荧光。杂色曲霉素Ⅳa会导致动物肝癌、肾癌、皮肤癌和肺癌,其致癌性仅次于黄曲霉毒素。由于杂色曲霉和构巢曲霉经常污染粮食和食品,而且有80%以上的菌株产毒,所以杂色曲霉毒素在肝癌病因学研究上很重要。糙米易污染杂色曲霉毒素,但经加工成标准二等大米后,毒素含量减少90%。

6.3.3 病毒污染与食源性疾病

病毒是一类专性活细胞寄生的非细胞型生物。虽然它们不能在食品中繁殖,但食品作为病毒传播的载体,经被污染的环境、粪便→食品→口腔传播模式感染给人,也可来自患有病毒疾病的动物。由于食品为病毒提供了良好的保存条件,因而它能在食品中存活较长时间,一旦被人们食用,即可在体内繁殖,感染病毒病,如小儿麻痹症、甲型肝炎、胃肠炎等。

6.3.3.1 已发现于食品中的病毒

目前可能发现于食品中的病毒有:①人类肠道病毒:包括脊髓灰质炎病毒、柯萨奇病毒、埃可(ECHO)病毒、新型肠道病毒;②肝炎病毒:甲型肝炎病毒、戊型肝炎病毒;③引起腹泻或胃肠炎病毒:诺沃克病毒及其相关病毒、轮状病毒、肠道腺病毒等;④人畜共患病毒:口蹄疫病毒、新城疫病毒、疯牛病朊病毒等;此外,还有呼肠孤病毒和人腺病毒等。

6.3.3.2 发病机制

存在于食品中的病毒经口进入肠道后,聚集于有亲和性的组织中,并在黏膜上皮细胞和固有层淋巴样组织中复制增殖。病毒在黏膜下淋巴组织中增殖后,进入颈部和肠系膜淋巴结。少量病毒由此处再进入血流,并扩散至网状内皮组织,如肝、脾、骨髓等。在此阶段一般并不表现临床症状,多数情况下因机体防御机制的抑制而不能继续发展。仅在极少数病毒感染者中,病毒能在网状内皮组织内复制,并持续向血流中排入大量病毒。由于持续性病毒血症,可能使病毒扩散至靶器官。病毒在神经系统中虽可沿神经通道传播,但进入中枢神经系统的主要途径仍是通过血流，直接侵入毛细血管壁。

6.3.3.3 食品中病毒的危害

近年来，病毒对食品造成的污染致病事件时有发生。如1988年我国上海市曾发生30余万人因食用被甲型肝炎病毒污染的毛蚶而引起甲型肝炎大流行。1979—1993年，美国发生15起被诺沃克病毒污染的牡蛎、蛤类等海产品和水果、蔬菜等而引起的流行性肠胃炎。2012年，诺如病毒致德国11000多人发病；2013年，丹麦、俄罗斯、英国等国也出现诺如病毒疫情；这些都是业内熟知的食源性病毒疫情。此外，还有因食用被污染的牛乳引起脊髓灰质炎的流行。患者和无症状带病毒者的唾液、血液、粪便为病毒的主要传染源，通过入口或其他途径而使人感染，特别是集体单位的饮水或食品被污染后导致暴发性流行。易被病毒污染的食品主要有肉与肉制品、乳制品、海产品、水果和蔬菜等。

在食品环境中胃肠炎病原病毒常见于海产品和水源中。海产品带病毒率相对较高，一般水生贝壳类动物带病毒率为9%～40%。其主要原因是水生贝壳类动物对病毒有过滤浓缩作用，病毒会存活较长时间，但不能繁殖。在污水和饮用水均发现有病毒存在。饮用水即使经过灭菌处理，有些肠道病毒，如脊髓灰质炎病毒、柯萨奇病毒、轮状病毒仍能存活。

在食品安全方面，与细菌和真菌相比，目前对食品中的病毒了解相对甚少，而且尚无直接检测食品中病毒数量的方法，这有以下几方面原因：从发现的大规模食品介导感染或食物中毒频率而言，病毒不如细菌或真菌等重要，因此，人们对其重视不够。病毒不能在培养基上生长，而只能以动物组织细胞和鸡胚胎中培养。病毒不能在食品中繁殖（但可在食品中残存），检出数量较低，且检验方法复杂、费时，一般食品检验室难以有效检测。医学实验室中的病毒学检验技术还难以应用于食品的病毒检测。有些食品介导的病毒感染还难以用现有技术培养分离。但是，最近研究出一种反向转录多聚链反应方法（RT-PCR），能直接检测一些食品（如牡蛎和蛤类组织）中的病毒。

（郑晓冬）

6.4 寄生虫污染与食品安全

6-2

食源性寄生虫包括原生动物（原虫）、绦虫和蛔虫。寄生虫污染食品，通常生产和加工中卫生不良，水、水果和蔬菜是这类病原体的主要来源。食品中传播的原生动物比细菌大得多，为细胞内生。通常生命周期始于卵囊污染食品的阶段，卵囊转化为幼虫并进一步发育成熟。原虫在食品中不能繁殖，利用基因分析或抗体分析可以直接测定。它们不能在培养基中生长，而是需要活的寄主。通常原生动物在单一寄主内完成生命周期，为单宿主寄生生物。

6.4.1 贾第鞭毛虫

贾第虫病为人体肠道感染的常见寄生虫之一，人和野生动物可成为其保虫宿主。贾第鞭毛虫寄生在人体小肠、胆囊，主要在十二指肠，可引起腹痛、腹泻和吸收不良等症状。蓝氏贾第鞭毛虫（*G. duodenalis*）分布于世界各地。在旅游者中发病率较高，故又称旅游者腹泻，已引起各国重视。蓝氏贾第鞭毛虫感染的患者以无症状带虫者居多，但他们可排出感染性包囊，故必须给予治疗。潜伏期多在2周左右，长者甚至可达数月不等。临床症状视病变部位而异，一般较轻微，可见水样恶臭的腹泻，腹部痉挛性疼痛和腹胀，胃肠道胀气和打嗝，间歇性恶心和上腹痛，也可出现低热，畏寒，不适和头痛，粪便中通常无血液及黏液。重症病例可因脂肪和糖吸收不良而导致体重明显减轻。慢性贾第虫病可从急性期演变而成，也可不经急性期而发生，其症状有周期性腹泻恶臭粪便、腹胀明显和臭屁多。慢性贾第虫病有时可引致儿童发育障碍。

贾第虫滋养体牢固地吸附于十二指肠和近端空肠的黏膜并以营二分裂繁殖。释出的虫体很快转化为对外界环境有抵抗力的包囊，包囊随粪排出后经粪—口途径传播。水源性传染是贾第虫病的主要传染源。此外，也可经人-人间接触直接传染，这种传染在精神病院、日托中心或性伙伴间尤为常见。通过土壤过滤的水可清除贾第虫包囊，但在浅表水中的包囊仍是活的，并能抵抗常规浓度的氯化处理，因此山中的溪水和虽经氯化处理但未经严格过滤的城市供水系统是水源性流行的根源。

积极治疗病人和无症状带囊者，加强粪便管理，防止水源污染，搞好环境、饮食和个人卫生是防治本病的主要措施。严格的个人卫生可防止人-人间的传染。治疗无症状包囊排出者可减少感染的传播；水煮沸或加热到70℃保持10分钟可达到消毒的目的；贾第虫包囊对常规氯化浓度有抵抗力，必须用含碘消毒剂并维持8小时以上；某些过滤装置也能去除污染水中的贾第虫包囊；宠物可注射贾第虫疫苗。

6.4.2 阿米巴

溶组织内阿米巴（*E. histolytica*）是致病的，感染后会导致痢疾或阿米巴肝脓肿。溶组织内阿米巴生活史包括包囊期和滋养体期。被粪便污染的食品、饮水中的感染性包囊经口摄入，通过胃和小肠，在回肠末端或结肠中性或碱性环境中，囊内虫体脱囊而出，虫体在肠腔内下移的过程中，形成四核包囊，随粪便排出。

溶组织内阿米巴的适宜宿主是人，猫、狗和鼠等偶尔也可作为宿主。其活动阶段只存在于宿主和新鲜松散粪便中。包囊存活在宿主体外的水、土壤和食物中，尤其在潮湿环境中的食物中。包囊很容易被高温和冻结温度杀死，在宿主体外只能存活几个月，在干燥环境中易死亡。当包囊被吞食后，它们在消化道脱囊，引起感染。滋养体阶段很容易被杀死，无法活着通过酸性胃造成感染。

该病的症状包括暴发性痢疾、出血性腹泻、体重减轻、疲劳、腹痛以及阿米巴瘤。阿米巴能穿过肠壁，造成损害和肠道症状，并且它可能到达血液系统，从而到达不同的人体重要器官，通常是肝，但有时也会影响肺、脑、脾等。常见结果是肝脓肿，如果不经处理，可能有致命危险。检查红细胞，有时可能看到阿米巴细胞。

阿米巴病是一个世界范围内的公共卫生问题，在治疗该病的同时，应采取综合措施防止感染，具体的方法包括对粪便进行无害化处理，以杀灭包囊；保护水源、食物，免受污染；搞好环境卫生和驱除有害昆虫；加强健康教育，以提高自我保护能力。

6.4.3 弓形虫

弓形虫（*Toxoplasma*）在中医中叫三尸虫，它是专性细胞内的寄生虫，可随血液流动到达全身各部位，破坏大脑、心脏、眼底，致使人的免疫力下降，患各种疾病。该病在世界各地普遍存在，具有广泛的自然疫源性，很多哺乳动物和鸟类包括各种家畜和家禽受其感染，人群中的感染也很普遍。世界各地人群中，弓形体的感染相当普遍，据估计全世界约有5亿人血清中有抗弓形体抗体，欧洲人群的感染率较高。

弓形虫感染(病)是由弓形虫引起的人兽共患病。通过先天性和获得性两种途径感染。人感染后多呈隐性感染，既没有或很少临床表现，又不易用常规方法检获病原体，在免疫功能低下时，可引起中枢神经系统损害和全身性感染。先天性感染常致胎儿畸形，且病死率高。

任何动物食入弓形虫的包囊、卵囊或活体，都能受到感染而患弓形虫病。弓形虫在其他动物体内只能进行无性繁殖，不能向外界播散它的后代。猫科动物是弓形虫的“终宿主”，其粪便中常带有卵囊，可以污染草原、牧场、蔬菜、水果等。猫的身上和口腔内常常有弓形虫包囊和活体，直接接触猫易受感染。

狗是弓形虫的中间宿主，也可以传染弓形虫，但单纯和狗接触不会感染弓形虫病。其他家畜、家禽，如鸡、鸭、鹅、猪、牛、马、羊等动物体内有时带弓形虫包囊和活体，所以食用肉、蛋、奶也可能感染。鱼肉体内有时也有弓形虫包囊或活体。另外，某些吸血昆虫，叮咬人时也可发生感染。

人和人之间也可以互相传染。怀孕妇女，可以把弓形虫通过胎盘传染给胎儿。另外，弓形虫病人的血液、尿液、唾液、眼泪、鼻涕和男性精液中，有时带有弓形虫包囊。人类通过性行为可以互相传染。急性发作的病人的喷嚏，可以成为飞沫传染源。不符合卫生标准的鱼、肉、蛋、奶及其制品以及点心都有可能传染弓形虫病。

弓形虫在寒冷(−13℃)和高温(67℃)下均可被杀死。预防方法是所有吃的肉类必须加温至67℃以上，并且不要在烹饪和试味过程中尝试肉味；蔬菜在食用前要彻底清洗，厨房注意生、熟分开；不要给家中宠物喂食生肉或者未熟透的肉制品。怀孕的妇女应避免与猫的粪便接触，家庭成员应及时做好猫的粪便清洁工作；避免动物尤其是狗和猫的粪便、毛发污染水源、蔬菜、毛巾等；饭前便后要养成洗手的习惯。

6.4.4 隐孢子虫

人体隐孢子虫病是近20年来新发现的一种人体寄生虫病，以胃肠炎为主要表现。隐孢子虫(*Cryptosporidium* Tyzzer，1907)为体积微小的球虫类寄生虫，广泛存在于多种脊椎动物体内，寄生于人和大多数哺乳动物中，主要为微小隐孢子虫，其引起的疾病称隐孢子虫病(cryptosporidiosis)，它是一种以腹泻为主要临床表现的人畜共患性原虫病。

隐孢子虫感染呈世界分布，从热带至温带已有6大洲74个国家至少300个地区发现了隐孢子虫病。很多报道认为隐孢子虫病的发病率与当地的空肠弯曲菌、沙门氏菌、志贺氏菌、致病性大肠杆菌和蓝氏贾第鞭毛虫的感染率相近。发达地区的感染率低于发展中国家的感染率。一般认为隐孢子虫病多发生在5岁以下的婴幼儿中，男女间无明显差异。艾滋病、器官移植患者等免疫缺陷或免疫抑制病人的发病率显著高于正常人群。农村较城市多，沿海港口城市较内地多，经济落后、卫生状况差的地区较发达地区多，畜牧地区较非畜牧地区多。

感染了隐孢子虫的人和动物都是传染源，已知40多种动物，包括哺乳动物，如牛、羊、犬、猫等均可作为该虫的保虫宿主。隐孢子虫病人和带虫者的粪便和呕吐物中均含有卵囊，都是重要的传染源。该病为人畜共患性疾病，人与动物可以相互传播，但人际的相互接触是人体隐孢子虫病最重要的传播途径。直接或间接与粪接触、食用含隐孢子虫卵囊污染的食物或水是主要传播方式。旅游者亦常通过饮用污染的水源而造成暴发流行。此外，同性恋者之间的肛交也可导致本虫传播，痰中有卵囊者可通过飞沫传播。隐孢子虫卵囊在外界有一定的抵抗力，在外界可存活 9～12 个月且对多数消毒剂有抵抗力。但干燥 1～4 天可失去活力，0℃以下或 65℃以上灭活 30 分钟也可将其杀死。

预防隐孢子虫病应防止病人、病畜及带虫者的粪便污染食物和饮水，注意粪便管理和个人卫生，保护免疫功能缺陷或低下的人，增强其免疫力，避免与病人、病畜接触；凡接触病人、病畜者，应及时洗手消毒；因卵囊的抵抗力强，病人用过的便盆等必须在 3%漂白粉中浸泡 30 分钟后，才能予以清洗；10%福尔马林、5%氨水可灭活卵囊；此外，65～70℃加热 30 分钟可灭活卵囊，因此应提倡喝开水。隐孢子虫病至今尚无特效治疗药，国内用大蒜素治疗，有一定效果。

（郑晓冬）

6.5 易混淆问题解读

6.5.1 食品安全与食品卫生的区别是什么?

食品安全指食品无毒、无害，符合应当有的营养要求，对人体健康不造成任何急性、亚急性或者慢性危害。根据世界卫生组织的定义，食品安全问题是“食物中有毒、有害物质对人体健康影响的公共卫生问题”。食品安全也是专门探讨在食品加工、存储、销售等过程中确保食品卫生及食用安全，降低疾病隐患，防范食物中毒的一个跨学科领域。

食品卫生是研究食品中存在的、威胁人体健康的有害因素的种类、来源、性质、作用、含量水平和控制措施，以提高食品安全性，预防食源性疾病，保护食用者健康。相对于食品卫生，食品安全涉及的范围更广，食品安全更强调食品标签的真实全面，强调食品使用方法和个体间的差异。某些食品可能在食品卫生上符合要求，但并未达到食品安全的要求。

对食品中可能存在的有害因素的控制措施主要是依照道德规范、法律规范和技术规范在全社会开展食品卫生工作:政府设立机构，依法进行食品卫生监督检验；制定食品卫生标准和管理办法等；向群众和食品生产经营人员宣传卫生知识，自觉遵守卫生法规、卫生标准，抵制不卫生的行为。

6.5.2 食源性疾病和食物中毒的区别是什么?

食源性疾病是指食品中致病因素进入人体引起的感染性、中毒性疾病，包括常见的食物中毒、经食物和水传染的肠道传染性寄生虫病以及由化学性有毒有害物质所造成的疾病，是以急性病理过程为主要临床特征的一大类感染性疾病。现在广义的食源性疾病也包括人畜共患传染病和营养不均衡引起的慢性非传染性疾病。

食物中毒是指食用了被有毒有害物质污染的食品或者食用了含有毒有害物质的食品后

出现的急性、亚急性疾病。

食源性疾病是一个比食物中毒更广泛的概念，它与食物中毒的不同之处在于有些食源性疾病存在人与人之间的传染过程，如甲型肝炎、痢疾等。1989 年，上海暴发的 30 万人患甲肝的食源性疾病事件，是一部分人食用了被甲型肝炎病毒污染的毛蚶导致疾病大面积传播，而不是指 30 万人都吃了被污染的毛蚶。而食物中毒的病人对健康人无传染性，发病曲线在突然上升后呈突然下降趋势，一般无传染病流行时的余波。食源性疾病有暴发性和散发性两类，群体性食物中毒属于食源性疾病暴发形式。

6.5.3 什么是毒素、外毒素、内毒素和类毒素？

生物毒素简称毒素，又称天然毒素，是由生物体产生的、极少量即可引起动物中毒的物质(如蛋白质、脂多糖等)。

外毒素是细菌在生长过程中合成并分泌到胞外的毒素，也少量存在于菌体内在菌体溶溃后分泌到胞外，常见的有痢疾志贺氏菌和产毒性大肠杆菌的外毒素。外毒素属于蛋白质类，毒性强，抗原性也强，可刺激机体产生特异性中和抗体，即抗毒素。外毒素对热和某些化学物质敏感，毒性易受其破坏。

内毒素是存在于大多数革兰氏阴性菌细胞壁外层的大分子物质，一般不分泌到环境中，仅在细菌溶解后才释放。不同病原菌产生的内毒素引起的症状大致相同，有发热、腹泻、出血性休克和其他组织损伤等表现，其毒性比外毒素低得多，抗原性也弱。内毒素是由亲水性多糖和疏水性脂类结合而成的大分子脂多糖，耐热，需 160℃加热 2～4 小时，或用强酸、强碱或强氧化剂加热煮沸 30 分钟才被灭活。

用 0.3%～0.4%甲醇处理外毒素，可使其毒性完全丧失，但仍保留其抗原性，这种经处理后的外毒素称为类毒素，常用于预防注射，诱导发生人工主动免疫，经过一段时间后产生自动免疫力。

6.5.4 发霉食物高温处理后可以继续食用吗？

食物发霉，这是日常生活中常见的情况，不过不少人认为有些食物发霉了把发霉的部分弄掉就行了，或是高温处理就行。然而，洗掉的霉只是表面成型的菌丝，食物内部的霉菌和此前产生的毒素是去不掉的。加热可以适当杀死霉菌，但还有很多顽强的毒素无法去除。其中，发霉产生的黄曲霉毒素是脂溶性的而非水溶性的，它在水中的溶解度很低，且裂解温度在 280℃以上，一般的水洗和烹调加工温度都不能将其破坏。黄曲霉毒素是被世界卫生组织(WHO)的癌症研究机构划定的 1 类致癌物，是一种毒性极强的剧毒物质。黄曲霉毒素的危害性在于对人及动物肝脏组织有破坏作用，严重时可导致肝癌甚至死亡。在天然污染的食品中以黄曲霉毒素 B_1 最为多见，其毒性和致癌性也最强，特别是容易污染花生、玉米、稻米、大豆、小麦等粮油产品。因此，在发现霉变的食品时，应坚决丢弃，避免误食。

思考题

1. 食物中毒的特点是什么？
2. 如何区分毒蘑菇和食用菌，如何避免因误食毒蘑菇引起的食物中毒？
3. 豆类、木薯、鲜黄花菜、棉籽油中含有的毒素物质是什么？如何预防和避免食物中毒?

4. 常见的动物中有害物质有哪些?

5. 常见的贝类毒素分为哪几类?

6. 你认为应该从哪几方面来减少摄入动物食品中的天然有害物质?

7. 分别简述各种细菌引起的食源性疾病的发生原因、症状、污染途径。

8. 简述金黄色葡萄球菌肠毒素、肉毒梭菌神经毒素的性质。

9. 简述黄曲霉毒素的理化性质、毒性及其产毒条件。如何去除食品中的黄曲霉毒素?

10. 如何防止食品从原料、加工生产到入口过程中的微生物性食物中毒的发生?

11. 名词解释:食源性疾病、有毒食物、食物中毒、毒素型食物中毒、细菌性食物中毒、真菌毒素、真菌性食物中毒、“黄变米”中毒。

拓展阅读

[1] 丁晓雯,柳春红.食品安全学[M].北京:中国农业大学出版社,2016.

[2] 张小莺,殷文政.食品安全学[M].北京:科学出版社,2012.

[3] 卫昱君,王紫婷,徐瑗聪,等.致病性大肠杆菌现状分析及检测技术研究进展[J].生物技术通报,2016,32(11):80-92.

[4] 黄玉柳.食品中沙门氏菌污染状况及预防措施[J].广东农业科学,2010,37(6):225-226.

[5] 任筑山,陈君石.中国的食品安全:过去、现在与未来[M].北京:中国科学技术出版社,2016.

[6] 魏益民.食品安全学导论[M].北京:科学出版社,2009.

[7] 陈卫华,王凤忠.食品安全中的化学有害物检测与控制[M].北京:化学工业出版社,2017.

[8] 王燕,谢贵林,杜琳.大肠杆菌O157:H7感染流行概况[J].微生物学免疫学进展,2008,36(1):51-58.

[9] 程训佳.人体寄生虫学[M].上海:复旦大学出版社,2015.

7 食品营养与保健食品

7.1 膳食营养素

7-1

人体每天都要从饮食中获得所需的营养物质以维持生存和健康。不同的食物所含有的膳食营养素数量和比例各不相同;不同的个体,由于其年龄、性别、生理及劳动状况不同,对各种必需营养素的需要量也可能不同。保证人体合理摄入营养素,避免缺乏或过量,对于维持机体生理功能、促进健康并预防疾病具有十分重要的意义。

一个人如果摄入某种必需营养素不足,就可能产生相应的营养缺乏导致的疾病;如果长期摄入某种营养素过量,就有可能产生相应的毒副作用。因此,必须科学地安排每日膳食,以获得品种齐全、数量适宜的营养素。为了帮助人们合理地摄入各种营养素,从20世纪早期营养学家就开始建议营养素的参考摄入量,从40年代到80年代,许多国家都制定了各自的推荐营养素供给量。欧美各国先后提出了一些营养素参考摄入量的概念或术语,逐步形成了国际上认可的系统概念——膳食营养素参考摄入量(dietary reference intakes, DRIs)。

7.1.1 膳食营养素参考摄入量

膳食营养素参考摄入量(DRIs)是为了保证人体合理摄入营养素,避免缺乏或过量,在推荐膳食营养素供给量(recommended dietary allowance, RDA)的基础上发展起来的每日平均膳食营养素摄入量的一组参考值。DRIs是依据营养学的大量研究成果确定的居民营养素摄入量,对于维护广大居民的营养健康水平具有非常重要的意义。

随着营养学研究的深入发展,DRIs的主要内容也逐渐增加,初期包括四个指标,即平均需要量、推荐摄入量、适宜摄入量和可耐受最高摄入量。这些指标各自的意义如下:

平均需要量(estimated average requirement, EAR):是指某一特定性别、年龄及生理状况的群体中个体对某营养素需要量的平均值。

推荐摄入量(recommended nutrient intake, RNI):是指可以满足某一特定性别、年龄及生理状况群体中绝大多数个体(97%~98%)需要量的某种营养素摄入水平。

适宜摄入量(adequate intake, AI):是指通过观察或实验获得的健康群体某种营养素的摄入量。

可耐受最高摄入量(tolerable upper intake level，UL)：是指平均每日摄入营养素的最高限量。

2013 年修订版增加了与慢性非传染性疾病有关的三个指标：①宏量营养素可接受范围(acceptable macronutrient distribution ranges，AMDR)：是指脂肪、蛋白质和碳水化合物理想的摄入量范围；②预防非传染性慢性疾病的建议摄入量(proposed intakes for preventing non-communicable chronic diseases，PI-DCN，简称建议摄入量，PI)：是指以非传染性慢性病的一级预防为目标，提出的必需营养素每日摄入量；③特定建议值(specific proposed levels，SPL)：是指专用于营养素以外的其他食物成分，一个人每日膳食中这些食物成分的摄入量达到这个建议水平时，有利于维护人体健康。

7.1.2 膳食营养素介绍

营养素(nutrient)是指食物中可给人体提供能量、构成机体和组织修复以及具有生理调节功能的化学成分。凡是能维持人体健康以及提供生长、发育和劳动所需的各种物质统称为营养素。一般认为，人体所必需的营养素有蛋白质、脂类、碳水化合物、维生素、矿物质和水 6 类，也有些科学家习惯将膳食纤维从碳水化合物中单独分离出来自成一类，成为第 7 类营养素。食物中除上述营养素外，还包含许多非营养素的生物活性物质，如植物化合物类，它们虽然在食物中含量相对较低，但是具有明确的生理活性，对人体有诸多健康益处，也是当代营养学研究的热点之一。

7.1.2.1 蛋白质

蛋白质(protein)是一切生命的物质基础。每一种生物，包括植物和动物，身体中每个细胞都由蛋白质构成。蛋白质既是构成组织细胞的基本材料，又与各种形式的生命活动关系密切。机体的新陈代谢和生理功能都依赖蛋白质的不同形式得以正常进行。蛋白质由氨基酸构成，不同的氨基酸排列组合，形成不同的蛋白质一级结构。自然界的氨基酸有 300 多种，但构成人体蛋白质的氨基酸只有 20 种，其中有 9 种氨基酸，人体不能合成或合成速度不能满足人体需要，必须由食物提供，这 9 中氨基酸称为必需氨基酸(essential amino acid)，分别是异亮氨酸、亮氨酸、赖氨酸、蛋氨酸、苯丙氨酸、苏氨酸、色氨酸、缬氨酸和组氨酸。

(1)膳食蛋白质及氨基酸参考摄入量：理论上成年人每天摄入约 30 g 蛋白质就可以满足零氮平衡(零氮平衡：在营养学上将摄入蛋白质的量和排出蛋白质的量之间的关系称为氮平衡。其中当摄入氮和排出氮相等时为零氮平衡)，但从安全性和消化吸收等其他因素考虑，成人按 0.8 g/(kg・d)摄入蛋白质为宜，我国由于以植物性食物为主，所以成年人蛋白质推荐量为 1.16 g/(kg・d)。按能量计算，我国成人蛋白质摄入占膳食总能量的 10%～20%，儿童青少年为 12%～14%。蛋白质营养正常时，人体内有关反映蛋白质营养水平的指标也应处于正常水平。此外，婴儿、儿童和青少年必需氨基酸的需要量除了维持体重所需的氨基酸量外还应加上伴随生长所需的氨基酸量，因此每种必需氨基酸的需要量都比成年人高。

(2)主要食物来源：蛋白质广泛存在于动植物性食物中，动物性蛋白质质量好，利用率高，但同时富含饱和脂肪酸和胆固醇，而植物性蛋白质利用率低。应注意蛋白质互补性，进行适当搭配，大豆可提供丰富的优质蛋白质，其保健功能已逐渐被科学家所认识；牛奶也是优质蛋白质的主要食物来源，我国人均牛奶的年消费量很低，应大力提倡各类人群增加牛奶和大豆及其制品的消费。

7.1.2.2 脂类

脂类(lipids)是人体必需的宏量营养素之一，是一类具有重要生物学作用的有机化合物。1918年，Aro首先提出了脂肪对动物的生长发育是必需的，之后的研究逐步明确了脂肪对人类的重要作用。脂类包括脂肪、磷脂和固醇等。其中，脂肪是人体能量的主要来源，也是人体最重要的体成分和能量的储存形式。磷脂是生物膜脂质双层的基本骨架。胆固醇是合成维生素 D_3、胆汁酸、固醇类激素的前体，对钙磷代谢、脂肪的消化吸收以及物质代谢具有重要的作用。人体能合成多种脂肪酸，但亚油酸(linoleic acid, LA, $C_{18:2}$, n-6)和α-亚麻酸(α-linolenic acid, ALA, $C_{18:3}$, n-3)是人体需要而不能自身合成的、必须依赖食物提供的脂肪酸，称为必需脂肪酸(essential fatty acid, EFA)，对脑、视神经发育、调节血脂等具有重要作用。

(1)膳食脂类参考摄入量：脂肪摄入过多，可致肥胖症、心血管疾病、高血压和某些癌症发病率的升高，因此预防此类疾病发生的重要措施就是限制和降低脂肪的摄入量。中国营养学会推荐成人脂肪摄入量应占摄入总能量的20%～30%。饱和脂肪酸多存在于动物脂肪和乳脂中，虽然可使血中低密度脂蛋白胆固醇(LDL-C)水平提高，与心血管疾病的发生有关，但因为其不易被氧化而产生有害的氧化物、过氧化物等，且一定量的饱和脂肪酸有助于高密度脂蛋白胆固醇(HDL-C)的形成，因此人体不应完全限制饱和脂肪酸的摄入。

必需脂肪酸的摄入量，一般认为应不少于总能量的3%；而n-6系列和n-3系列脂肪酸的推荐摄入量，目前仅加拿大于1990年推荐n-3系列脂肪酸摄入量不低于总能量的0.5%、n-6系列脂肪酸摄入量不低于总能量的3%。大多数学者建议n-3系列脂肪酸与n-6系列脂肪酸的摄入比例以1∶(4～6)较适宜。一般来说，只要注意摄入一定量的植物油，便不会造成必需脂肪酸的缺乏。

单不饱和脂肪酸的代表是油酸。茶油和橄榄油中油酸含量达80%以上，棕榈油中含量也很高，约40%。研究报道，单不饱和脂肪酸降低血胆固醇、甘油三酯和LDL-C的作用与多不饱和脂肪酸相近，但大量摄入亚油酸在降低血胆固醇的同时HDL-C也降低，而大量摄入油酸则无此情况。同时，单不饱和脂肪酸不具有多不饱和脂肪酸潜在的不良作用，如促进机体脂质过氧化、促进化学致癌作用和抑制机体的免疫功能等。因此，单不饱和脂肪酸可以取代部分膳食饱和脂肪酸。

(2)主要食物来源：人类膳食脂肪主要来源于动物脂肪组织、肉类及植物的种子。动物脂肪中饱和脂肪酸和单不饱和脂肪酸含量较多，而多不饱和脂肪酸含量较少。海生动物和鱼也富含不饱和脂肪酸，如深海鱼、贝类食物含二十碳五烯酸(EPA)和二十二碳六烯酸(DHA)相对较多。植物脂肪(或油)富含不饱和脂肪酸。植物油中普遍含有亚油酸，豆油和紫苏籽油、亚麻籽油中α-亚麻酸较多，但可可黄油、椰子油和棕榈油则富含饱和脂肪酸。磷脂含量较多的食物为蛋黄、肝脏、大豆、麦胚和花生等。含胆固醇丰富的食物是动物脑、肝、肾等内脏和蛋类，肉类和奶类也含有一定量的胆固醇。

7.1.2.3 碳水化合物

碳水化合物(carbohydrate)，亦称糖类，是自然界最丰富的能量物质。碳水化合物由碳、氢、氧三种元素组成，分子式中氢和氧的比例恰好与水相同(2∶1)，如同碳和水的化合而得名。其重要功能是提供能量，是人类膳食能量的主要来源。近年来，随着营养科学的发展，人们对碳水化合物的主要生理功能的认识已从"提供能量"扩展到对慢性病的预防，如调节血糖、血脂，改善肠道菌群等更多方面。

(1)膳食碳水化合物参考摄入量：碳水化合物参考摄入量的制定常用其提供的能量占总能量的百分比表示，许多国家推荐不少于55%，理由是无碳水化合物的膳食，可造成膳食蛋白质的浪费和组织中蛋白质的分解加速，阳离子的丢失(如钠)和脱水。膳食缺乏碳水化合物时，甘油三酯的分解和脂肪酸的氧化均增强，因此酮体积累。每天摄入至少50 g的碳水化合物，即可防止由于低碳水化合物膳食所造成的上述不良反应，已有资料证明膳食碳水化合物占总能量大于80%和小于40%是不利于健康的两个极端。

1988年，中国营养学会建议，我国健康人群碳水化合物的供给热能以占总能量的60%～70%为宜，2000年，中国营养学会结合中国膳食实际和研究进展建议除了2岁以下的婴幼儿外，碳水化合物提供的能量应占总能量的55%～65%，应含有不同种类的碳水化合物，并限制纯热能食物如糖的摄入量，以保障人体能量充足和营养素需要。

(2)主要食物来源：富含碳水化合物的食物主要有面粉、大米、玉米、土豆、红薯等，粮谷类一般含碳水化合物60%～80%，薯类含碳水化合物15%～29%，豆类含碳水化合物40%～60%。单糖和双糖的来源主要是白糖、糖果、甜食、糕点、水果、含糖饮料和蜂蜜等。全谷类、蔬菜水果等富含膳食纤维，一般含量在3%以上。

7.1.2.4 维生素

维生素(vitamin)是维持机体生命活动过程所必需的一类低分子有机化合物。维生素种类很多，化学结构各不相同，在生理上既不是各种组织的主要原料，也不是体内的能量来源，但它们在机体物质和能量代谢过程中起着重要作用。

(1)脂溶性维生素：脂溶性维生素包括维生素A、维生素D、维生素E和维生素K。脂溶性维生素可溶于脂肪和脂溶剂，不溶于水；需要随脂肪经淋巴系统吸收，吸收后除参与代谢外，不能从尿排出，极少量可随胆汁排出，可在体内有较大储备；由于能在体内储备，膳食缺乏此类维生素时，机体短期内不容易出现缺乏；长期过量摄入可造成大量蓄积而引起中毒。其膳食来源一般为油脂和脂类丰富食物。

①维生素A参考摄入量及食物来源：我国成人维生素A推荐摄入量(RNI)，男性为800 μgRE/d，女性为700 μgRE/d。可耐受最高摄入量(UL)成人为3000 μgRE/d，孕妇为2400 μgRE/d。维生素A的安全摄入量范围较小，大量摄入有明显的毒性作用。注：RE是视黄醇当量(retionol equivalent)的英文缩写，其含义是包括视黄醇和β-胡萝卜素在内的具有维生素A活性的物质所相当的视黄醇量。

维生素A的膳食来源包括各种动物性食物中含有的预先形成的维生素A(类视黄醇)，各种红、黄、绿色蔬菜和水果中含有的维生素A原类胡萝卜素。人体内不能合成维生素A，需要通过膳食摄入这两类物质满足机体的维生素A需要。预先形成的维生素A主要来源于各种动物肝脏和其他脏器、蛋黄、鱼油、奶油和乳制品。近年来，膳食补充剂中的视黄醇也是重要的维生素A来源之一。

②维生素D参考摄入量及食物来源：维生素D既来源于膳食，又可由皮肤合成，因而较难估计膳食维生素D的需求量。目前制定的DRIs是：在钙磷供给量充足的情况下，儿童、少年、孕妇、乳母、老人维生素D的RNI为每人每天10 μg，成人为5 μg，UL为50 μg。人体

维生素D的来源主要包括通过皮肤接触日光或从膳食中获得。大多数食物中不含维生素D,少数天然食物含有极微量的维生素D,但是脂肪含量高的海鱼、动物肝脏、蛋黄和奶油中含量相对较多,而瘦肉和奶中含量较少,强化维生素D食品中的含量变异较大。

③维生素E参考摄入量及食物来源:我国现行的成人维生素E适宜摄入量是每天14 mg总生育酚,有建议对推荐的维生素E摄入量需要考虑膳食能量的摄入量或膳食多不饱和脂肪酸的摄入量,成人膳食能量为2000～3000 kcal(1 cal≈4.186 J)时,维生素E的需求量为7～11 mg α-生育酚当量(α-TE);或每摄入1 g多不饱和脂肪酸,应摄入0.4 mg维生素E。

维生素E只在包括高等植物在内的光合作用生物中合成,所有绿色组织中都发现有一定的含量,尤以种子中为多。植物油是人类膳食中维生素E的主要来源,且因为这些油中四种维生素E的相对含量不同,所以维生素E的总摄入量在很大程度上取决于不同国家对烹调油的选择。三烯生育酚是棕榈油中维生素E的主要成分,其在大麦、燕麦和米糠中的含量也相当高,坚果也是维生素E的优质来源。蛋类、鸡(鸭)肫、绿叶蔬菜中含有一定量的维生素E;肉、鱼类动物性食品、水果及其他蔬菜中维生素E含量很少。

(2)水溶性维生素:水溶性维生素溶于水,不溶于脂肪及脂溶剂,其化学组成除碳、氢、氧外,还有氮、硫、钴等元素,其含量在满足机体需要后,多余的由尿排出,没有非功能性的单纯储存形式,在体内仅有少量储存并绝大多数以辅酶或辅基的形式参加各种酶系统,在代谢的很多重要环节,特别是能量代谢环节发挥作用。水溶性维生素包括维生素B_1(硫胺素)、维生素B_2(核黄素)、维生素B_6(吡哆醇、吡哆醛、吡哆胺)、维生素B_{12}(氰钴胺素)、维生素C(抗坏血酸)、烟酸(抗糙皮病因子、维生素PP)、叶酸、泛酸、生物素等。

①维生素B_1参考摄入量及食物来源:人体对维生素B_1的需要量与体内能量代谢密切相关,一般地,维生素B_1的供给量应按照整个热能的供给量计算。目前包括我国在内的多数国家,成人维生素B_1供给量都定为0.12 mg/MJ,孕妇、乳母和老年人较成人高,为0.12～0.14 mg/MJ。维生素B_1含量丰富的食物有谷类、豆类及干果类。动物内脏(心、肝、肾)、瘦肉、禽蛋中维生素B_1含量也较高。日常膳食中维生素B_1主要来自谷类食物,但随加工精细程度的提高维生素B_1含量逐渐减少。加工及烹调可造成食物中维生素B_1的损失,其损失率为30%～40%。

②维生素B_2参考摄入量及食物来源:我国成年人膳食维生素B_2的RNI,男性为1.4 mg/d,女性为1.2 mg/d,婴儿、儿童及孕妇、乳母的供给量适当增加。维生素B_2广泛存在于动物与植物性食物中,包括奶类、蛋类、肉类、动物内脏、谷类、蔬菜与水果中。奶类和肉类提供相当数量的维生素B_2,谷类和蔬菜是中国居民维生素B_2的主要来源,但谷类加工对维生素B_2存留有显著影响,如精白米维生素B_2存留率只有11%,小麦标准粉维生素B_2存留率只有35%。此外,谷类烹调过程还会损失一部分维生素B_2。

③维生素B_6参考摄入量及食物来源:参考欧美国家研究成果,结合我国居民膳食模式,提出维生素B_6的适宜摄入量(AI),成人为1.2 mg/d。妊娠、哺乳期需要适当增加维生素B_6的摄入量。维生素B_6广泛存在于各种食物中,含量最高的食物为干果和鱼肉、禽肉类,其次为豆类、肝脏等,水果和蔬菜的维生素B_6含量较低。

④维生素B_{12}参考摄入量及食物来源:人体对于维生素B_{12}的需要量极少,联合国粮农组织(FAO)与世界卫生组织(WHO)推荐的RNI为:成人2.0 μg/d,孕妇、乳母3.0 μg/d。我

国提出维生素 B_{12} 的 AI 为成人 2.4 μg/L。膳食中的维生素 B_{12} 来源于动物食品，主要为肉类、动物内脏、鱼、禽、贝壳类及蛋类，乳及乳制品中含有少量维生素 B_{12}，植物性食品中基本不含维生素 B_{12}。

⑤维生素 C 参考摄入量及食物来源：维生素 C 的 RNI 为 100 mg/d，UL 为 1000 mg/d，在高温、寒冷和缺氧条件下劳动或生活，经常接触铅、苯和汞的有毒工种作业人群，某些疾病的患者，孕妇和乳母均应增加维生素 C 的摄入量。

维生素 C 的主要来源是新鲜的蔬菜与水果，如绿、红、黄色的辣椒，菠菜、韭菜、番茄、柑橘、山楂、猕猴桃、鲜枣、柚子、草莓和橙子等。野生的蔬菜和水果，如苜蓿、苋菜、刺梨、沙棘、酸枣等维生素 C 含量尤其丰富。如能经常摄入丰富的新鲜蔬菜和水果，并合理烹调，一般能满足身体需要。动物性食物仅肝脏和肾脏含有少量的维生素 C，肉、鱼、禽、蛋和牛奶等食品中含量较少，谷类及豆类维生素 C 含量很少，薯类则含一定量的维生素 C。

⑥叶酸参考摄入量及食物来源：每天叶酸摄入量维持在 3.1 μg/kg，体内可有适量的叶酸贮存，即使无叶酸继续摄入，3～4个月也不会出现叶酸缺乏症。孕妇和乳母在此基础上增加 20～300 μg/d，婴儿增加3.6 μg/(kg·d)，即可满足其生长发育的需要。我国成人叶酸的 RNI 为 400 μg DEF/d，妊娠、哺乳及婴儿需相应增加。叶酸的 UL 为 1000 μg DEF/d。注：DEF 为叶酸当量的英文缩写。叶酸广泛存在于各种动、植物性食物中。富含叶酸的食物为动物肝脏、豆类、酵母、坚果类、深绿色叶类蔬菜及水果。

7.1.2.5 矿物质

人体组织中含有自然界中的各种元素，目前在地壳中发现的天然元素在人体内几乎都能检测到，其元素的种类和含量与个体生存的地理环境表层元素的组成及膳食摄入量有关。这些元素除了组成有机化合物的碳、氢、氧、氮外，其余的元素均称为矿物质(mineral)。一般习惯按照化学元素在体内的含量多少，将矿物质分为常量元素和微量元素两大类。

(1)常量元素：常量元素是人体组成的必需元素，几乎遍及身体各个部位并发挥着多种多样的作用。常量元素是指人体内含量大于体重 0.01%的矿物质，包括钙、磷、钾、钠、镁、氯、硫等，占体重的 4%～5%。钙、钾、钠和镁为金属元素，磷、氯和硫则为原子序数较小的非金属元素。按照在人体内含量多少排列，依次为钙、磷、钾、钠、硫、氯和镁。

①钙参考摄入量及食物来源：我国居民膳食以谷类食物为主，蔬菜摄入也较多，由于植物性食物中草酸、植酸及膳食纤维含量较多，影响钙吸收。2000 年中国营养学会推荐成人钙的 AI 为 800 mg/d。根据不同生理条件，对婴幼儿、儿童、孕妇和老人均增加钙的供给量，钙的可耐受最高摄入量(UL)为 2000 mg/d。

不同食物钙的含量差距较大，钙源应当按其含钙量和生物利用率进行评价，因为来自不同食物的钙生物利用率有很大差异，如奶及奶制品不仅含钙量高，其吸收率也高，因此生物利用率高，而菠菜虽然钙含量也很高，但吸收率低，导致其生物利用率低。

②磷参考摄入量及食物来源：植物性食物和动物性食物中均含丰富的磷，当膳食中能量与蛋白质供给充足时不会引起磷的缺乏，理论上膳食中的钙磷比例维持在 1∶(1.5～1)比较好，牛奶的钙磷比为 1∶1，人乳的钙磷比例比牛奶更好，成熟乳为 1.5∶1，考虑妊娠期与哺乳期因机体对磷的吸收增加，无须增加磷的摄入量，所以孕妇和哺乳期妇女磷的适宜摄入量与成人的一致。

磷在食物中分布广泛，瘦肉、禽、蛋、鱼、坚果、紫菜、海带、油料种子、豆类等均是磷的良好来源，谷类食物中的磷主要以植酸磷的形式存在，其与钙结合不利于肽的吸收。

③镁参考摄入量及食物来源：根据日本和美国的成人膳食平衡试验结果显示，维持镁正平衡的膳食镁摄入量约为4.5 mg/kg，修订后的成人镁RNI为330 mg/d。绿叶蔬菜、大麦、黑米、荞麦、麸皮、苋菜、口蘑、木耳、香菇等食物含镁较丰富，糙粮、坚果也含有丰富的镁，肉类、淀粉类、奶类食物含镁量属于中等。除食物外，从饮水中也可以获得少量的镁，硬水中含有较高的镁盐，但软水中含量相对较低。精加工食物镁含量最低，随着精制的和(或)加工食品的消费量不断增加，膳食镁的摄入量呈减少趋势。

(2)微量元素：凡在人体内含量小于体重0.01%的矿物质称为微量元素。有些微量元素在人体内存在的数量极少，甚至仅有痕量，但是组成体内某些生理活性物质的必需成分，且必须通过食物摄入，当从饮食中摄入的量减少到某一低限值时，即会导致某一种或某些重要生理功能的损伤，这些微量元素称为必需微量元素。

①铁参考摄入量及食物来源：膳食中铁的平均吸收率为10%～20%。健康成年女性，月经期间每日损失约为2 mg，故每日铁的供给量应高于健康成年男性，一般认为，孕妇和乳母供给量应适当增加，不同阶段对铁的生物利用率不同，孕期的利用率高于其他年龄段，为15%～20%，而其他年龄段的生物利用率为8%左右。

动物性食物含有丰富且易吸收的血红素铁，如动物血、肝脏、鸡胗、牛肾、大豆、黑木耳、芝麻酱含量>10 mg/100 g；瘦肉、红糖、蛋黄、猪肾、羊肾、干果含量>5 mg/100 g。蔬菜和牛奶及奶制品中含铁量不高且生物利用率低，如谷物、菠菜、扁豆、豌豆含量<5 mg/100 g。

②硒参考摄入量及食物来源：根据研究结果确定预防克山病的“硒最低日需要量”，男性为19 μg/d，女性为14 μg/d，硒的生理需要量为≥40 μg/d。海产品和动物内脏是硒的良好食物来源，如鱼子酱、海参、牡蛎、蛤蜊和猪肾等。食物中的含硒量随地域不同而异，特别是植物性食物的含硒量与地表土壤层中的硒元素水平有关。

③铬参考摄入量及食物来源：美国营养标准推荐委员会于1989年建议成人铬的安全适宜摄入量为50～200 μg/d。铬广泛分布于食物中，动物性食物以海产品(牡蛎、海参、鱿鱼、鳗鱼等)及肉类等含铬较丰富，植物性食物如谷类、豆类、坚果类、黑木耳、紫菜等含铬也较丰富，啤酒酵母和动物肝脏中的铬以具有生物活性的糖耐量因子形式存在，其吸收利用率也较高。

④碘参考摄入量及食物来源：根据相关研究结果，结合我国成人代表体重(男女性平均值61 kg)，得出我国成人碘平均需要量(EAR)为85 μg/d。食物中碘含量随地球化学环境的变化会出现较大差异，也受食物烹调加工方式的影响，海产品中含碘较丰富，如海带、紫菜、淡菜、海参、虾皮等是碘的良好食物来源。

(许雅君)

7.2 植物性食物的营养

人体通过摄取食物获得各种营养素和各种生理活性物质。根据食物来源不同，可将食物分为植物性食物及其制品和动物性食物及其制品。植物性食物主要为谷薯类、杂豆类、蔬菜和水果类、坚果类食物。动物性食物主要包括畜、禽、鱼、蛋、奶等。本节主要讲述植物性食物的营养特点。

7.2.1　谷类及薯类

谷类食物主要包括大米、小麦、玉米等，薯类食物包括马铃薯、甘薯、山药等。谷类食物是我国人民传统膳食的主体，占49.7%左右，在每日膳食中占有重要地位，是50%～70%的热能、55%的蛋白质，以及一些矿物质和B族维生素的重要来源。近期薯类主食化开发是低碳和持续发展的重要举措，也是主粮消费结构多样化的新方式。

7.2.1.1　谷类结构

谷类种子一般可分为谷皮、糊粉层、胚乳与胚四部分，各部分的营养成分分布并不均匀。

(1)谷皮：为谷粒外面的多层包膜，约占谷粒重量的6%，主要由纤维素、半纤维素等组成，含较高的矿物质和维生素。

(2)糊粉层：介于谷皮和胚乳之间，约占谷粒重量的6%～7%，含丰富的蛋白质、脂肪、矿物质和B族维生素，但在碾磨加工时易与谷皮同时脱落而混入糠麸中。

(3)胚乳：谷类的主要部分，占谷粒总重的83%～87%，含大量淀粉和一定量蛋白质。

(4)胚：位于谷粒一端，包括盾片、胚芽、胚轴和胚根。胚芽富含脂肪、蛋白质、矿物质、B族维生素和维生素E。胚芽质地较软而有韧性，不易粉碎，但在加工时易与胚乳分离而丢失。

7.2.1.2　谷类的营养成分和特点

(1)蛋白质：谷类食品含蛋白质为7.5%～15%，主要为白蛋白、球蛋白、醇溶蛋白及谷蛋白。小麦的谷蛋白和醇溶蛋白约占蛋白质总量的80%～85%，具有吸水膨胀性，适宜制作各种面点。

谷类蛋白质所含的必需氨基酸组成不合理，多数缺乏赖氨酸及苏氨酸，玉米还缺乏色氨酸，因此谷类蛋白质的营养价值较低。赖氨酸通常为谷类蛋白质中的第一限制氨基酸。为了提高谷类蛋白质的营养价值，常采用赖氨酸强化法，或者利用蛋白质互补作用将谷类与豆类等含赖氨酸丰富的食物混合食用，以提高蛋白质的生物价。

(2)碳水化合物：碳水化合物为谷类主要成分，70%～80%为淀粉，其他为糊精、戊聚糖、葡萄糖和果糖等。谷类淀粉是人类最广泛、最经济的能量来源。

(3)脂肪：谷类食品中脂肪含量较低，多在2%以下，但玉米和小米中可达4%。脂肪主要集中在胚芽和谷皮中，其中不饱和脂肪酸占80%以上，主要为油酸、亚油酸，其中亚油酸有助于降低胆固醇，防止动脉粥样硬化。从玉米胚芽中提取的玉米油富含多种不饱和脂肪酸，是营养价值较高的食用油。

(4)矿物质：含量约为1.5%～3%，主要是磷和钙，大多存在于谷皮和糊粉层中。但是由于谷类食品中含有较高的植酸，影响了矿物质在人体内的吸收利用。

(5)维生素：谷类是B族维生素摄入的重要来源，如维生素B_1、维生素B_2、维生素B_6、烟酸和泛酸等，但玉米中的烟酸为结合型，经加工后可转化为游离型烟酸。玉米和小米含少量胡萝卜素。玉米和小麦胚芽中含有较多的维生素E。

7.2.1.3　谷类加工

全谷物是指未经精细化加工或虽经碾磨、粉碎、压片等加工处理后仍保留了完整谷粒所具备的结构的谷物。而精制谷物在被碾磨加工过程中，谷皮、糊粉层和胚芽常被分离出去成为废弃的糠麸，而糠麸中含有大量的膳食纤维、矿物质、B族维生素和维生素E、植物甾醇以及酚类等，使得营养价值大大降低。因此，与精制谷物相比，全谷物所含有的营养成分更丰富，营养价值也更高。研究表明，增加全谷物或谷物纤维摄入以及全谷物替代精制谷物，对预防2型糖尿病、心血管疾病、癌症、肥胖具有潜在的有益作用。

7.2.1.4 薯类

薯类淀粉含量8%～29%，富含膳食纤维，蛋白质和脂肪含量较低，含一定的维生素和矿物质，如维生素B_1、维生素B_3、维生素C、钾和镁等。马铃薯中含有丰富的维生素C，且薯类中含有的淀粉可以使维生素C在烹调过程中免受损失。山药所富含的黏液及其黏蛋白可以降低血液胆固醇，预防心血管系统的脂质沉积，有利于防止动脉硬化。

7.2.2 豆类及其制品

豆类是我国最重要的植物性蛋白质来源，也是膳食纤维、微量元素、维生素和生理活性物质的很好来源，在农作物的地位中仅次于谷类。豆类作物品种很多，包括大豆(黄豆、黑豆、青豆)及杂豆，如绿豆、芸豆、蚕豆、鹰嘴豆、豌豆、菜豆等。

7.2.2.1 大豆的营养种类及特点

大豆的蛋白质含量高达35%～40%。大豆蛋白质的氨基酸模式较好，具有较高的营养价值，属于优质蛋白质。其赖氨酸含量较多，但蛋氨酸含量较少，与谷类食物混合使用，可较好地发挥蛋白质的互补作用。大豆的脂肪含量很高，达10%～15%，主要为亚油酸，此外还含有维生素E和磷脂，是一种优质食用油。大豆含碳水化合物25%～30%，其中一半为可利用的阿拉伯糖和蔗糖，一半为不可被人体消化吸收的寡糖，如棉籽糖和水苏糖等，且在肠道细菌下发酵产生二氧化碳和氨而引起肠胃胀气。大豆含有丰富的铁、钙、维生素B_1、维生素B_2、维生素B_3和维生素E。

大豆中具有多种生理活性物质，如膳食纤维、大豆低聚糖、活性肽、大豆卵磷脂、大豆异黄酮和大豆甾醇等。大豆甾醇有助于降低血脂，具有预防高血压、冠心病等作用。大豆卵磷脂对营养相关慢性病有一定的预防作用。

7.2.2.2 豆类加工后的营养价值

豆类加工的方法有浸泡、磨浆、发酵、粉碎、煮沸、保温孵芽、加盐等传统工序。天然豆类常含有厚实的植物细胞壁，影响了人体对大豆营养素的消化、吸收和利用。因此，在大豆加工制作过程中破坏其细胞结构，对其发挥营养价值极其重要。煮食的大豆消化率为65%，而豆制品的消化率高达92%～94%。此外，大豆制成豆芽后，除原有营养素外，还增加了较多的维生素C。豆制品发酵过程中会合成维生素B_{12}。

7.2.2.3 豆类中的抗营养因子

(1)植酸：属很强的金属离子螯合剂，在肠道内可与锌、钙、镁、铁、铜等矿物质螯合，影响其吸收利用。

(2)蛋白酶抑制剂：生食大豆会抑制胰蛋白酶、糜蛋白酶、胃蛋白酶等的活性，影响人体对蛋白质的吸收和利用，引起胰腺肿大等不良反应。可通过加热破坏蛋白酶抑制剂的活性。

(3)植物红细胞凝血素：豆类中的红细胞凝血素是可使人和动物的红细胞发生凝集并在食用后引起头晕、头痛、恶心、呕吐等不良反应的一种蛋白质。但这类物质可通过加热、煮熟、烧透后被破坏。

7.2.3 蔬菜、水果类

《黄帝内经》中素有“五果为助，五菜为充”的说法，说明蔬菜水果在我国居民的膳食模式中具有重要地位。蔬菜和水果种类多，富含人体所必需的维生素、矿物质和膳食纤维，含水分和酶类较多，含有一定量的碳水化合物，蛋白质、脂肪含量较少。此外，还含有多种有机酸和植物化学物，对刺激胃肠蠕动，消化液分泌，促进食欲，调节体内酸碱平衡具有重要作用。

7.2.3.1 蔬菜及其制品的营养成分

蔬菜按其结构和可食部位不同，分为叶菜类、根茎类、瓜茄类、鲜豆类、花芽类、菌藻类，所含营养素因其种类不同，差异较大。

(1)维生素：蔬菜是维生素最直接、最重要的来源。新鲜蔬菜中富含维生素 C、胡萝卜素、维生素 B_2、维生素 E 和叶酸。蔬菜的维生素含量与品种、鲜嫩程度和颜色有关，一般叶部含量较根茎部高，嫩叶比枯老叶高，深色菜叶比浅色菜叶高。胡萝卜素在各种绿色、黄色及红色蔬菜中含量较多，如胡萝卜、菠菜、辣椒、南瓜等。各种新鲜绿叶蔬菜中含有丰富的维生素 C，如柿子椒、苦瓜、油菜等。蔬菜加工和烹调中容易破坏维生素 C，建议合理加工烹调，先洗后切、急火快炒、现做现吃是降低蔬菜中维生素损失的有效措施。

(2)矿物质：蔬菜中含有丰富的钙、磷、铁、钾、钠、镁、铜等矿物质，其中以钾最多，钙、镁含量也较丰富，除补充人体所需外，对维持机体酸碱平衡也有重要作用。含钙比较多的蔬菜主要有菠菜、油菜、芥菜、芹菜、韭菜等；含铁量比较高的蔬菜主要有黄花菜、菠菜、芹菜、小白菜等；含钾比较多的蔬菜主要有鲜豆类蔬菜、辣椒、香菇等；含铜比较多的蔬菜有芋头、菠菜、茄子、茴香等。

(3)碳水化合物：主要包括单糖、双糖、淀粉及膳食纤维。含单糖和双糖较多的蔬菜有胡萝卜、西红柿、南瓜等。蔬菜所含纤维素、半纤维素及果胶等是膳食纤维的主要来源，其中叶菜类和茎类蔬菜含有较多纤维素和半纤维素，而南瓜、胡萝卜、番茄等含有一定的果胶。

(4)含氮物质：蔬菜中的含氮物质主要是蛋白质、氨基酸，此外还有胺、铵盐、硝酸盐和亚硝酸盐等。鲜豆类蔬菜含氮量较多，其次为叶菜类、根茎类和花菜类。蔬菜不是人类摄取蛋白质的主要来源。

(5)酶类：蔬菜中含有一些酶类、杀菌物质和具有特殊功能的生理活性物质。如萝卜中含有淀粉酶，因而生食萝卜有助于消化；大蒜中含有植物杀菌素和含硫化合物，具有杀菌消炎、降低血清胆固醇的作用；西红柿、洋葱等含有黄酮类物质，为天然抗氧化剂，能维持微血管的正常功能，保护维生素 A、C、E 不被氧化破坏。

(6)脂肪：蔬菜中脂肪含量极低，大多数蔬菜脂肪含量不超过 1%。

7.2.3.2 蔬菜中的抗营养因子

蔬菜中含有的抗营养因子不仅会影响蔬菜及其他食物中营养素的消化吸收，当含量较高时还可能产生食物中毒的现象。木薯中的氰苷可抑制人和动物体内细胞色素酶的活性；甘蓝、萝卜、芥菜中含有的硫苷化合物可导致甲状腺肿；茄子和马铃薯表皮中含有的茄碱可引起喉部瘙痒和灼热感；一些蔬菜中含有的硝酸盐和亚硝酸盐较高，尤其在不新鲜和腐烂的蔬菜中含量更高，亚硝酸盐食用过多会引起急性食物中毒，产生肠源性青紫症；各种蔬菜存在的草酸会影响机体对食物中矿物质的吸收，可以通过水焯或爆炒将其破坏。

7.2.3.3 水果的营养成分

水果种类多,根据果实的形态和生理特征分为仁果类、核果类、浆果类、柑橘类和瓜果类。新鲜水果的营养成分与新鲜蔬菜相似,是人体矿物质、膳食纤维和维生素的重要来源之一。新鲜水果含水分多,营养素含量相对较低,蛋白质和脂肪含量均不超过1%。

(1)维生素:新鲜水果中含维生素C和胡萝卜素较多,但维生素B_1、维生素B_2含量不高。鲜枣、草莓、橘子、猕猴桃中维生素C含量较多,芒果、柑橘、杏、枇杷等含胡萝卜素较多。

(2)矿物质:水果含有人体所需的各种矿物质,如钾、钠、钙、镁、磷、铁、锌和铜等,以钾、钙、镁、磷含量较多。它们大多以硫酸盐、磷酸盐、碳酸盐、有机酸盐和有机物相结合的状态存在于植物体内。

(3)碳水化合物:水果中所含碳水化合物主要是果糖、葡萄糖和蔗糖,还富含纤维素、半纤维素和果胶。水果含糖较蔬菜多,但因其种类和品种而有较大差异,仁果类如苹果和梨以含果糖为主,核果类如桃、李、柑橘以含蔗糖为主。果品中的淀粉以香蕉、西洋梨等含量较多,经贮存后淀粉转变为葡萄糖口味会更甜。果皮含纤维素和果胶较多,如芒果、菠萝、柿子、桃等。纤维素和果胶虽然不能被人体消化吸收,但可促进肠壁蠕动并有助于食物消化及粪便的排出。

7.2.3.4 水果的特殊成分

(1)有机酸:水果中含有多种有机酸而呈酸味,其中枸橼酸、苹果酸、酒石酸相对较多,还有少量的苯甲酸、水杨酸、琥珀酸和草酸等。柠檬酸为柑橘类果实所含的主要有机酸。葡萄含有的主要有机酸是酒石酸。

(2)色素和酶:水果中的色素物质主要有叶绿素、胡萝卜素、番茄红素、花青素。水果中的酶主要有维生素C氧化酶、葡萄糖氧化酶、过氧化氢酶、果胶酶等。

(3)单宁:亦称鞣酸,是几种多酚类化合物的总称,影响水果的风味和变色。果实未成熟时含鞣酸较多,涩味较强,随着果实成熟度的提高,涩味逐渐减少。单宁遇铁会变成黑色,被空气氧化会形成褐色或黑色的物质。

(许雅君)

7.3 动物性食物的营养

动物性食物包括畜类、禽类、水产品、奶类和蛋类,主要为人体提供优质的蛋白质、脂类、维生素和矿物质等。

7.3.1 畜、禽类

畜肉是指猪、牛、羊等牲畜的肌肉、内脏及其制品,而禽肉包括鸡、鸭、鹅等的肌肉、内脏及其制品。畜禽肉类主要提供优质蛋白质、脂肪、矿物质和维生素。营养素的分布因动物的种类、年龄、肥瘦程度及部位的不同而差异较大。

(1)蛋白质:肉类的蛋白质主要存在于肌肉中,骨骼肌中除水分(约含75%)外,基本上都是蛋白质,其含量达20%左右,鸡肉蛋白质的含量为20%～25%,鸭肉为13%～17%,鹅肉为11%左右。畜、禽类的氨基酸组成基本相同，含有人体8种必需氨基酸，而且含量都比较充足，比例也接近人体的需要，都具有很高的生物价，约为80。各种肉类的蛋白质消化吸收率也很高，一般达85%～90%。肉类的结缔组织中主要为胶原蛋白和弹性蛋白。胶原蛋白含有大量的甘氨酸、脯氨酸和羟脯氨酸，而缺乏色氨酸、酪氨酸和蛋氨酸，因此是不完全蛋白质，营养价值较差。畜肉中含有可溶于水的含氮浸出物，能使肉汤具有鲜味，且成年动物的肉中含氮浸出物较幼年动物高。禽肉质地较畜肉细嫩且含氮浸出物更多，因此炖汤味道更为鲜美。

(2)脂类：畜肉的脂肪含量依其肥瘦有很大的差异。其组成以饱和脂肪酸为主，多数是硬脂酸、软脂酸、油酸及少量其他脂肪酸。羊脂中的脂肪酸含有辛酸、壬酸等饱和脂肪酸，一般认为羊肉的特殊膻味与这些低级饱和脂肪酸有关。禽肉脂肪熔点较低，为33～44℃。畜肉中胆固醇的含量依肥度和器官不同而有很大的差别，瘦猪肉为77 mg/100 g，肥猪肉为107 mg/100 g；瘦牛肉为63 mg/100 g，肥牛肉为194 mg/100 g。内脏的胆固醇含量比较高，如猪心为158 mg/100 g，猪肝为368 mg/100 g，猪肾为405 mg/100 g。脑中胆固醇的含量最高，猪脑达3100 mg/100 g。与畜肉不同的是禽肉类脂肪相对含量较少，而且熔点低(23～40℃)，并含有20%的亚油酸，易于消化吸收。

(3)碳水化合物：畜、禽肉中碳水化合物的含量都很低，在各种肉类中主要以糖原的形式存在于肌肉和肝脏中，其含量与动物的营养及健壮情况有关。

(4)矿物质：畜、禽肉矿物质含量为0.8%～1.2%，瘦肉中的含量高于肥肉，内脏高于瘦肉。畜、禽肉和动物血中铁含量丰富，且主要以血红素铁的形式存在，且吸收受食物等其他因素的影响较小，生物利用率高，是膳食铁的良好来源。牛肾和猪肾中硒的含量最高，是其他一般食物的数十倍。此外，畜肉还含有较多的磷、硫、钾、钠、铜，禽肉也含有磷、硫、钾、钠、铜，其中硒的含量高于畜肉。

(5)维生素：畜、禽肉含有丰富的维生素，其中以B族维生素和维生素A为主，尤其是内脏含量较高，其中肝脏的含量最为丰富，特别富含维生素A和核黄素，维生素A的含量以牛肝和羊肝最高，维生素B_2则以猪肝含量最为丰富。

7.3.2　水产品

水产品可分为鱼类、甲壳类和软体类。鱼类有海水鱼和淡水鱼之分，海水鱼又分为深海鱼和浅海鱼。

(1)蛋白质：鱼类蛋白质含量因鱼的种类、年龄、肥瘦程度及捕获季节等不同而有较大的区别，一般为15%～25%。鱼中含有人体必需的各种氨基酸，尤其富含亮氨酸和赖氨酸，属于优质蛋白质。鱼类肌肉组织及纤维细短，更易消化。鱼类还含有较多的其他含氮物质，如游离氨基酸、肽、胺类、嘌呤类等，是鱼汤的呈味物质。其他水产品如河蟹、对虾、章鱼的蛋白质含量约为17%，软体动物的蛋白质含量约为15%，酪氨酸和色氨酸的含量比牛肉和鱼肉高。

(2)脂类：鱼类脂肪含量低，一般为1%～10%，主要分布在皮下和内脏周围，肌肉组织中含量很少。鱼的种类不同，脂肪含量差别也较大。鱼类脂肪多由不饱和脂肪酸组成(占80%)，熔点低，消化吸收率可达95%。一些深海鱼类脂肪含长链多不饱和脂肪酸，其中含量较高的有二十碳五烯酸(EPA)和二十二碳六烯酸(DHA)，具有调节血脂，防止动脉粥样硬化，辅助抗肿瘤的作用。鱼类胆固醇含量一般约为 100 mg/100 g，但鱼子中含量较高。蟹、河虾等脂肪含量约 2%，软体动物的脂肪含量平均为 1%。

(3)碳水化合物：各种鱼类碳水化合物含量较低，约为 1.5%，主要以糖原形式存在。有些鱼不含碳水化合物，如草鱼、青鱼。其他水产品中海蜇、牡蛎等含量较高，可达 6%～7%。

(4)矿物质：鱼类碳水化合物含量为 1%～2%，磷的含量占总灰分的 40%，钙、钠、氯、钾、镁含量丰富。钙的含量较畜、禽肉高，为钙的良好来源。海水鱼类含碘丰富，有的海水鱼含碘 0.05～0.1 mg/100 g。此外，鱼类含锌、铁、硒也较丰富。

河虾的钙含量高达 325 mg/100 g，虾类锌含量也较高。软体动物中的矿物质含量为 1.0%～1.5%，其中钙、钾、铁、锌、硒和锰含量丰富。

(5)维生素：鱼类肝脏是维生素 A 和维生素 D 的重要来源。鱼类是维生素 B_2 的良好来源，维生素 E、维生素 B_1 和烟酸的含量也较高，但几乎不含维生素 C。黄鳝中维生素 B_2 含量较高，为 0.98 mg/100 g，河蟹和海蟹的维生素 B_2 含量分别为 0.28 mg/100 g 和 0.39 mg/100 g。软体动物维生素含量与鱼类相似，但维生素 B_1 较低。另外，贝类食物中维生素 E 含量较高。

7.3.3 乳类

乳类包括牛乳、羊乳和马乳等，其中人们食用最多的是牛乳。乳类是一种营养素齐全，容易消化吸收的优质食品，能满足出生幼仔迅速生长发育的需要，也是各年龄组健康人群和特殊人群(如婴幼儿、老年人、病人等)的理想食品。

(1)蛋白质：牛乳中蛋白质含量约为 2.8%～3.3%，主要由酪蛋白(79.6%)、乳清蛋白(11.5%)和乳球蛋白(3.3%)组成。酪蛋白属于结合蛋白，与钙磷结合，形成酪蛋白胶粒，并以胶体悬浮液的状态存在于牛乳中。乳清蛋白对热不稳定，加热时发生凝固并沉淀。乳球蛋白与机体免疫有关。乳类蛋白质消化吸收率为 87%～89%，属优质蛋白质。

(2)脂类：乳类脂肪含量一般为 3.0%～5.0%，主要为甘油三酯，少量磷脂和胆固醇。乳类脂肪以微粒分散在乳浆中，呈高度乳化状态，容易消化吸收，吸收率高达 97%。乳类脂肪中脂肪酸组成复杂，油酸占 30%，亚油酸和亚麻酸分别占 5.3%和 2.1%，短链脂肪酸(如丁酸、己酸、辛酸)含量也较高，这是乳脂肪风味良好及易于消化的原因。

(3)碳水化合物：乳类矿物质含量丰富，为 3.4%～7.4%，主要形式为乳糖，人乳中含乳糖最高，羊乳居中，牛乳最少。乳糖具有调节胃酸，促进胃肠蠕动和促进消化液分泌作用，还能促进钙的吸收和促进肠道乳酸杆菌繁殖，对肠道健康具有重要意义。

(4)矿物质乳类：矿物质含量丰富，富含钙、磷、钾、镁、钠、硫、锌、锰等，牛乳中含钙为 104 mg/100 g，且吸收率高，是钙的良好来源。乳类铁含量很低，喂养婴儿时应注意铁的补充。

(5)维生素：牛乳中含有人类所需的各种维生素，其含量与饲养方式和季节有关，如放牧期牛乳中维生素 A、维生素 D、胡萝卜素和维生素 C 含量，较冬春季在棚内饲养明显增多。牛乳中维生素 D 含量较低，但夏季日照多时，其含量有一定的增加。牛乳是 B 族维生素的良好来源，特别是维生素 B_2。

(6)其他成分：

①酶类：牛乳中含多种酶类，主要是氧化还原酶、转移酶和水解酶。

②有机酸：主要是枸橼酸，还有微量的乳酸、丙酮酸及马尿酸等。

③生理活性物质：较为重要的有生物活性肽、乳铁蛋白、免疫球蛋白、激素和生长因子等。

④细胞成分：乳类含有白细胞、红细胞和上皮细胞等。

7.3.4　蛋类

蛋类主要包括鸡蛋、鸭蛋、鹅蛋、鹌鹑蛋、鸽蛋等，使用最普遍、销量最大的是鸡蛋。

(1)蛋白质：蛋类含蛋白质一般在10%以上，蛋清中较低，蛋黄中较高，加工成咸蛋和皮蛋后，蛋白质含量变化不大。蛋清中主要含卵清蛋白、卵伴清蛋白、卵黏蛋白、卵胶黏蛋白、卵类黏蛋白、卵球蛋白等。蛋黄中蛋白质主要是卵黄磷蛋白和卵黄球蛋白。鸡蛋蛋白中的必需氨基酸组成和人体接近，是蛋白质生物学价值最高的食物，常被用作参考蛋白。

(2)脂类：蛋清中含脂肪极少，98%的脂肪集中在蛋黄中，呈乳化状，分散成细小颗粒，故易消化吸收。甘油三酯占蛋黄中脂肪的62%～65%(其中油酸约占50%，亚油酸约占10%)，磷脂占30%～33%，胆固醇占4%～5%，还有微量脑苷脂类。蛋黄是磷脂良好的食物来源，蛋黄中的磷脂主要是卵磷脂和脑磷脂，除此之外还有神经鞘磷脂。卵磷脂具有降低血胆固醇的作用，并能促进脂溶性维生素的吸收。蛋类胆固醇含量较高，主要集中在蛋黄，如鸡蛋中胆固醇含量为585 mg/100 g，而鸡蛋黄中胆固醇含量为1510 mg/100 g。

(3)碳水化合物：蛋类碳水化合物较少，蛋清中主要是甘露糖和半乳糖，蛋黄中主要是葡萄糖，多以与蛋白质结合的形式存在。

(4)矿物质：蛋类的矿物质主要存在于蛋黄内，蛋清中含量极低。其中以磷、钙、钾、钠含量较多，如磷为240 mg/100 g，钙为112 mg/100 g。此外，还有丰富的铁、镁、锌、硒等矿物质。蛋黄中的铁含量虽然较高，但由于是非血红素铁，并与卵黄高磷蛋白结合，生物利用率仅为3%左右。

(5)维生素：蛋类维生素含量较为丰富，主要集中在蛋黄中，蛋清中的维生素含量较少。蛋类的维生素含量受到品种、季节和饲料的影响，以维生素A、维生素E、维生素B_2、维生素B_6、泛酸为主，也含有一定量的维生素D和维生素K等，维生素种类相对齐全。

(许雅君)

7.4　大学生的膳食营养与安全

7-2

国家统计局2017年的统计结果显示，我国普通高校本专科在校学生数约为2753.6万人，是一个非常庞大的群体。目前，中国大学一般为寄宿制，学生膳食是否营养与卫生不仅取决于食堂饭菜的质量，也取决于学生营养素养的高低。对大学生提倡平衡膳食，需要考虑食物的能量和各种营养素是否含量充足，营养素种类是否齐全，营养素比例是否适当，食物提供的能量和营养素是否适应机体需要以及食物是否安全、卫生等诸多方面。接下来介绍大学生膳食营养与卫生要求。

7.4.1 食物多样，粗细搭配

任何一种天然食物都不能提供人体所需的全部营养素，大学生在日常食物选择中应遵守平衡膳食的原则。平衡膳食原则是指一段时间内膳食组成中的食物种类和比例可以最大限度地满足不同年龄、不同能量水平的健康人群的营养和健康需求。《中国居民膳食指南》指出只有多种食物组成的膳食才能满足人体对能量和多种营养素的需要，建议我国居民的平衡膳食应做到食物多样，平均每天摄入 12 种以上食物，每周 25 种以上食物。大学生应争取做到每天摄取尽量多的食物种类(包括谷薯类、蔬菜和水果类、动物性食物、大豆类和坚果类、纯能量食物)，同时每个食物种类应尽量选择多个品种。

近年来，我国居民膳食模式正在悄然发生变化，居民谷物消费量逐年下降，动物性食物和油脂摄入量逐年增多，能量摄入过剩；谷物的过度精细导致 B 族维生素、矿物质和膳食纤维丢失而引起居民的摄入量不足，可能增加人群慢性非传染性疾病的发生风险。大学生亦是如此，有的大学生日常生活很少摄入粗粮或者为了减肥而不吃主食，这些行为均是不正确的。膳食纤维长期摄入不足可能会导致包括结肠癌在内的肿瘤发生风险增加。总的来说，大学生膳食应以谷类为主，注意粗细搭配，这是平衡膳食的最基本要求。

7.4.2 重视蔬菜、水果和薯类

我国居民普遍存在蔬菜摄入量低、水果摄入长期不足的状况，这是制约平衡膳食和导致某些微量营养素不足的重要原因。大学生往往因贪恋动物性食物的美味而忽略摄入蔬果的重要性。事实上，蔬菜水果中富含维生素、矿物质、膳食纤维，且提供的能量又不至于过高，能满足人体微量营养素的需要，对维持人体肠道的正常功能有重要意义，可减少慢性非传染性疾病的发生；薯类食物含有丰富的淀粉、膳食纤维以及多种维生素和矿物质。那么，知道了摄入蔬果和薯类的重要性，我们应该如何选择合适的食物呢？有以下几条原则：首先，选择新鲜、应季的品种；第二，选择多种颜色或多种品类的蔬果；第三，选择薯类食物时，生食或熟食均可，但不宜多吃薯类的油炸制品。

在日常生活中，大学生应尽量摄取多种水果，注意选择深色蔬菜、十字花科蔬菜和菌藻类，少食酱腌菜，增加薯类摄入。需要注意的是，虽然蔬菜水果营养成分和健康效应有相似之处，但两者营养价值不同，不能相互替代；水果、蔬菜在加工过程中会损失维生素和微量元素等营养素，故加工制品不能替代新鲜水果、蔬菜。

7.4.3 适当摄入奶、蛋、肉、禽、鱼

奶、蛋、肉、禽、鱼类食物是优质蛋白质、矿物质、维生素的来源，其中，蛋、肉、禽、鱼类食物氨基酸组成适合人体需要，利用率高，但因脂肪含量较高，摄入过多可增加肥胖和心血管疾病等发病风险，应当适量摄入；红肉可以补充铁元素，可改善贫血；鱼、禽类食物脂肪的含量较蛋、肉类食物低，适合需要控制能量摄入的人群；熏腌肉类在加工过程中易受到致癌物污染，可增加肿瘤发生的风险。我国居民长期钙摄入不足，畜肉摄入较多，禽、鱼类较少，对居民营养健康不利，需要调整摄入比例。奶类是钙良好的食物来源，生活中一个常见的误区为，食用骨头汤可以补钙，实际上，成年的大棒骨的骨髓主要成分是饱和脂肪酸，煮汤过程中虽然有钙溶出，但也有大量的脂肪溶出，两者结合成为硬脂酸钙，并不适合人体的吸收利用。

大学生应每天摄入奶制品300g左右(不包括奶油),根据需要适量选择蛋、肉、禽、鱼类食物,适量食用动物内脏,少食或不食腌、腊、烤、熏的肉制品。

7.4.4 足量饮水,合理选择饮料

成人每天应足量饮水,约为7~8杯(1500~1700 mL),少量多次饮用,以满足人体健康需要,推荐饮用白开水和茶水,不喝或少喝含糖饮料。很多大学生只有在口渴时才饮水,实际上,出现口渴已是身体明显缺水的信号,少量多次、主动饮水而非为解渴而饮是更为健康的饮水方式。含糖饮料如奶茶、碳酸饮料等因味道好而受大学生的青睐,但多饮容易使人厌弃白开水,改变口味及饮食习惯,并不推荐日常饮用。运动时由于体内水丢失加快,需要注意同时补充水和电解质。

大学生应养成良好的饮水习惯,少量多次主动饮水,不饮生水。在购买饮料时注意食品标签中各种形式糖的含量,合理选择。

7.4.5 三餐少油盐,限制饮酒,巧选零食

食盐是食物烹饪或加工食品的主要调味品,我国居民食盐摄入过高,可能与高血压、脑卒中的发生有关,故应降低每天食盐摄入量,控制在6 g以内。烹调油是人体必需脂肪酸和维生素E的重要来源,但大学食堂中往往为了增加食物风味而使用过多烹调油,导致反式脂肪酸摄入增加,增高心血管疾病发生风险。每天烹调油摄入应限制为25 g。过量饮酒与多种疾病相关,一般不推荐饮酒,如饮酒,需限制成年男性一天饮用酒精量不超过25 g,成年女性不超过15 g。坚果中富含矿物质和维生素,但因油脂含量过高,不宜食用过量。大学生往往因缺少时间或减肥等原因不吃早餐或午晚餐,不利于身体健康。大多数大学生会购买零食,科学地选择零食要求大学生在购买时查看零食的食品标签,注意不吃或少吃含有反式脂肪酸的零食,长期摄入含反式脂肪酸的食物可能会导致高脂血症。

大学生应养成规律进餐、不节食、不暴饮暴食、不以零食代正餐的习惯,不饮或限制饮酒,科学地选择零食,虽然在学校食堂吃饭很难精确控制油盐摄入量,但可以在选择食物时注意饮食清淡,减少煎炸食品的摄入。

7.4.6 吃动平衡,保持健康体重

肥胖问题在中国正日益严重。中国目前约有1/6的成年人处于超重或肥胖的状态,其原因主要是中国人的膳食和运动模式的改变。进行体重管理的主要原则是保证吃动平衡,即在饮食和运动两方面进行平衡。在饮食方面,除了保证膳食平衡的原则外,应尽量保证不过度饮食,每天的食物摄入量应控制在合理范围内。在运动方面,保证每天适宜的运动量,推荐每周至少进行5天中等强度身体活动,累计150分钟以上,平均每天应进行主动身体活动6000步。

近年来,人们(尤其是女性)开始追求瘦弱或苗条的身体形象,大学生群体作为时代潮流的追逐者,但往往会因过于追求所谓的“苗条”而出现不健康的生活模式。过往的研究表明,在青少年群体中,独立初期和持续增加的社会压力都会导致不健康的体重管理模式,大学生群体人格更为独立、承受的压力也更大,不健康体重管理模式的问题也更加突出,目前中国部分地区大学生中饮食障碍的发生率已经接近西方国家。大学生应认识到何为健康的身体

形象,吃动平衡,保持健康体重,而非盲目地追求“以瘦为美”。

7.4.7 提高营养科学素养,理性饮食,注意饮食卫生

大学生应对自己的膳食健康和卫生负责,平时注意关注及掌握营养知识,养成粗细搭配,规律三餐,多吃水果蔬菜,不吃或少吃熏、烤、腌类食物,不喝或少喝含糖饮料,科学选择零食的良好习惯,认识各种食物的营养价值,在烹饪过程中更加了解食物,理性饮食,提升自己的营养科学素养。

食物在生产、加工、运输、储存等过程中可能遭受致病微生物、寄生虫和有毒有害物质的污染,在选购食品时,要做到不盲目跟风,选择新鲜卫生的应季食物;通过阅读食品标签,科学地选择满足自己需要的食物。在平时生活中尽量减少外出就餐的次数,注意选择干净卫生的就餐环境。

(许雅君)

7.5 保健食品的种类

近年来,随着我国经济社会的快速发展和人民生活水平的日益提高,人们的保健意识越来越强,使得保健食品的产销量迅速增加。本节主要介绍保健食品的定义与分类。

7.5.1 保健食品的定义及特点

关于什么是保健食品,我国《保健食品注册管理办法》中明确描述为:“本办法所称保健食品,是指声称具有特定保健功能或者以补充维生素、矿物质为目的的食品。也就是适宜于特定人群食用,具有调节机体功能,不以治疗疾病为目的,并且对人体不产生任何急性、亚急性或慢性危害的食品。”

按我国对保健食品的定义,保健食品应具有以下特点:

(1)保健食品必须是食品——具备食品的基本特征,即应当无毒无害,符合食品应有的营养卫生要求,也具有相应的色、香、味等感官性状。

但保健食品属于特殊类型食品:虽然保健食品应当含有一种或数种营养素并且含量达到一定水平,但不能认为保健食品等同于普通食品,更不能将保健食品视为正常膳食,作为各种营养素来源的主要途径。因此,保健食品原则上不能替代正常膳食。

(2)保健食品的成分,主要是功效成分和营养素,或主要由营养素构成。

(3)保健食品在形态上,可能是传统的食品如饮料、酒类、饼干等,也可能是像药品那样的片剂、粉剂、胶囊剂、口服液等。

(4)保健食品必须具有特定的保健功能,这种功能必须是明确的、具体的,有针对性的,经科学验证是有效的;但这种功能不能代替药物治疗作用,否则应按照药品审批。

(5)保健食品是针对特定人群设计的,有“适宜人群”和“不适宜人群”的概念,适宜食用范围不同于一般食品,如延缓衰老的保健食品,适宜用于中老年人。

(6)保健食品以调节机体功能为主要目的,不以治疗为目的,也就是说,保健食品不具备对疾病的治疗功能,标签内容不能宣称对疾病有治疗功能,并应注明“本品不能替代药品”。

7.5.2 保健食品的分类及功效成分

7.5.2.1 保健食品的分类

目前，我国生产和销售的保健食品基本上可以分为两大类，一类是营养素补充剂，另一类是功能性保健食品。

(1)营养素补充剂：是指以补充维生素和矿物质等成分为主要目的的营养型产品。其作用是补充膳食营养供给的不足，预防营养缺乏和降低发生某些慢性退行性疾病的危险性。

(2)功能性保健食品：是指具有表7-1中的1～2种功能的保健食品(目前国家规定一种保健食品最多可以申请批准2种功能)。

表7-1 目前我国允许申请的27种功能

保健功能	保健功能
1. 增强免疫力	15. 改善营养性贫血
2. 缓解体力疲劳	16. 抗辐射
3. 辅助降血脂	17. 调节肠道菌群
4. 抗氧化(延缓衰老)	18. 改善视疲劳
5. 辅助降血糖	19. 辅助降血压
6. 通便	20. 促进消化
7. 增加骨密度	21. 保护胃黏膜
8. 改善睡眠	22. 改善生长发育
9. 保肝	23. 祛痤疮
10. 减肥	24. 促进排铅
11. 耐缺氧	25. 改善皮肤水分
12. 祛黄褐斑	26. 促进泌乳
13. 改善记忆	27. 改善皮肤油分
14. 清咽	

7.5.2.2 保健食品中的功效成分

保健食品中的功效成分，又称为功能因子，是指能通过激活酶的活性或其他途径，调节人体机能的物质。功效成分主要包括：

(1)多糖类：如膳食纤维、香菇多糖等。

(2)功能性甜味料(剂)：如单糖、低聚糖、多元糖醇等。

(3)功能性油脂(脂肪酸)类：如多不饱和脂肪酸、磷脂、胆碱等。

(4)自由基清除剂类：如超氧化物歧化酶(SOD)、谷胱甘肽过氧化酶等。

(5)维生素类：如维生素A、维生素C、维生素E等。

(6)多肽与蛋白质类：如谷胱甘肽、免疫球蛋白等。

(7)活性菌类：如乳酸菌、双歧杆菌等。

(8)微量元素类：如硒、锌等。

(9)其他类：二十八醇、植物甾醇、皂苷等。

(王岁楼)

7.6 保健食品的安全性

7-3

如前所述，保健食品是具有特定保健功能的特殊类型的食品，是介于药品和食品之间的一种产品，既不能当普通食品食用，也不能当药品使用，有特定的食用人群及不适宜人群，有规定的食用量。在保健食品标签、说明书及广告中不得宣传疗效作用。

目前我国保健食品在安全性方面还存在许多问题，一是由于技术限制和管理漏洞所造成的被批准的保健食品本身很可能存在某些安全性问题，二是企业生产经营不规范行为尤其是夸大宣传造成了大量的安全隐患。

7.6.1 由于技术限制和管理漏洞所造成的保健食品本身的安全性问题

保健食品安全性评价是一个需要逐渐完善的领域，目前我国在保健食品安全评价及监管方面都有很多局限性，甚至在保健食品申报注册过程中存在利益链，由此很可能造成一些被批准的保健食品本身存在安全性隐患。

比如，保健食品中使用的原料十分广泛，来源复杂，原料的品种也缺乏严格的质量标准，这就给保健食品的安全增加了很多危险因素。

由于市售产品质量缺乏监管，企业用于报批的送检产品与最终市场销售的定型产品可能不一致，造成产品营养素或功效成分含量不稳定，很可能导致实际产品功效低下或毒性过大等安全问题。

新技术、新工艺、新资源在保健食品加工或原料生产中的应用越来越多，传统的安全性评价方法难以全面检测其安全性，目前急需寻找新的评价方法，以确保保健食品的安全性。

总之，保健食品是具有特定功能的特殊类型的食品，有适宜的食用人群及不适宜人群，消费者千万不可盲目食用，更不可当普通食品消费。

7.6.2 由于企业行为失范，尤其是夸大宣传所造成的安全性问题

一些保健食品生产或经营企业行为失范，甚至违法乱纪，尤其是在市场销售方面的违法宣传，以及在生产中的违法添加行为，给我国保健食品市场造成了很大的安全问题。

(1)保健食品不实宣传问题十分严重。这些不实宣传问题主要有：夸大功能；虚假宣传；宣称“疗效”；扩大适宜人群；使用“绝对化”语言；利用专家和消费者形象为产品功效作证明。

(2)非法添加违禁物品问题时有发生。不按批准的产品配方和生产工艺组织生产，擅自在保健食品中添加违禁物品，主要涉及减肥产品(非法添加芬氟拉明、麻黄素等)、抗疲劳产品(添加伟哥类成分)、促进生长发育产品(添加生长激素)等。

(3)非法生产经营保健食品问题屡禁不止。盗用保健食品批文；冒用保健食品标志；普通食品按保健食品宣传；销售假冒伪劣保健食品；未经批准擅自生产保健食品。这些非法生产和经销行为，严重扰乱了保健食品市场。

(4)保健食品生产企业条件较差的问题尚未得到根本性改变。有些企业实际生产条件和管理水平达不到相关要求，很难保证保健食品产品质量的合格，给市场也带来了安全隐患。

那么，应该如何正确选购保健食品呢？其实，只要消费者按表 7-2 所列出的选购要点进行就可以了。

表 7-2 保健食品选购要点

序号	选购要点
1	看包装：看清包装上是否有保健食品专用标志(蓝帽子)及保健食品批准文号；看清包装上是否注明生产企业名称及其生产许可证号(生产许可证号可到企业所在地省级主管部门网站查询确认其合法性)。

续表

序号	选购要点
2	看需要:要依据保健食品的功能有针对性地选择,切忌盲目食用(国家规定一种保健食品只允许声称前述27种功能中的1～2种,否则属于虚假夸大宣传,不可相信)。
3	其他常识:保健食品不能代替药品,不能将保健食品作为灵丹妙药;保健食品也不含全面的营养素,不能代替普通食品,要坚持正常饮食;保健食品应按标签说明书要求食用;不能食用超过所标示有效期或变质的保健食品。

(王岁楼)

7.7 易混淆问题解读

7.7.1 保健食品与普通食品和药品的区别是什么?

表7-3是保健食品与普通食品的区别,从表可以看出,两者都属于食品,这是共同点,但最大的区别是,保健食品对身体具有调节功能,普通食品则没有调节功能。

(1)保健食品本质上属于食品,与普通食品一样都能提供人体生存所必需的基本营养物质,都具有特定的色、香、味、形等感官性状。

(2)保健食品属于一类特殊类型的食品,因为它具有普通食品所没有的调节功能。保健食品除含有营养素之外,必须含有调节生理功能的成分,并有调节生理功能的作用,如减肥、辅助降血脂、缓解疲劳等功能;普通食品则不强调特定功能。

(3)保健食品只适宜于特定人群食用,如辅助降血脂保健食品只适用于高血脂人群;普通食品则适宜普遍人群食用。

(4)保健食品一般都具有规定的每日服用量,不能饥则食、渴则饮;普通食品则无规定的食用量。

表7-3 保健食品与普通食品的区别

保健食品	普通食品
1. 调节人体机能,具有特定保健功能。	1. 不允许强调特定功能。
2. 特定人群食用。	2. 普遍人群食用。
3. 具有规定的每日服用量。	3. 无规定的食用量。

表7-4是保健食品与药品的区别,从表可以看出,与普通食品相比,两者都应该对机体具有某些功能,但保健食品是调节功能,药品是治疗功能。

(1)保健食品不能以治疗为目的,主要是调节人体的机能;药品则应当有明确的治疗目的以及相应的适应症和功能主治。

(2)保健食品不能有任何(急性、亚急性或慢性)危害;药品则可以有不良反应。

(3)保健食品可以长期使用;药品则有规定的使用期限。

(4)保健食品经口服食用,以胃肠道吸收为主;药品有多种摄入方式,如肌内注射、静脉注射、皮肤吸收、口服等。

表 7-4 保健食品与药品的区别

保健食品	药品
1. 不能以治疗为目的,主要是调节人体机能。	1. 有明确治疗目的及相应的适应症和功能主治。
2. 不能有任何急性、亚急性或慢性危害。	2. 可以有不良反应。
3. 可以长期使用。	3. 有规定的使用期限。
4. 口服。	4. 注射、外用、口服等。

7.7.2 如何识别保健食品?

保健食品的标识俗称“蓝帽子”(图 7-1),也有叫“蓝天白云”的,有的消费者还叫它“牛角”,这都是一些形象的表述。只有通过国家规范的检验审核程序,核准其功能的产品,才能获得该标识。标识的下方注明该产品的批准年限和文号,同时标注批准的部门。按国家规定,一个产品对应一个批准文号,每个批准文号有具体的批准功能、产品名称和申报企业。

图 7-1 保健食品标识——蓝帽子

凡声称具有特定保健功能的食品,必须经国家监管部门(2018 年起为国家市场监管总局)审查确认。根据申请人的申请,依照法定程序、条件和要求,对申请注册的保健食品的安全性、有效性、质量可控性以及标签说明书内容等,进行系统评价和审查,并决定是否准予其注册。对审查合格的保健食品发给《保健食品批准证书》,企业需在产品包装上标明批准文号(图 7-2)。凡在产品包装上未标明批准文号的产品需谨慎购买。

7.7.3 普通食品与保健食品的区别是什么?

普通食品和保健食品都能提供人体生存必需的基本营养物质,都具有特定的色、香、味、形。食品是指各种供人食用或者饮用的成品和原料以及按照传统既是食品又是中药材的物品,但是不包括以治疗为目的的物品。保健食品是指声称具有特定保健功能或以补充维生素、矿物质为目的的食品,即适宜于特定人群食用,具有调节机体功能,不以治疗疾病为目的,并且对人体不产生任何急性、亚急性或慢性危害的食品。但普通食品不强调特定功能,供普遍人群食用,无规定的食用量,而保健食品强调调节人体的机能,具有特定的保健功能,供特定人群食用,具有规定的每日服用量。

7.7.4 保健食品与药品的区别是什么?

保健食品不能以治疗为目的,主要是调节人体的机能,不能有任何急性、亚急性或慢性危害,可以长期食用,食用方法主要是口服。保健食品不能替代药品。

药品应当有明确的治疗目的以及相应的适应症和功能主治,可能有不良反应,有规定的使用期限,使用方法主要有注射、外用、口服等。

保健食品
卫食健字（4位年份代码）第····号
中华人民共和国卫生部批准
（2003年以前的国产保健食品批准文号、保健食品标志）

保健食品
卫食健进字（4位年份代码）第····号
中华人民共和国卫生部批准
（2003年以前的进口保健食品批准文号、保健食品标志）

保健食品
国食健字G20······
国家食品药品监督管理总局批准
（2003—2018年的国产保健食品批准文号、保健食品标志）

保健食品
国食健字J20······
国家食品药品监督管理总局批准
（2003—2018年的进口保健食品批准文号、保健食品标志）

保健食品
国食健字G20······
国家市场监督管理总局批准
（2018年以后的国产保健食品批准文号、保健食品标志）

保健食品
国食健字J20······
国家市场监督管理总局批准
（2018年以后的进口保健食品批准文号、保健食品标志）

图 7-2　保健食品包装上批准文号的标注

思考题

1. 膳食营养素参考摄入量(DRIs)包括哪些指标？各个指标之间有什么区别？请具体阐释 2013 年修订版新增加的与慢性非传染性疾病有关的三个指标的定义和应用范围。

2. 豆类、木薯、鲜黄花菜、棉籽油中含有的毒素物质是什么？如何预防和避免食物中毒？豆类在加工制成各式各样的豆制品后营养价值有什么变化？豆类中含有哪些主要的营养因子和抗营养因子？请分别阐释去除各种抗营养因子的方法。

3. 日常膳食中蔬菜和水果是否可以长期互相替代？为什么？

4. 作为一名大学生，应当注意哪些方面才能保证膳食既营养又安全？

5. 什么是保健食品？保健食品与普通食品和药品有哪些区别？

6. 什么是保健食品的功能因子？主要包括哪些种类？

7. 目前我国保健食品存在哪些安全性问题？消费者如何识别保健食品？

8. 通过互联网查阅文献资料，了解我国保健食品管理机构及评审规定方面的最新变化情况。

拓展阅读

[1] 孙长颢,凌文华,黄国伟,等. 营养与食品卫生学[M]. 8 版. 北京:人民卫生出版社,2017.
[2] 李勇. 营养与食品卫生学[M]. 北京:北京大学医学出版社,2005.
[3] 中国营养学会. 中国居民膳食指南 2016 版[M]. 北京:人民卫生出版社,2016.
[4] 徐海泉,杜松明,卢士军,等. 我国膳食模式为什么还要以谷类为主? [J]. 中国食物与营养,2017,23(1):9-11,84.
[5] 汪青. 谷类食品的营养价值[J]. 四川粮油科技,2003,78(2):42-44.
[6] Wu Y, Huxley R, Li M, et al. The growing burden of overweight and obesity in contemporary China. CVD Prev Control, 2009, 4(1): 19-26.
[7] Xie B, Chou C-P, Spruijt-Metz D, et al. Weight perception and weight-related sociocultural and behavioral factors in Chinese adolescents. Prev Med, 2006, 42(3): 229-234.
[8] Tong J, Miao S, Wang J, et al. A two-stage epidemiologic study on prevalence of eating disorders in female university students in Wuhan, China. Soc Psychiatry Psychiatr Epidemiol, 2014, 49(3): 499-505.
[9] 李小运. 试论保健食品的安全性[J]. 中国食物与营养,2009,15(10):10-12.
[10] 董燕,张晓林. 我国保健食品安全问题探讨[J]. 实用医技杂志,2008,15(28):3928-3929.
[11] 张雪艳,王素珍. 保健食品市场乱象成因分析及对策[J]. 中国食品药品监管,2018,24(8):49-53.
[12] 刘静,刘伟,张学博. 我国保健食品现状、监管历史沿革及主要管理措施[J]. 中国食物与营养,2018,24(7):5-9.

8 食品安全检测技术及应用

食品安全问题不但关系到广大人民群众的生命财产，而且还影响着国民经济的繁荣发展，从长远讲关乎整个社会的和谐稳定。近年来，随着经济社会的高速发展及人们生活水平的快速提高，公众对食品的需求开始从数量需求转变为质量安全需求，并且对食品质量安全要求越来越高。食品质量安全问题已经成为关系民生的头等大事，受到了全社会的广泛关注。然而，在经济和社会发展过程中，由于农业生产资源滥用、工业污染、环境变化、人为趋利造假等引发了各类食品质量安全问题。问题食品的出现不仅严重危害公众的生命健康，而且容易引起群众恐慌，造成较大的社会影响。

2015 年 10 月 1 日，修订后的《中华人民共和国食品安全法》正式颁布实施，明确要求加强食品安全监管。

食品分析及安全检测技术是我国食品安全的重要保证。因此，积极采用科学的方法手段来解决食品安全问题，成为食品科技工作者和国家相关食品卫生监督管理部门共同的职责。

传统的食品分析及安全检测主要依靠化学分析与仪器分析，大多以实验室为依托，容易受到检测周期长、检测样本有限、检测工作量大、检测成本和费用高等影响，无法对食品的安全状况进行及时有效的监控。因此，将食品现场快速检测与传统食品分析及安全检测方法相结合，既能满足特定场合及食品的快速检测需求，又能充分发挥实验室设备的优势，形成一套完整的食品分析及安全检测方法。因此，本章首先介绍了食品安全的概念、特点及来源，指出食品分析及安全检测在食品安全中的重要性；其次重点介绍了食品分析及安全检测技术和应用，综述了气相色谱、高效液相色谱、薄层色谱、免疫亲和色谱、色谱-质谱法、光谱分析法、酶联免疫分析法、生物传感器法和生物芯片等在食品分析及安全检测中的应用；最后，结合实际，对食品分析及安全检测的发展趋势进行了展望。

8.1 常用食品分析、安全检测技术

8.1.1 感官分析

感官分析也被称为感官评价(sensory analysis, sensory evaluation)。2008 年颁布的国际标准 ISO 5492 中将感官分析定义为“Science involved with the assessment of the organoleptic attributes of a product by the senses”,即用感觉器官评价产品感官特性的科学。该定义比较简练,突出了感官分析最重要的特点就是以人为“仪器”去测量产品。感官分析是感知测量食品及其他物质特征或性质的一门科学。感官分析的实施由三要素构成:①评价员;②分析或检验环境,主要指感官分析实验室;③检验方法。其中,感官分析实验室是感官分析进行的场所,也是保证分析结果准确有效的关键因素。目前,感官分析技术在发达国家已经成为食品质量与安全快速、直观、灵敏检测与监控的重要技术手段,食品的感官指标已作为其安全预警和变质、掺假检验的主要依据。

8.1.2 理化分析

理化分析是通过物理、化学等分析手段进行分析,确定物质成分、性质、微观宏观结构和用途等。物理分析主要对物质材料进行分析、检验,确定一些物理变化数据。物理分析在对金属合金性能研究上很有用,可确定物质的强度承受力是否符合标准。食品理化检验的主要内容是各种食品的营养成分及化学性污染问题,包括动物性食品(如肉类、乳类、蛋类、水产品、蜂产品)、植物性食品、饮料、调味品、食品添加剂和保健食品等。常见的步骤主要包括:①样品的采集、制备,借助一定的仪器从被检对象中抽取供检验用样品的过程。②样品的预处理,使样品中的被测成分转化为便于测定的状态并消除共存成分在测定过程中的影响和干扰。常用的方法有溶剂提取法、有机物破坏法、蒸馏法、色谱分离法、化学分离法和浓缩法等。③检验测定,常用的有比重(密度)分析法、重量(质量)分析法、滴定分析法、层析分析法、可见分光光度法、荧光光度法、原子吸收分光光度法、火焰光度法、电位分析法和气相、液相色谱法等。④数据处理,得到分析报告。食品理化分析的任务是对食品进行卫生检验和质量监督,使之符合营养需要和卫生标准。

8.1.3 智能感官系统

传统感官鉴评是基于人的鼻子、舌头和眼睛等感觉器官感知样本的特征,经过大脑对这些信息的处理与分析,形成对样本的综合感知。但人工感官鉴评方法成本高,效率低,评价结果受鉴评人员身体和心理等因素影响较大,具有一定的主观性与模糊性。同时,人的感官长时间在一种环境下容易产生疲劳,不能长时间工作。模拟哺乳动物嗅觉与味觉机理开发的电子鼻和电子舌恰好能弥补该不足。随着传感器技术及模拟感官神经系统建立智能感官模型方法的发展,电子鼻、电子舌和机器视觉技术由于具有省时省力、操作简单的优点,已在农业生产、食品科学、环境监测等领域得到了广泛的应用。

8.1.3.1　电子鼻

电子鼻是为了模拟人类的嗅觉系统而研制的一种气体检测仪器。电子鼻的传感器阵列相当于人的嗅觉细胞，是电子鼻的核心部件，可以获得样品气味的“指纹”信息。它的工作过程主要分为三个步骤：①传感器阵列与样品气体接触后，使传感器的电化学属性发生变化，从而产生信号；②通过电路将信号传输至电脑；③在电脑中，通过统计方法对信号进行分析，从而对样品做出判断。电子鼻检测到的不是样本中具体成分的组成和含量，而是样本中多种挥发性气体成分的综合信息，也称为“嗅觉指纹”数据。

8.1.3.2　电子舌

食品的综合评价由香味和滋味两个重要部分组成。在发展电子鼻的同时，研究者开发了一种利用特殊传感器来模拟哺乳动物味觉系统的检测系统——电子舌，如图 8-1 所示。与电子鼻不同的是，电子舌检测的对象是液体。电子舌利用味觉传感器，能够以类似人类的味觉感受方式对酸、甜、苦、鲜、咸五种基本味道检测出对应的味觉特性。电子舌检测原理类似于人类的味蕾感知，得到的响应信号不是区分某一个化学成分，而是对样本中非挥发性呈味物质的整体响应，基于味觉信息的差异实现对食品的鉴别。

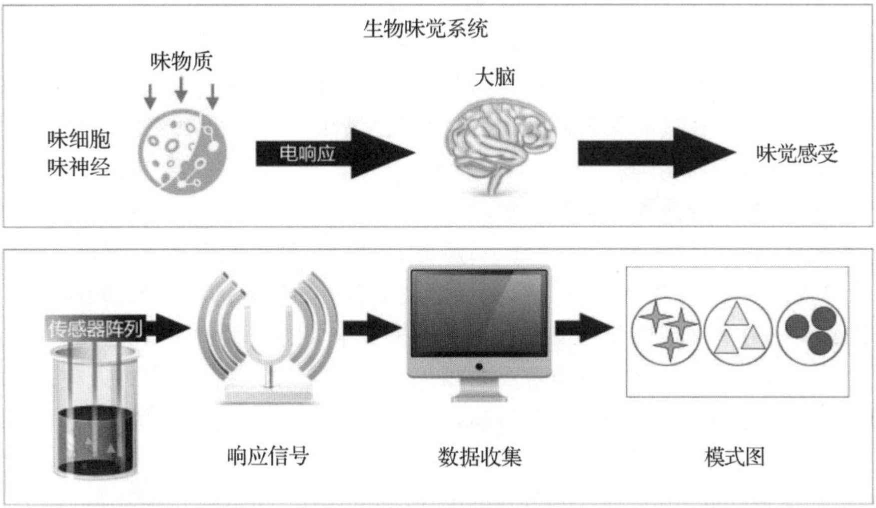

图 8-1　电子舌结构示意图

8.1.3.3　机器视觉技术

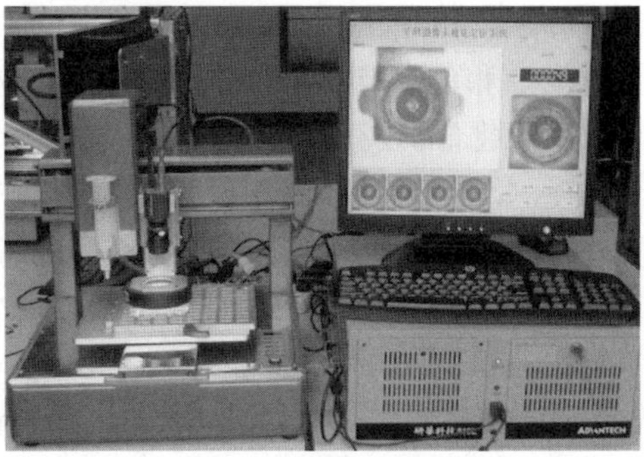

图 8-2　机器视觉仪器

机器视觉是一种通过数字图像识别食品特性的无损检测技术，如图 8-2 所示。典型的机器视觉系统通常是用相机替代人眼对目标进行图像采集，并运用计算机技术对图像进行处理。机器视觉技术已逐渐应用于食品品质检测中，如果蔬分级、禽蛋检测、食品中微生物含量的检测等。机器视觉可以对食品样品的表面特征进行客观且精确的描述，从而减少了大量劳动人员的密集性工作，使整个检测过程自动化。对于食品来说，机器视觉技术是一种很好的感官检测替代方案，可以大大提高生产效率和自动化程度。

8.1.4 色谱、质谱技术

色谱技术实质上是一种分离混合物内不同化合物的方法。目前，色谱技术已经发展成熟，具有检测灵敏度高、分离效能高、选择性高、检出限低、样品用量少、方便快捷等优点，已被广泛应用于食品工业的安全检测中。常用的方法有气相色谱法、高效液相色谱法、薄层色谱法、免疫亲和色谱法和色谱-质谱联用法。

8.1.4.1 气相色谱法和高效液相色谱法

气相色谱法(gas chromatography, GC)是英国科学家于1952年创立的一种极有效的气体分离方法，具有高效能、高选择性、高灵敏度、高分辨率、样品用量少等特点，主要用于沸点低、具有挥发性成分的定性定量分析。气相色谱法分析速度快，分离效率高，普遍应用于不同品质食品挥发物的区分和检测。近年来毛细管气相色谱法以其分离效率高、分析速度快、样品用量少等特点，广泛应用在食品农药残留等的分析检测上。

高效液相色谱法是在经典液相色谱法基础上发展起来的。高效液相色谱法是在高压条件下操作的液相分离方法，主要用于分离和鉴别液态食品中不同的成分。与经典的液相方法相比，其优点主要概括如下：①分离效能大大提高；②分离时间大大缩短；③检测灵敏度大大提高；④选择性高。在食品安全领域，高效液相色谱法可以用于液态食品中抗生素、农药残留、致病菌等的检测和鉴别。

8.1.4.2 薄层色谱法和免疫亲和色谱法

薄层色谱法(thin layer chromatography)是20世纪30年代发展起来的一种分离和分析方法，仪器操作简单、方便，应用广泛，但灵敏度不高。薄层色谱法为色谱方法中经典的分离方法，作为快速分离和定性分析少量物质的一种很重要的实验手段，在多化合物分离情况分析、产品质量初步评价等方面扮演着重要角色。该方法无须专门培训的人员操作，也无须特殊要求的仪器，实验成本低廉可控。目前，薄层色谱广泛地应用于农药、毒素、食品添加剂等方面，在定性、半定量以及定量分析中发挥着重要作用。

免疫亲和色谱(immunoaffinity chromatography, IAC)是一种通过生物手段从复杂的待测样品中捕获目标化合物的方法，能够快速检测食品中的诸如农药等化合物，且成本较低。免疫亲和色谱的检测器一般采用紫外-可见吸收光谱法和荧光光谱法等。鉴于目前生物学方法应用的普遍性，免疫亲和色谱成为最流行的使混合物中不同成分纯化的方法。目前，免疫亲和色谱技术可以作为样品前处理手段，也可以与一些常规的仪器色谱分析法结合，应用于化合物残留分析。

8.1.4.3 液相色谱-质谱和气相色谱-质谱联用技术

质谱分析是一种鉴别物质成分的方法，质谱作为理想的检测器，不仅特异，而且具有极高的检测灵敏度。色谱与质谱联用技术结合了两者的优点，成为分析化学的研究热点。其中，气相色谱-质谱联用技术(gas chromatography-mass spectrometry, GC-MS)与液相色谱-质谱联用技术(liquid chromatography-mass spectrometry, LC-MS)已广泛应用，前者用于有机物的定性定量分析，其中，气相色谱对有机化合物具有有效的分离、分辨能力，而质谱(mass spectrum, MS)则是准确鉴定化合物的有效手段。仪器如图8-3所示。其特点是分

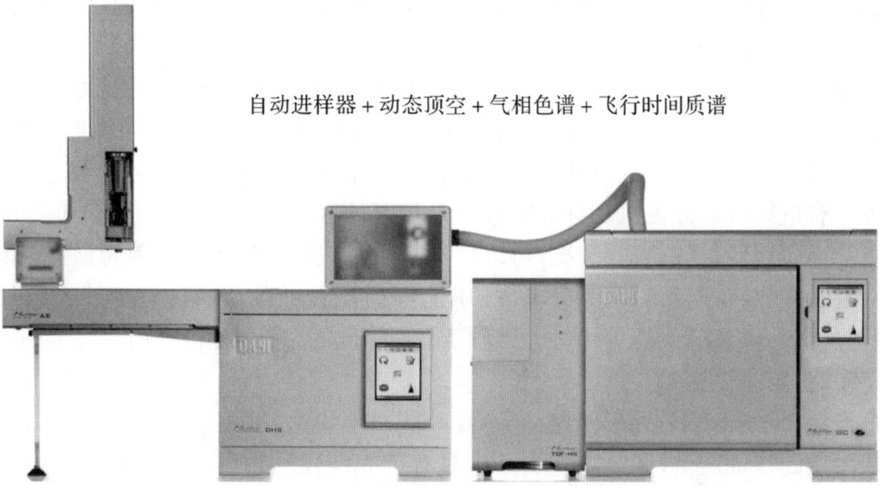

自动进样器+动态顶空+气相色谱+飞行时间质谱

图 8-3　气相-质谱联用仪

析取样量少，检出限可达纳克级，减少了对待测样品的破坏，通常用于分析极性较大、热稳定性强、难挥发的样品。

8.1.4.4　离子迁移谱

离子迁移谱(Ion mobility spectroscopy, IMS)技术是从 20 世纪 60 年代末发展起来的一种检测技术。在检测过程中，以离子在电场中迁移时间的差别来进行离子的分离定性。气体分子在电场中的迁移速率不同，使得不同的离子到达探测器上的时间不同而得到分离。目前，离子迁移谱技术和色谱对气体成分的分离能力相结合(被称为气相-离子体色谱)主要用于痕量挥发性有机化合物的检测，具有较高的灵敏度，如图 8-4 所示。

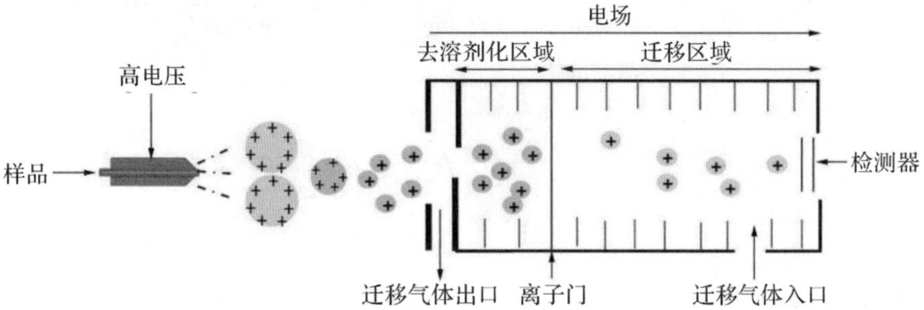

图 8-4　离子迁移谱原理

8.1.5　光谱分析法

光谱分析法是通过食品中的有害物质对不同频率光谱的吸收特性而建立起来的一种评判食品安全性的方法。该方法以光谱测量为基础，是一种无损快速检测技术，分析成本低。主要包含三个主要过程：①光谱源提供不同频率的光谱；②光谱与食品中的有害物质相互作用；③原始光谱信号发生改变产生被检测信号；④分析被检测信号得到有害物质的浓度。其中，近红外光谱、荧光光谱、拉曼光谱和高光谱等在食品安全检测中应用较为广泛。可利用物质在不同光谱分析法中的特征光谱对其进行定性分析，根据光谱强度进行定量分析。

8.1.5.1 近红外光谱

近红外光是指波长介于可见区与中红外区之间的电磁波，波数范围为4000～12500 cm^{-1}。近红外光谱(near infrared spectroscopy, NIR)分析技术是一种间接的分析技术，是应用数学方法在待检样品与近红外光谱数据之间建立一个关联模型来对样品进行定性或者定量分析。有机物及部分无机物分子中各种含氢基团在受到近红外照射时，能够吸收一部分光的能量，测量其对光的吸收情况，可以得到食品对应的红外图谱。因为食品中的每种成分都有特定的吸收特征，所以通过NIR技术能够检测食品的组成。近红外光谱技术速度快、无须制备样品以及成本低等优势，已经广泛应用于食品安全分析方面。

8.1.5.2 荧光光谱

荧光光谱(fluorescence spectroscopy)技术是一项快速、敏感、无损分析技术，能在几秒钟内提供物质的特征图谱(图8-5)。食品中具有荧光特性的物质受光激发后会向四周发出不同频率的辐射，物质的分子结构不一样，其荧光光谱的形状和强度也相应发生变化，因此荧光光谱是提供具有共轭结构的分子的组分分布与浓度大小的有效测试手段之一。食品中含有很多具有荧光特性的物质，如芳香族氨基酸、蛋白质中色氨酸残基、多酚类物质、黄酮类物质、叶绿素、维生素、核黄素以及美拉德产物等；一些食品添加剂、农药和工业污染物也具有内源性荧光，这些物质的荧光图谱为食品定性定量分析提供基本信息，因此荧光光谱广泛应用于食品检测研究中。

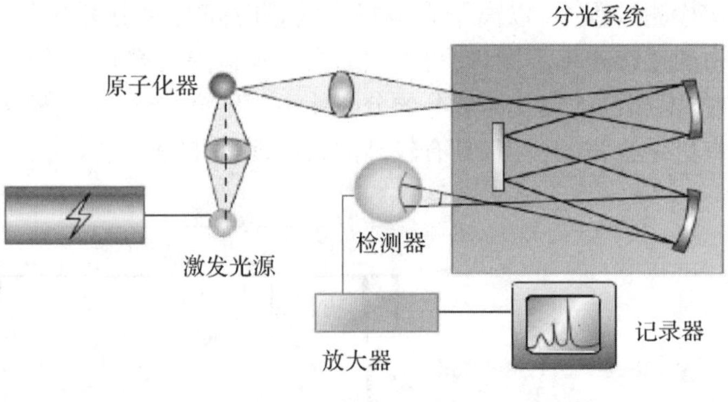

图8-5 荧光光谱原理

8.1.5.3 拉曼光谱

拉曼光谱(Raman spectroscopy)中的信息具有多元化，包含了谱线数目和谱线强度等信息。通过所获得的拉曼光谱与标准物质的拉曼光谱进行比对即可判定被测物质的组成，以及利用拉曼光谱峰强度与被测物质浓度成正比的关系进行半定量分析(图8-6)。拉曼光谱技术操作比较简单，适用于食品成分检测。比如，针对不同浓度的葡萄糖，其含量可以通过拉曼光谱技术检测出来，而且可以通过拉曼光谱分析葡萄糖中的饱和脂肪酸，同时还可以清楚地分析出蛋白质的乳化能力。在食品成分检测中拉曼光谱技术发挥着非常重要的作用。

8.1.5.4 高光谱

高光谱成像技术是在多光谱成像技术的基础上，在从紫外到近红外(200～2500 nm)的

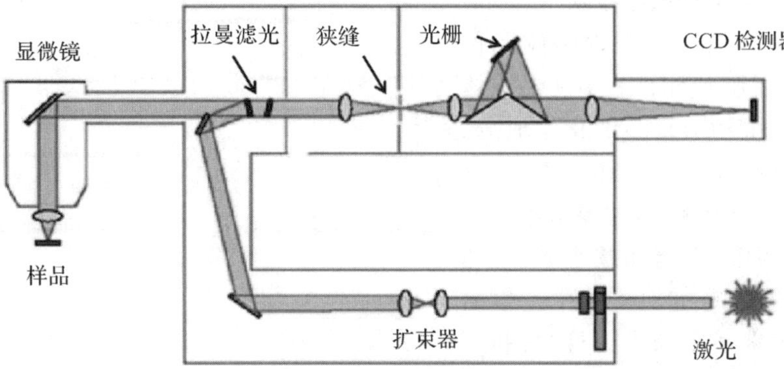

图 8-6　拉曼光谱原理

光谱范围内，利用高光谱成像光谱仪，在光谱覆盖范围内的数十或数百条光谱波段对目标物体连续成像。高光谱成像技术融合了图像信息和光谱信息，兼具图像处理技术、光谱处理技术的优势，不仅能对研究对象的外部特征进行可视化分析，而且可以绘制出样品中的化学成分的空间分布，并提供直观的信息。高光谱技术作为一种无损检测技术迅速发展起来，具备绿色、无损等优点，与其他光谱技术相比信息更全面，目前被广泛应用于食品成分检测、产地和种类鉴别、掺假检测等方面。

8.1.6　生物检测技术

近年来生物检测技术飞速发展，且在食品检测中备受关注。由于食品多数来源于动植物等自然界生物，因此自身天然存在辨别物质和反应的能力。利用生物材料与食品中化学物质反应，从而达到检测目的的生物技术在食品检验中显示出巨大的应用潜力，具有特异性生物识别功能、选择性高、结果精确、灵敏、专一、微量和快速等优点。目前应用较广泛的方法有酶联免疫吸附技术、PCR 技术、生物传感器技术以及生物芯片技术等。

8.1.6.1　酶联免疫吸附技术

酶联免疫吸附技术（enzyme-linked immuno sorbent assay，ELISA）建立在免疫酶学基础上，以抗原或抗体作为主要试剂，通过酶反应后得到有色产物，产物的量与标本中受检物质的量直接相关，故可根据呈色的深浅进行定性或定量分析。最常用的测定方法有三类：①间接法测定抗原；②双抗体夹心法测抗原；③竞争法测抗原。ELISA 广泛应用在农药和兽药残留、违法添加物质、生物毒素、病原微生物、转基因食品等食品安全检测方面，如恩诺沙星、瘦肉精以及嗜碱耐盐性奇异变形杆菌等的测定。

8.1.6.2　聚合酶链反应

聚合酶链反应（polymerase chain reaction，PCR）是一种对 DNA 序列进行复制扩增的技术。基本原理如图 8-7 所示，在体外合适条件下，以单链 DNA 为模板扩增 DNA 片段。整个反应过程通常由 20～40 个 PCR 循环组成，每个 PCR 循环包括高温变性—低温复性—适温延伸 3 个步骤，每完成一个循环需 2～4 分钟。利用此方法无须通过烦琐费时的基因克隆程序，便可获得足够数量的 DNA。目前，PCR 技术主要应用于检测食品中的致病菌、成分类别、有益成分以及转基因食品，如大豆、玉米、番茄和油菜等。

8.1.6.3 生物传感器技术

生物传感器是通过生物感应元件(酶、微生物、细胞或组织、抗原或抗体等)检测、识别生物与食品的化学成分。生物传感器具有高特异性和灵敏度、反应速度快、成本低等优点,主要应用于食品添加剂、致病菌、农药和抗生素、生物毒素等方面的检测,如对牛奶中产生的内酰胺类抗生素残留物进行检测;利用离子共振技术的生物传感器,检测牛奶中活性标准值;食品添加剂生物传感器检测食品中的添加剂含量,可以避免人体内积累过量的食品添加剂而对人体产生极大的危害。

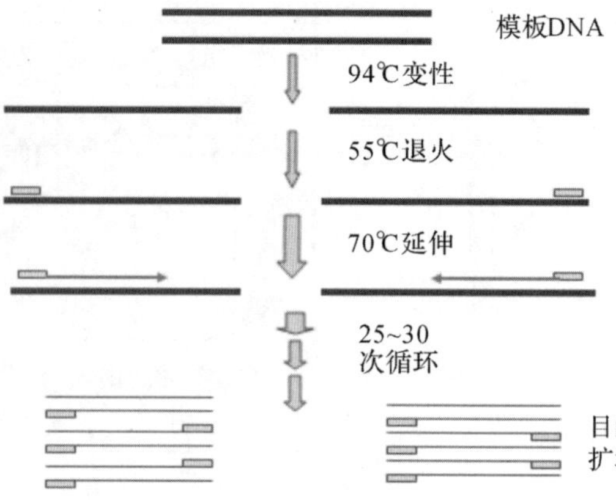

图 8-7 PCR 原理

8.1.6.4 生物芯片技术

生物芯片技术是把成千上万乃至几十万个生命信息集成在一个很小的芯片上,达到对基因、抗原和活体细胞等进行分析和检测的目的。通过将生命科学领域中的分析过程集成于硅芯片或者玻璃芯片表面进行分析,实现样品检测的连续化、微型化和信息化。用这些生物芯片制作的各种生化分析仪与传统仪器比较具有体积小、重量轻、便于携带、无污染、分析过程自动化、分析速度快、所需样品和试剂少等优点。生物芯片的结构如图 8-8 所示。在食品安全检测中,生物芯片可应用于食源性微生物、病毒、药物、真菌毒素以及转基因食品等的检测分析。

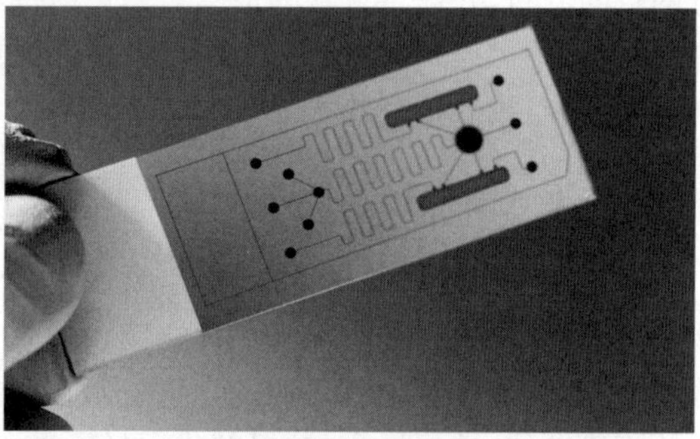
图 8-8 生物芯片

8.1.7 电化学技术

电化学检测方法(electrochemical detector)是根据电化学原理和物质的电化学性质检测物质的检测方法。在适当的电位下,电化学检测方法应用电化学工作站(图 8-9)检测物质在电极上发生氧化或还原反应,达到对物质进行检测的目的。由于大量有机物有电活性,可在电极上发生电化学反应,给出的电信号与物质浓度间存在良好的线性关

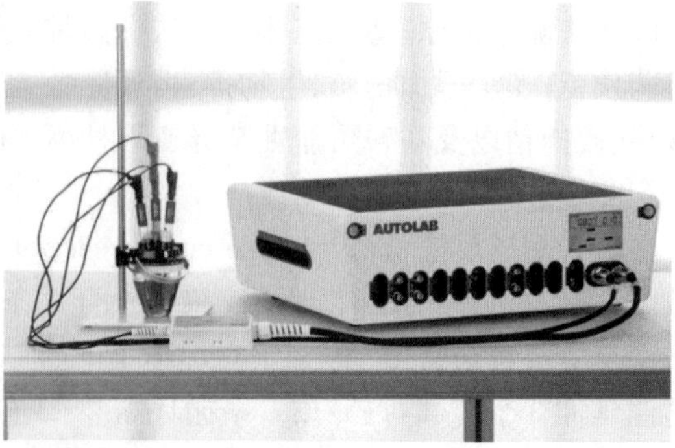

图 8-9 电化学工作站

系，因此电化学检测适用于绝大多数电活性物质的检测。电化学传感器具有灵敏度和精度高、功耗低、重复性和稳定性好、抗干扰能力强等特点，已经在食品安全检测领域得到应用，如三聚氰胺、苏丹红1、黄曲霉毒素 B_1、食品中农药残留、亚硝酸盐等含量的测定等。

8.1.8 现代成像技术

人类视觉的形成是由视网膜上的感光细胞将光信号转换成神经信号，传入大脑进行处理。随着科技水平的进步，现代成像技术的各组成要素都在不断更新，不仅能实现在人眼可见光范围对物体的成像，在红外、紫外、X线、电磁波等可见光范围外也实现了对受测物的成像，拓宽了人的感知范围。从20世纪60年代起，现代成像技术逐步应用于食品、农产品的自动检测。随后，一些新的成像技术也陆续得到应用，如CT成像、磁共振成像等。这些技术为食品、农产品的品质检测提供了新的思路，极大地拓宽了检测范围。

8.1.8.1 X线电子计算机断层扫描

X线电子计算机断层扫描(X-ray computed tomography, CT)可以表现物体内部某个剖面的形态特征，具有较高的灵敏度和分辨率。从光谱图可知，射线的频率较高，其粒子携带的能量较高，可以较容易地穿透水果这类碳水化合物。同时又因为物质的组成成分，密度大小影响射线穿透量的多少，所以通过对射线穿透量的分析，就可探明物质内部情况。因此，射线成像技术对农产品内部品质检测有着得天独厚的优势，越来越多地应用于农产品无损检测，如苹果的碰伤、腐烂、水心病以及内部的水分、糖分、酸度等，马铃薯、西瓜内部的空洞，柑橘中的皱皮，农产品的病虫害等。

8.1.8.2 磁共振成像技术

磁共振成像(nuclear magnetic resonance, NMR)技术是基于原子核磁性的一种波谱技术，是一种快速、无损、未侵入式的新型检测方法，所需样品量很小。MRI图像亮的地方代表水分含量相对较高，图像暗的地方水分含量相对较少。利用磁共振扫描成像，可以不借外力破坏而了解农产品的内部信息。磁共振成像技术最初主要应用于研究食品中水分的流动性、存在状态，随着磁共振技术的不断进步，在油脂和蛋白质结构、玻璃化相变、碳水化合物的分析以及监测柿子、柑橘等水果的成熟度、组织结构和水分等方面也有广泛应用。

(韦真博)

8.2 易混淆问题解读

8.2.1 什么是食品安全快速检测技术，这些设备的优点和缺点有哪些？

食品安全快速检测技术是指能够在很短的时间内出具检测结果的技术。食品安全快速检测相关仪器有磁共振谱仪、拉曼光谱仪、近红外光谱仪、电化学工作站、机器视觉等。这类食品安全快速检测技术的优点为：①实验准备简化，使用的试剂较少，配制好的试剂保存期长；②样品前处理简单，对操作人员要求低；③分析方法操作简单、快速，结果准确。由于快速检测技术在食品安全领域的应用时间比较短，还存在以下问题：①不具有执法依据的效力；②计量认证方面也不具备认可条件；③快速检测不能取代专业检测机构的科学检测。食品安全快速检测手段需要在短时间内快速评估大量样品的安全性，当前快速检测还存在着"假阳性"过高等缺陷。

8.2.2 市面上有这么多先进的检测设备，为什么食品安全检测还是存在很多问题？

该问题主要包含三方面内容：①食品检测缺乏统一标准。食品检测在一定程度上需要一套通用的检测标准和流程，国内目前缺乏这样一套规范的标准与流程。国内食品检测不规范最突出的一点是部分食品企业对食品的检测采用的是行业标准，而非企业检测标准。此外，食品检测后续人才力量培养力度不够，导致国内的食品检测结果因人员专业技能的差异而存在较大差异。以上是造成国内当前食品检测乱象的主要原因。②食品检测仪器维护不足。食品检测需要通过食品检测仪器来进行，食品检测仪器的优劣对食品检测结果有重大影响。国内食品检测机构对食品检测仪器的研发和更新力度不够，经常出现食品检测仪器超时使用的现象，仪器磨损严重，对精度和准确度要求较高的食品安全检测而言，由仪器磨损导致的食品检测结果偏差是致命的。③食品检测数据处理不够严谨。国内对食品检测人才的培养滞后，使食品检测人才出现了较大断层，食品检测人才综合素质参差不齐，这一点在食品检测数据的处理方面尤为明显。由于检测技术不够先进，或是本人专业技能掌握不到位，对检测出的数据的处理往往不够严谨，由人为原因导致食品检测数据出现偏差。

思考题

1. 智能感官系统主要由哪几部分组成，其采集的信号为什么被称为"指纹图谱"？
2. 光谱技术有哪几类，各自的工作原理是什么？
3. 机器视觉的主要应用领域有哪些？
4. 简述酶联免疫吸附技术的检测原理，以及主要的检测方法。
5. 简述离子迁移图谱检测器的工作原理。
6. 食品安全检测的生物技术主要有哪些？

拓展阅读

[1] 韦真博. 伏安型电子舌的研发及其在食品检测中的应用[D]. 浙江大学，2011.

[2] 赵镭. 感官分析：你感知到的食品质量[J]. 标准生活，2015，596(11)：36-40.

[3] 林楠，周欣蕊，王婷，等. 高效液相色谱法在食品安全检测中的应用[J]. 食品安全质量检测学报，2019，10(6)：1431-1437.

[4] 王成，陆雨菲，刘箐. 光谱技术在食源性致病菌检测中的应用[J]. 光学仪器，2019，41(1)：85-94.

[5] 朱瑶迪，申婷婷，赵改名，等. 基于高光谱图像和激光共聚焦显微镜技术快速测定猪肉嫩度[J]. 中国食品学报，2017，17(11)：239-244.

[6] 董薇，曹际娟，郑秋月，等. 基于实时荧光 PCR 技术的食品中致敏原的检测[J]. 沈阳农业大学学报，2009，40(2)：221-223.

[7] 马慧玲，张菁菁，李笑梅. 煎炸油理化指标检测及分析[J]. 食品安全质量检测学报，2015，6(8)：3192-3198.

[8] 朱俐,冯雪,尹利辉.离子迁移谱法快速筛查保健食品中非法添加降糖类药品[J].分析科学学报,2018,34(2):165-170.

[9] 吴邦富,魏芳,谢亚,等.离子迁移质谱技术及其在脂质分析中的应用[J].分析测试学报,2018,37(11):1388-1395.

[10] 王素香.现代生物检测技术在食品检验中的应用[J].现代食品,2017(15):45-47.

[11] Xiong Z, Sun D W, Pu H. Non-destructive prediction of thiobarbituric acid reactive substances (TSARS) value for freshness evaluation of chicken meat using hyperspectral imaging. Food Chemistry, 2015, 179(15): 175-181.

[12] Faeste C K, Plassen C, Lovberg K E. Detection of Proteins from the Fish Parasite Anisakis simplex in Norwegian Farmed Salmon and Processed Fish Products. Food Analytical Methods, 2015, 8(6): 1390-1402.

[13] 郑琦琦.农产品中有害物质残留及碱性磷酸酶的快速检测方法研究[D].浙江大学,2018.

[14] 王新.食品检测对食品安全的重要性[J].现代食品,2019(18):143-144.

9 食品质量标准与监管

9.1 食品安全监管体系

9.1.1 我国食品安全监管法律法规概述

新中国成立以来，特别是改革开放以来，食品卫生与安全是我国法制建设的一项重要内容。食品安全法律法规对确保食品安全，保护食品企业和消费者的合法权益及身心健康等具有重要的意义。党中央和国务院对食品卫生和食品安全工作非常重视，先后颁布了一系列法律、法规。早在1965年国务院就颁布了《食品卫生管理试行条例》，1979年修改为《中华人民共和国食品卫生管理条例》。1982年11月19日第五届全国人民代表大会常务委员会第二十五次会议通过《中华人民共和国食品卫生法(试行)》，自1983年7月1日起试行。全面系统总结了食品卫生管理的经验和教训，1995年10月30日第八届全国人民代表大会常务委员会第十六次会议通过了《中华人民共和国食品卫生法》，自1995年10月30日起施行。鉴于我国食品卫生法缺乏对食用农产品质量安全的监管，2006年4月29日第十届全国人民代表大会常务委员会第二十一次会议通过了《中华人民共和国农产品质量安全法》，于2006年11月1日起施行。农产品质量安全法的颁布，实现了我国食品相关法律法规从土地到餐桌的全覆盖。

从20世纪80年代开始，全球范围内的食品安全事件频频发生，引起了世界卫生组织(WHO)对食品安全的关注和重视，对食品安全与食品卫生概念的认识也发生变化，将食品安全概念与食品卫生分离开来。为了适应食品安全形势和监管体制变化的需要，我国把食品卫生法修改为食品安全法，2009年2月28日第十一届全国人民代表大会常务委员会第七次会议通过了《中华人民共和国食品安全法》，自2009年6月1日起开始施行。2015年4月24日第十二届全国人民代表大会常务委员会第十四次会议又对《中华人民共和国食品安全法》进行了修订，并于2015年10月1日起开始施行。2018年12月29日第十三届全国人民代表大会常务委员会第七次会议，对《中华人民共和国食品安全法》又进行了修订，把“食品药品监督管理”修改为“食品安全监督管理”，把相关条款中“质量监督”修改为“市场监督管理”，主要是要满足国务院政府部门机构改革的需要。有关食品安全法配套的技术法规也出现了全方位的发展，基本覆盖了食品原料生产、食品生产、餐饮服务、销售、网络食品、电子商务等诸多领域，实现了有法可依。

党的十九大对我国经济社会发展做出了准确的判断，国家市场监督管理总局的成立是大市场监管的体制和机制支撑，也有利于系统内资源的协调整合，也标志着我国统一的市场监管格局的形成。市场监管采用事前、事中、事后相结合的方式，以确保食品市场的健康可持续发展，维护食品市场的公平有序，有效保护了食品市场主体和消费者的合法权益。

9.1.2 中国食品安全法律法规体系

市场经济就是法治经济，它是商品经济发展到一定程度的必然产物。就中国特色社会主义市场经济法律法规体系而言，所有法律法规都必须遵守宪法的规定，这是因为宪法规定我国的经济制度、政治制度、调整经济关系的基本准则，还规定了各项立法应该遵循的基本原则，所以，只有以宪法为基础，才能保证法制的统一。中国食品安全法律法规体系就是依据《中华人民共和国宪法》中有关“开展群众性卫生活动，保护人民健康”“增强人民体质”“保护和改善生活环境和生态环境，防治污染和其他污染”等规定制定的，这是食品安全法律法规的法源。

近年来，我国食品安全预警、监督、管理和惩戒机制已逐渐完善，形成了具有中国特色的食品安全法律法规体系。中国食品安全监管法律法规体系由食品安全法律、行政法规、部门规章、规范性文件和食品安全标准规范 5 个部分构成。

9.1.2.1 食品安全法律

食品安全法律由全国人民代表大会常务委员会组织制定并发布。2009 年 6 月 1 日起实施的《中华人民共和国食品安全法》，在我国食品安全法律法规体系中法律效力处于最高层次，是制定从属性食品安全行政法规、部门规章、规范性文件和食品安全标准规范的依据。现已颁布实施的与食品安全相关的法律，还有《中华人民共和国产品质量法》《中华人民共和国农产品质量安全法》《中华人民共和国标准化法》《中华人民共和国进出口商品检验法》《中华人民共和国进出境动植物检疫法》《中华人民共和国计量法》《中华人民共和国农业法》《中华人民共和国广告法》等。

9.1.2.2 行政法规

行政法规是由权力机构制定的具有法律效力的文件，分为国家行政法规和地方性行政法规两大类。国家行政法规由国务院、国家部委负责制定并发布，地方性行政法规由省、自治区和直辖市的人大常委会、人民政府负责制定并发布，其地位和效力仅次于法律。国务院发布的国家行政法规，称为“×××条例”，如《中华人民共和国食品安全法实施条例》《中华人民共和国农产品质量安全法实施条例》《中华人民共和国标准化法实施条例》《中华人民共和国工业产品生产许可证管理条例》《中华人民共和国认证认可条例》《中华人民共和国进出口商品检验法实施条例》等。国家部委发布的国家行政法规，称为“×××办法”“×××规定”等，如《保健食品注册与备案管理办法》《中华人民共和国工业产品生产许可证管理条例实施办法》《食品生产许可管理办法》《食品经营许可管理办法》《食品标签标识规定》等。地方性行政法规在本地区适用，称为“省(自治区、直辖市)×××办法”“省(自治区、直辖市)×××规定”等，如《北京市食品安全条例》《广东省食品安全条例》《陕西省标准化工作条例》

《陕西省清真食品生产经营管理条例》《四川省加强酒类产销管理的若干规定》等。

9.1.2.3 部门规章

部门规章包括国务院各行政部门依法在其职权内制定的规章和地方人民政府制定的规章。如《食品添加剂卫生管理办法》《保健食品注册与备案管理办法》《有机产品认证管理办法》《网络食品安全违法行为查处办法》《特殊医学用途配方食品注册管理办法》《食用农产品市场销售质量安全监督管理办法》《关于加强食用植物油标识管理的公告(2018 年第 16 号)》《婴幼儿配方乳粉产品配方注册管理办法》《允许保健食品声称的保健功能目录(一)营养素补充剂保健功能目录》(第一批)等。

9.1.2.4 规范性文件

国务院或行政部门发布的各种通知、地方政府相关行政部门制定的管理办法不属于法律、行政法规和部门规章,也不属于标准的技术规范。这类规范性文件是食品法律体系的重要组成部分,它代表国家及各级政府在一定阶段的政策和指导思想。如《食品生产企业危害分析与关键控制点(HACCP)管理体系认证管理规定》(2002)、《国务院关于加强食品等产品安全监督管理的特别规定》(2007)、国务院食品安全办等 9 部门《关于印发食品、保健食品欺诈和虚假宣传整治方案的通知》(食安办〔2017〕20 号)、国家市场监督管理局《餐饮服务食品安全操作规范(2018)》(〔2018〕第 12 号)等。

9.1.2.5 食品安全标准规范

我国国家标准按照《中华人民共和国标准化法》(2018)的规定,由政府主管的标准分为强制性国家标准、推荐性国家标准、推荐性行业标准和推荐性地方标准,其中涉及食品安全的标准,均为强制性标准。《中华人民共和国食品安全法》规定,食品安全标准又称为食品安全国家标准,具有技术法规的属性,主要包括食品添加剂标准、食品中污染物限量、食品中农药最大残留限量、预包装食品标签通则、食品生产经营规范标准、食品微生物学检验和理化检验以及特殊膳食食品、食品产品标准、食品相关产品标准等,比如米、面、油、乳制品、豆制品、膨化食品等与我们日常生活紧密相关的重要产品。另外,我国对不同类型的食品生产企业有相应的良好规范(表 9-1)。

表 9-1 不同类型的食品生产企业对应国家标准

国家安全标准	食品生产类型
GB 8950—2016	食品安全国家标准 罐头食品生产卫生规范
GB 8951—2016	食品安全国家标准 蒸馏酒及其配制酒生产卫生规范
GB 8952—2016	食品安全国家标准 啤酒生产卫生规范
GB 8953—2018	食品安全国家标准 酱油生产卫生规范
GB 8954—2016	食品安全国家标准 食醋生产卫生规范
GB 8955—2016	食品安全国家标准 食用植物油及其制品生产卫生规范
GB 8956—2016	食品安全国家标准 蜜饯生产卫生规范
GB 8957—2016	食品安全国家标准 糕点、面包卫生规范
GB 12693—2010	食品安全国家标准 乳制品良好生产规范
GB 12694—2016	食品安全国家标准 畜禽屠宰加工卫生规范
GB 12695—2016	食品安全国家标准 饮料生产卫生规范

续表

国家安全标准	食品生产类型
GB 12696—2016	食品安全国家标准　发酵酒及其配制酒生产卫生规范
GB 13122—2016	食品安全国家标准　谷物加工卫生规范
GB 19304—2018	食品安全国家标准　包装饮用水生产卫生规范
GB 17403—2016	食品安全国家标准　糖果巧克力生产卫生规范
GB 17404—2016	食品安全国家标准　膨化食品生产卫生规范
GB 17405—1998	保健食品良好生产规范
GB 19303—2003	熟肉制品企业生产卫生规范
SN/T1346—2004	肉类屠宰加工企业卫生注册规范
GB 14881—2013	食品安全国家标准　食品生产通用卫生规范

（张建新）

9.2　食品质量与安全标准

9-1

9.2.1　食品标准概述

食品安全的法律法规体系和标准体系等构成了食品质量安全支持体系。标准化是实现食品质量安全的重要方法，也是判断食品质量和食品安全生产的重要依据。

《中华人民共和国食品安全法实施条例》第三条规定，食品生产经营者应当依照法律、法规和食品安全标准从事生产经营活动，建立健全食品安全管理制度，采取有效管理措施，保证食品安全。食品生产经营者对其生产经营的食品安全负责，对社会和公众负责，承担社会责任。因此，食品安全标准是强制执行标准。我国现行有效食品安全标准共有 2400 余项，涵盖了粮食加工品、食用油、油脂及其他制品、调味品、肉制品、乳制品、饮料、方便食品等。

标准的编号由标准代号、标准发布的顺序号和标准发布的年号三部分构成。食品标准按内容可分为食品产品标准，食品卫生标准，食品工业基础及相关标准，食品包装、材料及容器标准，食品添加剂标准，食品检验方法标准，各类食品卫生管理办法等。具体包括：①食品相关产品中的致病性微生物、农药残留、兽药残留、重金属、污染物质以及其他危害人体健康物质的限量规定。②食品添加剂的品种、使用范围、用量。③专供婴幼儿的主辅食品的营养成分要求。④对与食品安全、营养有关的标签、标识、说明书的要求。⑤与食品安全有关的质量要求。⑥食品检验方法与规程。⑦其他需要制定为食品安全标准的内容。⑧食品中所有的添加剂必须详细列出。⑨食品生产经营过程的卫生要求。

9.2.2　食品标准的分类

依据标准制定的主体分类分为：①国际标准：由国际标准化组织通过并发布的标准。②区域标准：由区域标准化组织通过并发布的标准。③国家标准：由国家标准机构通过并发布的标准。④行业标准：由行业组织通过并发布的标准。⑤地方标准：在国家某个地区通过并发布的标准。⑥企业标准:由企业制定并发布的标准。

从20世纪60年代以来,我国经过50多年的发展,已初步建立起一套以国家标准为主体,行业标准、地方标准、企业标准相互补充的较为完整的四级食品标准体系。从标准的法律级别上来讲,国家标准高于行业标准,行业标准高于地方标准,地方标准高于企业标准,但从标准的内容上来讲却不一定与级别一致,一般讲企业标准的某些技术指标应严格于地方标准、行业标准和国家标准。对地方特色食品,没有食品安全国家标准的,省、自治区、直辖市人民政府卫生行政部门可以制定并公布食品安全地方标准,报国务院卫生行政部门备案。食品安全国家标准制定后,该地方标准即行废止。国家鼓励食品生产企业制定严于食品安全国家标准或者地方标准的企业标准,在本企业适用,并报省、自治区、直辖市人民政府卫生行政部门备案。

根据标准实施的约束力分类:强制性标准和推荐性标准。推荐性食品标准代号形式为"GB/T ××××"或"QB/T ××××"等,而强制性标准代号形式为"GB ××××",T表示推荐含义。如:GB 19645—2010为巴氏杀菌乳的强制标准,GB代表国家强制性标准,19645是标准号,2010代表的是更新年限。标准必须随着时间进行更新和修订,重新修订的标准直接取代原有标准。在一定的条件下,推荐性标准可以转化成强制性标准,具有强制性标准的作用,如以下情况:①被行政法规、规章所引用;②被合同、协议所引用;③被使用者声明其产品符合某项标准。

9.2.3 标准与食品质量安全的关系

根据《中华人民共和国标准化法》,食品应该按食品质量标准进行生产和质量控制,食品质量安全监管工作也应依照相关食品标准规定的质量技术指标进行监督和检查。食品质量安全是食品标准规定的各项质量技术指标的总体反映,食品质量安全监督也应该是食品整体质量安全的监督。

9.2.4 危害分析与关键控制点(HACCP)

9.2.4.1 HACCP概述

危害分析与关键控制点(hazard analysis critical control point, HACCP)是对食品加工环节中的潜在危害进行评估,并进行控制的一种预防性食品安全控制体系。对HACCP的定义有以下几种:

(1)国际标准《食品卫生通则1997修订3版》(CAC/RCP-1)对HACCP的定义为:鉴别、评价和控制对食品安全至关重要的危害的一种体系。

(2)国家标准《食品工业基本术语》(GB/T 15091—1994)对HACCP的定义为:生产(加工)安全食品的一种控制手段;对原料、关键生产工序及影响产品安全的人为因素进行分析,确定加工过程中的关键环节,建立、完善监控程序和监控标准,采取规范的纠正措施。

HACCP在中国的发展历程见图9-1。

HACCP的优点如下:

(1)强调识别并预防食品污染的风险,克服食品安全控制方面传统方法(通过检测,而不是预防食物安全问题)的局限;有完整的科学依据。

(2)由于保存了生产加工企业符合食品安全法的长时间记录,而不是某一天的符合程

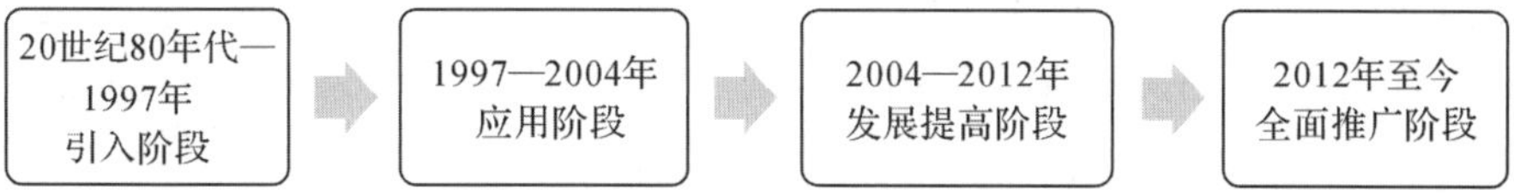

图 9-1　HACCP 在中国的发展历程

度，使政府部门的调查员效率更高，结果更有效，有助于法规方面的权威人士开展调查工作。

（3）使可能的、合理的潜在危害得到识别，即使以前未经历过类似的失效问题，因而对新操作工有特殊的用处。

（4）有更充分的允许变化的弹性。例如，在设备设计方面的改进，在与产品相关的加工程序和技术开发方面的提高等。

（5）与质量管理体系更能协调一致；有助于提高食品企业在全球市场上的竞争力，提高食品安全的信誉度，促进贸易发展。

HACCP 的应用范围：适用于所有在食品链中期望建立和实施有效的食品安全管理体系的组织，无论该组织类型、规模和所提供的产品如何。这包括直接介入食品链中一个或多个环节的组织（如饲料加工者，农作物种植者，辅料生产者，食品生产者，零售商，食品服务商，配餐服务，提供清洁、运输、贮存和分销服务的组织），以及间接介入食品链的组织（如设备、清洁剂、包装材料以及其他与食品接触材料的供应商）。

9. 2. 4. 2　HACCP 的常用术语

（1）食品安全：是指食品在按照预期用途被加工和（或）食用时不会伤害消费者。

（2）HACCP 原理：食品生产过程中进行危害分析并建立预防措施、确定关键控制点、确定关键限值、关键控制点监控、纠偏行动、验证程序和记录保存七项原则。

（3）HACCP 计划：根据 HACCP 原理制定的、确保在 HACCP 食品安全管理体系范围中对显著危害进行控制的文件。

（4）HACCP 体系：通过关键控制点控制相应食品安全危害的体系。

（5）基于 HACCP 的食品安全管理体系（HACCP 管理体系）：识别、评估以及控制危害的体系，包括三个主要部分：管理、HACCP 体系和 SSM 方案。

（6）安全支持性措施（SSM）：除关键控制点外，为满足食品安全要求所实施的预防、消除或降低危害发生可能性的特定活动。

（7）SSM 方案：控制已确定危害发生的安全支持性措施的具体实施方案。

（8）危害分析：对危害以及导致危害存在的信息进行收集和评估的过程，以确定食品安全的显著危害，因而宜将其列入 HACCP 计划中。

（9）控制：遵循正确程序且满足标准的状态。通过提供客观证据，对 SSM、HACCP 管理体系已满足食品安全要求的认定。

（10）HACCP 验证：通过提供客观证据对 HACCP 管理体系已经满足本文件要求的认定。验证包括监视、审核、测量和评价等。通过提供客观证据对规定要求已得到满足的认定，包括方法、程序、试验和其他评估的应用，以及为确定符合 HACCP 计划的监视。

（11）关键限值（CL）：区分可接收或不可接收的判定值。

（12）关键控制点（CCP）：能够施加控制，并且该控制对防止、消除某一食品安全危害或将其降低到可接受水平是必需的某一步骤。

(13)潜在危害:理论上可能发生的危害。

(14)显著危害:由危害分析所确定的,需通过 HACCP 管理体系的关键控制点予以控制的潜在危害。

(15)危害:食品中所含有的对健康有潜在不良影响的生物、化学或物理因素或食品存在条件。

(16)原料:产品的构成材料,如初级产品、添加剂、加工助剂、包装材料以及影响食品安全的类似材料。

(17)食品安全事故:已放行的食品被消费者食用后发生对身体危害的事件。

(18)不合格品回收:对已放行的食品中不合格品的召回和处理制度。

9.2.4.3 HACCP 原理及其应用

(1)进行危害分析,建立预防措施:对食品加工进行危害分析,建立预防措施。对于某些特殊加工工艺,微生物危害极少,主要存在化学性危害和物理性危害,加工控制措施要将可能发生的危害显著降低或避免发生。

(2)确定关键控制点:HACCP 可分为两部分:其一为危害分析,是指分析作业过程中各个步骤的危害因素及危害程序;其二为主要控制点,是指依据危害分析确定控制点。

关键控制点是决定采购作业过程中能去除此危害或降低危害发生率的一个点。

关键控制点的确定:①索证索票危害的关键控制点:食品生产许可证、营业执照、税务登记证等证件复印件加盖公章。②进货查验危害的关键控制点:原始凭证、检疫合格证、包装标识、感官质量。③采购记录危害的关键控制点:采购数量、采购价格。④储存危害的关键控制点:储存环境、存放时间。⑤损耗危害的关键控制点:装卸、配送。⑥数据错误危害的关键控制点:订单对账处理、采购现金核对、验货数量核对。⑦配送过程危害的关键控制点:车辆的维护保养、运输过程中道路堵塞。

(3)确定关键限值:关键限值的确定和 HACCP 计划的建立是 HACCP 研究的重点之一,因为关键限值是否科学将直接影响生产企业控制食品安全的效果。

关键限值的确定要有依据。生产关键限值的确定依据,除了查阅相应的理论依据并进行适当验证外,也可以建立在科学试验基础上,根据试验结果确定关键限值。如 CCP1 糯米验收,其关键限值的确定依据是《粮食卫生标准》规定的农残限值;CCP2 白砂糖验收,其关键限值的确定依据是《白砂糖》国家标准规定二氧化硫限值和《食糖卫生标准》规定的重金属限值;CCP3 猪油验收,其关键限值的确定依据是《食用动物油脂卫生标准》规定的过氧化值和重金属限值。

(4)建立监控系统:建立监控系统即根据关键控制点,建立合适的监控程序,确定有计划的监视及测量系统。建立和实施监控程序是为了在跟踪过程中监视关键控制点是否失控,防止关键限值出现超标。在进行监控时,要对关键控制点的测量和观察作出明确规定,同时,执行监控程序的人员要掌握相关知识技能,能够熟练进行不同食品感官检验,正确使用测量设备等。监控获得的数据应由专业人员进行评价。

(5)纠偏行动:纠偏措施即在监控中,当设定的关键控制点发生偏离时所采取的纠正措施。当关键限值出现偏差时,要采取相应的纠正措施,保证关键控制点重新回到可接受的状态。在实施食品安全 HACCP 监控程序和纠正措施时,应对每次实施的纠正措施保留记录,并应明确问题产生的原因和责任。

(6)建立验证程序:评价 HACCP 计划的有效性和符合性,满足食品安全控制相关法律、法规要求,使食品安全体系有效地运行并适应各种条件变化的需要,提高其置信水平。本程序适用于食品安全管理体系建立、运行和保持的所有阶段。食品安全小组组长负责组织实施 HACCP 计划的验证活动。工作程序包括首次确认、CCP 验证、单项验证、体系验证、产品质量的第三方验证。

(7)建立记录体系:一般来讲,HACCP 体系须保存的记录应包括危害分析小结、HACCP 计划、HACCP 计划实施过程中发生的所有记录、其他支持性文件,包括 HACCP 计划的修订等。

9.2.4.4 HACCP 应用举例——在水产品监督管理中的应用

HACCP 系统在水产品监督管理中的应用已在国际上得到普遍重视。美国一半以上的海产品需从国外进口,因此对海产品生产、进口的要求和控制特别严格。1995 年 12 月 18 日,美国食品药品管理局(FDA)发布了《安全与卫生加工、进口海产品的措施》,要求海产品加工者执行 HACCP,该法规于 1997 年 12 月 18 日生效,此后凡出口到美国的海产品需提交 HACCP 执行计划等资料并符合 HACCP 要求。1993 年,欧盟要求对水产品逐步实施 HACCP。1995 年以后,在欧洲市场上销售的水产品必须是在 HACCP 体系安全控制下生产的产品,正式提出了应用 HACCP 体系对水产品实施安全控制。加拿大农业及农业食品部食品检验局根据 HACCP 原理制定了水产品质量管理规范和食品安全促进计划,规定所有联邦注册的水产品加工企业必须制定、实施其特定的质量管理规范,其中应实施其特定的质量管理规范。日本、澳大利亚、新西兰、泰国等国家也相继实施 HACCP 原理的法规、命令。为保证水产品能够顺利出口,我国从事海产品出口的企业已执行 HACCP。

(孙秀兰)

9.3 良好生产规范(GMP)与卫生标准操作程序(SSOP)

9.3.1 良好生产规范(GMP)

9.3.1.1 GMP 概述

GMP 是英文 Good Manufacturing Practice 的缩写,中文意思是“良好生产规范”或“优良制造标准”,是一种特别注重在生产过程中实施对产品质量与卫生安全的自主性管理制度。它是一套适用于制药、食品等行业的强制性标准,要求企业从原料、人员、设施设备、生产过程、包装运输、质量控制等方面按国家有关法规达到卫生质量要求,形成一套可操作的生产规范,帮助企业改善卫生环境,及时发现生产过程中存在的问题,并加以改善。简要地说,GMP 要求食品生产企业应具备良好的生产设备,合理的生产过程,完善的质量管理和严格的检测系统,确保最终产品的质量(包括食品安全卫生)符合法规要求。主要内容是制定企业标准的生产过程、设定生产设备的良好标准、规定正确的生产流程和严格的操作规范,以及完善质量控制和产品管理,用以防止出现质量低劣的产品,保证产品质量。GMP 与“良好农业规范”“良好生产规模”“良好卫生规范”等共同形成 HACCP(危害分析与关键控制点)体系的基础。

(1)根据 GMP 的制定机构和适用范围分类。

国际组织颁布的 GMP:如国际食品法典委员会(CAC)制定的《食品卫生通用 GMP》,WHO 的 GMP,北欧七国自由贸易联盟制定的 PIC-GMP(PIC 为 Pharmaceutical Inspection Convention 的缩写,即药品生产检查互相承认公约),东南亚国家联盟的 GMP 等。

国家权力机构颁布的 GMP:如美国 FDA 制定的低酸罐头食品加工 GMP,中国卫生健康委员会制定的《保健食品良好生产规范》《膨化食品良好生产规范》等。

行业组织制定的 GMP:如美国制药工业联合会制定的 GMP,可作为同类食品企业共同参照执行、自愿遵守的管理规范。

食品企业自己制定的 GMP:可作为企业内部管理的规范。

(2)根据 GMP 的法律效力分类。强制性 GMP:是食品生产企业必须遵守的法律规定,由国家或有关政府部门制定、颁布并监督实施。

指导性(或推荐性)GMP:由国际组织、国家有关政府部门或行业组织、协会等制定,推荐给食品企业参照执行,自愿遵守。

9.3.1.2 GMP 与一般食品标准的区别

(1)ISO 9000 标准与 GMP、HACCP、ISO 22000 标准之间的关系。

GMP 规定了食品加工企业必须达到的基本卫生要求,包括环境要求、硬件设施要求、卫生管理要求等。在对管理文件、质量记录等管理要求方面,GMP 与 ISO 9000 标准的要求是一致的。

卫生标准操作程序(sanitation standard operating procedures,SSOP)是依据 GMP 的要求制定的卫生管理作业文件,相当于 ISO 9000 质量管理体系中有关清洗、消毒、卫生控制等方面的作业指导书。

HACCP 是建立在 GMP、SSOP 基础上的预防性食品安全控制体系。其控制食品安全危害、将不合格因素消灭在过程中,体现的预防性与 ISO 9000 族标准的过程控制、持续改进、纠正体系的预防性是一致的。ISO 9000 质量管理体系侧重于软件要求,即管理文件化,强调最大限度满足顾客要求,对不合格产品强调的是纠正;GMP、SSOP、HACCP、ISO 22000 标准除要求管理文件化外,侧重于对硬件的要求,强调保证食品安全,强调危害因素控制、消灭在过程中。

ISO 22000 标准采用了 ISO 9000 族标准体系结构,在食品危害风险识别、确定及体系管理方面,参照了国际食品法典委员会颁布的《食品卫生通则》中有关 HACCP 体系和应用指南部分。ISO 9000 质量体系文件是按照从上到下的次序建立的,即从质量手册→程序文件→作业指导书→记录等其他质量文件;HACCP 的文件是从下而上建立的,从危害分析→SSOP→GMP,最后形成一个核心产物,即 HACCP 计划。

ISO 9000 质量管理体系所控制的范围较大,HACCP 控制的内容是 ISO 9000 质量管理体系的质量目标之一,但 ISO 9000 质量管理体系缺乏危害分析的过程控制方法,因此食品加工企业仅靠建立 ISO 9000 质量管理体系很难达到食品安全的预防性控制要求。HACCP 是建立在 GMP、SSOP 基础之上的控制危害的预防性体系,与质量管理体系相比,它的主要目标是食品安全,因此可以将管理重点放在影响产品安全的关键加工点上,在预防方面显得更为有效,是食品安全预防性控制的唯一有效方法,填补了 ISO 9000 质量管理体系在食品安全的预防性控制方面的缺点。

目前，ISO 9000、ISO 22000 标准是推荐性标准，企业自愿实施。GMP、SSOP、HACCP 的多数内容已经成为政府的强制性要求，企业必须达到，三者的关系见图 9-2。

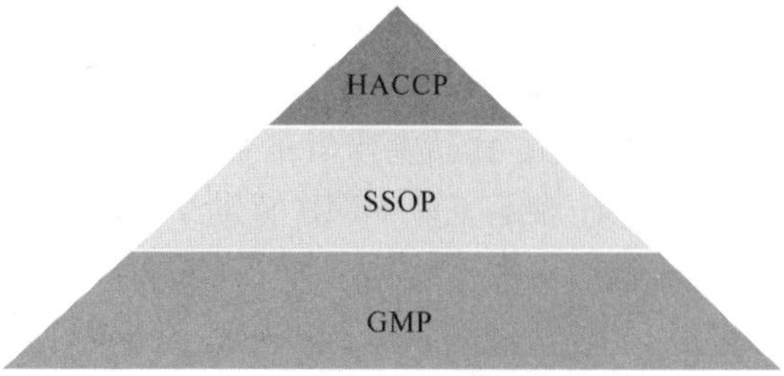

图 9-2　GMP，SSOP，HACCP 的关系

（2）ISO 9000 标准与 GMP 标准的区别。

ISO 9000 质量管理体系标准和药品 GMP 标准是在国际药品贸易中证明企业质量管理水平和质量保证能力的共同质量标准，但它们有以下不同点：

①产生的历史背景不同：ISO 9000 质量管理体系标准的形成源于科学技术的日新月异、生产能力和生活水平的极大提高、国际经济贸易事业的迅猛发展，是世界质量管理发展到新阶段的必然产物，也是企业生存和提高效益的需要，是各行业、各领域质量管理经验的高度总结，是人类智慧的结晶。GMP 标准的产生较为被动，源于 20 世纪 60 年代初期层出不穷的药物不良反应及公众对生命安全基本保障意识的提升，是企业生存的需要，是保护公民健康权的需要，也是从药品生产失败的经历中获取的经验教训总结。

②标准的适用性不同：ISO 9000 质量管理体系标准为统一的国际质量标准，适用于各个行业，多个领域，为多数国家、地区所认可。GMP 标准由各国家、地区自行制定，适用于食品与药品生产企业，其法律效力仅在其所属范围内有效。

③标准的管理模式不同：ISO 9000 质量管理体系标准采用了以过程为基础的质量管理模式，把管理职责、资源管理、产品实现、测量分析和改进作为体系的四大过程，描述相互关系，充分考虑顾客需求，通过一系列手段评测体系的适用性，管理模式更先进，管理内容更全面。药品 GMP 标准采用的是以要素为基础的质量管理模式，由人员与机构、厂房与设施、设备、物料等 12 个要素组成，侧重于产品质量保证。

④标准的侧重点不同：ISO 9000 质量管理体系标准注重企业组织机构的建立、健全，各级人员职责权限的划分，质量方针、质量目标的制定和实施以及对质量体系适用性、有效性的评审。标准的应用是为了适应国际化大趋势，保持产品质量的稳定与提高企业市场竞争力，减少不必要的国际经济贸易壁垒，促进企业间的合作。GMP 标准主要侧重于生产和质量管理要求，主要目的是满足公众用药需求，持续稳定地生产出质量可控的合格产品，而忽略了企业本身的发展和彼此间的协作。

⑤质量管理体系文件构成要求不同：ISO 9000 质量管理体系文件构成有明确规定，主要为质量手册（包括方针、目标等）、质量管理体系程序文件和质量文件标准 3 个层次。药品 GMP 质量管理体系文件的编排形式没有明确的规定，可以以 GMP 基本要素为目录进行系统编排，也可以以标准管理规程、操作规程为目录进行编排，形式可以多种多样，但主要以产品为主线，缺少纲领性文件的指导。

⑥标准认证的机构不同：ISO 9000 质量管理体系认证为推荐性标准、非强制性标准，它的贯彻、实施建立在企业自愿的基础上，企业在执行标准时可根据需要，对各要素的采用程度和证实程度进行选择，在使用上具有很大的灵活性，其认证机构为非政府性第三方认证机构。

9.3.1.3　实施 GMP 的宗旨、主要目的和意义

（1）宗旨：降低食品生产过程中人为的错误；防止食品在生产过程中遭到污染或品质劣

变；建立健全的自主性品质保证体系。

(2)主要目的：实施 GMP 的主要目的是提高食品的品质与卫生安全，保障消费者与生产者的权益，建立食品生产者的自主管理体制，促进食品工业的健康发展。

(3)意义：食品工业 GMP 有助于保障食品安全，促进食品工业的健康稳定发展，提高食品制造业整体水平。食品工业 GMP 体系有利于部门对行业的管理和市场监督。食品工业 GMP 为卫生监管部门和行业管理部门提供了一套科学、有效的监督和执法依据。食品工业 GMP 有助于企业提高产品竞争力，提高管理水平，提高经济效益，降低成本。

9.3.2 卫生标准操作程序(SSOP)

9.3.2.1 SSOP 概述

SSOP 是食品生产企业为了使其加工生产的食品符合卫生要求而制定的如何具体实施清洗、消毒和保持卫生的作业指导文件。

SSOP 是在食品生产中实现 GMP 全面目标的操作规范，也是实施 HACCP 的前提条件。它描述了一套特殊的与食品卫生处理和加工环境清洁度有关的目标，以及所从事满足这些目标的活动。SSOP 强调预防在清洗(洁)食品生产车间、环境、人员及食品接触器具和设备中可能存在的危害的措施。

一般要求：加工企业必须建立和实施 SSOP，以强调加工前、加工中和加工后的卫生状况和卫生行为；SSOP 应描述加工者如何保证某一个关键的卫生条件和操作得到满足；SSOP 应该描述加工企业的操作如何受到监控来保证达到 GMP 规定的条件和要求；生产条件和操作受到监控和纠偏的结果；官方执法部门或第三方认证机构应鼓励和督促企业建立书面 SSOP 计划。

9.3.2.2 卫生监控与记录

在食品加工企业建立了卫生标准操作程序之后，还必须设定监控程序，实施检查、记录和纠正措施。

企业设定监控程序时描述如何对 SSOP 的卫生操作实施监控，必须指定何人、何时及如何完成监控。对监控要实施，对监控结果要检查，对检查结果不合格者还必须采取措施以纠正。对以上所有的监控行动、检查结果和纠正措施都要记录，通过这些记录说明企业不仅遵守了 SSOP，而且实施了适当的卫生控制。食品加工企业日常的卫生监控记录是工厂重要的质量记录和管理资料，应使用统一的表格，并归档保存。

(1)水的监控记录：生产用水应具备以下几种记录和证明：①每年 1～2 次由当地卫生部门进行的水质检验报告的正本。②自备水源的水池、水塔、贮水罐等有清洗消毒计划和监控记录。③食品加工企业每月一次对生产用水进行细菌总数、大肠菌群的检验记录。④每日对生产用水的余氯检验。⑤生产用直接接触食品的冰，自行生产者，应具有生产记录，记录生产用水和工器具卫生状况；如是向冰厂购买者，应具备冰厂生产冰的卫生证明。⑥申请向国外注册的食品加工企业需根据注册国家要求项目进行监控检测并加以记录。⑦工厂供水网络图(不同供水系统，或不同用途供水系统用不同颜色表示)。

(2)表面样品的检测记录：表面样品是指与食品接触表面，如加工设备、工器具、包装物料、加工人员的工作服、手套等。这些与食品接触的表面的清洁度直接影响食品的安全与卫生，也是验证清洁消毒效果的指标。表面样品检测记录包括：加工人员的手(手套)、工作服；

加工用案台桌面、刀、筐、墩板；加工设备，如去皮机、单冻机等；加工车间地面、墙面；加工车间、更衣室的空气；内包装物料。

检测项目：细菌总数、沙门氏菌及金黄色葡萄球菌。

经过清洁消毒的设备和加工器具，食品接触面细菌总数以低于 100 个/cm^2 为宜，对卫生要求严格的工序，应低于 10 个/cm^2，沙门氏菌及金黄色葡萄球菌等致病菌不得检出。对于车间空气的洁净程度，可采取空气暴露法进行检验。表 9-2 是采用普通肉汤琼脂，直径为 9 cm 平板在空气中暴露 5 分钟后，经 37 ℃培养的方法进行检测，对室内空气污染程度进行分级的参考数据。

表 9-2 室内空气污染程度的评价

落下菌数(个/cm^2)	空气污染程度	评价
30 以下	清洁	安全
30～50	中等清洁	安全
50～70	低等清洁	应加注意
70～100	高度污染	对空气要进行消毒
100 以上	严重污染	禁止加工

(3)雇员的健康与卫生检查记录：食品加工企业的雇员，尤其是生产人员，是食品加工的直接操作者，其身体的健康与卫生状况，直接关系到产品的卫生质量。因此，食品加工企业必须严格对生产人员，包括从事质量检验工作人员的卫生管理。对其检查记录包括：①生产人员进入车间前的卫生检查记录，检查生产人员工作服、鞋帽是否穿戴正确。检查是否化妆、头发外露、手指甲修剪等。检查个人卫生是否清洁，有无外伤，是否患病等。检查是否按程序进行洗手消毒等。②食品加工企业必须具备生产人员健康检查合格证明及档案。③食品加工企业必须具备卫生培训计划及培训记录。

(4)卫生监控与检查纠偏记录：食品加工企业的卫生执行与检查纠偏记录包括：工厂灭虫灭鼠及检查、纠偏记录(包括生活区)；厂区的清扫及检查、纠偏记录(包括生活区)；车间、更衣室、消毒间、厕所等清扫消毒及检查、纠偏记录。

(5)化学药品购置、贮存和使用记录：食品加工企业使用的化学药品有消毒剂、灭虫药物、食品添加剂、化验室使用化学药品以及润滑油等。消毒剂有氯与氯制剂、碘类、季铵化物、两性表面活性剂、65%～78%的酒精溶液、强酸、强碱。使用化学药品必须具备以下证明及记录：化学药品具备卫生部门批准允许使用证明；贮存保管登记；领用记录。

9.3.2.4 GMP 与 SSOP 的关系

GMP 对食品生产过程中的各个环节、各个方面都制定了具体的要求，是一个全面质量保证系统。GMP 是强制性的，适用于所有相同产品类型的食品生产企业，体现了食品企业卫生质量管理的普通原则。

SSOP 的规定是具体的，它没有 GMP 的强制性，是企业内部的管理性文件。制定 SSOP 的依据是 GMP，GMP 是 SSOP 的法律基础。同时，SSOP 必须形成文件，而 GMP 没有这个要求，但 GMP 通常与 SSOP 的程序和工作指导书密切关联，GMP 为它们明确了总的规范和要求。

GMP 和 SSOP 的最终目的都是使企业具有充分、可靠的食品安全卫生质量保证体系，生产加工出安全卫生的食品，保障消费者的食用安全和身体健康。

9.3.2.5 实施 SSOP 的目的与意义

（1）目的：使生产者自觉实施 GMP 法规中的各项要求，确保生产出安全的食品。

（2）意义：实施 SSOP，不仅将 GMP 中有关卫生方面的要求具体化，转化为可操作的作业指导文件，便于操作，还可以减少 HACCP 计划中的关键控制点（CCP）数量，使 HACCP 计划将注意力集中在危害分析和控制上，而不是生产卫生环节。因此，SSOP 的制定和有效执行是企业实施 GMP 法规的具体体现，也是 HACCP 计划得以顺利实施的保证。

（孙秀兰）

9.4 绿色食品和有机食品

9-2

9.4.1 绿色食品

9.4.1.1 绿色食品的概念、标志和分级

（1）绿色食品的概念：绿色食品（green food）是指遵循可持续发展原则，按照特定生产方式生产，经过专门机构认定，许可使用绿色食品标志的无污染的安全、优质、营养类食品。

（2）绿色食品的标志：由三部分构成，即上方的太阳、下方的叶片和中心蓓蕾，分别代表了绿色食品出自优良的生态环境、植物生长和生命的希望。

（3）绿色食品的分级：绿色食品分为 A 级和 AA 级两种。A 级绿色食品标志为绿底白字，AA 级绿色食品标志为白底绿字（图 9-3）。

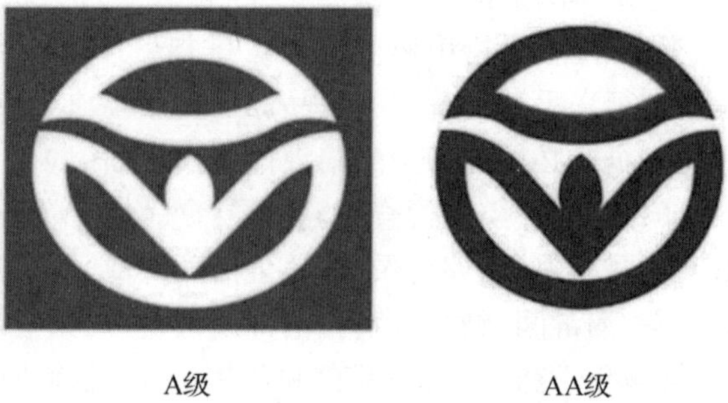

图 9-3 绿色食品标志

AA 级绿色食品：生产地的环境质量符合《绿色食品产地环境质量标准》，在生产过程中不允许添加使用任何化学合成农药兽药、化肥、食品添加剂、饲料添加剂等，按照有机方式生产，经过专门机构认定，允许使用 AA 级绿色食品标志的产品。

A 级绿色食品：生产地的环境质量符合《绿色食品产地环境质量标准》，在生产过程中，限量使用限定的化学合成物质，经过专门机构认定，允许使用 A 级绿色食品标志的产品。

9.4.1.2 绿色食品的特征

绿色食品较普通食品有一些显著的区别：①强调产品出自最佳生态环境。②对产品实行全过程质量控制。通过产前环节的环境监测和原料监测，产中环节具体生产、加工操作规程的落实，以及产后环节产品质量、卫生指标、包装、保鲜、运输、储存、销售控制，确保绿色食品的整体产品质量。③依法对产品实行绿色食品标志管理。

9.4.1.3 绿色食品的发展概况

(1)绿色食品发展历史

①国际：

1945年：有机农业思想的萌芽和提出时期；

1945—1973年：研究试验阶段，美国罗代尔有机农场建立；

1972—1990年：奠定基础，国际有机农业运动联盟在法国成立；

1990年至今：加快发展期，绿色食品作为可持续农业的一种模式，进入蓬勃发展的新时期。

②国内：

1990年5月：中国正式宣布开始发展绿色食品；

1990—1993年：绿色食品工程在农垦系统正式实施，农业部成立绿色食品专门机构，颁布《绿色食品标志管理办法》；

1994—1996年：为绿色食品向全社会推进的加速发展阶段，产品数量增加，种植规模扩大，产品结构适合居民日常消费结构；

1997年至今：绿色食品向社会化、国际化和市场化全面推进。

(2)绿色食品的发展现状

①国外绿色食品生产技术体系和标准已经基本形成，绿色食品生产和贸易已经形成一定规模。据估计，自1990年以来，绿色食品生产和贸易规模约占整个食品系统1%左右。从区域看，欧洲、北美、大洋洲和日本起步较早，生产技术和标准法规相对完善。

②我国绿色食品健康发展，截至2014年年底，绿色食品企业总数为8700家，产品21153个。中国绿色食品发展中心和地方绿办2014年共抽检3940个绿色食品，总体抽检合格率为99.54%，产品质量维持在较高水平。

(3)发展绿色食品的目的

通过开发绿色食品保护和优化农业生态环境；通过消费绿色食品，增进人类身体健康。

(4)绿色食品的主要种类

①我国绿色食品产品种类：主要为农林加工品，其次为畜禽产品、水产品和饮料产品。例如：粮油、蔬菜、水果、茶叶、畜禽和水产等。

②地域结构：山东和黑龙江为绿色食品主要产地，其次是福建、辽宁、新疆、江西、广东、吉林等。

9.4.1.4 绿色食品的编码和鉴别

(1)绿色食品的编码

在食品外包装上印有企业信息码(图9-4)，GF为绿色食品英文Green Food的缩写。共12位数字，其中第1～6位为地区代码；第7～8位为企业获证年份；第9～12位为获证企业序号。

(2)绿色食品的鉴别

①看级别：我国只有A级和AA级两个级别的标志，除此之外的其他标志均为冒牌货。②看标志：绿色食品的标志和标袋上印有“经中国绿色食品发展中心许可使用绿色食品标志”的字样。③看标志上标准字体的颜色：A级绿色食品标志与标准字体为白色，底色为绿色，防伪标签底色也为绿色；AA级绿色食品标志与标准字体为绿色，底色为白色，防伪标签

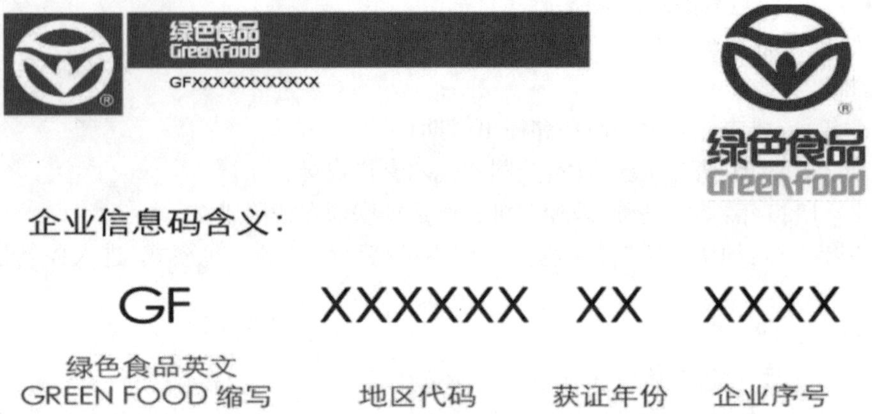

图 9-4 绿色食品的编码

底色为蓝色。④看防伪标志：绿色食品都有防伪标志。⑤看绿色食品编码，如企业信息码。

9.4.1.5 绿色食品认证程序

申请人提出认证申请，区级负责材料初审工作，认证过程全部由省绿办及中国绿色食品发展中心负责，认证程序如下：①认证申请；②受理及文审；③现场检查、产品抽样；④环境监测；⑤产品检测；⑥认证审核；⑦认证评审；⑧颁证。

9.4.1.6 绿色食品标准

绿色食品标准为行业标准 NY/T，对于绿色食品生产企业是强制性标准。目前使用的标准约 108 项，通则类 13 项，产品类 95 项。主要包括以下 4 个方面标准：①绿色食品产地环境标准；②绿色食品生产技术标准；③绿色食品产品标准；④绿色食品标志使用、包装及贮运标准。农业部 2017 年 6 月 12 日第 2540 号公告发布了《绿色食品　花生及制品》(NY/T 420—2017)等 13 项绿色食品标准，已于 2017 年 10 月 1 日实施。

9.4.2 有机食品

9.4.2.1 有机食品的概念和标志

(1)有机食品的概念：有机食品(organic food)指来自有机农业生产体系，根据国际有机农业生产规范生产加工，并通过独立的有机食品认证机构认证的食品。

(2)有机农业的概念：有机农业(organic agriculture)是遵照一定的有机农业生产标准，在生产中不采用基因工程生物及产品，不使用任何化学合成物质，遵循自然规律和生态学原理，采用持续发展技术的一种农业生产方式。

(3)有机食品的标志：

①有机食品标志采用人手和叶片为创意元素。其一是一只手向上持着一片绿叶，寓意人类对自然和生命的渴望；其二是两只手一上一下握在一起，将绿叶拟人化为自然的手，寓意人与自然需要和谐美好的生存关系(图 9-5A)。

②有机产品(organic product)是一种国际通称，除包括有机食品外，国际上还把一些派生的有机产品如有机化妆品、纺织品、林产品等经认证后统称有机产品。标志外围的圆形似地球，象征和谐、安全；标志中间类似种子的图形代表生命萌发之际的勃勃生机；种子图形周

围圆线条象征环形的道路，与种子图形合并构成汉字“中”(图 9-5B)。

9.4.2.2 有机食品的五个要素

(1)必须来自自已经建立或正在建立的有机农业生产体系(又称有机农业生产基地)，或采用有机方式采集的野生天然产品。

(2)产品在整个生产过程中必须严格遵循有机食品的加工、包装、贮藏、运输等标准。

(A) 有机食品标志　　(B) 有机产品标志

图 9-5　有机食品和有机产品的标志

(3)生产者在有机食品的生产和流通过程中，有完善的跟踪审查体系和完整的生产、销售档案记录。

(4)生产活动不污染环境、不破坏生态。

(5)必须通过独立的有机食品认证机构的认证审查。

9.4.2.3 有机食品的发展概况

(1)有机食品发展的历史

①国际：

1905 年：有机历史产生阶段，针对化工产品从军用到农田四处泛滥成灾，欧洲科学家提出了“天然有机农业”的概念。

1939 年：“有机农业”一词成为学界和农业界正式使用的术语，以此区别于化工农业和古代农业。

20 世纪 80 年代：从美国开始，天然有机农业及食品的各个方面成为西方国家的国家决策、国家立法和国家执法的重要内容之一。

20 世纪 90 年代后：世界有机农业进入增长期，成立有机产品贸易机构，颁布有机农业法律。

②国内：

20 世纪 90 年代：有机食品概念进入中国，浙江省有机茶叶出口荷兰。1994 年，南京国环有机食品认证中心(OFDC)成立。

1994—2000 年：产业化发展阶段。

2000 年以后，有机食品行业趋向规范化发展。至 2007 年底，中国有机产业已经形成一定规模，经过认证的企业数已达到 2512 家，产品主要为野生采集、有机稻米、蔬菜、茶叶、畜牧产品、水产品、蜂产品和食用菌等。

(2)有机食品的发展现状

①国际：有机农业运动联盟(IFOAM)已经拥有超过 115 个国家 700 个团体会员，形成了从生产到消费有机食品网络。欧洲是有机农产品全球主要消费地区，美国占全球有机食品贸易总额的近 45%。全球有机食品市场以年均 20%～30%的速度增长。

②中国：2014 年，有机食品产量达到 920 万吨。我国有机农业处于初级阶段，市场上初级有机产品占 80%，加工产品占 20%。目前有机食品占食品总量的 0.1%，未达到世界平均水平(2%)。我国许多名优特有机农产品有质量和价格优势，中国的有机稻米、蔬菜、茶叶、杂粮等农副产品在国际市场上供不应求。

(3)发展有机食品的目的

有利于保护农村生态环境,向社会提供高质量健康食品,增加农民收入(通常有机食品价格比普通食品高出 30%～50%)、推进农业产业化、有利于参与国际竞争。

(4)有机食品的主要种类

①有机食品:我国已经认证的有机食品种类超过 500 个,以植物类产品为主,动物性产品相对少一些,野生采集产品增长较快。有机茶、有机大豆、有机稻米占比重较大,为我国主要出口品种,其次包括花生、蔬菜、果类、蜂蜜、奶粉、芝麻、荞麦、核桃、松子、向日葵籽、南瓜子、八角、中药材等。

②有机食品生产基地:主要分布在东部沿海地区、东北地区和西北地区。

9.4.2.4 有机食品的编码和鉴别

(1)有机食品认证标志和编码规则:

①各认证机构在向获证组织发放认证标志或允许获证组织在产品标签上印制认证标志时,应当赋予每枚认证标志一个唯一编码。

②编码由认证机构代码、认证标志发放年份代码、认证标志发放随机码组成,共 17 位数字。

认证机构代码(3 位):认证机构批准号后三位代码。

认证标志发放年份代码(2 位):采用年份的最后 2 位数字,例如 2012 年为 12。

认证标志发放随机码(12 位):是认证机构发放认证标志数量的 12 位阿拉伯数字随机号码(图 9-6)。

图 9-6 有机食品的编码

(2)有机食品的 17 位数字编码可通过国家认监委“中国食品农产品认证信息系统”(food.cnca.cn)进行查询,以验明产品“真身”(图 9-7)。

(3)有机食品鉴别:

①看认证:选购有机蔬菜时,要注意包装上的认证标志。

②认门店:选购有机蔬菜要选择正规的门店。

③看包装:选购有机蔬菜时要注意包装袋上是否明确标示生产者及验证单位之相关资料(名称、地址、电话)等。

④尝口感:有机蔬菜吃起来清脆,给你的感觉就是新鲜的。

9.4.2.5 有机食品认证程序

中国有机食品认证机构目前有 23 家。有机食品认证程序包括:①认证申请;②预审并制定初步的检查计划;③签订有机食品认证检查合同;④实地检查评估;⑤编写检查报告;⑥综合审查评估意见;⑦颁证决定;⑧有机食品标志的使用;⑨保持认证。

9.4.2.6 有机食品的标准

有机食品的标准可以分为 3 个层次:①联合国层次:由国际食品法典委员会(CAC)制定;②国际性非政府组织层次:由全球性民间团体国际有机农业运动联盟(IFOAM)制定;③国家层次:国家层次的有机食品标准包括欧盟、美国和中国等。中国有机食品标准

国家认证认可监督管理委员会 登录 返回首页

中国有机产品认证公共服务专栏

有机码查询 验证码 8cxp 查询
刷新验证码

您查询的有机码 10012500698207527 对应的商品信息应该是由 北京中绿华夏有机食品认证中心 认证的， 内蒙古蒙牛乳业（集团）股份有限公司 生产的 特仑苏 ，详细信息如下：

认证证书编号	COFCC-R-1112-0896	认证类型	有机认证
认证产品名称	特仑苏有机奶	商品名称	特仑苏
产品包装规格	250 毫升	认证标志使用方式	印刷
认证机构名称	北京中绿华夏有机食品认证中心		
获证生产企业名称	内蒙古蒙牛乳业（集团）股份有限公司		

注：如有疑问，请与认证机构 北京中绿华夏有机食品认证中心 （电话： 010-62131243 ）联系核实，或拨打12365、12315举报、投诉。

版权所有：中国国家认证认可监督管理委员会 地址：北京市海淀区马甸东路9号 邮编：100088
网站管理：中国国家认证认可监督管理委员会信息中心 地址：北京市朝阳区朝外大街甲10号 邮编：100020
网站技术支持电话：400-668-4166 网站技术支持邮箱：service@cncait.com.cn

图 9-7 中国食品农产品认证信息系统

(GB/T 19630)包括生产、加工、标识、销售和管理体系。

9.4.2.7 有机食品、绿色食品、无公害食品和普通食品的区别(图 9-8)

(1)有机食品：绝不使用转基因、辐照手段，以及任何化学合成的农药和化肥等。

(2)绿色食品：严格限制使用化学合成的肥料、兽药和饲料添加剂等。

(3)无公害食品：限量使用化学合成的肥料、兽药和饲料添加剂等。

(4)普通食品：允许使用化学合成的肥料、兽药和饲料添加剂等。

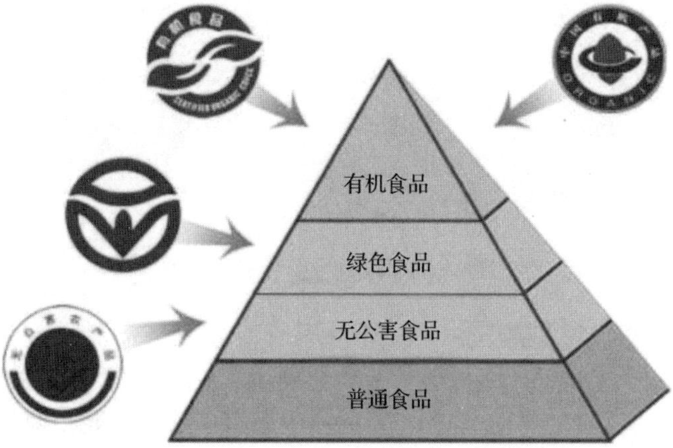

图 9-8 有机食品、绿色食品、无公害食品和普通食品的等级金字塔

（别小妹）

9.5 食品安全的溯源

9.5.1 食品溯源体系概述

9.5.1.1 概念

食品溯源(food traceability)指在食品供应链的各个环节(包括生产、加工、分送以及销售等)中,食品及其相关信息能够被追踪和回溯,使食品的整个生产经营活动处于有效地监控之中。溯源的本质是信息记录和定位跟踪系统。从原料到消费者为物流方向,从消费者到原料为食品溯源。生鲜农产品运送流程为:首先通过电脑订购所需产品→进入线上购物平台→选择所需要的生鲜农产品→选用适宜包装盒进行包装→然后装入运输箱封装→在24小时内通过各类运输工具运往世界各地→通过快递服务送达客户→再次订购(图9-9)。

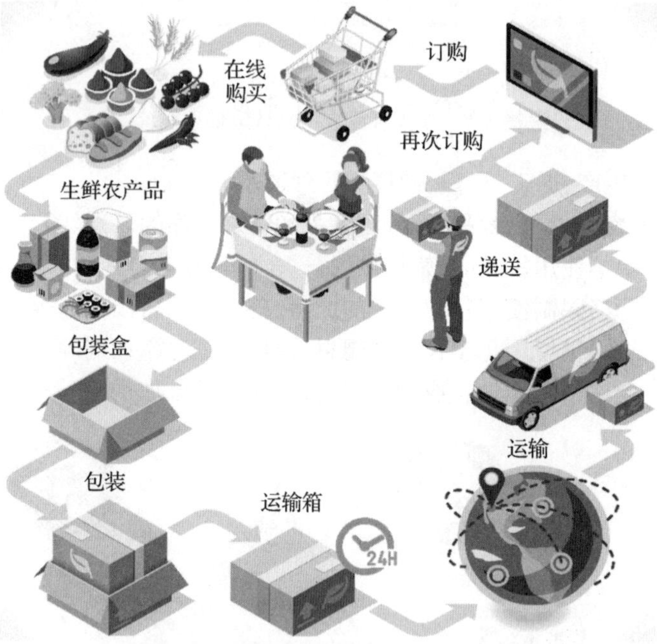

图9-9 生鲜农产品运送流程①

9.5.1.2 食品溯源的发展历史

食品安全溯源工作起源于欧盟,当时在欧洲发生了一系列的食品安全事件。1999年2月,比利时的一些农场在例行检查时发现了饲料中含有一级致癌物二噁英(dioxin),饲料均来自Verkest公司。调查表明该公司在饲料生产中使用了回收废旧油脂,已售给超过1500家养殖场,包括比利时、德国、法国、荷兰等国,导致整个欧洲畜禽类产品及乳制品安全危机。二噁英事件的发生使国际社会认识到实施食品安全可追溯体系刻不容缓,欧盟、美国率先

① 拍信网 https://v.paixin.com/photocopyright/90045302

提出建立一个系统，对出口到当地的食品进行跟踪和追溯。

9.5.1.3 食品溯源的发展现状

（1）欧盟针对畜产品、禽类、蛋类、水产品、水果和蔬菜以及转基因产品制定了相应的追溯法规。荷兰、德国、美国、加拿大、澳大利亚和日本针对畜禽制品建立了相对完善的食品溯源制度。全球已有 40 多个国家采用相关系统进行食品溯源。

（2）中国：针对畜产品、水产品、水果和蔬菜等建立了食品溯源制度。例如，2002 年 5 月 24 日，农业部发布《动物免疫标识管理办法》（农业部令第 13 号），规定对猪、牛、羊建立免疫档案管理制度，即必须佩戴免疫耳标。

9.5.1.4 食品溯源的内容

（1）对从农田到餐桌的食品供应链全过程进行记录。

（2）记录的所有信息要保存。

（3）所有信息可以方便查询。

（4）按照记录信息，可以方便查询到每一件食品在供应链中的具体位置。

9.5.1.5 食品溯源的意义

（1）提高突发事件的应急处置能力，在发生食品安全事件时实现定向召回。

（2）提高政府部门食品安全监控水平，减少食源性疾病发生。

（3）提高生产企业诚信意识，维护消费者对食品生产的知情权。

（4）提高我国食品质量安全管理水平，适应国际贸易的需要。

9.5.2 食品溯源技术

食品溯源技术是应用现代信息技术，以计算机为基础工具，实施信息的利用和管理，包括信息的收集、处理、储存、分送和交流。

9.5.2.1 条码技术

条码（barcode）是由一组粗细不同、黑白或彩色相间的条、空及其相应的字符、数字、字母组成的标记，用以表示一定的信息。条码是迄今为止最经济、实用的一种自动识别技术，输入速度快、可靠性高、采集信息量大。分为一维条码和二维条码。一维条码条宽及黑白线表示一定的数字、字符，仅可以对商品进行标识，不能对产品进行描述（图 9-10）。二维条码是一种由点、空组成的点阵形条码，是一种高密度、高信息量的便携式数据文件（图 9-11）。

6 922536 200133

图 9-10 一维条码

图 9-11 二维条码

9.5.2.2 无线射频识别技术

无线射频识别技术(radio frequency identification,RFID)俗称电子标签或智能标签,由电子标签、标签读写器和天线组成。在其实际应用中,电子标签附在被识物体的表面或者内部,天线在射频识别过程架起标签和读写器之间的传输通道,当该物体带着标签经过读写器作用范围时,读写器可以用非接触方式读取电子标签里面存放的信息或将预定数据写入电子标签(图 9-12)。

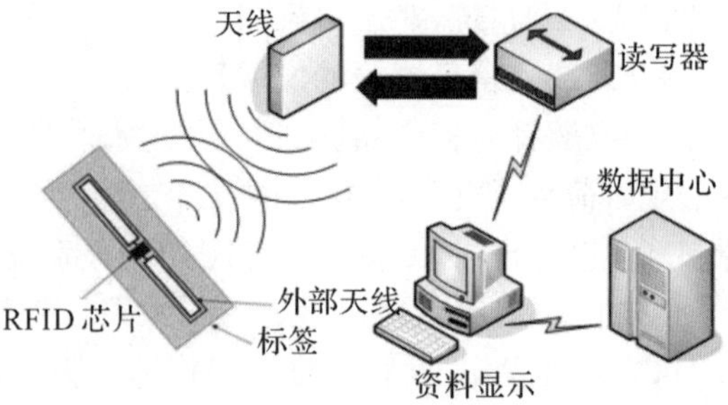

图 9-12 RFID 读取流程

(别小妹)

9.6 食品安全风险评估

9.6.1 食品安全风险评估概述

食品安全风险分析理论是国际上针对食品安全问题应运而生的一种食品质量安全管理方法学理论,并为有效解决食品安全问题提供了一整套科学有效的宏观管理模式和风险评价体系,对保证公平的食品贸易和消费者健康具有重要的意义。从 1991 年联合国粮农组织(FAO)、世界卫生组织(WHO)和关贸总协定(GATT)联合召开了"食品标准、食品中的化学物质与食品贸易会议",建议相关国际法典委员会及所属技术咨询委员会在制定决定时应基于适当的科学原则,并遵循风险评估的决定之后,经过几十年的发展和应用,形成了食品安全风险评估原理的基本理论框架,食品安全风险分析评估在食品安全领域得到公认和应用,为食品安全监管者提供了制定有效决策所需的大量信息和主要依据,不同国家也先后组建了食品安全风险评估机构,如我国在 2011 年 10 月 13 日成立了国家食品安全风险评估中心,该中心紧紧围绕"食品安全风险监测—评估—标准制定修订"技术支撑主线,不断提升依法履职能力,在决策咨询、科技研发、标准制定、示范指导、信息交流等方面的能力,对提高了国家食品安全水平,改善了公众健康状况发挥了重要作用。

9.6.2 风险分析的框架

要进行食品风险分析必须了解危害(hazard)和风险(risk)这两个基本概念。根据国际食品法典委员会(CAC)的定义,危害是指食品中含有的、潜在的将对健康造成副作用的生物、化学和物理致病因子。风险是指由于食品中的某种危害而导致的有害于人群健康的可能性和副作用的严重性。食品风险分析包含风险评估、风险管理和风险信息交流三个组成部分。风险分析三要素之间的关系如图 9-13 所示。

风险评估——基于科学。风险管理——基于政策,是在选取最优风险管理措施时对科学信息与其他因素(如经济、社会、文化与伦理等)进行整合和权衡的过程。风险交流——基于信息,是相互交流有关风险的信息和建议的过程。

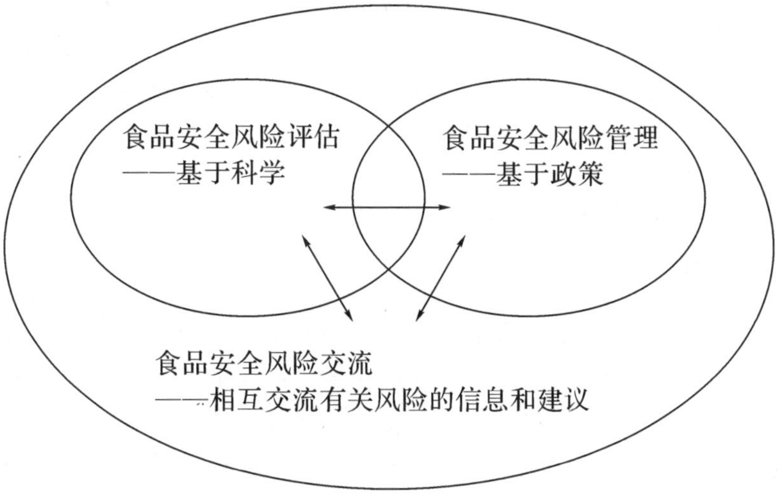

图 9-13　风险分析三要素的关系

9.6.3　食品安全风险评估

食品风险评估的过程可以分为四个阶段：危害识别、危害描述、暴露评估和风险描述。危害识别采用的是定性方法，其余三步可以采用定性方法，但最好采用定量方法。

9.6.3.1　危害识别

危害识别又称危害确定或危害鉴定，是对可能在食品中存在的，对人体健康产生副作用的生物性、化学性和物理性致病因子进行鉴定。危害识别的目的在于确定人体摄入污染物的潜在不良效应，并对不良效应进行分类和分级。对于化学因素（包括食品添加剂、农药和兽药残留、有机污染物和天然毒素），可采取流行病学研究、动物试验、体外实验、结构-活性关系等方式，也可采用“证据力”方法采用已证实的科学结论来获取危害程度的判断依据。一般对于该步骤而言，很多比较成熟的结论可以直接参考或进行相互借鉴。

9.6.3.2　危害描述

危害描述又称危害特征描述，是指定量、定性地评价由危害产生的对健康副作用的性质。对于化学性致病因子要进行剂量-反应评估，对于生物或物理性致病因子在可以获得资料的情况下也应进行剂量-反应评估。危害描述重点在于这些不良反应的定量表述，核心是剂量-反应关系的评估，其主要内容是描述不良影响的严重性和持久性。在危害描述过程中，一定要明确被感染的主体，并尽可能测定感染的结果。危害描述一般包括不良影响的剂量-反应评估、易感人群的鉴定及其与普通人群的比较、分析不良影响的作用模式或机制的特性，以及不同物种间的推断，即由高到低的剂量-反应外推等 4 个步骤，具体采用以下 5 种方法进行危害描述：①剂量-反应关系的外推；②剂量的度量；③遗传毒性与非遗传毒性致癌物；④阈值法；⑤非阈值法。

9.6.3.3　暴露评估

暴露评估又称摄入量评估，是指定量、定性地评价由食品以及其他相关方式对生物的、化学的和物理的致病因子的可能摄入量。暴露评估主要通过膳食调查和各种食品中化学物质暴露水平调查获得的数据进行的。通过计算,可以得到人体对于该种化学物质的暴露量。人体与化学物质的接触,显然发生于外部环境和机体的交换界面(如皮肤、肺和胃肠道)。暴露评估就是对人体对化学物质接触进行定性和定量评估,包括暴露的强度、频率和时间,暴露途径(如经皮、经口和呼吸道),化学物质摄入和摄取速率,跨过界面的量和吸收剂量(内剂量),也就是通过测定某一化学物质进入机体的途径、范围和速率,来估计环境(水、土、气和食品)暴露化学物质的浓度和摄入剂量的关系。

9.6.3.4 风险描述

风险描述是指在危害确定、危害特征描述和暴露评估的基础上,对给定人群中已知或潜在的副作用产生的可能性和副作用的严重性,做出定量或定性估价的过程,包括伴随的不确定性的描述。风险描述的结果是对人体摄入某化学物质对健康产生不良效应的可能性进行估计,它是危害鉴定、危害描述和摄入量评估的综合结果。某一化学物质如果存在阈值,则对人群风险可以采用摄入量与每日允许摄入量(ADI)相比较的百分数作为风险描述,如果所评价的化学物质的摄入量较 ADI 小,则对人的健康危害的可能性甚小,甚至为零。如 1992 年中国总膳食研究评估,我国膳食总的来说是安全的,但 2～8 岁儿童铅的摄入量超过暂定允许摄入量的 18%,表明我国儿童已经处于铅污染的危害中;同时从大样本的儿童调查也发现血铅超过 100 μg/L 的儿童在城市已经占 40%,这也表明铅对我国儿童健康的潜在危害已经是不容忽视的问题。如果所评价的化学物质没有阈值,对人群的风险是摄入量与危害强度的综合结果。

食品添加剂以及农药和兽药残留采用固定的风险水平是比较切合实际的,因为假如估计的风险超过了规定的可接受水平,就可以禁止这些化学物质的使用。在描述危险性特征时,必须认识到在风险评估过程中每一步所涉及的不确定性。危险性特征描述中的不确定性反映了在前面三个阶段评价中的不确定性。将动物试验的结果外推到人时存在不确定性,例如喂养 BHA 的大鼠发生前胃肿瘤和阿斯巴甜引发小鼠神经毒性效应的结果可能不适用于人;而人体对化学物质的某些高度易感性反应在动物中可能并不出现,如人对味精(谷氨酸钠)的不适反应。在实际工作中应该进行额外的人体试验研究以降低不确定性。

9.6.4 风险管理

风险管理有别于风险评估,是权衡选择政策的过程,需要考虑风险评估的结果和与保护消费者健康及促进公平贸易有关的其他因素。如有必要,应选择采取适当的控制措施,包括取缔手段。风险管理包括风险管理选择评估、执行管理决定及管理措施监控三个过程。风险管理选择评估的基本内容包括确认农产品质量安全问题、描述风险概况、就风险评估和风险管理的优先性对危害进行排序、为进行风险评估制定风险评估政策、决定进行风险评估及风险评估结果的审议。风险管理选择评估的程序包括确定现有的管理选项、选择最优管理选项及最终的管理决策。执行管理决定指风险管理措施的采纳及实施。管理措施监控指对政策有效性进行评估及在必要时对风险管理或风险评估进行审核及验证。食品风险管理的目标是通过选择和实施适当的措施,尽可能地控制这些风险,从而保障公众的健康。国际食品法典委员会(CAC)的决策过程所需要的科学技术信息由独立的专家委员会提出,包括负责食品添加剂、化学污染物和兽药残留的 WHO/FAO 食品添加剂专家联合委员会(JECFA),针对农药残留的 WHO/FAO 农药残留联席会议(JMPR)和针对微生物危害的

WHO/FAO 微生物危险性评估专家联席会议(JEMRA)。如食品添加剂,由 JECFA 提出某一食品添加剂的 ADI 值,食品添加剂与污染物食品法典委员会(CCFAC)批准此食品添加剂在食品中的使用范围和最大使用量。目前,CCFAC 正在将食品添加剂从单个食品向覆盖各种食品的食品添加剂通用标准(GSFA)发展。在制定食品添加剂使用量的单个食品标准时极少考虑添加剂总摄入量的可能,而 GSFA 则要考虑总摄入量的评估。

9.6.5 风险交流

风险交流是贯穿风险分析整个过程的信息和观点的相互交流的过程,交流的内容可以是危害和风险,或与风险有关的因素和对风险的理解,包括对风险评估结果的解释和风险管理决策的制定基础等,交流的对象包括风险评估者、风险管理者、消费者、企业、学术组织以及其他相关团体。风险交流的目的是:①通过所有的参与者,在风险分析过程中提高对所研究的特定问题的认识和理解;②在达成和执行风险管理决定时增加一致性和透明度;③为理解建议的或执行中的风险管理决定提供坚实的基础;④改善风险分析过程中的整体效果和效率;⑤制定和实施作为风险管理选项的有效的信息和教育计划;⑥培养公众对于食品供应安全性的信任和信心;⑦加强所有参与者的工作关系和相互尊重;⑧在风险情况交流过程中,促进所有有关团体的适当参与;⑨就有关团体关于与食品相关问题的风险的知识、态度、估价、实践、理解进行信息交流。

总而言之,在食品安全风险评估中,化学物质的风险分析技术已经比较成熟,应用也较为广阔,但生物性危害目前还没有一套较为统一的科学的风险评估方法,特别是对于生物性危害进行定量评估是非常困难的。因此,生物性因素的风险评估理论有待发展。

(张建新)

9.7 《食品安全法》解读

9.7.1 《食品安全法》概述

新修订的《食品安全法》于 2015 年 10 月 1 日开始实施,被誉为史上最严的食品安全法,面对严峻的食品安全问题和形势,该法加大了食品生产经营者的"第一责任人"义务和责任,规定了网上卖食品必须"实名制",抽检产品从预包装食品扩大到食用农产品批发市场,加大了食品安全民事和刑事责任及赔偿力度,发挥重典治乱的威慑作用,对媒体和广告发布要求更加严格,加强了特殊食品如婴幼儿配方乳粉的注册管理,形成了社会共治的格局等,对确保食品安全意义重大。

9.7.1.1 《食品安全法》的结构

第一章　总则(13 条)

第二章　食品安全风险监测和评估(10 条)

第三章　食品安全标准(9 条)

第四章　食品生产经营(51 条)

　第一节　一般规定(11 条)

第二节　生产经营过程控制(23 条)
第三节　标签、说明书和广告(7 条)
第四节　特殊食品(10 条)
第五章　食品检验(7 条)
第六章　食品进出口(11 条)
第七章　食品安全事故处置(7 条)
第八章　监督管理(13 条)
第九章　法律责任(28 条)
第十章　附则(5 条)

修订后的《食品安全法》总条数由过去的 104 条,增加到 154 条,其中第四章“食品生产经营”(51 条)占 33.12%,第九章“法律责任”(28 条)占 18.18%。从结构上看重点突出,一是强化了对食品生产经营者的管理和制约,其中对生产经营过程控制有 23 条,占第四章总条数的 45.1%;二是法律责任更加明确,以生产经营者为主,以监管部门为辅。

9.7.1.2 《食品安全法》总体变化

(1)明确工作原则

预防为主:采取预防措施(采用先进管理规范、建立自查制度等),预防食品安全事故的发生。

风险管理:根据食品安全状况等,确定监管重点、方式和频次,实施风险分级管理。

全程控制:建立全程追溯制度,企业制定实施原料控制要求和生产经营过程控制要求。

社会共治:强化行业协会、消费者协会、新闻媒体作用,鼓励公众投诉举报(查实有奖),投保食品安全责任险,建立和公布企业信用档案,对严重违法行为的通报。

(2)体现责任分担

企业主体责任:企业对其生产经营食品的安全负责。

县级以上政府对食品安全监管工作负责。

行业主管责任:学校、托幼机构、养老机构、建筑工地等集中用餐单位的主管部门应当加强对集中用餐单位的食品安全教育和日常管理。

协会自律责任:按照章程建立健全行业规范和奖惩机制,提供食品安全信息、技术等服务,引导和督促食品生产经营者依法生产经营,推动行业诚信建设。

社会监督责任:媒体监督、公众监督、信用档案。

(3)完善制度设计

完善禁止生产经营食品,增设生产经营者自查制度,建立食品安全追溯制度,加强网络第三方平台监管,调整保健食品注册制度,强化婴幼儿配方食品监管,建立转基因食品标识制度,食品安全责任约谈制度,监管部门参与食品安全标准制定等。

(4)加大惩罚力度

刑事责任:首先要求判断非法行为是否为刑事犯罪;涉嫌刑事犯罪的,由公安部门直接侦破。

行政责任:对食品安全犯罪(有期徒刑以上)增加“终身禁入”的资格处罚规定,针对 8 类最严重的违法行为增加行政拘留处罚,大幅度提高行政处罚幅度(罚款上限 30 倍、50 万元),增加了对屡罚不改违法者的从重处罚:一年内 3 次受到警告、罚款、行政处罚的,给予停产、停业直至吊销许可证的处罚。

民事责任:增设消费者赔偿首负责任制:接到消费者赔偿请求,应先行赔付,不得推诿;完善惩罚性赔偿制度:消费者受到损害的,除赔偿损失外,还可主张价款10倍或者损失3倍的赔偿金;但食品标签瑕疵除外。

完善连带民事责任:集中交易市场、网络交易第三方平台、检验机构、认证机构、广告经营者、发布者、广告中食品推荐者、为违法行为提供场所或其他条件者。

9.7.1.3 《食品安全法》基本用语含义

了解《食品安全法》有关用语的含义,对于理解和执行法律是极其重要的。《食品安全法》第一百五十条给出了10个用语的含义。

(1)食品,指各种供人食用或者饮用的成品和原料以及按照传统既是食品又是中药材的物品,但是不包括以治疗为目的的物品。

(2)食品安全,指食品无毒、无害,符合应当有的营养要求,对人体健康不造成任何急性、亚急性或者慢性危害。

(3)预包装食品,指预先定量包装或者制作在包装材料、容器中的食品。

(4)食品添加剂,指为改善食品品质和色、香、味以及为防腐、保鲜和加工工艺的需要而加入食品中的人工合成或者天然物质,包括营养强化剂。

(5)用于食品的包装材料和容器,指包装、盛放食品或者食品添加剂用的纸、竹、木、金属、搪瓷、陶瓷、塑料、橡胶、天然纤维、化学纤维、玻璃等制品和直接接触食品或者食品添加剂的涂料。

(6)用于食品生产经营的工具、设备,指在食品或者食品添加剂生产、销售、使用过程中直接接触食品或者食品添加剂的机械、管道、传送带、容器、用具、餐具等。

(7)用于食品的洗涤剂、消毒剂,指直接用于洗涤或者消毒食品、餐具、饮具以及直接接触食品的工具、设备或者食品包装材料和容器的物质。

(8)食品保质期,指食品在标明的贮存条件下保持品质的期限。

(9)食源性疾病,指食品中致病因素进入人体引起的感染性、中毒性等疾病,包括食物中毒。

(10)食品安全事故,指食源性疾病、食品污染等源于食品,对人体健康有危害或者可能有危害的事故。

9.7.2 《食品安全法》主要内容及解读

9.7.2.1 《食品安全法》的立法宗旨和调整范围

新修订的《食品安全法》的立法宗旨是保证食品安全,保障公众身体健康和生命安全(《食品安全法》第一条)。

在中华人民共和国境内从事下列活动,应当遵守本法:(一)食品生产和加工(以下称食品生产),食品销售和餐饮服务(以下称食品经营);(二)食品添加剂的生产经营;(三)用于食品的包装材料、容器、洗涤剂、消毒剂和用于食品生产经营的工具、设备(以下称食品相关产品)的生产经营;(四)食品生产经营者使用食品添加剂、食品相关产品;(五)食品的贮存和运输;(六)对食品、食品添加剂、食品相关产品的安全管理。

供食用的源于农业的初级产品(以下称食用农产品)的质量安全管理,遵守《中华人民共和国农产品质量安全法》的规定。但是，食用农产品的市场销售、有关质量安全标准的制定、有关安全信息的公布和本法对农业投入品作出规定的，应当遵守本法的规定(《食品安全法》第二条)。

9.7.2.2 食品生产经营者是食品安全的第一责任者

《食品安全法》第四条规定：食品生产经营者对其生产经营食品的安全负责。食品生产经营者应当依照法律、法规和食品安全标准从事生产经营活动，保证食品安全，诚信自律，对社会和公众负责，接受社会监督，承担社会责任。这就明确了食品生产经营者是食品安全的第一责任者。

9.7.2.3 政府及其有关部门是食品安全监管第一责任者

《食品安全法》第五条规定：国务院设立食品安全委员会，其职责由国务院规定。国务院食品安全监督管理部门依照本法和国务院规定的职责，对食品生产经营活动实施监督管理。国务院卫生行政部门依照本法和国务院规定的职责，组织开展食品安全风险监测和风险评估，会同国务院食品安全监督管理部门制定并公布食品安全国家标准。国务院其他有关部门依照本法和国务院规定的职责，承担有关食品安全工作。这一条是在国家层面上对食品安全相关管理机构分工与职责规定。国务院食品安全委员会是我国食品安全管理的最高机构，国务院食品安全监督管理部门是食品生产经营活动监督管理的主要机构。

《食品安全法》第六条、第七条和第八条规定：县级以上地方人民政府对本行政区域的食品安全监督管理工作负责，统一领导、组织、协调本行政区域的食品安全监督管理工作以及食品安全突发事件应对工作，建立健全食品安全全程监督管理工作机制和信息共享机制。实行食品安全监督管理责任制以及食品安全工作纳入本级国民经济和社会发展规划并纳入财政预算。

9.7.2.4 食品行业协会、消费者协会、各级人民政府、新闻媒体、食品研发机构和任何组织或者个人是社会共治的主体

《食品安全法》第九条规定：食品行业协会应当加强行业自律，按照章程建立健全行业规范和奖惩机制，提供食品安全信息、技术等服务，引导和督促食品生产经营者依法生产经营，推动行业诚信建设，宣传、普及食品安全知识。消费者协会和其他消费者组织对违反本法规定，损害消费者合法权益的行为，依法进行社会监督。第十条规定：各级人民政府应当加强食品安全的宣传教育，普及食品安全知识，鼓励社会组织、基层群众性自治组织、食品生产经营者开展食品安全法律、法规以及食品安全标准和知识的普及工作，倡导健康的饮食方式，增强消费者食品安全意识和自我保护能力。新闻媒体应当开展食品安全法律、法规以及食品安全标准和知识的公益宣传，并对食品安全违法行为进行舆论监督。有关食品安全的宣传报道应当真实、公正。第十一条规定：国家鼓励和支持开展与食品安全有关的基础研究、应用研究，鼓励和支持食品生产经营者为提高食品安全水平采用先进技术和先进管理规范。国家对农药的使用实行严格的管理制度，加快淘汰剧毒、高毒、高残留农药，推动替代产品的研发和应用，鼓励使用高效低毒低残留农药。第十二条规定：任何组织或者个人有权举报食品安全违法行为，依法向有关部门了解食品安全信息，对食品安全监督管理工作提出意见和建议。

9.7.2.5 确立了食品安全风险监测和评估制度是预防食品危害的重要手段

《食品安全法》第十四条和第十七条确立了国家食品安全风险监测和评估制度。其中第

十四条规定:国家建立食品安全风险监测制度,对食源性疾病、食品污染以及食品中的有害因素进行监测。国务院卫生行政部门会同国务院食品安全监督管理、质量监督等部门,制定、实施国家食品安全风险监测计划。国务院食品安全监督管理部门和其他有关部门获知有关食品安全风险信息后,应当立即核实并向国务院卫生行政部门通报。对有关部门通报的食品安全风险信息以及医疗机构报告的食源性疾病等有关疾病信息,国务院卫生行政部门应当会同国务院有关部门分析研究,认为必要的,及时调整国家食品安全风险监测计划。省、自治区、直辖市人民政府卫生行政部门会同同级食品安全监督管理、质量监督等部门,根据国家食品安全风险监测计划,结合本行政区域的具体情况,制定、调整本行政区域的食品安全风险监测方案,报国务院卫生行政部门备案并实施。第十七条规定:国家建立食品安全风险评估制度,运用科学方法,根据食品安全风险监测信息、科学数据以及有关信息,对食品、食品添加剂、食品相关产品中生物性、化学性和物理性危害因素进行风险评估。国务院卫生行政部门负责组织食品安全风险评估工作,成立由医学、农业、食品、营养、生物、环境等方面的专家组成的食品安全风险评估专家委员会进行食品安全风险评估。食品安全风险评估结果由国务院卫生行政部门公布。对农药、肥料、兽药、饲料和饲料添加剂等的安全性评估,应当有食品安全风险评估专家委员会的专家参加。食品安全风险评估不得向生产经营者收取费用,采集样品应当按照市场价格支付费用。

9.7.2.6 国家食品安全标准制定要求和范围

《食品安全法》规定,制定食品安全标准,应当以保障公众身体健康为宗旨,做到科学合理、安全可靠。制定食品安全国家标准,应当依据食品安全风险评估结果并充分考虑食用农产品安全风险评估结果,参照相关的国际标准和国际食品安全风险评估结果,并将食品安全国家标准草案向社会公布,广泛听取食品生产经营者、消费者、有关部门等方面的意见。食品安全标准是强制执行的标准。除食品安全标准外,不得制定其他食品强制性标准(《食品安全法》第二十四条、第二十五条和第二十八条)。

《食品安全法》第二十六条规定了国家食品安全标准范围:(一)食品、食品添加剂、食品相关产品中的致病性微生物,农药残留、兽药残留、生物毒素、重金属等污染物质以及其他危害人体健康物质的限量规定;(二)食品添加剂的品种、使用范围、用量;(三)专供婴幼儿和其他特定人群的主辅食品的营养成分要求;(四)对与卫生、营养等食品安全要求有关的标签、标志、说明书的要求;(五)食品生产经营过程的卫生要求;(六)与食品安全有关的质量要求;(七)与食品安全有关的食品检验方法与规程;(八)其他需要制定为食品安全标准的内容。

对地方特色食品,没有食品安全国家标准的,省、自治区、直辖市人民政府卫生行政部门可以制定并公布食品安全地方标准,报国务院卫生行政部门备案。食品安全国家标准制定后,该地方标准即行废止。国家鼓励食品生产企业制定严于食品安全国家标准或者地方标准的企业标准,在本企业适用,并报省、自治区、直辖市人民政府卫生行政部门备案。省级以上人民政府卫生行政部门应当在其网站上公布制定和备案的食品安全国家标准、地方标准和企业标准,供公众免费查阅、下载。省级以上人民政府卫生行政部门应当会同同级食品安全监督管理、质量监督、农业行政等部门,分别对食品安全国家标准和地方标准的执行情况进行跟踪评价,并根据评价结果及时修订食品安全标准(《食品安全法》第二十九条、第三十条、第三十一条和第三十二条)。

9.7.2.7 食品生产经营一般规定和禁止行为的规定

新修订的《食品安全法》第四章第一节是对食品生产经营的一般规定，主要有两个方面。

第一，生产经营的产品应符合食品安全标准规定：(一)具有与生产经营的食品品种、数量相适应的食品原料处理和食品加工、包装、贮存等场所，保持该场所环境整洁，并与有毒、有害场所以及其他污染源保持规定的距离；(二)具有与生产经营的食品品种、数量相适应的生产经营设备或者设施，有相应的消毒、更衣、盥洗、采光、照明、通风、防腐、防尘、防蝇、防鼠、防虫、洗涤以及处理废水、存放垃圾和废弃物的设备或者设施；(三)有专职或者兼职的食品安全专业技术人员、管理人员和保证食品安全的规章制度；(四)具有合理的设备布局和工艺流程，防止待加工食品与直接入口食品、原料与成品交叉污染，避免食品接触有毒物、不洁物；(五)餐具、饮具和盛放直接入口食品的容器，使用前应当洗净、消毒，炊具、用具用后应当洗净，保持清洁；(六)贮存、运输和装卸食品的容器、工具和设备应当安全、无害，保持清洁，防止食品污染，并符合保证食品安全所需的温度等特殊要求，不得将食品与有毒、有害物品一同运输；(七)直接入口的食品应当使用无毒、清洁的包装材料、餐具；(八)食品生产经营人员应当保持个人卫生，生产经营食品时，应当将手洗净，穿戴清洁的工作衣、帽；销售无包装的直接入口食品时，应当使用无毒、清洁的售货工具；(九)用水应当符合国家规定的生活饮用水卫生标准；(十)使用的洗涤剂、消毒剂应当对人体安全、无害(《食品安全法》第三十三条)。

第二，禁止行为的规定：(一)用非食品原料生产的食品或者添加食品添加剂以外的化学物质和其他可能危害人体健康物质的食品，或者用回收食品作为原料生产的食品；(二)致病性微生物、农药残留、兽药残留、重金属、生物毒素、污染物质以及其他危害人体健康的物质含量超过食品安全标准限量的食品；(三)用超过保质期的食品原料、食品添加剂生产的食品；(四)超范围、超限量使用食品添加剂的食品；(五)营养成分不符合食品安全标准的专供婴幼儿和其他特定人群的主辅食品；(六)腐败变质、油脂酸败、霉变生虫、污秽不洁、混有异物、掺假掺杂或者感官性状异常的食品；(七)病死、毒死或者死因不明的禽、畜、兽、水产动物肉类及其制品；(八)未按规定进行检疫或者检疫不合格的肉类，或者未经检验或者检验不合格的肉类制品；(九)被包装材料、容器、运输工具等污染的食品；(十)标注虚假生产日期或者超过保质期的食品；(十一)无标签的预包装食品；(十二)国家为防病等特殊需要明令禁止生产经营的食品；(十三)其他不符合食品安全标准或者要求的食品(《食品安全法》第三十四条)。

9.7.2.8 食品生产经营许可制度是食品市场准入的第一道关口

国家对食品生产经营实行许可制度。在中华人民共和国境内，从事食品生产经营必须通过国家食品生产经营许可，获得证书的方可从事食品生产经营(《食品安全法》第三十五条和第三十六条)，具体规定是：从事食品生产、食品销售、餐饮服务，应当依法取得许可。但是，销售食用农产品，不需要取得许可。食品生产加工小作坊和食品摊贩等从事食品生产经营活动，应当符合本法规定的与其生产经营规模、条件相适应的食品安全要求，保证所生产经营的食品卫生、无毒、无害，食品安全监督管理部门应当对其加强监督管理。县级以上地方人民政府应当对食品生产加工小作坊、食品摊贩等进行综合治理，加强服务和统一规划，改善其生产经营环境，鼓励和支持其改进生产经营条件，进入集中交易市场、店铺等固定场所经营，或者在指定的临时经营区域、时段经营。食品生产加工小作坊和食品摊贩等的具体管理办法由省、自治区、直辖市制定。

新食品原料和在食品中不得添加药品、食品添加剂生产以及直接接触食品的包装材料等具有较高风险的食品相关产品，应符合《食品安全法》第三十七条、第三十八条、第三十九条、第四十条和第四十一条的规定。

9.7.2.9 食品生产经营过程控制是消除食品安全隐患的关键

《食品安全法》第四章第二节规定了对食品生产经营过程的控制，主要有以下几个方面：

第一，配备食品安全管理员。食品生产经营企业的主要负责人应当落实企业食品安全管理制度，对本企业的食品安全工作全面负责。食品生产经营企业应当配备食品安全管理人员，加强对其培训和考核。经考核不具备食品安全管理能力的，不得上岗。食品安全监督管理部门应当对企业食品安全管理人员随机进行监督抽查考核并公布考核情况。监督抽查考核不得收取费用(《食品安全法》第四十四条)。

第二，必须取得健康检查合格证。从事接触直接入口食品工作的食品生产经营人员应当每年进行健康检查，取得健康证明后方可上岗工作(《食品安全法》第四十五条)。

第三，鼓励食品生产进行安全管理与认证。国家鼓励食品生产经营企业符合良好生产规范要求，实施危害分析与关键控制点体系，提高食品安全管理水平(《食品安全法》第四十八条)。

第四，在食用农产品生产中禁止使用剧毒农药，并做好农业投入品使用档案管理。食用农产品生产者应当按照食品安全标准和国家有关规定使用农药、肥料、兽药、饲料和饲料添加剂等农业投入品，严格执行农业投入品使用安全间隔期或者休药期的规定，不得使用国家明令禁止的农业投入品。禁止将剧毒、高毒农药用于蔬菜、瓜果、茶叶和中草药材等国家规定的农作物。食用农产品的生产企业和农民专业合作经济组织应当建立农业投入品使用记录制度。县级以上人民政府农业行政部门应当加强对农业投入品使用的监督管理和指导，建立健全农业投入品安全使用制度(《食品安全法》第四十九条)。

第五，建立采购食品原料、食品添加剂、食品相关产品的供货者的许可证和产品合格证明。食品生产企业应当建立食品原料、食品添加剂、食品相关产品进货查验记录制度，如实记录食品原料、食品添加剂、食品相关产品的名称、规格、数量、生产日期或者生产批号、保质期、进货日期以及供货者名称、地址、联系方式等内容，并保存相关凭证。记录和凭证保存期限不得少于产品保质期满后六个月；没有明确保质期的，保存期限不得少于二年(《食品安全法》第五十条)。

第六，建立食品出厂检验记录制度。查验出厂食品的检验合格证和安全状况，如实记录食品的名称、规格、数量、生产日期或者生产批号、保质期、检验合格证号、销售日期以及购货者名称、地址、联系方式等内容，并保存相关凭证；食品、食品添加剂、食品相关产品的生产者，应当按照食品安全标准对所生产的食品、食品添加剂、食品相关产品进行检验，检验合格后方可出厂或者销售(《食品安全法》第五十一条和第五十二条)。

第七，餐饮服务提供者(包括学校、托幼机构、养老机构、建筑工地等集中用餐单位的食堂)安全管理要求。餐饮服务提供者应当制定并实施原料控制要求，不得采购不符合食品安全标准的食品原料。倡导餐饮服务提供者公开加工过程，公示食品原料及其来源等信息。餐饮服务提供者应当定期维护食品加工、贮存、陈列等设施、设备；定期清洗、校验保温设施及冷藏、冷冻设施。餐饮服务提供者应当按照要求对餐具、饮具进行清洗消毒，不得使用未经清洗消毒的餐具、饮具;餐饮服务提供者委托清洗消毒餐具、饮具的,应当委托符合本法规定条件的餐具、饮具集中消毒服务单位。学校、托幼机构、养老机构、建筑工地等集中用餐单位的食堂应当严格遵守法律、法规和食品安全标准;从供餐单位订餐的,应当从取得食品生产经营许可的企业订购,并按照要求对订购的食品进行查验。供餐单位应当严格遵守法律、法规和食品安全标准,当餐加工,确保食品安全。学校、托幼机构、养老机构、建筑工地等集中用餐单位的主管部门应当加强对集中用餐单位的食品安全教育和日常管理,降低食品安全风险,及时消除食品安全隐患。餐具、饮具集中消毒服务单位应当对消毒餐具、饮具进行逐批检验,检验合格后方可出厂,并应当随附消毒合格证明。消毒后的餐具、饮具应当在独立包装上标注单位名称、地址、联系方式、消毒日期以及使用期限等内容(《食品安全法》第五十五条至第五十八条)。

第八,食品集中交易市场和网络食品交易管理。集中交易市场的开办者、柜台出租者和展销会举办者,应当依法审查入场食品经营者的许可证,明确其食品安全管理责任,定期对其经营环境和条件进行检查,发现其有违反本法规定行为的,应当及时制止并立即报告所在地县级人民政府食品安全监督管理部门。网络食品交易第三方平台提供者应当对入网食品经营者进行实名登记,明确其食品安全管理责任;依法应当取得许可证的,还应当审查其许可证。网络食品交易第三方平台提供者发现入网食品经营者有违反本法规定行为的,应当及时制止并立即报告所在地县级人民政府食品安全监督管理部门;发现严重违法行为的,应当立即停止提供网络交易平台服务(《食品安全法》第六十一条和第六十二条)。

第九,不安全的食品必须召回。国家建立食品召回制度。食品生产者发现其生产的食品不符合食品安全标准或者有证据证明可能危害人体健康的,应当立即停止生产,召回已经上市销售的食品,通知相关生产经营者和消费者,并记录召回和通知情况(《食品安全法》第六十三条)。

第十,食用农产品进入批发市场应检验合格。食用农产品批发市场应当配备检验设备和检验人员或者委托符合本法规定的食品检验机构,对进入该批发市场销售的食用农产品进行抽样检验;发现不符合食品安全标准的,应当要求销售者立即停止销售,并向食品安全监督管理部门报告,并做好进货查验记录,食用农产品的名称、数量、进货日期以及供货者名称、地址、联系方式等内容,并保存相关凭证。记录和凭证保存期限不得少于六个月等(《食品安全法》第六十四条、第六十五条和第六十六条)。

9.7.2.10 标签、说明书和广告的规定更加细化

(1)预包装食品标签和说明书

要求:不得含有虚假内容;不得涉及疾病预防、治疗功能;清楚、明显(生产日期、保质期等应显著标注,容易辨识)。

预包装食品的包装上应当有标签。标签应当标明下列事项:(一)名称、规格、净含量、生产日期;(二)成分或者配料表;(三)生产者的名称、地址、联系方式;(四)保质期;(五)产品标准代号;(六)贮存条件;(七)所使用的食品添加剂在国家标准中的通用名称;(八)生产许可证编号;(九)法律、法规或者食品安全标准规定应当标明的其他事项。专供婴幼儿和其他特定人群的主辅食品,其标签还应当标明主要营养成分及其含量,婴幼儿配方食品生产企业应当实施从原料进厂到成品出厂的全过程质量控制,对出厂的婴幼儿配方食品实施逐批检验,保证食品安全(《食品安全法》第六十七条和第八十一条)。

(2)食品广告的要求

食品广告的内容应当真实合法,不得含有虚假内容,不得涉及疾病预防、治疗功能。食品生产经营者对食品广告内容的真实性、合法性负责。县级以上人民政府食品安全监督管理部门和其他有关部门以及食品检验机构、食品行业协会不得以广告或者其他形式向消费者推荐食品。消费者组织不得以收取费用或者其他牟取利益的方式向消费者推荐食品(《食品安全法》第七十三条)。

9.7.2.11　特殊食品管理更加严格

保健食品、特殊医学用途配方食品和婴幼儿配方奶粉属于特殊食品。国家对保健食品、特殊医学用途配方食品和婴幼儿配方食品等特殊食品实行严格监督管理,保健食品不得宣传疗效,保健食品声称保健功能,应当具有科学依据,不得对人体产生急性、亚急性或者慢性危害(《食品安全法》第七十四条和第七十五条)。

特殊医学用途配方食品应当经国务院食品安全监督管理部门注册。注册时,应当提交产品配方、生产工艺、标签、说明书以及表明产品安全性、营养充足性和特殊医学用途临床效果的材料(《食品安全法》第八十条)。

婴幼儿配方食品生产企业应当实施从原料进厂到成品出厂的全过程质量控制,对出厂的婴幼儿配方食品实施逐批检验,保证食品安全,不得以分装方式生产婴幼儿配方乳粉,同一企业不得用同一配方生产不同品牌的婴幼儿配方乳粉(《食品安全法》第八十一条)。

9.7.2.12　食品检验

食品检验机构取得资质认定后方可从事相关活动;食品检验实行食品检验机构与检验人负责制;对测定结果有异议的处理办法进行了规定(《食品安全法》第八十四条至第八十八条)。

9.7.2.13　食品进出口

国家出入境检验检疫部门对进出口食品安全实施监督管理;进口的食品、食品添加剂、食品相关产品应当符合我国食品安全国家标准;进口的预包装食品、食品添加剂应当有中文标签;依法应当有说明书的,还应当有中文说明书;出口食品的生产企业应当保证其出口食品符合进口国(地区)的标准或者合同要求(《食品安全法》第九十一条至第九十九条)。

9.7.2.14　食品安全事故处置

国务院组织制定国家食品安全事故应急预案。县级以上地方人民政府应当根据有关法律、法规的规定和上级人民政府的食品安全事故应急预案以及本行政区域的实际情况,制定本行政区域的食品安全事故应急预案,并报上一级人民政府备案(《食品安全法》第一百零二条)。

9.7.2.15　监督管理

县级以上人民政府食品安全监督管理、质量监督部门根据食品安全风险监测、风险评估结果和食品安全状况等,确定监督管理的重点、方式和频次,实施风险分级管理(《食品安全法》第一百零九条至第一百一十二条、第一百一十六条、第一百二十一条)。

另外,新修订的《食品安全法》增加了责任约谈规定:县级以上人民政府食品安全监督管理等部门未及时发现食品安全系统性风险,未及时消除监督管理区域内的食品安全隐患的,本级人民政府可以对其主要负责人进行责任约谈。地方人民政府未履行食品安全职责,未及时消除区域性重大食品安全隐患的,上级人民政府可以对其主要负责人进行责任约谈。

被约谈的食品安全监督管理等部门、地方人民政府应当立即采取措施，对食品安全监督管理工作进行整改。责任约谈情况和整改情况应当纳入地方人民政府和有关部门食品安全监督管理工作评议、考核记录(《食品安全法》第一百一十七条)。

9.7.2.16 法律责任

《食品安全法》法律责任共 28 条，其中生产经营者的法律责任 15 条，食品安全风险监测、评估机构 1 条，食品检验机构 2 条，违法广告、宣传和虚假信息 2 条，政府和主管部门 5 条，民事赔偿 2 条，构成犯罪 1 条。

食品安全的法律责任主体，包括生产经营者、食品安全监管者、媒体(违法广告、宣传和虚假信息)与食品销售辅助人(网络食品交易第三方、集中交易市场的开办者、柜台出租者、展销会的举办者)和食品安全监测、检验、认证认可和风险评估机构等 4 个方面。

食品安全法律责任分为三种。

(1)行政法律责任:行政责任，表现为行政处罚，包括行政拘留、行政罚款、吊销营业执照、责令停止营业等。行政责任由行政法规定(《食品安全法》第一百二十二条、第一百三十四条、第一百三十五条、第一百三十八条)。

(2)民事法律责任:民事责任，表现为侵权责任、违约责任，包括停止侵害、排除妨碍、消除危险、返还财产、恢复原状、赔偿损失等。民事责任由民法规定(《食品安全法》第一百三十条、第一百四十八条)。

(3)刑事法律责任:刑事责任，表现为刑罚，主要包括:第一，死刑，剥夺被告人的生命;第二，无期徒刑、有期徒刑、拘役，通过关押被告人，剥夺被告人的自由;第三，管制，剥夺被告人的一定范围内的行为自由;第四，罚金，没收财产等，剥夺被告人的财产。刑事责任由刑法规定。《食品安全法》第一百四十九条规定:违反本法规定，构成犯罪的，依法追究刑事责任。食品刑事责任规定在我国刑法中，由第一百四十三条规定的生产、销售不符合安全标准的食品罪，第一百四十四条规定的生产、销售有毒、有害食品罪加以调整。

第一个罪名，生产、销售不符合安全标准的食品罪。

《刑法》第一百四十三条规定，生产、销售不符合食品安全标准的食品，足以造成严重食物中毒事故或者其他严重食源性疾病的，处三年以下有期徒刑或者拘役，并处罚金;对人体健康造成严重危害或者有其他严重情节的，处三年以上七年以下有期徒刑，并处罚金;后果特别严重的，处七年以上有期徒刑或者无期徒刑，并处罚金或者没收财产。

这个罪名是情节犯、危险犯，分为三种情况，从轻到重分别量刑。

第一种情况，制售不符合食品安全标准的食品，不必然构成犯罪，只是在这种食品具有了造成严重食物中毒事故或者类似严重食源性疾病的重大危险时，才构成犯罪。也就是，必须存在造成严重食物中毒事故的重大危险这个情节，才能构成犯罪。那么，由谁来决定这种重大危险的存在呢?按照最高人民法院、最高人民检察院的司法解释，这种重大危险由省级以上卫生行政部门确定的鉴定机构鉴定。这个鉴定机构，通常是省、自治区、直辖市设立的疾病预防控制中心或者产品质量监督检验中心等，它要给出涉案的食品中含有可能导致严重食物中毒事故或者其他严重食源性疾患的超标准的有害细菌或者其他污染物的鉴定结论，没有这个鉴定结论，司法机关就不能定罪。如果鉴定结论认定存在这种重大危险，制售食品的人就构成犯罪，要判处三年以下有期徒刑或者拘役(1～6 个月)，并处罚金。

第二种情况，制售不符合食品安全标准的食品，且对人体健康造成严重危害或者有其他严重情节。通常表现是，受害人食用涉案食物后中毒、发病，造成轻伤、重伤等后果。此种情况，制售食品的人的罪就比较重了，要判三年以上七年以下有期徒刑，并处罚金。

第三种情况，制售不符合食品安全标准的食品，后果特别严重。这个后果特别严重，一般表现为，涉案食物导致受害人死亡、严重残疾或者3人以上重伤、10人以上轻伤等。这种情况，罪行最重，最低刑是七年有期徒刑，最高刑是无期徒刑；同时，对于犯罪人还要并处罚金或者没收财产。

第二个罪名，生产、销售有毒、有害食品罪。

《刑法》第一百四十四条规定，在生产、销售的食品中掺入有毒、有害的非食品原料的，或者销售明知掺有有毒、有害的非食品原料的食品的，处五年以下有期徒刑，并处罚金；对人体健康造成严重危害或者有其他严重情节的，处五年以上十年以下有期徒刑，并处罚金；致人死亡或者有其他特别严重情节的，处十年以上有期徒刑、无期徒刑或者死刑，并处罚金或者没收财产。

这个罪名是行为犯，情节加重犯。也分为三种情况，从轻到重分别量刑处罚。

这个罪名针对的是制售有毒有害食品的行为。也就是，要惩罚生产有毒有害食品的人，惩罚明知是有毒有害食品仍然加以销售的人。认识这个罪名，首先要了解什么是有毒有害食品。所谓有毒有害食品，是指含有有毒有害非食品原料的食物。有毒、有害非食品原料的范围，由国家规定。根据《最高人民法院、最高人民检察院关于办理危害食品安全刑事案件适用法律若干问题的解释》第二十条的规定，下列物质属于"有毒、有害的非食品原料"：

(一)法律、法规禁止在食品生产经营活动中添加、使用的物质；

(二)国务院有关部门公布的《食品中可能违法添加的非食用物质名单》《保健食品中可能非法添加的物质名单》上的物质；

(三)国务院有关部门公告禁止使用的农药、兽药以及其他有毒、有害物质；

(四)其他危害人体健康的物质。

对于含有上述有毒有害物质的食物，应当从本质上加以认定，比如，销售直接打捞来的毒虾，虽然未经加工，仍可能成立本罪。销售食用了"瘦肉精"(盐酸克伦特罗)等有毒物质的动物，供人食用，仍可能成立本罪。

总之，《食品安全法》强化刑事责任追究，增设了行政拘留；大幅提高了罚款额度，最高可以处罚货值金额30倍的罚款；对重复违法行为加大处罚。新法规定，行为人在一年内累计3次因违法受到罚款、警告等行政处罚的，给予责令停产停业直至吊销许可证的处罚；非法提供场所增设罚则，最高处以10万元罚款；强化民事责任追究，要求接到消费者赔偿请求的生产经营者应当先行赔付，不得推诿；同时消费者在法定情形下可以要求10倍价款或者3倍损失的惩罚性赔偿金。

9.7.2.17 其他食品安全管理规定

转基因食品和食盐的食品安全管理在《食品安全法》中没有规定，适用其他法律、行政法规的规定；保健食品的具体管理办法由国务院食品安全监督管理部门依照本法制定；国境口岸食品的监督管理由出入境检验检疫机构依照本法以及有关法律、行政法规的规定实施；军队专用食品和自供食品的食品安全管理办法由中央军事委员会依照本法制定(《食品安全法》第一百五十一和第一百五十二条)。

(张建新)

9.8 易混淆问题解读

9.8.1 食品安全标准规范与部门规章和规范性文件的区别是什么?

我国现行《食品安全法》第二十五条规定:食品安全标准是强制执行的标准。除食品安全标准外,不得制定其他食品强制性标准。而国家强制性标准是必须执行的。部门规章和规范性文件是政府主管部门针对《食品安全法》及有关现实问题制定的,具有技术法规的属性,也是必须执行的。从法律效力上,食品安全标准规范与部门规章和规范性文件是相同的,但从颁布的程序上有很大的区别,部门规章是国务院各行政部门依法在其职权内制定的规章和地方人民政府制定的规章,规范性文件是国务院或行政部门发布的各种通知、地方政府相关行政部门制定的管理办法,而食品安全国家标准或者规范,是由政府授权的技术机构经过协商一致制定的,由主管部门批准。

9.8.2 风险管理与食品安全监管的区别是什么?

风险管理依据风险评估的结果,为保护消费者人身健康及促进公平贸易有关的其他因素,并在权衡风险评估结果与消费者利益之后,提出化解风险政策的过程。我国现行《食品安全法》第十八条规定了应当进行食品安全风险评估的情况。而食品安全监管是政府食品安全监督管理部门,遵循《食品安全法》的规定,对食品生产经营实施法律管制,是保证食品安全,保障公众身体健康和生命安全的需要。

9.8.3 食品无毒无害与不安全食品的区别是什么?

食品无毒无害是对食品安全最基本的要求,但"无毒无害"并不是说食品中绝对没有"有毒有害"的成分,只要这些有毒有害成分含量低于食品安全国家标准相关限量的要求就应该是安全的食品。不安全食品是指食品安全法律法规规定禁止生产经营的食品以及其他有证据证明可能危害人体健康的食品。如《食品安全法》第三十四条规定了禁止生产经营的食品、食品添加剂、食品相关产品。

9.8.4 有机食品和绿色食品的区别是什么?

绿色食品是指安全、健康且富含营养的食品,而非绿颜色的食品。其在优质生态环境中种植,根据绿色食品标准生产与加工,实行全过程质量控制,由专业机构认定并获得绿色食品标志使用权的安全、优质农产品及相关产品。绿色食品依据农业农村部绿色食品行业标准进行认证,在生产过程中允许施用农药和化肥,但对用量和残留量的规定较为严格。

有机食品是在有机农业生产体系下,根据国际或国家有机食品生产规范与要求进行生产和加工全过程管理,由专业机构认定的农副产品及其加工品。有机食品在其生产加工过程中绝对禁止使用农药、化肥、生长激素、化学色素、添加剂和防腐剂等人工合成物质,并不允许使用基因工程技术,同时有机食品生产需要 2～3 年的转换期,对生产地块和产量也有要求。

思考题

1. 食品安全监管法规体系由哪几部分构成?

2. 食品标准如何分类?

3. 从《食品安全法》对食品标签的基本要求看,哪些内容是预包装食品可追溯信息? 哪些是与食品安全相关的信息?

4. 简述 HACCP、SSOP 和 GMP 之间的关系。

5. 绿色食品 A 级和 AA 级有何区别?

6. 有机食品、绿色食品、无公害食品和普通食品有何区别?

7. 为什么要进行食品的溯源和追踪?

8. 为什么要进行食品的风险评估?

9. 消费者碰到有安全问题的食品如何维权?

10.《食品安全法》对食品标签有哪些具体的要求?

11. 食品安全标准主要包括哪些方面?

拓展阅读

[1] 张建新,沈明浩.食品安全概论[M].郑州:郑州大学出版社,2011.

[2] 张建新.食品标准与技术法规[M].2 版.北京:中国农业出版社,2014.

[3] 张建成.我国食品安全监管体制的历史演变、现实评价和未来选择[J].河南财经政法大学学报,2013,28(4):90-99.

[4] 胡颖廉.改革开放 40 年中国食品安全监管体制和机构演进[J].中国食品药品监管,2018,177(10):8-28.

[5] 宋明.关于食品安全的若干思考[J].现代食品,2017,3(6):35-37.

[6] 徐诚.HACCP 管理体系在食品安全监督中的应用研究[J].中国市场,2018(20):116-117.

[7] 孙学刚.GMP 体系在质量管理方面的实施[J].神州,2017(18):277-277.

[8] 宋佳丽.新版 GMP 实施过程中对制药企业的影响和对策分析[J].黑龙江科技信息,2016(21):278-278.

[9] 时晓宾.基于 GMP 的食品质量与安全监控体系研究[D].河北科技大学,2013.

[10] 沈明浩,滕建文.食品加工安全控制[M].北京:中国林业出版社,2010.

[11] 谢明勇.食品安全导论[M].北京:中国农业大学出版社,2012.

[12] 李忠.大市场监管体制下做好食品安全监管工作的思考[J].中国食品药品监管,2018(7):6-10.

[13] 孙宝国,王静,孙金沅.中国食品安全问题与思考[J].中国食品学报,2013,13(5):1-5.

[14] 刘兆彬.《食品安全法》修订重在质量[J].中国质量技术监督,2015(1):50-53.

10 怎样选购安全食品

近年来，随着国家食品安全法律法规的不断完善与实施，我国居民的食品安全得到强有力的保障，但仍有人对食品安全缺乏正确的认识，误食不安全食品。那么，在日常生活中，消费者应如何选购安全食品呢？

10.1 食品标签解读

10.1.1 什么是食品标签？

食品标签是指在食品包装容器上或附于食品包装容器上的文字、图形、符号及一切说明物。

食品标签的基本功能是通过对被标识食品的名称、规格、生产者名称等进行清晰、准确的描述，科学地向消费者传达该食品的配料、安全性、食用方法、保质期等信息。

食品标签要求的内容分为强制标示和非强制标示两部分。强制标示的内容有食品名称、配料表、配料的定量标示、净含量和规格、制造者和经销者的名称和地址、生产日期和保质期、贮存条件、食品生产许可证编号、产品标准号等。非强制标示的内容有产品批号、食用方法等。

我国《食品安全法》第六十七条规定，预包装食品的包装上应当有标签。标签应当标明下列事项：

(1) 名称、规格、净含量、生产日期；

(2) 成分或者配料表；

(3) 生产者的名称、地址、联系方式；

(4) 保质期；

(5) 产品标准代号；

(6) 贮存条件；

(7) 所使用的食品添加剂在国家标准中的通用名称；

(8) 生产许可证编号；

(9) 法律、法规或者食品安全标准规定应当标明的其他事项。

专供婴幼儿和其他特定人群的主辅食品,其标签还应当标明主要营养成分及其含量。

食品安全国家标准对标签标注事项另有规定的,从其规定。

为了维护消费者权益,保障行业健康发展,实现食品安全的科学管理,我国还发布了《预包装食品标签通则》《预包装食品营养标签通则》《预包装特殊膳食用食品标签》等食品安全国家标准,对预包装食品的强制性标签作出了具体规定。

10.1.2 通过食品名称鉴别食品的本质

食品标签上的食品名称必须是国家许可的规范名称,能够反映食品的真实属性。例如,当你选购果汁的时候,如果标签标注"果汁",就说明该商品除了水果中榨出的汁,完全没有加水;如果是"水果饮料"的话,那么其主要原料就不是果汁而是水,它是在水里添加了少量果汁,再加了其他的食品添加剂调制成饮料。

再比如超市售卖的各种瓶装水,看名称有纯净水、矿泉水、矿物质水、蒸馏水、天然水、山泉水等,让人眼花缭乱,其实在市面上销售的饮用水主要就分为三大类,即天然矿泉水、饮用纯净水、其他饮用水。"天然矿泉水"是从地下深处自然涌出的或经钻井采集的,含有一定量的矿物质、微量元素或其他成分、未受污染的地下矿水,简单来说矿泉水是非地表水,矿泉水的天然矿物质含量要远高于地表水。"饮用纯净水"和"其他饮用水"这两类属于《食品安全国家标准 包装饮用水》标准规定的包装饮用水。纯净水就是饮用纯净水,不含矿物质。其他饮用水包括矿物质水、蒸馏水、天然水等,因为它们不是纯净水,也不是天然矿泉水,所以只能叫"包装饮用水"。这里特别要说的矿物质水,其含有矿物质,但是人工添加的,因为它不含有天然矿物质,所以不能叫矿泉水。还有一种"饮用天然水",虽含有天然矿物质,但它是地表水。因此,通过食品标签的属性名称,消费者就能正确地选择想要的产品了。

10.1.3 读懂配料表,看清制作的原料

超市里琳琅满目的食品,仔细分辨会发现营养组分差别是很大的,所以选购的时候要学会看配料表。配料表中成分一般较多,按照国家标准要求,主要原料会排在前几位,含量最大的排在第一位,最少的排在最后一位。如果配料表的第一位是"纯净水",第二位是"苹果汁",就说明这个产品不是100%果汁,里面占比最多的是水。饮料产品上通常会注明"果汁含量40%"或者"牛奶含量≥40%"等字样,这就说明其中有多大比例来自天然原料,其他部分是用水、糖、食品添加剂调配而成的。

在超市里花样最多的各种"奶",通过看配料表就能发现到底什么才是"纯牛奶"。

在超市货架上常见的"酸酸乳",产品类别一栏注明的是"乳味饮料",在配料表中,你会发现排在第一位的不是牛乳,而是水。乳饮料以水为主,加入牛奶或乳制品,用糖或甜味剂等食品添加剂调制而成。含乳饮料没有对乳添加量的要求,它的营养价值和牛奶是完全不同的。很多年轻人爱喝的香蕉奶、巧克力奶,在产品类别一栏,注明的是"调制乳",其实就是调味奶。调制乳是可以添加水的,同时也可以添加其他原辅料,呈现不同风味。纯牛奶,牛奶成分100%,看配料表上,只有纯牛奶一项。所以在选购的时候就要留意标签上的产品类型和配料表,区分乳饮料、调制乳和纯牛奶。

10.1.4 一字之差的保质期和保存期

对于保质期我们都不陌生，一般在购买食品时都有查看保质期的习惯，但值得注意的是，保质期和保存期并不一样，按照《食品安全国家标准　预包装食品标签通则》的规定，预包装食品在标签指明的贮存条件下，保持品质的期限叫作保质期。在标示的期限内，产品完全适于销售，并保持标签中不必说明或已经说明的特有品质。而保存期就不一样，它是指预包装食品在标签指明的贮存条件下，预计的终止食用日期，过了保存期产品就不具有消费者所期望的品质特性了。

10.1.5 食品认证标识

在食品的包装上我们还会看到各种认证标志，主要有绿色食品标志、有机食品标志、农产品地理标志、HACCP(危害分析与关键控制点)体系认证标志等，这些认证标志都代表了不同意义。

绿色食品侧重于对环境质量评价达到一定的要求。绿色食品代表该食品无污染、安全、优质的品质特征；有机食品代表食品来自有机农业生产体系，在生产过程中不允许使用任何人工合成的化学物质。农产品地理标志是指农产品来源于特定地域，以地域名称冠名的特有农产品。HACCP 是食品行业常见的认证，是对生产加工设施和管理制度设置达到标准要求的认证。一般来讲，食品认证标志也是产品竞争力的体现。

10.1.6 什么是食品营养标签?

在食品包装上，我们还会看到关于营养的标示，这就是食品的营养标签。食品营养标签是预包装食品标签上向消费者提供营养信息和特性的说明，属于食品标签上必须标示的内容。

2011 年 11 月 2 日，我国发布了第一个食品营养标签国家标准——《预包装食品营养标签通则》(GB 28050—2011)，指导和规范营养标签标示。《预包装食品营养标签通则》规定，预包装食品营养标签应向消费者提供食品营养信息和特性的说明。

营养成分表是整个营养标签的核心部分，所有预包装食品营养标签强制性标示的内容包括能量、核心营养素的含量及其占营养素参考值(NRV)的百分比。以牛奶的营养标签为例，说明如下(图 10-1)：

营养成分表中的 NRV%是指每 100 g(mL)或每份食品中某一营养素占我们大多数人一天所需的该营养素总量的百分比。这个数值明确地告诉消费者喝了 100 mL 的牛奶可以满足今天 6%的蛋白质需求。

在营养标签中标注的反式脂肪酸标示含量为“0”，是真的没有吗?

按照《食品安全国家标准　预包装食品营养标签通则》的要求，营养成分含量低于某一界限时，由于其对人体没有实际营养意义且数值的准确性较差，必须标示为“0”。例如，当某食品中使用了氢化植物油的话，那么营养成分表中应标注反式脂肪酸的含量，食品中反式脂肪酸含量≤0.3 g/100 g(mL)时，就可以声称“不含”反式脂肪酸或“无”反式脂肪酸，可以标注为“0”。也就是说，这些食品中还是有反式脂肪酸的，只是含量很低，依法可以忽略不计。包装上写的反式脂肪酸含量为零，并不代表绝对没有，而是低于某一界限。

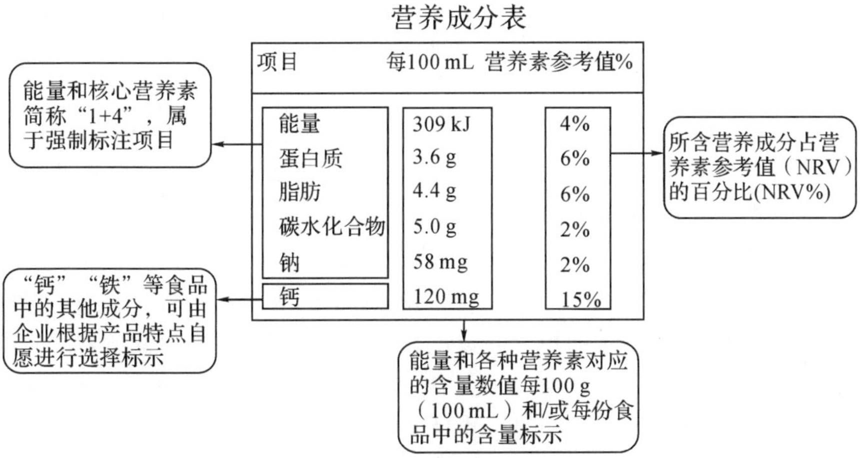

图 10-1 营养成分表

（林 洪）

10.2 粮油及其制品的选购

消费者了解如何选购安全放心的粮油及其制品是非常有必要的。

10.2.1 粮油的分类及其营养价值

粮油是粮食和油料的统称。粮食的定义包括麦类(小麦、大麦、青稞、黑麦、燕麦)、粗粮类(玉米、高粱、荞麦、谷子、小米、黍)和稻谷类(粳稻、籼稻、糯稻、陆稻、深水稻)三大类，另外还有作为补充的粮食作物，如花生、赤小豆、绿豆、木薯等。值得一提的是大豆，大豆作为一种主粮，其不单单指黄豆，还包括黑豆和青豆，其中氨基酸比较接近人体所需要的比值，另外也能够被加工成豆腐、豆浆等供人类食用。油脂包括花生油、芝麻香油、调和油、橄榄油、大豆油、菜籽油等。粮油制品包括挂面、通心面、方便面、米粉、包子、饼干、面包、蛋糕、芝麻酱等。粮食中含有人体所必需的氨基酸，丰富的蛋白质、膳食纤维、维生素、矿物质等。不仅如此，还有医用、工业用途等价值。

10.2.2 粮油及其制品的安全隐患

10.2.2.1 微生物

粮食在运输和贮藏过程中，由于外部环境和粮食自身微生物的影响，会发生一系列生物化学变化，导致其品质劣变，最可能的危害是霉菌，常见的霉菌为曲霉、青霉。粮食霉变除了会分解粮食自身的营养物质造成粮食品质降低之外，还会产生毒素，尤其是能够引发癌症的黄曲霉毒素。粮食中常见的细菌以黄单胞菌属、欧文氏菌属和芽孢杆菌属为主。

最易产生黄曲霉毒素的粮食是霉变花生，因为黄曲霉菌喜欢生长在果仁和含油的种子内，另外，玉米、大麦、小麦等粮食也容易发生霉变。红薯贮藏环境不当或贮藏时间过长容易生长黑斑病菌，食用后会引起肝损伤。某些粮食制品如米饭、馒头等在发霉后也是不可食用的。食用了含有较多细菌的粮食会导致急性肠炎、神经中毒等。

10.2.2.2 农药残留

农药残留是指在农业生产中使用农药后，部分农药直接或间接地残留在粮食中的现象。但是只要残留量在国家标准限量以下，对人体的健康是没有危害的，正规商品在上市之前，都会经过相关审查，消费者可以放心购买。

10.2.2.3 非法添加物

(1)工业染色材料：染色粮食是人们关注的热点问题，有个别不法商家为了谋取利益，对小米、赤小豆、黑米、黑豆等中添加相应的黄色、黑色、红色等工业染料或者食品添加剂，改变食品原有色泽，或者使颜色更加鲜亮，从而优化感官性质。值得注意的是，这仅仅是偶发，因为粮食染色成本高，效果也不一定明显。正规商超购买的粮食一般不存在这样的安全问题。

(2)增白剂：用小麦制作的面粉，是世界上第一大主食原料，需求量大，安全问题尤为重要。面粉增白的非法途径，其一是添加过氧化苯甲酰，对面粉进行“漂白”，过量摄入会减少人体对维生素的吸收，从而导致口角炎等疾病，严重者对肝功能也有一定程度的损害；其二是添加食品非法添加物——吊白块，添加在面粉或者米粉中可以有效改善面粉或米粉的颜色。吊白块在高温加热后会产生甲醛、二氧化硫等有害物质，食用后轻则头晕乏力，重则致癌。2011 年 5 月 1 日起，国家已经禁止生产、在面粉中添加过氧化苯甲酰、过氧化钙。

(3)废弃食用油脂：废弃食用油脂指的是油脂使用后剩下的不可再食用的油脂，其代表为地沟油。地沟油主要包括下水道油腻漂浮物或者泔水经简单提炼出的油、劣质猪皮或猪内脏加工提炼的油、油炸食品反复使用后的油等。废弃食用油脂对人的身体健康有着严重的危害，其中含有很多致癌物质，如苯并芘、丙烯酰胺等。除此之外，由于其来源复杂，加工环境恶劣，很可能还含有重金属、致病菌等危害物。

(4)工业矿物油：矿物油是从石油中提炼出来的液态烃类混合物，主要用于化工、纺织业。部分不法分子用矿物油将大米抛光，其目的是使大米看上去色泽光亮，掩盖其感官缺陷，但这种工业矿物油会对消费者的身体健康造成很大的影响，如肝功能的损伤和妇科疾病等。

10.2.3 如何挑选安全的粮油及其制品?

看：在挑选粮油及其制品时，尽量选购有包装的商品。首先要看其是否为正规厂家生产、是否超过保质期等。然后观察其色泽，一般豆类粮食选择色泽饱满，有光泽感，颜色不宜太鲜亮为宜，面粉选择乳白色或略带黄色，不要购买颜色过于洁白的面粉，在挑选大米、小米时要选择无霉变、无虫蚀、无明显杂质的商品，不要购买色泽过于光亮的米。在购买粮油制品时，注意观察其表面有无霉变和虫蚀，不要在小作坊购买没有任何安全标志的制品。

闻：一般在粮食中加入非法添加物的目的是掩盖其腐败的感官特质，消费者可以通过闻气味来进行辨别，新鲜的粮油及其制品有着自然的香味，而具有安全隐患的有着不新鲜、腐烂或者化学制品的味道。

摸：正常米、豆的色素集中在表层，胚乳仍为白色，消费者可以将其外层全部刮掉，如内层仍有颜色，则可能是染色导致的。在购买大米时，通过手在袋中反复抓捏后，袋子周围有明显的白色物质，说明是优质大米。

(林　洪)

10.3 蔬菜的选购

食品安全关系你我他，安全科学地挑选食品是健康的关键。蔬菜是每个人每天都应该食用的，它能够补充各种维生素和矿物质。蔬菜分为可以生食的蔬菜和不可以生食的蔬菜。如何挑选可以生食的蔬菜？如何挑选不能生食的蔬菜？有机蔬菜是否一定是安全的？白菜有黑点能不能吃？生菜生吃存在安全隐患吗？是否蔬菜越贵的越安全？颜色越深的蔬菜营养价值越高吗？大棚蔬菜是否激素含量高？是否发芽了的蔬菜都不能吃呢？带着这些问题，我们开启选购安全蔬菜的大门。

10.3.1 蔬菜的分类和营养价值

蔬菜分为叶菜类、根茎类、瓜茄类、鲜豆类、菌藻类（每类蔬菜的代表见图 10-2）。因为每种蔬菜的营养价值各有不同，叶菜类含有较高的维生素和矿物质，根茎蔬菜富含碳水化合物，而瓜茄类和鲜豆类的蛋白质和碳水化合物比较多，菌藻类含有活性多糖，所以在选择蔬菜时要注意搭配，这样营养摄入才能全面，有助于身体健康。

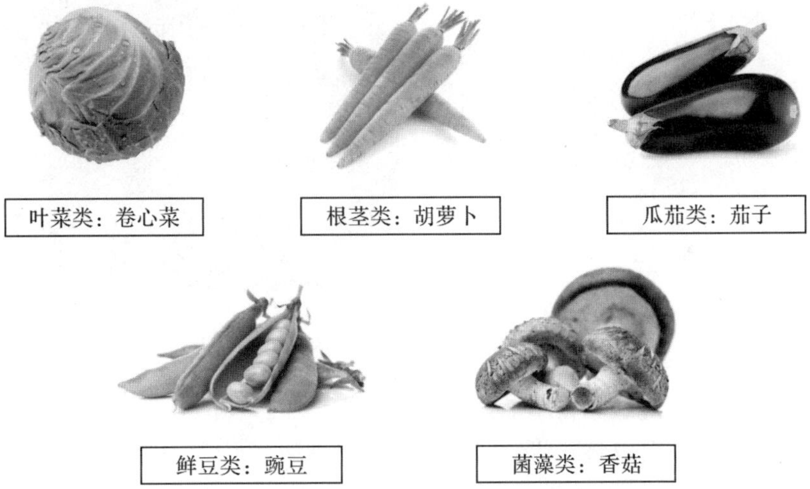

图 10-2 常见蔬菜分类①

通常，根茎类和瓜茄类蔬菜中有不少是可以生食的，如萝卜、西红柿、彩椒等，菌藻类和叶菜类大部分都不能生食，那么在生食蔬菜的挑选和不可生食蔬菜的挑选上，应该注意哪些问题呢？

10.3.2 如何挑选可生食的安全蔬菜？

蔬菜中所含的维生素及一些活性物质在高温蒸煮或者煎炸的过程中容易被破坏，生吃

---

① 拍信网 https://v.paixin.com/photocopyright/11489067,16763651,102882678,77625692,64369527

蔬菜可以最大限度地避免营养素损失，但是因为少了高温加热的过程，生食蔬菜上就可能存有致病菌、抗营养因子、寄生虫等安全隐患使得生食蔬菜不被大多数人所接受，但实际上是多虑了。

10.3.2.1 如何挑选生食蔬菜?

可生食的蔬菜一般都是瓜茄类或者根茎类蔬菜，除少数类似生菜的绿叶菜可以生食，大多数类型的蔬菜都需要进行蒸煮或者炒过才能食用。一定要注意有几类蔬菜不能够生食，包括豆类(含有血凝集素)、薯类(含有氰苷类毒素)、菠菜等绿叶菜(含有硝酸盐)、木耳(含有感光物质)、淀粉类蔬菜(不能消化)。

对于可以生食的蔬菜，挑选时应遵循以下几个原则：

(1)完整。首先在挑选生食蔬菜时，尽量选择完整、表面没有磕碰损伤的蔬菜，有破损的蔬菜可能会感染细菌等微生物。

(2)颜色均一，形状规整。尽量不要选择奇形怪状的蔬菜。例如挑选番茄时，尽量不要购买着色不匀、花脸的番茄(图 10-3)，因为这是感染了番茄病毒病的果实，味觉、营养均差。

(3)要新鲜。挑选生食蔬菜时，尽量选择新鲜的蔬菜，这类蔬菜通常都比较饱满，硬度比较高，不疲软，色泽鲜艳亮丽。

图 10-3 西红柿选取原则①

10.3.2.2 怎样清洗蔬菜有助于去除农残?

用流动的清水洗就可以将残留的农药洗掉，而不要在水中浸泡超过一刻钟，如果还不放心，可以用小苏打、淘米水，以及醋等进行清洗，有助于除去农残。超声波洗菜机可以辅助去除水果蔬菜上面的农药、激素和微生物等。实际上，蔬菜在批发市场已经经过市场监管局的抽样检测了，农残不会超标。

10.3.2.3 生菜是否可以生吃? 怎么挑选呢?

生菜是可以生食的，生菜相对于其他蔬菜，不易生虫，因此也不会打大量的农药。在挑选生菜的时候，首先要看叶子上有没有斑点和枯边的现象。看生菜叶子的色泽是否亮丽。同时可以掰一下生菜的茎部，如果生菜的茎部很脆的话，就说明生菜是非常新鲜的。如果实在不会挑选生菜的话，只要看生菜的外表就可以了，新鲜的生菜外表肯定是比较漂亮的。在生食生菜前，一定要彻底洗干净。

① 拍信网 https://v.paixin.com/photocopyright/25983463,81404166

10.3.3 如何挑选不可生食类蔬菜?

10.3.3.1 卷心菜

选购卷心菜的标准是:叶球要坚硬紧实,松散的表示包心不紧。应挑好看的,也就是表面光滑,没有伤痕也没有虫洞的。同时掂一掂重量,比较重说明新鲜。

10.3.3.2 豆芽

选豆芽时,先抓一把闻闻有没有氨味,再看看有没有须根,如果发现氨味和无须根的,就不要购买和食用了。

10.3.3.3 生姜

购买生姜时,要挑选颜色不那么白的,可以拿起来闻一闻有没有刺鼻的气味。生姜一旦被硫黄熏烤过,外表微黄,显得非常白嫩,看上去很好看。

10.3.3.4 芹菜

芹菜新鲜不新鲜,主要看叶身是否平直,新鲜的芹菜是平直的。一般不新鲜的芹菜叶子会卷曲,边缘甚至变黄。

10.3.3.5 山药

挑选山药主要是看表皮,如果表皮没有异常斑点,说明比较安全。如果表皮上有异常的斑点或者凸起,说明可能已经感染了病害,不宜食用。

(林 洪)

10-1

10.4 水果、干果的选购

科学挑选食品是健康的有力保障。按照膳食平衡宝塔,我们应该每天摄入一定量的水果,它能够给我们补充多种维生素、矿物质等。当然,在补充营养的同时,更得注意安全。水果不洗就吃存在安全隐患吗?进口水果是否一定安全?体型越大的水果营养价值越高吗?反季节水果是否用药较多?水果带皮食用是否更有营养呢?干果散装比包装更安全吗?带着这些问题,我们开启如何选购安全水果的大门。

10.4.1 水果、干果是如何分类的?

水果是指多汁且多为甜味或酸味,可生食的植物果实。按食用部位,水果可分为花托(梨、苹果、枇杷、山楂等梨果类)、花萼(桑葚等聚花果)、花轴(菠萝、无花果等)、中果皮(桃、李、杏、梅、枣、杨梅、樱桃、芒果、橄榄等核果类)、内果皮(柑、橙、橘、柚、柠檬、佛手等柑果类水果)、中果皮—内果皮—胎座(葡萄、柿、石榴、杨桃、番石榴、鸡蛋果、番茄、猕猴桃等浆果类水果)、内果皮—胎座(香蕉等浆果)、胎座(西瓜、火龙果)、假种皮(荔枝、龙眼、山竹子等)。每类水果的代表见图10-4。因为水果的营养素主要是碳水化合物(果糖)、膳食纤维(果胶、半纤维素)、维生素C和矿物质等,含有除维生素D和维生素B_{12}之外的几乎所有维生素,但每种水果的营养价值各有不同,因此在选择水果时,要注意搭配食用,这样营养摄入才能全面,达到健康效果。

食用部位花托：苹果

食用部位花萼：桑葚

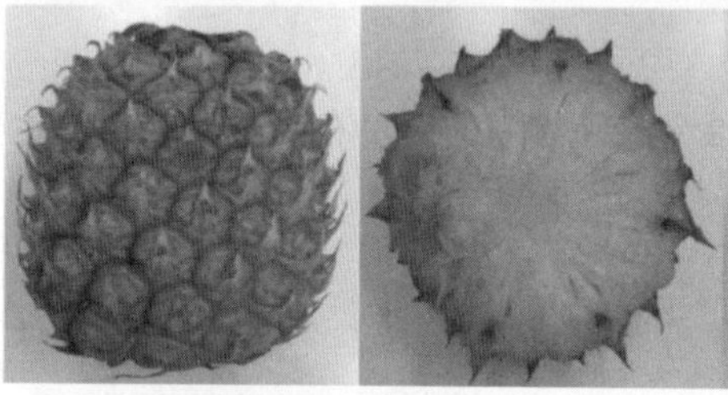

食用部位花轴：菠萝

食用部位中果皮：桃

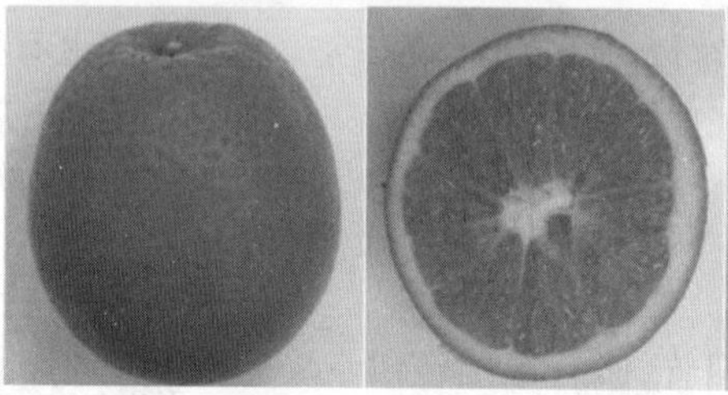

食用部位内果皮：橙

食用部位中果皮、内果皮、胎座：番茄

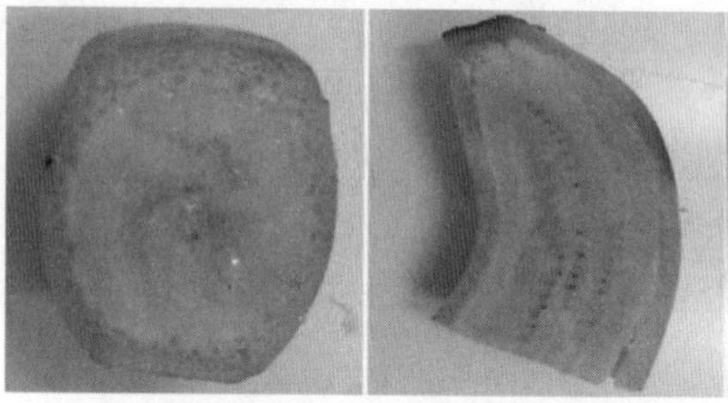

食用部位内果皮、胎座：香蕉

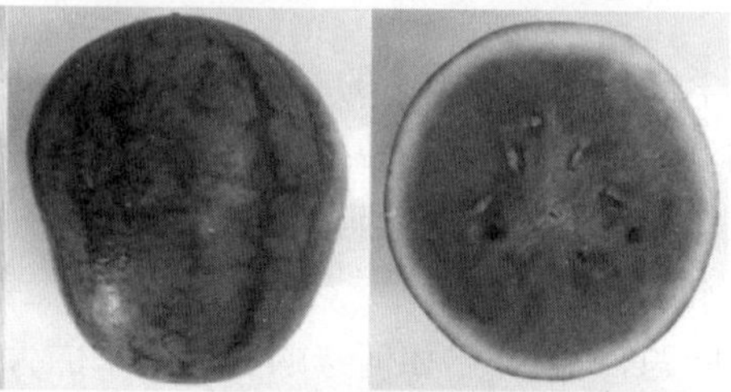

食用部位胎座：西瓜

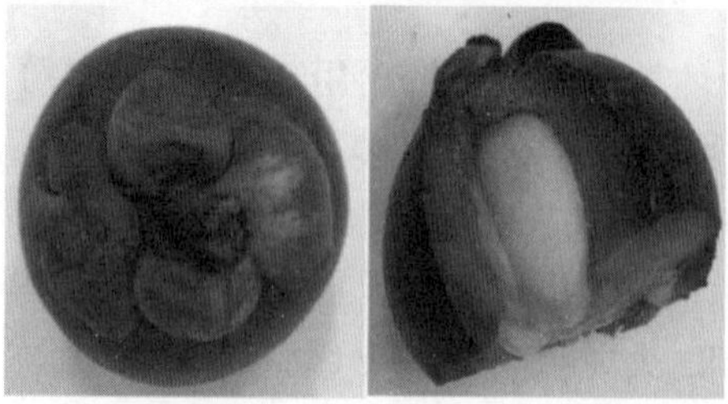

食用部位假种皮：山竹

图 10-4　常见水果及其食用部位

干果，即果实果皮成熟后呈干燥状态的果子。干果又分为裂果和闭果，它们大多含有丰富的蛋白质、维生素、脂质等。我们生活中常见的干果有很多，如板栗、榛子、腰果、核桃、瓜子、松仁、杏仁、白果、开心果、白瓜子、南瓜子、花生、巴旦木、夏威夷果等。

10.4.2 如何挑选安全的水果?

(1)建议购买水果到正规商场、超市购买，在挑选时应注意以下几点：

①磕碰伤口。水果在运输、挑选过程中免不了发生磕碰，所以挑选水果时，尽量避免挑选有磕碰、有伤口的水果。有伤口水果不仅不耐贮存，而且容易造成果皮上的农药残留和微生物侵染果肉，长期食用对人体健康不利。如果买回来的水果不小心磕碰出伤口，在短时间内洗净，去掉磕碰的部分可以直接食用，不会对人体产生危害。

②低温冻伤。香蕉等热带水果在低温运输或储藏条件下，其含有的超氧化物歧化酶的活性会急剧降低，破坏水果的内部细胞结构，导致果皮变黑。其实这种短期内的低温并不会导致热带水果果肉变坏，去皮之后可以照常食用。如果果肉出现异味则不宜继续食用。

③霉变腐烂。有些不法商贩常常将一些部分变质的水果便宜出售，或是将水果的变质部分去除，把未变质的部分继续售卖。这种切掉霉变、腐烂部分的做法并不保险。一般水果上的霉斑是展青霉素，展青霉素会引起肠胃功能紊乱、肾脏水肿等症状。当肉眼可见霉斑时，霉菌产生的展青霉素其实已经扩展到水果的其他部位了，小面积切除无法保证其他部位的安全性。所以，当水果贮藏时间过久、产生霉斑时，要毫不犹豫地把整个水果扔掉。此外，霉菌还会污染其他保存较好的水果，一旦发现发霉水果要尽快清理，并检查其他相邻水果是否被霉菌污染。

④变味水果。很多人会有这样的经历，水果放久了之后，表面上没有明显的异常，但是会散发出酒味。这是因为水果在贮藏过程中因为缺氧，转而进行无氧呼吸，将糖类物质转化为酒精，所以会发出酒精的味道。这种味道并非发霉变质，水果可以继续食用。如果水果不仅有酒精的味道，而且表面有变色、变软等痕迹了，那么有可能存在其他有害的杂菌，不宜继续食用。

(2)怎样清洗水果有助于去除农残?

用流动的清水洗就可以将残留的农药洗掉，可以在水中浸泡10分钟后再用流水清洗几遍；如果还不放心，可以选择碱水浸泡，有助于除去农残；超声波果蔬去农残清洗机可以辅助去除水果蔬菜上面的农药、激素和微生物等；当然，最简单粗暴的方式就是直接去皮。

10.4.3 如何挑选安全的干果?

(1)正规的购买途径：建议在正规商店、超市购买干果类制品，若是加工成品，应有正规包装，购买前应检查包装袋上的标签内容是否齐全，标签内容应包括厂名、厂址、生产日期、保质期、净含量、产品标准号等，如上述内容不齐全，建议消费者谨慎购买。干果类食品如果水分较高，产品保存不当，很容易霉变，消费者购买时应看清产品是否已发生霉变(霉变的产品对人体健康会造成危害)，同时要观察外壳是否有破损现象，如外壳破损，就可能会对里面的果肉造成污染。

(2)部分常见干果的选购技巧：

①核桃仁。应观察核桃肉的颜色，通常新鲜的核桃肉颜色呈淡黄色或浅琥珀色，颜色越

深，说明核桃越陈。消费者也可以通过闻味的方法来判别产品是否新鲜。

②栗子。果实饱满、颗粒均匀、果壳老成、色泽鲜艳、无蛀虫、无闷烂为佳，以肉质细、甜味强、带糯性的果实为上品。具体挑选方法是：看皮色，凡皮色红、褐、紫等各色鲜明，带有光泽的，品质较好，若外壳有蛀口、瘪印、变色或黑影等，则果实一般已有虫蛀或受热变质；捏果实，凡有坚实之感的，一般果肉较丰满，若感到空软，果实已干瘪。此外，还可以将栗子浸入清水中，果实下沉者可判为新鲜丰满，反之则果实已干瘪或被虫蛀。

③瓜子。以籽仁饱满、板正平直、片粒均匀、口味香而鲜美，符合本品种的水分、色泽要求者为上等。挑选方法是：看壳面鼓起的仁足，凹瘪的仁薄，皮壳发黄破裂者为次；用齿咬，壳易分裂，声音实而响的为干，反之为潮；用手掰，籽仁肥厚，用手掰仁松脆，色泽白者为佳。

④红枣。掰开枣肉不见断丝，颗粒大而均匀，果形短壮圆整，皱纹少而浅，核小、皮薄、肉质细实，甜性足，无酸、苦、涩味者为佳。小枣以皮色深红，大枣以皮色紫红，新货有自然光泽，陈货有薄霜者为佳。具体挑选方法是：看果形是否短壮圆整，皱纹少而浅，特别要注意蒂端有无穿孔或粘有咖啡色粉末，如有则表明果肉已被虫蛀，掰开后可看到肉核之间有一圈虫屑。手攥红枣，感觉坚实，肉质细；手感松软粗糙的是未干透，质量较差；湿软而粘手的，表明很潮，不能久贮。剖开红枣，肉色淡黄，细实，没有丝条相连，入口甜糯的品质好；肉色深黄，核大，有丝条相粘连，口感粗糙，甜味不足或带酸涩味的品质差。

（林　洪）

10.5　肉蛋奶的选购

肉蛋奶是日常生活必备的食材。肉类所占比例最大，而且品种多、生鲜多。蛋类尽管也是生鲜品为主，但有蛋壳的防护，食品安全事件极少发生。乳及其乳制品几乎没有原料奶可以在市场上日常选购，只能在超市选购预包装的奶制品。因此本节重点介绍肉及其肉制品。

肉类产品是人类必不可少的食品，能否吃上“放心肉”，直接关系着人民群众的身体健康和生命安全。肉品分为鲜肉和熟肉制品，鲜肉主要分为牛肉、猪肉、羊肉、鸡肉等，熟肉制品是指以鲜、冻畜禽肉为主要原料，经选料、修整、腌制、调味、成型、熟化和包装等工艺制成的肉类加工食品。肉制品主要分为香肠、卤肉、火腿、腌肉等，由于其营养丰富，口味鲜美，深受广大消费者青睐。如何鉴别“问题”肉类，如何正确选购肉类产品？

10.5.1　肉类食品存在哪些安全隐患？

肉类食品偶然导致的突发公共卫生事件，使得消费者对肉类食品安全有了较高警觉。

肉类食品在生产、加工、流通、消费等环节都有市场监督管理局把关控制，但是总有不法商贩的趋利行为，或者消费者对肉类及其制品的科普知识不足而导致出现一些食品安全问题。

10.5.1.1　微生物污染

肉类食品是高蛋白质、高水分食品，最适于微生物的生长繁殖。如果肉品加工的环境卫生条件达不到要求，加工原料不合格，加工工艺不合理，贮运条件不当等，都会导致肉类制品中有害细菌，如沙门氏菌、金黄色葡萄球菌、大肠杆菌、肉毒杆菌等微生物繁殖生长，造成肉类食品腐败变质，即使加热，其所残留的毒素也会引起食物中毒。

10.5.1.2 肉类食品中兽药和激素残留

兽药残留是指畜禽及水产品的可食部位所含兽药或其代谢物。饲养食用动物时，一般将疫苗、促生长剂、疾病防控用品等作为饲料添加剂投入饲料中或埋植于动物皮下，它具有促进动物生长发育、改善生产性能、增加产量的作用。按照国家标准规范操作是没有食品安全性问题的。可能有个别养殖户，会违法违规使用违禁药物或者不按限量标准使用药物。

10.5.1.3 肉类食品中添加剂的污染

在熟肉制品加工过程中，一些食品企业为追求食品的外观、货架期和利润，常常会过量使用或者超范围使用食品添加剂，如复合磷酸盐、亚硝酸盐、防腐剂等。

10.5.2 如何识别鲜肉类食品的检验检疫标识？

购买鲜肉，常会看到肉上盖有不同颜色和形状的印戳，这是肉类的检验检疫标识。合格猪肉应该同时盖有检疫合格章和检验合格章。检疫合格章为红色，呈滚条形或圆形；检验合格章为蓝色，呈圆形或菱形。猪肉上所盖的戳为食用色素，无毒无害，消费者可以放心食用。

如果猪肉上面盖有三角形的戳或者长方形的戳，说明此类猪肉是不应该出现在市面上的，它们或是工厂加工用猪肉，或是化脂用猪肉。如果看到猪肉上打叉形状的戳，表明这种猪肉是需要废弃处理的，坚决不购买和食用。

10.5.3 问题鲜肉及熟肉食品如何鉴别？

消费者在购买鲜肉时，首先要看是否出自正规屠宰厂，其次是对肉类进行感官鉴别。

(1)新鲜肉：肉有光泽、肉色均匀、弹性好、外表微干或微湿润，但无渗水感，且有鲜肉特有的正常气味；要查看有无检疫合格章。

(2)不太新鲜的肉：光泽少，肉颜色稍暗，外表干燥或有些黏手，新切面湿润，弹性差，有酸味等。

(3)变质肉：肉表面失去光泽，偏灰黄甚至变绿，肌肉暗红，切面湿润，弹性基本消失，有腐败气味。

(4)注水肉：快速鉴别注水肉的“试纸检测法”：将一小片餐巾纸贴到肉上，注过水的肉会令纸迅速洇湿，而正常的肉虽能将纸粘住却不会有洇湿感。

(5)米猪肉(猪囊虫肉)：仔细观察肌肉组织中是否有小米粒至豌豆大小不等的囊泡，如果有一个白色的头节，就像石榴籽的肉，就不能购买和食用。

(6)母猪肉：母猪肉除皮厚肉粗外，猪皮毛孔深而大，奶头粗且长，脂肪层较疏松，与肌肉结合不紧，肌肉纤维纹理粗糙，呈污红色，骨断面有黄色的油样液体渗出。

(7)猪瘟病肉：皮肤上有大小不一的出血点，肌肉中有出血小点。个别肉贩常将猪瘟病肉用清水浸泡一夜，第二天上市销售，这种肉外表显得特别白，不能发现有出血点，但将肉切开，从断面上看脂肪、肌肉中的出血点依然是明显的。

10.5.4 如何选购猪肉、羊肉、牛肉及其制品？

10.5.4.1 如何安全选购猪肉和猪内脏？

好的猪肉应是表面不发黏，肌肉细密而有弹性，颜色自然鲜红，用手指压后不留指印，并有一股清淡的自然肉香味。新鲜的猪肝，呈褐色或紫色，并有均匀光泽；新鲜的猪肚，色浅黄，有光泽，质地坚实富有弹性，肚表面黏液多；新鲜的猪腰，呈浅红色，表层有薄膜，有光泽，柔润，有弹性；新鲜的猪肠，色白黏液多；新鲜的猪心，组织坚实，富有弹性，用手挤压有鲜红的血液、血块排出。

10.5.4.2 如何安全选购牛肉？

新鲜的牛肉呈棕色或暗红，剖面有光泽，结缔组织为白色，脂肪为黄色，肌肉间无脂肪杂质。

10.5.4.3 怎么安全选购羊肉？

新鲜的绵羊肉，肉质较坚实，颜色红润，纤维组织较细，略有些脂肪夹杂其间，膻味较少；新鲜的山羊肉，比绵羊的肉质厚而略白，皮下脂肪和肌肉间脂肪少，膻味较重。

10.5.4.4 鲜肉如何贮藏？

将整块肉洗净后切成一次所需的大小，装入保鲜袋中扎紧袋口，放进冰箱的冷冻格中，可贮存两个月以内。

10.5.4.5 肉制品的选购要注意什么？

(1)尽量选择可信赖的销售商、生产厂家的产品：包装上应标明品名、厂名、厂址、生产日期、保质期、执行的产品标准、配料表、净含量、食品生产许可证标志等。尽量到信誉较好的大商场购买，选购知名品牌产品。可靠的销售商具有正规的进货渠道，产品质量比较有保证。

(2)感官检查色香味和质地：预包装的肉制品，只要在保质期内不会有安全问题。

现场加工的散装卤制熟食最好当天吃完。散装熟肉制品应呈自然色泽，例如，酱牛肉应为酱黄色。叉烧肉表面为红色，内切面为肉粉色，并具有产品应有的肉香味，无异味。肠类制品外观应完好无缺，不破损，洁净无污垢，肠体丰满、干爽、有弹性，组织致密，具备该产品应有的香味，无异味。从色泽上看，经过熏制的肉制品一般为棕黄色，并带有烟熏香味。

（林 洪）

10.6 水产品的选购

淡水养殖产品以鱼类为主；海水产品中鱼类主要以捕捞为主，而养殖产品中贝类约占海水养殖总量的72%，另外市场上常见的水产品还包括甲壳类(虾、蟹、虾蛄等)、头足类(鱿鱼、乌贼、章鱼等)、藻类(海带、紫菜、裙带菜等)、海参海蜇等。

10.6.1 水产品中的安全隐患

近几年来，我国水产品质量安全保持了稳定向好的趋势，2017年产地监测合格率达99.7%，已连续5年保持在99%以上。

水产品在养殖、运输、加工等环节中仍存在一些安全隐患，消费者在选购时要多加注意。

10.6.1.1 生物性危害

(1)有害性微生物：主要包括致病菌和腐败菌(图10-5)。海产品典型的致病菌是副溶血弧菌等。

微生物除了直接导致食物中毒以外，也可能分解水产品使其腐败变质，进而产生生物胺，间接引起食用者食物中毒。青皮红肉鱼，如鲐鱼、鲅鱼、鲭鱼、鲱鱼、沙丁鱼、秋刀鱼、金枪鱼和竹荚鱼等，不新鲜时可快速产生大量的生物胺（组胺、腐胺、尸胺、酪胺、精胺和亚精胺）。其中，组胺是上述鱼类中含量最多和最主要的生物胺，会造成皮肤过敏、腹部痉挛、呕吐和腹泻等。

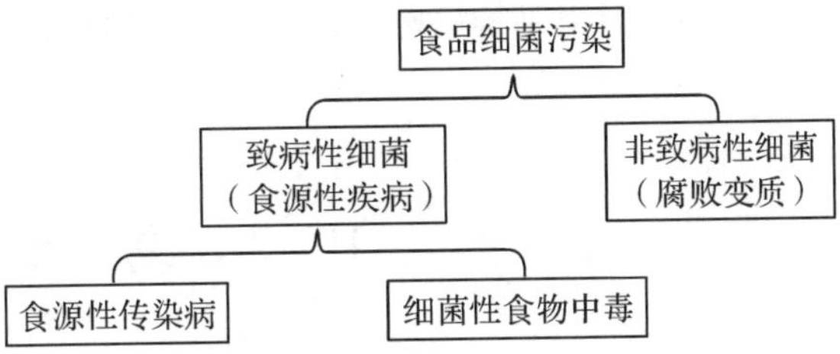

图 10-5 生物性危害的分类

（2）寄生虫：危害性寄生虫使人产生过敏反应或者寄生虫病，华支睾吸虫是淡水产品的典型寄生虫，又称肝吸虫，可引发胆绞痛、贫血、肝硬化等。异尖线虫是海产品中常见的寄生虫。不过，寄生虫可以通过加热消除。海产品的异尖线虫还可以通过冷冻消除（－20℃ 20 小时冰冻后可被杀死），所以生食建议食用海水鱼类、贝类。生食海产品时一定要去掉内脏。

（3）病毒：水产品中常见的病毒有诺瓦克病毒和甲肝病毒，多数由贝类（牡蛎、毛蚶等）等不洁净的生鲜食品所引发。研究发现，热处理可以明显减少病毒数量，传统的冷冻等加工保藏方法杀灭效果不理想。

10.6.1.2 兽药残留

水产品的兽药残留是指水产品的可食部位所含兽药或其代谢物，以及与兽药有关的杂质的残留。食品安全国家标准 GB 31650—2019 中规定了食品中兽药最大残留限量，因此为避免买到兽药残留超标的水产品，建议去购买正规市场的合格产品。

10.6.2 如何选购新鲜的鱼虾贝蟹？

总的来说，购买鱼虾类水产品要注意是否新鲜，尽量不要吃不新鲜、来历不明和不认识的水产品。尤其是要选购新鲜的青皮红肉鱼，因为当腐败变质时，受到细菌的影响生成的生物胺会引起食用者食物中毒；而海淡水贝类、毛蟹、小龙虾等一定要购买活的。具体的挑选方法如下：

（1）闻气味：新鲜的鱼虾贝类气味正常，具有海水咸腥味或淡水鱼的土腥味，无异臭味；腐败的鱼虾贝类都会有一股腐臭味。

（2）看外观：新鲜的鱼眼球饱满突出，角膜透明清亮，鳃丝清晰呈鲜红色，黏液透明，体表有透明的黏液，鳞片有光泽且与鱼体贴附紧密，不易脱落；腐败的鱼眼球塌陷或干瘪，角膜皱缩或有破裂，鳃丝呈褐色或灰白色，有污秽的黏液，体表暗淡无光，附有污秽黏液，鳞片与鱼皮脱离。

新鲜的虾色泽光亮，虾体清洁而完整，甲壳和尾肢无脱落现象，虾头虾体紧密相连，外壳与虾肉紧贴一体，肌肉组织坚实紧密，手触弹性好；不新鲜的虾体表色泽发红，虾体不完整，肌肉组织松弛，手触弹性差。

新鲜贝类的贝壳大多是紧闭的，或者微张的，用手轻拍一下贝壳，会立刻紧闭。贝壳剥开会流出透明的液体，贝肉呈白色，肌肉紧实、有弹性。

新鲜的螃蟹手掂感觉重，蟹肚饱满紧实，体表色泽鲜艳，背壳纹理清晰而有光泽；活蟹肢体连接紧密，提起蟹体时，不松弛也不下垂。另外，农历八九月份母蟹肥美肉多，九月之后公蟹是最肥的,因为雌雄螃蟹分别在这两个时期性腺成熟。

(林 洪)

10.7 易混淆问题解读

10.7.1 “三无产品”是单指无生产日期、保质期及生产厂家吗?

“三无产品”是对来路不明产品的一个比较通俗的描述,一般是指在预包装食品上无保质期、无生产许可证编号以及无生产厂名称。也有说法是,“三无产品”是无生产厂名、无生产厂址、无保质期的产品。还有说是无厂名、无地址、无商标的产品。

《食品安全国家标准 预包装食品标签通则》规定,直接向消费者提供的预包装食品标签标志应包括食品名称、配料表、净含量和规格、生产者和(或)经销者的名称、地址和联系方式、生产日期和保质期、贮存条件、食品生产许可证编号、产品标准代号及其他需要标示的内容。上述要求缺少其中之一,均可视为“三无产品”。

10.7.2 认证过的食品一定比普通食品更安全吗?

在食品的包装上,我们经常会看到关于认证的标志,比如原产地标志、HACCP 标志、有机食品标志等。这些认证有的是对生产加工过程的认证,也有清真等特殊需求的认证,还有保障消费者知情权的认证。像 HACCP 这样食品行业常见的认证,是对生产加工设施和管理制度设置达到标准要求的认证,如果生产企业在日常生产中能够遵循这些标准操作当然是对最终食品安全性的一份保障,但是我们在食品标签上看到的这些认证标志并不都是代表食品安全性的认证。

一般来讲,“认证”代表生产企业具备了某种实力,不能仅凭“认证”就认为比没有认证过的食品更安全,实际情况是:所有食品出厂时都要经过各项指标的控制和检测,符合相关标准规定才可以到市场进行销售。因此,认证过的食品和普通食品都是安全食品。

10.7.3 预包装食品与散装食品的区别是什么,安全性如何?

预包装食品,《食品安全国家标准 预包装食品标签通则》(GB 7718)的定义是预先定量包装或者制作在包装材料和容器中的食品。

从“预包装食品”的定义看,预包装食品必须同时具备两个基本特征,一是“预先定量”,其次是“包装或者制作在包装材料和容器中”。预包装食品是直接或非直接提供给消费者的食品包装状态。从《食品安全法》到《食品安全国家标准 预包装食品标签通则》(GB 7718)都有对预包装食品安全管理的要求,例如预包装食品要有“SC 食品生产许可”编号,这些都是对预包装食品安全性的保障,只要生产企业严格按照法律、法规和相应标准去生产,那么预包装食品的安全性就是有保证的。

散装食品指无预包装的食品、食品原料及加工半成品(但不包括新鲜果蔬,以及需清洗后加工的原粮、鲜冻畜禽产品和水产品等),即消费者购买后可不需清洗即可烹调加工或直接食用的食品,主要包括各类熟食、面及面制品、速冻食品、酱腌菜、蜜饯、干果及炒货等。

散装食品因经济实惠而备受消费者青睐，流通的数量也相当大，但确实在食品进购、贮存和上架销售等方面存在二次污染的安全隐患。《食品安全法》规定，食品经营者销售散装食品，应当在散装食品的容器、外包装上标明食品的名称、生产日期或者生产批号、保质期以及生产经营者名称、地址、联系方式等内容。通过对散装食品的标注，可以有效防止因经营者的过失将不同品种的食品相混淆，防止食品二次污染，便于经营者及时清理过期食品，防止经营者在食品中掺杂使假。

经营散装食品，也要依法取得含有散装食品销售或相关制售项目的食品经营许可证。在散装食品的生产经营过程中，经营场所、设备设施、人员卫生等方面都要符合相关要求，这些要素都是保证散装食品安全性的先决条件。因此，只要在正规经营商户购买散装食品，其安全性还是有保障的。

10.7.4　是否越白的面粉越不靠谱？

一般情况下越不靠谱。面粉是由小麦加工而成的，小麦本身呈淡黄色，因此加工制成的面粉多为淡黄色或乳白色，颜色过于雪白的面粉很大概率是为了提高感官品质而添加了增白剂，当然，增白剂在规定范围内对人体是无害的。

10.7.5　地沟油是指下水道的油吗？如何避免买到地沟油？

地沟油不等于下水道油，而是泛指在生活中存在的各类劣质油，如回收的食用油、反复使用的炸油等。地沟油最大来源为城市大型饭店下水道的隔油池。长期食用地沟油可能会引发癌症，对人体的危害极大。地沟油严重影响人们的健康，但是单纯通过感官难以进行准确鉴别。在购买食用油时，要认准品牌，认准正规商超，不贪图便宜，不购买没有安全标识的食用油，最好购买具有明确原料的油脂，例如花生油、葵花籽油、大豆油等。外出就餐时避免去环境恶劣的小餐馆。

10.7.6　黑豆、黑米冲洗时掉色就是染过色的吗？

不一定。有些人认为在冲洗时稍有掉色就是经过染色的，事实上，在浸泡或者冲洗粮食时，有掉色的原因是粮食表面水溶性色素析出，这属于正常现象，消费者无须担心。在挑选时可以通过刮掉粮食外层后，看内层是否有颜色来判断，内层仍有颜色的可能为染色粮食。

10.7.7　发芽马铃薯去掉芽还能吃吗？

不能吃。有人认为马铃薯即使发芽了，去掉芽就可以食用了。实际上，这是很危险的，在马铃薯发芽部位含有较多的龙葵碱毒素，误食后会引起神经系统功能紊乱，并对胃肠黏膜有刺激作用，严重影响身体健康。即使把发芽部位挖掉，其他部位也会含有少量的毒素。一旦马铃薯发芽，就应整个都丢掉。在购买马铃薯的时候，每次不宜买太多，要买成熟新鲜的马铃薯，不买发芽、绿色或黑色马铃薯。

10.7.8　大蒜发芽后还能吃吗？

人们经常会认为发芽的蔬菜都不能吃。有些发芽的蔬菜确实不能吃，像土豆、地瓜等。但关于“发芽的大蒜能吃吗？”这个问题，答案是肯定的，发芽的大蒜可以吃，对身体没有任何危害。只是，大蒜发芽长出的是蒜苗，营养价值被蒜苗部分吸收，大蒜整体也会萎缩，因此，在食用发芽的大蒜时，不必把芽体部分去掉。根据最新研究发现，发芽的大蒜比新鲜的大蒜含有更多对心脏有益的抗氧化剂。因此，发芽的大蒜是可以食用的。

10.7.9 白菜上有黑点是不是坏了？能不能吃？

白菜上有黑点分几种情况，首先试试看能否洗掉？如果能够洗掉，说明可能是小虫子的排泄物等；如果洗不掉，有可能是因为白菜在运输或者其他过程中冻伤，病变；如果洗不掉且黑点比较大，很可能是因为白菜发生了腐败。所以当白菜上有黑点时，要进行合理分析，如果确实判断不出，为了安全起见，可以选择不食用。

10.7.10 颜色越深的蔬菜营养价值越高吗？

研究表明，在一般情况下，深色蔬菜确实比浅色蔬菜营养价值要高。蔬菜家族中，由于所含色素不同，导致蔬菜形成不同的颜色：绿色是叶绿素，紫色是花青素，红色是番茄红素，黄色是胡萝卜素，白色是不含色素，黑色营养价值最高。但是，从营养学角度来讲，各种类型的蔬菜我们都需要摄入，不能只食用单一的蔬菜。

10.7.11 网传无籽水果是用避孕药培育，食后会造成人的不孕不育。这种说法有科学道理吗？

实际情况是不会。无籽水果中大部分为天然无籽品种，也有通过人工杂交培育等手段进行无籽化处理的。最重要的一点是：植物激素对人体不会产生副作用，而且大多数植物激素（生长调节剂）在使用后3～10天内可以完全降解。所以，不用担心食用无籽水果的植物激素问题。

10.7.12 猕猴桃三个月不烂是因涂抹了防腐剂吗？

对于猕猴桃，大家熟知的可能是“七天软、十天烂、半月不到坏一半”，其实，猕猴桃在0℃冷藏的条件下，是可以存放6到8个月不变质，不用使用任何添加剂。当然，长期室温下不腐烂的猕猴桃，很有可能是进行了特殊保鲜处理，如利用1-甲基环丙烯（允许使用的植物保鲜剂），可以抑制猕猴桃释放乙烯，延长保藏时间。

10.7.13 瓜瓤里有黄白色的筋，是西瓜注水了吗？

“黄白色的筋”这个不能作为判定西瓜注水的标志。西瓜里白色的筋是西瓜的维管束，并不是注水产生的。大部分西瓜成熟过程中，这些维管束就降解了；但是因为肥料、品种等因素的影响，有些西瓜的维管束没有降解完全，甚至发生了木质化，从而形成了黄白色的条带，这样的西瓜也被称为“黄带果”，与注不注水其实是没有关系的。

10.7.14 鲜肉必须排酸吗？

排酸肉是活牲畜屠宰经自然冷却至常温后，将胴体送入冷却间，使酮体温度在24小时内降为0～4℃，在一定的温度、湿度和风速下将肉中的乳酸分解为二氧化碳、水和酒精，然后挥发掉，同时细胞内的三磷酸腺苷在酶的作用下分解为鲜味物质，经过排酸后的肉改变了肉中一些成分的分子结构，口感得到了极大改善，味道鲜嫩，有利于人体的消化和吸收。排酸仅与风味、质感有关；不排酸也是安全的。

10.7.15 冷鲜肉、冷冻肉与热鲜肉有哪些区别？

热鲜肉——我们熟知的“凌晨屠宰，清早上市”的畜肉，由于其本身温度较高，容易受微生物污染，极易变质，货架期一般不超过1天。

冷冻肉——是把屠宰后的肉放在－30℃以下的冷库中冻结，然后在－18℃保藏，并以冻结状态进行销售的肉。冷冻肉的卫生品质较好，但在解冻过程中会出现比较严重的汁液流失，使肉的营养价值、感官品质有所下降。

冷鲜肉——是把宰后的畜酮体迅速进行冷却处理，使酮体温度在24小时内降为0～4℃，并在后续加工、流通、销售全过程中始终保持0～4℃的生鲜肉，也称为排酸肉。冷鲜肉的卫生、风味和肉质较其他类生肉（热鲜肉、冷冻肉）要好，是今后生肉消费的主流。

10.7.16 鲜牛奶和纯牛奶有哪些区别？

鲜牛奶与纯牛奶的原料都是鲜牛乳，两种奶最本质的差别是杀菌方法的不同。

鲜牛奶也称巴氏杀菌奶，是经过85℃低温加热处理的生鲜牛奶，由于杀菌温度不高，在杀死有害菌的同时，能最大限度地保存牛奶中的营养活性物质。

纯牛奶属于常温下保存的奶，是经瞬时高温灭菌处理的超高温灭菌乳。纯牛奶灭菌的瞬时温度至少132℃，这种灭菌方法能杀灭牛奶中的所有微生物，但这样灭菌后的牛奶营养成分损失较大，尤其是维生素。从新鲜和营养角度看，鲜牛奶要优于纯牛奶。

10.7.17 活鱼和冰鲜鱼哪个更好吃？

冰鲜鱼更好吃。可能大家普遍认为现杀的活鱼吃起来味道会更加鲜美，其实这是一个误区。鱼死后肌肉组织会经历僵硬、自溶、腐败三个阶段，处在自溶阶段的鱼肉最为鲜美，是最佳食用阶段。活鱼被宰杀后，处于僵硬阶段，体内会继续产生一些酸性物质，影响鱼肉口感；与肉类排酸的原理类似，冰鲜鱼在0～4℃低温下保藏一天就进入了自溶阶段，体内的酸性物质被分解，产生了更多的呈味氨基酸，因而放一天的冰鲜鱼最鲜美，比活鱼更好吃。

10.7.18 虾头发黑是不新鲜了吗？

可能大家普遍认为虾头发黑说明虾不新鲜了，其实不然，黑变主要是虾离水死亡后体内酶的立即催化作用，和微生物的关系并不大，所以，发黑并不意味着已经腐败。

动植物体内普遍存在一种叫酪氨酸酶的物质，酪氨酸在酪氨酸酶的作用下，可以逐步形成醌类物质，然后再形成黑色素。虾的全身都有酪氨酸酶分布，但虾头里的酪氨酸酶活性最强，腹部和尾部的酶活性较低，因此虾头总是最先变黑，然后才是腹部和尾部。所以，虾头发黑并不代表虾不新鲜，反而说明没有使用保鲜剂。

10.7.19 河豚到底能不能吃？

过去总有“拼死吃河豚”的说法，其实现在的河豚是可以吃的。那现在，什么样的河豚是可以吃的呢？

两个要点,即正规的养殖场与加工厂,两者要同时具备。2016年起,国家开放了河豚的加工经营。我们需要购买具有河豚养殖基地许可证和河豚加工许可证生产出来的河豚产品,这些产品已经进入超市的流通环节,在外包装上注明具有上述两证。其他来源的河豚,不能保证其安全性。

10.7.20 鱿鱼中检测出甲醛一定不安全吗?

不论是干制品还是鲜品,鱿鱼中都含有一种叫氧化三甲胺的物质,这种物质在鱿鱼体内会逐渐分解生成甲醛和二甲胺。所以鱿鱼中检测出甲醛并不能直接作为判定违法添加的依据,还需要注意观察外观,甲醛泡发过的鱿鱼,手感较硬、质地较脆,入口缺少鲜味,闻一闻会有刺激性气味。

10.7.21 小龙虾真的是在污水中养殖的吗?

小龙虾是一种淡水虾,学名为"克氏原螯虾"。有传言说小龙虾在污水中养殖,实际上这种说法是错误的。正规场所售卖的小龙虾都是在洁净的水源养殖的,因为小龙虾的养殖密度都比较大,如果水质不干净,小龙虾的存活率会大大降低,也经不起长途运输。同其他的淡水水产品一样,小龙虾可能会蟹带寄生虫,因此不要生吃。

10.7.22 养殖的大闸蟹真的注射了避孕药吗?

结论是否定的。其实,用人工激素或者避孕药喂养大闸蟹并不能达到催肥的目的,因为大闸蟹需要多投喂小鱼、螺蛳、大豆等高蛋白的饲料才会变得肥满。由于蟹黄和蟹膏都是螃蟹的性腺组织,如果喂了避孕药反而会抑制性腺的成熟。

思考题

1. 超市里哪些预包装食品不需要标注保质期?
2. 对于只有一种配料的预包装食品是否需要标示配料表?
3. 如果购买的食品出现标签瑕疵的问题,是否能够获得10倍赔偿?
4. 有机粮食比普通粮食更安全吗?
5. 是不是蔬菜越贵越安全,便宜的蔬菜都不安全吗?
6. 是否有虫眼的蔬菜就是没有喷洒过农药?
7. 苹果、梨等水果,是去皮食用还是带皮食用好?
8. 在购买干果时,应该选择密封包装还是散装的?
9. 肉变质的原因是什么?影响肉变质的因素有哪些?
10. "僵尸肉"是否可以食用?
11. 鲍鱼的内脏是否可以食用?
12. 为什么各种鱼肉的颜色不相同?
13. 野生鱼一定比养殖鱼更安全吗?

拓展阅读

[1] 信春鹰,袁杰.中华人民共和国食品安全法释义[M].北京:法律出版社,2015.

[2] 喻晶,陈晋.《食品安全法》视角下生产经营者的法律责任[J].食品工业科技,2013,34(22):32-35.

[3] 陈宗道,刘金福,陈绍军.食品质量与安全管理[M].2版.北京:中国农业大学出版社,2011.

[4] 刁恩杰,徐宝成,袁先铃,等.食品质量管理学[M].北京:化学工业出版社,2013.

[5] 潘燕萍.江西农业资源利用对粮食生产的影响与对策研究[D].江西农业大学,2013.

[6] 安亚兰,董蔺萌.面粉安全与面粉增白剂[J].食品安全质量检测学报,2011,2(1):42-49.

[7] 阎柳娟,汪涛,李军生.食品安全与农产品产业化[J].安徽农业科学,2010,38(25):14178-14179.

[8] 中国质量检验协会.农产品质量安全知识问答[M].北京:中国计量出版社,2011.

[9] 浙江省科普作家协会.食品安全知识读本[M].杭州:浙江科学技术出版社,2012.

[10] 王芳.中国人可以吃得更安全[M].哈尔滨:哈尔滨出版社,2009.

[11] 龚久平,杨俊英,柴勇,等.重庆市水果农药残留现状分析与质量安全建议[J].南方农业,2017,11(34):95-98.

[12] 余清.如何安全食用坚果食品[J].福建质量技术监督,2010(3):50.

[13] 李婉君.我国水产品精深加工与质量安全分析——中国海洋大学薛长湖教授专访[J].肉类研究,2018,32(2):11-14.

[14] Shalaby A R. Significance of biogenic amines to food safety and human health.[J]. Food Research International, 2005, 29(7): 675-690.

附录

教学视频索引

二维码序号	视频名称	页码
1-1	产地环境中对农产品质量安全造成危害的主要污染物	9
1-2	什么是农药？农药都是有毒的吗？	24
1-3	为什么饲料安全与食品安全息息相关？	38
2-1	无肉不欢者必看视频，选好肉，放心吃！	50
2-2	如何评价转基因食品的安全性？	59
2-3	如何食用水产品更安全、更健康？	63
3-1	食品加工环节的安全知识	72
3-2	正确认识食品添加剂	80
3-3	食品掺伪与食品安全	91
4-1	食品流通概念及流通领域食品安全性问题	101
4-2	包装材料和容器的食品安全性	105
5-1	餐饮服务环节中食物中毒的预防	115
5-2	我国食品生产加工小作坊的特点、地位和作用	118
6-1	什么是安全的食品？什么是有毒有害食品？	130
6-2	人类站在食物链的顶端，寄生虫看看就笑了	154
7-1	中国居民膳食指南与平衡膳食宝塔	160
7-2	日常饮水及常见误区	173
7-3	保健食品存在的安全问题及消费者如何选购保健食品	177
9-1	食品质量与安全标准	197
9-2	绿色食品	206
10-1	水果生产现状及可能存在的质量安全问题	237

图书在版编目（CIP）数据

食品安全通识教程 / 郑晓冬，陈卫主编. —杭州：浙江大学出版社，2021.4（2024.8 重印）
ISBN 978-7-308-21203-8

Ⅰ. ①食… Ⅱ. ①郑… ②陈… Ⅲ. ①食品安全—教材 Ⅳ. ①TS201.6

中国版本图书馆 CIP 数据核字（2021）第 053955 号

食品安全通识教程

主　编　郑晓冬　陈　卫

策　　划　黄娟琴
责任编辑　阮海潮（1020497465@qq.com）
责任校对　王元新
封面设计　杭州林智广告设计有限公司
出版发行　浙江大学出版社
　　　　　（杭州市天目山路 148 号　邮政编码 310007）
　　　　　（网址：http://www.zjupress.com）
排　　版　杭州好友排版工作室
印　　刷　杭州高腾印务有限公司
开　　本　787mm×1092mm　1/16
印　　张　16.25
字　　数　406 千
版 印 次　2021 年 4 月第 1 版　2024 年 8 月第 2 次印刷
书　　号　ISBN 978-7-308-21203-8
定　　价　45.00 元